非線形解析 II

エルゴード理論と特性指数

青木統夫 著

共立出版

まえがき

　鞍点の概念に注目して力学系に鞍点の集合，すなわち双曲的集合を導入することによって，理論を急速に進歩・発展させたのが20世紀の力学系であった．
　ところが非線形現象から誘導される力学系を双曲性をもつクラスとその他のクラスに分類する場合に，ほとんどの力学系はその他のクラスに属している．双曲性をもつクラスの力学系には幾何学的手法が確立され，その方法によって構造的安定性問題，力学的性質の稠密性問題などの解決があって双曲的集合の導入当時の目的を達成している．
　双曲性は微分を用いて表現される概念である．これを位相の概念に置き換えるとき，双曲性は拡大性と追跡性を併せた概念と見ることができる．この2つの位相的概念は正の最大エントロピー（位相的エントロピー）を与えている．
　最大エントロピーは統計力学の変分原理と密接に関係し，力学系が正の位相的エントロピーをもてば，必ず不変確率測度があってその測度による測度的エントロピーを正にもつ．しかし，拡大性も追跡性ももち合わせていないにもかかわらず，正の位相的エントロピーをもつ力学系が非線形現象の中に多く発見されている．
　正の測度的エントロピーをもつ力学系は，ルベーグ積分を基本にした実解析的手法によって，双曲性に近い性質をもつことが明らかにされ，実解析的手法と幾何的手法を併せ，さらに理論の発展を可能にしている．
　本書は上で述べた内容を，前半において統計力学的展開のもとで，ギブス測度，変分原理，平衡測度を紹介し，その後で双曲的アトラクターにふれる．後半では，特性指数を与え，それに基づいてリャプノフ指数を導き，リャプノフ

指数から不安定多様体の存在を明らかにする．リャプノフ指数がすべて零でない場合は非一様追跡性補題が確立され，このことから無数に双曲性をもつ集合の存在，さらに測度的エントロピーは双曲性をもつ集合の上の位相的エントロピーで近似されることを解説する．

　以上を中心に読者にとって容易に理解できるように，力学系の実解析を基礎から始めて最先端の入り口までを紹介する．ルベーグ積分などの知識をもち合せていない初学者は第Ⅰ巻の「力学系の実解析入門」を参考にすれば，困難なく読み進むことができるように配慮した．

　最後に，本書をまとめるにあたり，東京理科大学の岡正俊氏，徳島大学の守安一峰氏，都立大学の鷲見直哉氏と都立大学大学院生の波止元仁君の御協力に感謝申し上げ，著者の希望に添う形で本書を整えていただいた平出まさ子さんに感謝を申し上げたい．また共立出版編集部の赤城圭さんには第Ⅰ巻に引き続き，本書においても細部にわたって御注意，御指摘をいただいたことを明記しておかなければならない．

著　者

目　　次

第0章　はじめに　　1
- 0.1　非線形解析の一側面　　2
- 0.2　一様双曲的集合　　3
- 0.3　非一様双曲的集合　　4
- 0.4　リャプノフ指数の線形理論　　5
- 0.5　一様双曲性への近似　　7
- 0.6　基本定理　　11

第1章　ギブス測度，圧力，エントロピー　　14
- 1.1　ギブス測度　　15
- 1.2　ギブス測度の構成　　23
- 1.3　変分原理　　47
- 1.4　平衡測度　　54
- 1.5　エントロピー関数　　65
- 1.6　周期点とエントロピー　　71

第2章　アトラクター　　98
- 2.1　双曲的アトラクター　　98
- 2.2　一様双曲性に対する体積補題　　117
- 2.3　ポアンカレ写像（一様双曲的）　　126

第3章　力学系の特性指数　　141
- 3.1　特性指数　　141

3.2 標準的な基底	149
3.3 乗法エルゴード定理	153
3.4 ルエルの不等式	175

第4章 非線形写像の局所線形化 　　183

4.1 リャプノフ計量	184
4.2 リャプノフ座標系	201
4.3 不安定多様体	215
4.4 正則点集合の構造	226
4.5 多様体の上の力学的構造	233

第5章 非一様追跡性と馬蹄 　　242

5.1 非一様追跡性補題	242
5.2 閉補題	266
5.3 双曲型測度と非一様馬蹄	279
5.4 エントロピーと非一様馬蹄	286
5.5 不変分解のヘルダー連続性	305

文　献 　　327

索　引 　　336

第0章　はじめに

　力学系の研究は写像の反復の状況，または自励系の常微分方程式から生成される流れ (flow) の状況を調べることにある．ここでは離散的な力学系であって，その力学系は次の2つの成分をもっている場合を扱う：
　　　　　　　　(1) 初期値の鋭敏性，　　(2) 予測不可能性．
(1) は幾何的条件であって，(2) はランダムネスの存在条件である．
　このような (1), (2) をもつ力学系のクラスはスメール–アノソフ (Smale–Anosov) の論文に基づいて50年前から組織的に研究が進められてきている．この対象は一様双曲的な力学系，または公理 A を満たす力学系である．しかし，(1), (2) を満たし，公理 A を満たす力学系でない多くの例が発見され，その例の重要性から広い範囲の力学系のクラスに適用できる理論の構築が望まれていた．
　オセレデツ (Oseledec) は特性指数の概念を力学系に導入し，ペシン (Pesin) による局所的解析と併せ非一様双曲性の理論の基礎を与えた．この基礎にしたがって，不変ボレル確率測度を用いた力学系の解析が始まり，有益な成果を得て今なお研究が進められている．
　力学系を測度論的に扱うとき，測度に関してほとんどいたる所の点で，写像の反復の微分は反復の回数が無限大に発散するとき，指数的に拡大，または縮小することを利用して理論を展開している．しかし，このことは力学系の測度的性質を規定しているだけで，力学系の反復の拡大または縮小の率を主張しているのではない．

0.1 非線形解析の一側面

　非線形現象を力学系の形に定式したとき，それを解析する方法に 2 通りある．その一つは一様双曲性と呼ばれる概念に基づいて幾何的に展開する方法である．一様双曲性は力学系をわずかに摂動しても位相的構造がくずれないことを意味している．

　しかし，観測されるほとんどの力学系はわずかな摂動によって構造がくずれてしまうことから，この種の力学系は一様双曲性を失うことになる．

　そこで，もう一つの方法として統計力学的手法を取り入れることであった．統計力学的扱いとは，現象の時間発展がアトラクターを導く場合に，初期条件の時間変化を観測値の変動として捉え，観測値が十分多く得られたとき，その平均値を近似的平均値，言い換えると不変測度であると見なしている．

　ところが，この測度は自然な測度，いわゆる物理的測度であることを期待している．物理的測度は統計力学の基本であるギブス (Gibbs) 分布に密接に関係している．この分布はギブス測度を生成し，エントロピーと平均エネルギーの和が圧力を表すという等式を導く．さらにギブス測度はエルゴード性と呼ばれる概念をもっている．しかし，その測度はむしろ一様双曲性の場合に有効に働き，一様双曲的でない場合にはギブス測度を見いだすことができない．

　にもかかわらず，一般にエルゴード的測度はエルゴード領域と呼ばれる測度 1 の集合の上で上述の等式を導くことができ，その等式から圧力関数が定義され，その関数値は測度によって得られる力学系の情報量を示している．

　その量は何を意味するのかを知るには非一様双曲性の概念が必要である．力学系は微分可能であるから，各点のヤコビ行列に着目する．ベクトルをヤコビ行列で次々と写像し，その平均値を求め，それを特性指数と呼んでいる．これはベクトルを変数とする関数でもあって，不変測度 1 となる点の集合の上で有限値をとる．この集合の上の特性指数からリャプノフ (Lyapunov) 指数と呼ばれる指数を導き，一様ではないが双曲的である集合を定める．この集合を非一様双曲性を満たす集合であるという．

　一様または非一様のいずれの双曲性であっても不安定多様体理論によって不安定多様体が存在する．このことから非一様双曲性をもつ力学系の基本となる非一様追跡性補題が用意される．この命題からアトラクターのフラクタル構造が明らかになり，構造に多重性が見られ上述の情報量はフラクタル次元を示していること

とが導かれる．次元が空間次元と一致しているとき測度は物理的であるという．このようにフラクタル構造は測度が物理的であるか否かを判定する道具として用いることができ，数値解析の結果を理論的に保証する可能性を与えている．

このような理論展開を実解析的方法，またはエルゴード理論的方法と呼んでいる．

0.2 一様双曲的集合

f はコンパクト多様体 M の上の C^1-微分同相写像とし，Λ は f-不変閉集合とする．M は高い次元のユークリッド (Euclid) 空間の閉部分集合と見ることができる．f が Λ の上で**一様双曲的** (uniformly hyperbolic) であるとは，接バンドル $T\Lambda$ が Df-不変な部分バンドル E^σ ($\sigma = s, u$) の直和

$$T\Lambda = E^s \oplus E^u$$

に分解され，$x \in \Lambda$, $n \geq 0$ に対して

$$v \in E^s \implies ||D_x f^n v|| \leq C\lambda^{-n}||v||,$$
$$v \in E^u \implies ||D_x f^n v|| \geq C\lambda^{n}||v||$$

を満たすことである．ここに，$\lambda > 1$, $C > 0$ は x に依存しない定数である．

$\Lambda = M$ のとき，f は**アノソフ微分同相写像** (Anosov diffeomorphism) と呼ばれ，Λ が次の (1), (2), (3) を満たすとき Λ は**公理 A 基本集合** (Axiom A basic set)，または**基本集合**であるという：

(1) $f_{|\Lambda}$ は一様双曲的,

(2) $\bigcap_{n=-\infty}^{\infty} f^n(U) = \Lambda$ を満たす Λ の開近傍 U が存在する,

(3) $f_{|\Lambda}$ は稠密な軌道をもつ．

点 x の近傍 V があって $f^n(V) \cap V = \emptyset$ ($n \in \mathbb{Z}$) であるとき，x を**遊走点** (wandering point) という．M が遊走点の集合と基本集合の有限個の和で表されるとき，f を**公理 A**(Axiom A) を満たすという．

アノソフ微分同相写像のエルゴード理論はシナイ (Sinai) によって展開され，ボウエン–ルエル (Bowen–Ruelle) はその理論を公理 A アトラクターに拡げた．

彼等の創り上げた理論の基本は統計力学のギブス分布にある．統計力学の理論に基づきギブス分布から記号力学系の上にギブス測度を構成し，多くの情報を得ている．この方法論は拡大性と追跡性を満たす一般の力学系であっても適用可能であった．

0.3 非一様双曲的集合

最初に，非一様双曲的な力学系の背景を簡単に述べる．

微分力学系の幾何学的理論は，数値実験によって見いだされた現象を理解するために有効に働き，非線形現象の理解に寄与してきた．しかし，この道具だけでは理解できない多くの現象が残されている．

そこで，非線形現象を対象にして，それを自然な形で理論的に展開する方法として微分エルゴード理論 (smooth ergodic theory) が取り入れられた．しかし，拡大性の条件が保証されない力学系にはギブス測度を構成することができない．そこで，ギブス測度に変わるルベーグ (Lebesgue) 測度に絶対連続な測度の存在に着目した．

n 次元ユークリッド空間 $\mathbb{R}^n$ の有界な開集合，またはコンパクト–リーマン (Riemann) 多様体 M の上のルベーグ測度を m とする．r は $r \geq 2$ なる自然数とする．$\mathrm{Diff}^r(M)$ は M の上の C^r–微分同相写像の空間として，C^r–位相をもっているとする．各 C^r–微分同相写像が m に関して絶対連続な不変ボレル確率測度をもつ，そのような微分同相写像の全体を $\mathrm{Diff}^r(M,m)$ で表す．

微分エルゴード理論の基本は $\mathrm{Diff}^r(M,m)$ が $\mathrm{Diff}^r(M)$ で G_δ–集合であるか否かを明らかにすることを目的とした．

稠密な G_δ–集合を「重く広い集合」(massive set) であるという．「重く広い集合」を見いだすための基本概念として以降で解説する非一様双曲性がある．力学系の他の基本的概念の一つに双曲性（一様双曲性）があった．この概念に基づいて力学系の安定性問題，力学的性質の稠密性の問題がスメール等によって展開されてきた．しかし，双曲性の概念は幾何学的側面を重視していたために，零のエントロピー，または正のエントロピーをもつ力学系の解析にいたっていなかった．

力学系を測度論として展開するために，ペシンは接バンドル TM の上の特性指数 (characteristic exponent) に着目した．次の (1), (2), (3) を満たす $\chi(x,v)$ を**特性指数**という：

$x \in M$ と $v_1, v_2, v \in T_x M$ に対して

(1) $-\infty < \chi(x, v) < \infty \ (v \neq 0), \quad \chi(x, 0) = -\infty,$

(2) $\chi(x, \alpha v) = \chi(x, v) \qquad (0 \neq \alpha \in \mathbb{R}, \ v \neq 0),$

(3) $\chi(x, v_1 + v_2) \leq \max\{\chi(x, v_1), \ \chi(x, v_2)\}.$

　これを用いて**非一様双曲性** (partially non uniformly hyperbolic) と呼ばれる概念を導き m に関して絶対連続な不変ボレル (Borel) 確率測度（物理的測度）の存在を判定することを可能にし，さらに相関関数の減衰を調べるために重要な役割を果たしている．

　相関関数の減衰の問題はペロン–フロベニウス (Perron–Frobenius) 作用素を用いて解析が進められている．この作用素は力学系が一様双曲性をもつ場合に有効で，相関関数の指数的減衰が示された．指数的減衰は中心極限定理，測度的安定性が成立する十分条件になっている．

　しかし，非一様双曲性をもつ場合に物理的測度が存在しても相関関数の指数的，または多項式的減衰は明らかにされていない．非一様双曲性の特別な力学系に対して，タワー拡大という手法を応用して非一様双曲性をもつ力学系を一様双曲性をもつように拡大して，ペロン–フロベニウス作用素によって減衰問題を明らかにしている．この手法が効果的であった力学系にエノン (Hénon) 写像族，さらにビリヤード系がある．

　ところが，ペロン–フロベニウス作用素を用いても相関関数の減衰が求まらない重要な力学系がある．このような力学系に対して回帰時間の状況を見て減衰の問題を解決することができる．

　しかし，部分的非一様双曲性をもつ力学系に対して減衰問題は手がつけられていない．

　双曲性が部分的であるとは，$T_x M$ の反発を表す部分空間 $E_1(x)$ と吸引を表す部分空間 $E_2(x)$ は $T_x M$ を生成しないことを意味する．

0.4　リャプノフ指数の線形理論

　q は $q \geq 2$ なる整数とする．成分が実数である行列の行列式が 0 でない q-次正方行列の全体を $GL(q, \mathbb{R})$ で表す．$A \in GL(q, \mathbb{R})$ とする．$n \to \infty$ のとき，

A^n は q-次元線形空間 $\mathbb{R}^q$ の上で変化する．その状況は A をジョルダン標準形 (Jordan form) に書き換え $\mathbb{R}^q$ を

$$\mathbb{R}^q = E_1 \oplus \cdots \oplus E_r$$

に分解して

$$\lim_{n \to \pm\infty} \frac{1}{n} \log ||A^n(v)|| = \chi_i \quad (0 \neq v \in E_i, 1 \leq i \leq r)$$

を導くことによって理解する．ここに，χ_i は A の固有値の絶対値に log を付した値である．

ところで，$A_i \in GL(q, \mathbb{R})$ $(i \in \mathbb{Z})$ に対し

$$||A_n \circ \cdots \circ A_0(v)|| \quad (0 \neq v \in \mathbb{R}^q)$$

の変化の状況を探るために

$$A^{(n)} = A_n \circ \cdots \circ A_0$$

と表す．このとき，$\mathbb{R}^q$ は次の (1), (2) を満たす部分空間 E_i の直和

$$\mathbb{R}^q = E_1 \oplus \cdots \oplus E_r$$

に分解されるとき，$\{A^{(n)}\}$ を**正則** (regular) であるという：

(1) $0 \leq i \leq r$ に対して，$\chi_i \in \mathbb{R}$ があって

$$\lim_{n \to \pm\infty} \frac{1}{n} \log ||A^n(v)|| = \chi_i \quad (0 \neq v \in E_i),$$

(2) $j \neq k$ に対して

$$\lim_{n \to \pm\infty} \frac{1}{n} \log \angle(A^{(n)}(E_j), A^{(n)}(E_k)) = 0.$$

ここに $\angle(E_j, E_k)$ は E_j と E_k のなす角度の最小値を表す．

次の命題はオセレデツによって示されたバーコフ (Birkhoff) のエルゴード定理を行列に適用した定理である：

定理 0.4.1 (オセレデツ)　(X, μ) は確率空間として，$f : X \to X$ は μ-不変な変換とする．$A : X \to GL(q, \mathbb{R})$ は

$$\max\left\{\int \log^+ ||A|| d\mu, \int \log^+ ||A - E|| d\mu\right\} < \infty$$

を満たす可測写像とする．このとき，$\{A(f^n(x))\}$ は μ–a.e. で正則である．ここに，E は単位行列を $\log^+ a$ は $\max\{0, \log a\}$ を表す．

この定理の行列 A を M の上の C^1–微分同相写像に適用して $A(x) = D_x f$ とおき，不変ボレル確率測度 μ を用いて特性指数を導く．このとき点 x での接空間 $T_x M$ が

$$T_x M = E_1(x) \oplus \cdots \oplus E_r(x)$$

に分解され，各 $E_i(x)$ のベクトルの変化の平均 $\chi_i(x)$ が存在して

$$D_x f(E_i(x)) = E_i(f(x)),\ \chi_i(f(x)) = \chi_i(x)$$

を満たす．特に，μ がエルゴード的であれば，$\chi_i(x)$, $E_i(x)$ の次元 $\dim E_i(x)$ は μ–a.e. x で定数である．

$\chi_1(x), \cdots, \chi_r(x)$ は x での μ に関する f の**リャプノフ指数**と呼ばれ，リャプノフ指数は μ–a.e. x で定義され，$\chi_i(x)$, $E_i(x)$ は x のボレル関数である．各部分空間のなす角度，または $\chi_i(x)$ は極限値として与えられる．

各 i に対して $\chi_i(x) \neq 0$ (μ–a.e.) であるとき，**非一様双曲的**であるという．μ–測度の値が正である集合の上で $\chi_i(x) = 0$ である i と $\chi_j(x) \neq 0$ なる j があるとき，**部分的非一様双曲的**であるという．

0.5　一様双曲性への近似

リャプノフ指数の線形理論を非線形の場合にもち込む方法を発見したペシンの理論の基本は安定多様体，不安定多様体の存在にある．f はコンパクト多様体 M の上の C^2–微分同相写像であることを仮定して，f–不変ボレル確率測度 μ はエルゴード的であるとする．非一様双曲性の場合を理解すれば，部分的非一様双曲性の場合はわずかな変更だけで類似の結論を得るので，非一様双曲性をもつ $\mu(\Lambda) = 1$ なる f–不変集合 Λ（すべての i に対して $\chi_i \neq 0$ の場合）に対して一様双曲性への近似を解説する．

各点での双曲性を示すベクトルの変化の平均を用いて

$$\chi^+ = \min_{\chi_i > 0} \chi_i, \quad \chi^- = \max_{\chi_i < 0} \chi_i$$

とおき

$$E^u(x) = \bigoplus_{\chi_i > 0} E_i(x), \quad E^s(x) = \bigoplus_{\chi_i < 0} E_i(x)$$

とおく．$0 < \varepsilon < \min\{\chi^+, |\chi^-|\}$ を満たす十分に小さい ε を選び固定して

$$C(x) = \inf \left\{ c \left| \begin{array}{l} ||D_x f^n v|| \leq ce^{(\chi^- + \varepsilon)}||v||, \; v \in E^s(x), \; n \geq 0 \\ ||D_x f^{-n} v|| \leq ce^{-(\chi^+ - \varepsilon)}||v||, \; v \in E^u(x), \; n \geq 0 \\ \angle(E^u(f^n(x)), E^s(f^n(x))) \geq c^{-1} e^{-\varepsilon|n|}, \; n \in \mathbb{Z} \end{array} \right. \right\}$$

を定義する．ここに $||\cdot||$ はリーマン計量を表す．このとき，オセレデツの定理は

$$C(x) < \infty \quad \mu\text{–a.e. } x$$

を保証している．$l > 0$ に対して

$$\Lambda_l = \{x \,|\, C(x) \leq l\}$$

とする．各 Λ_l は次の (1), (2), (3), (4) を満たす：

(1) Λ_l は閉集合，

(2) $f(\Lambda_l) \subset \Lambda_{l+1}, \; f^{-1}(\Lambda_l) \subset \Lambda_{l+1}$,

(3) $f^n_{|\Lambda_l} \; (n \in \mathbb{Z})$ は一様双曲型である，

(4) $\Lambda_1 \subset \Lambda_2 \subset \cdots \subset \bigcup_{l>0} \Lambda_l = \Lambda, \; \mu(\Lambda) = 1$.

(4) は l の増大と共に Λ_l の双曲性が弱くなることを意味している．

Λ を μ に関する**ペシン集合**という．

Λ の各点 x に対して，都合の良い座標変換を考え一様双曲性が現れる座標系を創り出す．これを**リャプノフ座標系**という．

$u = \dim E^u(x), \; s = \dim E^s(x)$ とする．μ–a.e. x で $\mathbb{R}^{s+u}$ の 0 の近傍 N_x から M への埋め込み Φ_x を構成する．Φ_x は

(1) $\Phi_x(0) = x$,

(2) $D_0 \Phi_x(\mathbb{R}^u \times \{0\}) = E^u(x)$,

(3) $f_x = \Phi_{f(x)}^{-1} \circ f \circ \Phi_x$ とすると

(a) $\|D_0 f_x(v)\| \geq e^{(\chi^+ - \varepsilon)} \|v\|$ $(v \in \mathbb{R}^u \times \{0\})$,

(b) $\|D_0 f_x(v)\| \geq e^{(\chi^- + \varepsilon)} \|v\|$ $(v \in \{0\} \times \mathbb{R}^s)$,

(c) $\mathrm{Lip}(f_x - D_0 f_x) \leq \varepsilon$

を満たす．実際に，N_x の直径は $C(x)^{-2}$ よりも小さく選べば十分である．(3) を用いて，C^1-写像

$$\phi_x^1 : \mathbb{R}^s \times \{0\} \longrightarrow \{0\} \times \mathbb{R}^u,$$
$$\phi_x^2 : \{0\} \times \mathbb{R}^u \longrightarrow \mathbb{R}^u \times \{0\}$$

が次を満たすように見いだされる：

$i = 1, 2$ とする．$x \in \Lambda$ に対して

(1) $\phi_x^i(0) = x$,

(2) $D_0 \phi_x^i = 0$,

(3) ϕ_x^i のリプシッツ (Lipschitz) 定数は $\dfrac{1}{3}$ 以下である，

(4) ϕ_x^i のグラフを

$$\mathrm{graph}(\phi_x^1) = \{(v, \phi_x^1(v)) \mid v \in \mathbb{R}^s\},$$
$$\mathrm{graph}(\phi_x^2) = \{(\phi_x^2(v), v) \mid v \in \mathbb{R}^u\}$$

とおくと

$$f_x(\mathrm{graph}(\phi_x^i)) = \mathrm{graph}(\phi_{f(x)}^i).$$

(5) $(u, v) \in \mathrm{graph}(\phi_x^1)$ に対して

$$\|\|f_x(u, v)\|\| \leq \lambda_1 \|\|(u, v)\|\|,$$

$(u, v) \in \mathrm{graph}(\phi_x^2)$ に対して

$$\|\|f_x(u, v)\|\| \leq \lambda_2^{-1} \|\|(u, v)\|\|.$$

ここに $\|\|(u, v)\|\| = \max\{\|u\|, \|v\|\}$ である．

(6) 集合

$$S_1 = \{(u,v)\,|\, \|u\| \geq \|v\|\},$$
$$S_2 = \{(u,v)\,|\, \|u\| \leq \|v\|\}$$

に対して

$$\operatorname{graph}(\phi_x^1) = \bigcap_{m>0} f_{f^m(x)}^{-m}(S_1),$$
$$\operatorname{graph}(\phi_x^2) = \bigcap_{m>0} f_{f^{-m}(x)}^{m}(S_2).$$

(7) $0 < \lambda_1 < 1 < \lambda_2$ であれば

$$\operatorname{graph}(\phi_{x|\{u\in\mathbb{R}^s\,|\,\|u\|\leq 1\}}^1) = \bigcap_{m\geq 0} f_{f^m(x)}^{-m}(B_1),$$
$$\operatorname{graph}(\phi_{x|\{uv\in\mathbb{R}^u\,|\,\|v\|\leq 1\}}^2) = \bigcap_{m\geq 0} f_{f^{-m}(x)}^{m}(B_1).$$

ここに $B_1 = \{(u,v)\,|\, \|(u,v)\| \leq 1\}$ である.

(8) (1) $\sim$ (4) を満たす ϕ_x^i は一意的に存在する.

よって局所不安定多様体

$$\Phi_x(\operatorname{graph}(\phi_x^2)) = W_{loc}^u(x)$$

が構成され, 不安定多様体

$$W^u(x) = \bigcup_{n\geq 0} f^n(W_{loc}^u(f^{-n}(x))$$

が定義される. 各 $x \in \Lambda$ に対して

$$T_x W^u(x) = E^u(x)$$

であって

$$W^u(x) = \{y\,|\, d(f^{-n}(x), f^{-n}(x)) \leq e^{-n(\chi^+ - \varepsilon)},\ n \geq 1\}$$

を満たす.

同様にして，局所安定多様体 $W^s_{loc}(x)$ と安定多様体 $W^s(x)$ も定義される．

0.6 基本定理

力学系のもつランダム性によって位相的馬蹄の存在を明らかにしたカトック (Katok) の仕事はエルゴード理論と幾何的力学系理論の融合を可能にしている．一様双曲的力学系をエルゴード理論として展開するとき，そこには統計力学があった．しかし，非一様双曲的力学系には一様な概念が見いだせない．そのために一様双曲的の場合と同様な扱いができない．けれどもカトックの非一様追跡性補題は馬蹄の存在を保証している．したがって非一様双曲的であっても，その力学系を統計力学の側面から見ることが可能である．

定理 0.6.1 (カトックの追跡性補題) f は閉曲面の上の C^2–微分同相写像とし，μ はエルゴード的ボレル確率測度とする．μ に関するペシン集合 $\Lambda = \bigcup_{l>0} \Lambda_l$ の上でリャプノフ指数が $\chi_1 < 0 < \chi_2$ を満たすならば，$\alpha > 0$ に対して $\beta_l = \beta_l(\alpha)$ $(l \geq 1)$ があって，$\{\cdots, x_{-1}, x_0, x_1, \cdots\} \subset \Lambda$ が $(\beta_l)_{l \geq 1}$–擬軌道，すなわち

$$x_n \in \Lambda_{s_n}, \quad |s_n - s_{n-1}| \leq 1, \quad d(f(x_{n-1}), x_n) < \beta_{s_n}$$

であれば

$$d(f^i(y), x_i) \leq \alpha \quad (i \in \mathbb{Z})$$

を満たす y が存在する．

定理 0.6.2 (カトック) f は閉曲面の C^2–微分同相写像で，位相的エントロピー $h(f) > 0$ とする．このとき，$\varepsilon > 0$ に対して $n > 0$ があって f^n–不変コンパクト集合 Λ があって

(1) $f^n_{|\Lambda}$ は位相的馬蹄写像，

(2) $\dfrac{1}{n} h(f^n_{|\Lambda}) > h(f) - \varepsilon$

が成り立つ．

高次元の場合であっても，すべてのリャプノフ指数が 0 でなければ（すなわち，μ が双曲型測度であれば）上の 2 つの定理は成り立つ．この定理を導く鍵は非一様追跡性補題（カトックの追跡性補題）にある．

力学系が非一様双曲的であるか否かは写像 f に依存するだけでなく，不変測度にも依存する．しかし，f は無数の互いに特異な不変測度をもつから，どの測度によって力学系を捉えているかが重要になる．

例えば，最大エントロピーを与える不変測度，またはポテンシャルに対する平衡測度はそれぞれの役割をもっている．

リャプノフ指数は近い 2 点の軌道の発散を与え，力学系の挙動の複雑さを示している．一方において，測度論的エントロピーは確率的な概念であって，情報の不確実さを測っている．

これらの不変量を比較するとき，次の定理が成り立つ：

定理 0.6.3 (ルエル) f はコンパクト多様体の上の C^1-微分同相写像とし，μ は f-不変ボレル確率測度とする．$\chi_i(x)$ は μ に関する f のリャプノフ指数で，$E_i(x)$ は対応する部分空間とする．このとき

$$h_\mu(f) \leq \int \sum \chi_i^+(x) \dim E_i(x) \, d\mu \qquad (0.6.1)$$

が成り立つ．ここに $a^+ = \max\{a, 0\}$ である．

(0.6.1) が不等号である場合に，2 点の軌道の指数的発散の複雑さを μ-測度によるエントロピー，すなわち μ-ランダム性では捉えきれないことを示している．

ルエルの不等式が等式になる場合に，その測度を **SRB 条件** (SRB condition) をもつという．

定理 0.6.4 (ペシン–ルドラピエ–ヤン (Pesin–Ledrappier–Young)) f は C^2-微分同相写像とする．このときエントロピー公式

$$h_\mu(f) = \int \chi_i^+(x) \dim E_i(x) \, d\mu$$

が成り立つ不変ボレル確率測度 μ が存在する．

この定理はシナイ，ボウエン，ルエルの仕事を含む有益な結果であって，エン

トロピー公式はペシンが示し，等式が成り立つ測度の存在はルドラピエ–ヤンによって示された（邦書文献 [Ao3]）．

公理 A 基本集合 Λ が

$$f(\mathrm{Cl}(U)) \subset U, \qquad \Lambda = \bigcap_{n>0} f^n(U)$$

を満たす Λ の開近傍 U をもつとき，Λ は**アトラクター** (attractor) であるという．

$$P = \sup_{\nu} \left\{ h_\nu(f) - \int \sum_i \chi_i^+ \dim E_i d\nu \right\}$$

を定義し，m はルベーグ測度とする．

定理 0.6.5（ボウエン–ルエル–シナイ） Λ は C^2-微分同相写像 f の公理 A 基本集合とする．このとき

(1) Λ はアトラクターであれば，$f_{|\Lambda}$ は SRB 条件をもつボレル確率測度をもつ．

(2) Λ はアトラクターでなければ，$P < 0$ である．

以上の内容を含めて非線形現象を確率測度を用いて実解析の枠組みの中で展開し，幾何学的手法で得た理論との融合を試みることを目的に本書を展開する．

第1章　ギブス測度，圧力，エントロピー

　非線形現象の定式化によって得た力学系を解析する場合に，基本となるのが安定多様体の理論である．この理論を用いるためには力学系に一様双曲性か，より弱い非一様双曲性が必要である．

　一様双曲性を距離空間の上で述べるとすれば，拡大性 (expansive property) と一様追跡性 (uniformly shadowing property) の概念を併せたものであるといえる．この2つの概念によってマルコフ (Markov) 分割が構成される．このことから統計力学的手法による力学系の解明が可能となる．

　一方において，非一様双曲性の力学系は拡大性も一様追跡性ももっていない．しかし，**非一様追跡性** (non uniformly shadowing property) と呼ばれる性質をもっている（詳細は第5章で述べる）．

　この章は一様双曲性に対応する力学系をコンパクト距離空間の上で展開する．

　位相的エントロピーと測度的エントロピーを位相的圧力によって関係づけた変分原理を与え，平衡測度の存在を議論する（位相的圧力の定義は [Ao2] を参照）．位相的圧力は力学系を実解析的手法で解析する場合に有効である．例えば，位相的圧力は変分原理を通して連続関数によって平衡測度を決定する．この測度の台のフラクタル次元（第5章）は位相的圧力によって生成されるボウエン方程式 (Bowen equation) を用いることによって定まる．

　最後に，エルゴード的ファイバーの上の測度によって定義されたエントロピーを**エントロピー関数** (entropy function) という．エントロピーはエントロピー関数の積分で表されることを見る．

1.1 ギブス測度

ここでは，圧力と測度的エントロピーとの関係を説明するために簡単な物理系を考える．その物理系は可能な状態 $1, 2, \cdots, n$ をもっていて，それらの状態のエネルギーは $E_1, \cdots, E_n$ であるとする．この系は温度 T の大きな熱源に接触して置かれているとして，系と熱源との間にエネルギーは自由に交換可能であるとする．

熱源は系に比べて高い温度をもち，その温度 T は一定であるとする．しかし，系のエネルギーは一定でないから，あらゆる状態が起こりうる．状態 j が起こる確率 p_j は

$$p_j = \frac{e^{-\beta E_j}}{\sum_{i=1}^n e^{-\beta E_i}}$$

であるという物理的事実に基づいて，このような系を数学的に定式化することを試みる．ここに，$\beta = \dfrac{1}{kT}$ で，k はボルツマン定数 (Boltzman constant) である．p_j を**ギブス分布** (Gibbs distribution) という．

注意 1.1.1 $n > 0$ に対して，$a_1, a_2, \cdots, a_n \in \mathbb{R}$ を選び固定する．

$$S = \{(p_1, p_2, \cdots, p_n) \,|\, p_i \geq 0, \ p_1 + \cdots + p_n \leq 1\}$$

とおき，関数 $F : S \to \mathbb{R}$ は

$$F(p_1, p_2, \cdots, p_n) = \sum_{i=1}^n -p_i \log p_i + \sum_{i=1}^n a_i p_i \tag{1.1.1}$$

によって与える．このとき，F は S の上で最大値

$$s \left(\log \sum_{i=1}^n e^{a_i} - \log s \right), \quad s = p_1 + \cdots + p_n$$

をもち，最大値を与える点 p_j は

$$p_j = s e^{a_j} \left(\sum_{i=1}^n e^{a_i} \right)^{-1} \quad (1 \leq j \leq n)$$

である．

証明 $L = \sum_{i=1}^n e^{a_i}$ とおく．このときイエンゼン (Jensen) の不等式によって，$\phi(x) = -x \log x \ (x > 0)$ を用いると

$$\phi\left(\sum_{i=1}^n \frac{e^{a_i}}{L} \frac{p_i L}{e^{a_i}}\right) \geq \sum_{i=1}^n \frac{e^{a_i}}{L} \phi\left(\frac{p_i L}{e^{a_i}}\right).$$

このことから

$$F(p_1, \cdots, p_n) \leq s \log \sum_{i=1}^n e^{a_i} - s \log s$$

を得る．特に，$p_i = \dfrac{e^{a_i}}{L}$ のとき等号が成り立つ． □

$(p_1, p_2, \cdots, p_n)$ は確率ベクトルであるとすると，(1.1.1) の左辺の第 1 項はエントロピー

$$H(p_1, \cdots, p_n) = \sum_{i=1}^n -p_i \log p_i$$

であって，第 2 項は関数 $a_i = a(i) \ (a : Y_n = \{1, 2, \cdots, n\} \to \mathbb{R})$ の平均

$$E = \sum_{i=1}^n p_i a_i$$

である．a_i が $a_i = E_i \ (1 \leq i \leq n)$ であれば，E は統計力学の平均エネルギーを表す．よってギブス分布は

$$F = H - \beta E$$

を最大に

$$-kTF = E - kTH$$

を最小にしている．$-F$ を**自由エネルギー** (free energy) という．

エネルギーが固定されている場合に「自然はエントロピーを最大にする」，エネルギーが固定されていない場合は「自然は自由エネルギーを最小にする」という原理がある．F の最大値 $\log \sum_i e^{a_i}$ を**圧力** (pressure) と呼ぶ．よって $p_i = \dfrac{e^{a_i}}{\sum_j e^{a_j}} \ (1 \leq i \leq n)$ であるとき，圧力はエントロピーと平均エネルギーの和，すなわち

$$\log \sum_j e^{a_j} = H(p_1, \cdots, p_n) + \sum_j a_j p_j$$

である．

状態 $1, 2, \cdots, n$ の配位

$$\cdots, x_{-2}, x_{-1}, x_0, x_1, x_2, \cdots; \qquad x_i \in Y_n \quad (i \in \mathbb{Z})$$

を $x = (x_i) \in Y_n^{\mathbb{Z}}$ と表し，$Y_n^{\mathbb{Z}}$ を**配位空間** (confuguration space) という．Y_n に離散距離関数を導入し，$Y_n^{\mathbb{Z}}$ に直積距離関数を導入する．

エネルギーに次の (1)，(2)，(3) の条件を与え，1 次元多粒子系の数学的性質を見ることにする：

(1) 状態 k が起こるとき，それが起こる場所に依存しないでエネルギー $\Phi_0(k)$ が決まる．

(2) 状態 k_1 が場所 i_1 で，状態 k_2 は場所 i_2 で起こるとする．このとき，それらの関係する場所だけに依存して，その相互作用 (interaction) によって位置エネルギー $\Phi_1^*(i_1, i_2; k_1, k_2)$ が決まる．すなわち

$$\Phi_1 : \mathbb{Z} \times Y_n \times Y_n \longrightarrow \mathbb{R}$$

があって
$$\Phi_1^*(i_1, i_2; k_1, k_2) = \Phi_1(i_1 - i_2, k_1, k_2)$$

である．

(3) すべてのエネルギーは (1)，(2) にしたがう．

これらの仮定のもとで，配位 $x \in Y_n^{\mathbb{Z}}$ に対して

$$\varphi^*(x) = \Phi_0(x_0) + \sum_{k=-\infty}^{\infty} \frac{1}{2} \Phi_1(-k, x_0, x_k) \tag{1.1.2}$$

とおく．ここで，$\Phi_1(0, x_0, x_0) = 0$ とし，φ^* が意味をもつために $j \in \mathbb{Z}$ に対して

$$\|\Phi_1\|_j = \sup_{k_1, k_2} |\Phi_1(-j, k_1, k_2)|$$

とおき

$$\sum_{j=-\infty}^{\infty} \|\Phi_1\|_j < \infty$$

を仮定する．明らかに $\varphi^* : Y_n^{\mathbb{Z}} \to \mathbb{R}$ は連続である．

ギブス分布を見いだすために，2^{2m+1} 個の相互作用 $x_{-m}, \cdots, x_0, \cdots, x_m$ に対して，その配位のエネルギーは

$$E_m(x_{-m}, \cdots, x_m) = \sum_{j=-m}^{m} \Phi_0(x_j) + \sum_{-m \leq j < k \leq m} \Phi_1(j-k, x_j, x_k)$$

であるとして，そのギブス分布

$$d_m = \left(\sum_{(x_{-m}, \cdots, x_m) \in \prod_{n=-m}^{m} Y_n} e^{-\beta E_m(x_{-m}, \cdots, x_m)} \right)^{-1},$$

$$\mu_m(x_{-m}, \cdots, x_m) = d_m e^{-\beta E_m(x_{-m}, \cdots, x_m)}$$

を与える．μ_m は $\prod_{n=-m}^{m} Y_n$ の上の確率測度である．$\prod_{n=-m}^{m} Y_n$ は $Y_n^{\mathbb{Z}}$ の部分集合と見るとき，$x' \in Y_n^{\mathbb{Z}}$ に対して $x_i' = x_i$ ($|i| \leq m$) であるとき，$k > m$ に対して

$$\mu(x_{-m}, \cdots, x_m) = \lim_{k \to \infty} \sum_{\substack{-k \text{ と } -m-1, \\ m+1 \text{ と } k \text{ の間の和}}} \mu_k(x'_{-k}, \cdots, x'_{-m}, \cdots, x'_m, \cdots, x'_k).$$

(1.1.3)

μ を配位空間 $Y_n^{\mathbb{Z}}$ の上の**ギブス測度** (Gibbs measure) という．

推移写像 $\sigma : Y_n^{\mathbb{Z}} \to Y_n^{\mathbb{Z}}$ を用いると，(1.1.2) は

$$\varphi^*(\sigma^j x) = \Phi_0(x_j) + \sum_{k=-\infty}^{\infty} \frac{1}{2} \Phi_1(j-k, x_j, x_k) \qquad (j \in \mathbb{Z})$$

と表される．ギブス測度 μ を与えるときに，$E_m(x_{-m}, \cdots, x_m)$ の代わりに $\sum_{j=-m}^{m} \varphi^*(\sigma^j x)$ を用いると，それらの間の相違は

$$\sum_{j=-m}^{m} \varphi^*(\sigma^j x) - E_m(x_{-m}, \cdots, x_m)$$

$$= \sum_{j=-m}^{m} \left(\sum_{k=-\infty}^{\infty} \frac{1}{2} \Phi_1(j-k, x_j, x_k) - \sum_{k=-m}^{m} \frac{1}{2} \Phi_1(j-k, x_j, x_k) \right)$$

$$= \sum_{j=-m}^{m} \left(\sum_{k<-m} \frac{1}{2} \Phi_1(j-k, x_j, x_k) - \sum_{k>m} \frac{1}{2} \Phi_1(j-k, x_j, x_k) \right)$$

である．簡単のために，上式を P_m で表すと

$$E_m(x_{-m}, \cdots, x_m) = \sum_{j=-m}^{m} \varphi^*(\sigma^j x) - P_m. \tag{1.1.4}$$

P_m が意味をもつためには

$$\sum_{j=-m}^{m} \left(\sum_{k<-m} \frac{1}{2}\|\Phi_1\|_{j-k} + \sum_{k>m} \frac{1}{2}\|\Phi_1\|_{j-k} \right)$$

$$= \sum_{j=1}^{2m+1} \sum_{k=j}^{\infty} k\|\Phi_1\|_k$$

$$\leq \sum_{k=1}^{\infty} k\|\Phi_1\|_k$$

であるから

$$\sum_{k=1}^{\infty} k\|\Phi_1\|_k < \infty$$

を仮定すれば十分である．

(1.1.4) により

$$\mu_m(x_{-m}, \cdots, x_m) = d_m e^{\beta P_m - \sum_{j=-m}^{m} \beta \varphi^*(\sigma^j x)}$$

である．$x' \in Y_n^{\mathbb{Z}}$ に対して，$x'_i = x_i$ $(|i| \leq m)$ とする．$n > m$ に対して

$$E_n(x'_{-n}, \cdots, x'_n) - E_m(x_{-m}, \cdots, x_m) = P_{n,m}$$

とおく．このとき

$$\mu_n(x'_{-n}, \cdots, x'_n) = d_n e^{-\beta E_n(x'_{-n}, \cdots, x'_n)}$$
$$= d_n e^{-\beta E_m(x_{-m}, \cdots, x_m) - \beta P_{n,m}}$$
$$= d_n e^{-\sum_{j=-m}^{m} \beta \varphi^*(\sigma^j x) + \beta P_n - \beta P_{n,m}}.$$

(1.1.3) により，$\varepsilon > 0$ に対して $n > 0$ があって

$$\sum_{\substack{n \geq m \\ n \leq -m}} d_n e^{-\sum_{j=-m}^{m} \beta \varphi^*(\sigma^j x) + \beta(P_n - P_{n,m})} - \varepsilon$$

$$\leq \mu(x_{-m}, \cdots, x_m)$$

$$\leq \sum_{\substack{n \geq m \\ n \leq -m}} d_n e^{-\sum_{j=-m}^{m} \beta \varphi^*(\sigma^j x) + \beta(P_n - P_{n,m})} + \varepsilon \tag{1.1.5}$$

を得る．ここで，$\beta(P_n - P_{n,m})$ は n に依存しない定数 $-mP$ であったとすれば

$$\sum_{\substack{n \geq m \\ n \leq -m}} d_n - \frac{\varepsilon}{e^{-\sum_{j=-m}^{m} \beta\varphi^*(\sigma^j x) - mP}}$$

$$\leq \frac{\mu(x_{-m}, \cdots, x_m)}{e^{-\sum_{j=-m}^{m} \beta\varphi^*(\sigma^j x) - mP}}$$

$$\leq \sum_{\substack{n \geq m \\ n \leq -m}} d_n + \frac{\varepsilon}{e^{-\sum_{j=-m}^{m} \beta\varphi^*(\sigma^j x) - mP}}.$$

ギブス分布に基づいて配位空間を設定しエネルギー関数に (1), (2), (3) の仮定をおくとき, (1.1.5) を得た．さらに，エネルギー関数に自然な条件を加える．すなわち，連続関数 φ^* を次を満たす関数 $\varphi: Y_n^{\mathbb{Z}} \to \mathbb{R}$ に置き換える：

$\varphi \in C(Y_n^{\mathbb{Z}}, \mathbb{R})$ に対して

$$\mathrm{var}_k(\varphi) = \sup\{|\varphi(x) - \varphi(y)| \, | \, x_i = y_i, \, |i| \leq k\}$$

とおく．$\varphi \in C(Y_n^{\mathbb{N}}, \mathbb{R})$ の場合は定式の { } 内の $|i| \leq k$ を $0 \leq i \leq k$ に置き換えて $\mathrm{var}_k(\varphi)$ を定義する．このとき $C > 0$, $0 < \alpha < 1$ があって

$$\mathrm{var}_k(\varphi) \leq C\alpha^k \qquad (k \geq 1) \tag{1.1.6}$$

を満たす．

このとき次の定理が成り立つ：

定理 1.1.2 $\varphi : Y_n^{\mathbb{N}} \to \mathbb{R}$ は (1.1.6) を満たすとする．このとき，一意的にエルゴード的測度 $\mu \in \mathcal{M}_\sigma(Y_n^{\mathbb{N}})$, $C_1 > 0$, $C_2 > 0$ と $P \geq 0$ があって

$$C_1 \leq \frac{\mu(\{y \, | \, y_i = x_i, \, 0 \leq i \leq m-1\})}{\exp(-Pm + \sum_{i=0}^{m-1} \varphi(\sigma^i x))} \leq C_2 \qquad (x \in Y_n^{\mathbb{N}}, \, m > 0)$$

が成り立つ．ここに $\sigma : Y_n^{\mathbb{N}} \to Y_n^{\mathbb{N}}$ は推移写像で，$\mathcal{M}_\sigma(Y_n^{\mathbb{N}})$ は σ–不変ボレル確率測度の集合を表す．

μ を μ_φ と表し，φ に関する**ギブス測度** (Gibbs measure) という．

この定理は $\sigma : \Sigma_A^+ \to \Sigma_A^+$ に対しても成り立つ．すなわち，成分が 0 と 1 からなる構造行列 A に対して，片側の無限直積位相空間

$$\Sigma_A^+ = \{x \in Y_n^{\mathbb{N}} \, | \, A_{x_i, x_{i+1}} = 1 \, (i \in \mathbb{N})\}$$

を定義するとき，$\sigma: \Sigma_A^+ \to \Sigma_A^+$ を**片側マルコフ推移写像** (one sided Markov shift) という．

定理 1.1.3 $\varphi: \Sigma_A^+ \to \mathbb{R}$ は (1.1.6) を満たすとして，$\sigma: \Sigma_A^+ \to \Sigma_A^+$ は位相混合的であるとする．このとき，エルゴード的測度 $\mu \in \mathcal{M}_\sigma(\Sigma_A^+)$，$C_1 > 0$, $C_2 > 0$ と $P \geq 0$ があって

$$C_1 \leq \frac{\mu(\{y \in \Sigma_A^+ | y_i = x_i, \ 0 \leq i \leq m-1\})}{\exp(-Pm + \sum_{i=0}^{m-1} \varphi(\sigma^i x))} \leq C_2 \qquad (x \in \Sigma_A^+, m > 0)$$

が成り立つ．

定理 1.1.2, 定理 1.1.3 の証明は，次の 1.2 節で与える．

定理 1.1.3 の不等式の第 2 項を $\alpha(x)$ とおくと

$$\mu(y \in \Sigma_A^+ | y_i = x_i \ 0 \leq i \leq m-1\}) = \alpha(x) \exp\left(-Pm + \sum_{i=0}^{m-1} \varphi(\sigma^i x)\right).$$

よって

$$P = \lim_{m \to \infty} -\frac{1}{m} \log \mu(\{y \in \Sigma_A^+ | y_i = x_i, \ 0 \leq i \leq m-1\})$$
$$+ \lim_{m \to \infty} \frac{1}{m} \sum_{i=0}^{m-1} \varphi(\sigma^i x) . \qquad (1.1.7)$$

$\sigma: \Sigma_A^+ \to \Sigma_A^+$ は位相混合的であるから，ギブス測度はエルゴード的である．ここでは，その証明を与えないが，1.2 節を理解すれば μ のエルゴード性は明らかである．よってエルゴード定理により

$$\lim_{m \to \infty} \frac{1}{m} \sum_{i=0}^{m-1} \varphi(\sigma^i x) = \int \varphi d\mu \qquad \mu\text{-a.e.}\, x.$$

$Y_n^{\mathbb{N}}$ の距離関数 d' は

$$d'(x,y) = \begin{cases} 2^{-m} & (m = \max\{n \,|\, x_i = y_i \ (0 \leq i < n)\}) \\ 0 & (x = y) \end{cases}$$

によって与える．$m = l + k \ (l, k \in \mathbb{N})$ と表し

$$B\left(x, \frac{1}{2^{k+1}}\right) = \{y \in Y_n^{\mathbb{N}} | y_i = x_i \ (0 \leq i \leq k)\}$$

とおく.このとき

$$B_l\left(x, \frac{1}{2^{k+1}}\right) = \bigcap_{i=0}^{l-1} \sigma^{-i} B\left(\sigma^i(x), \frac{1}{2^{k+1}}\right)$$
$$= \{y \in Y_n^{\mathbb{N}} \,|\, y_i = x_i \ (0 \le i \le m)\}.$$

よって局所エントロピー定理（邦書文献 [Ao2]）により

$$\lim_{k \to \infty} \lim_{l \to \infty} -\frac{1}{l} \log \mu\left(B_l\left(x, \frac{1}{2^{k+1}}\right)\right) = h_\mu(\sigma).$$

(1.1.7) は

$$P = h_\mu(\sigma) + \int \varphi d\mu$$

と表される.このとき P は何を意味するのか.位相的圧力を表しているとすれば，エネルギー関数 φ に関するギブス測度 μ は "位相的圧力＝エントロピー＋平均エネルギー" の等式を与えていることになる.特に $\varphi = 0$ であれば圧力は最大エントロピーを意味する.

これらは次の 1.3 節の定理 1.3.1（変分原理），1.4 節の定理 1.4.5 の平衡測度，1.6 節の命題 1.6.11 を通して解決される.

Σ_A は構造行列 A による列空間の部分集合

$$\Sigma_A = \{x \in Y_n^{\mathbb{Z}} \,|\, A_{x_i x_{i+1}} = 1, \ i \in \mathbb{Z}\}$$

を表す.

定理 1.1.4 マルコフ推移写像 $\sigma : \Sigma_A \to \Sigma_A$ は位相混合的であるとする.$\varphi \in C(\Sigma_A, \mathbb{R})$ が (1.1.6) を満たすならば，エルゴード的測度 $\mu \in \mathcal{M}_\sigma(\Sigma_A)$, $C_1 > 0$, $C_2 > 0$ と $P \ge 0$ があって

$$C_1 \le \frac{\mu(\{y \in \Sigma_A \,|\, y_i = x_i, \ |i| \le m-1\})}{\exp(-2Pm + \sum_{j=-(m+1)}^{m-1} \varphi(\sigma^j(x)))} \le C_2 \ (x \in \Sigma_A, m > 0) \quad (1.1.8)$$

が成り立つ.

実際に，逆極限定理（洋書文献 [Ao-Hi] を参照）を定理 1.1.3 に適用すれば定理 1.1.4 を得る.

注意 1.1.5 μ はマルコフ推移写像 $\sigma : \Sigma_A \to \Sigma_A$ に対するギブス測度とする．このとき $A_1 > 0$, $A_2 > 0$ があって，$x \in \Sigma_A$ と $m > 0$ に対して

$$A_1 \leq \frac{\mu(\{y \in \Sigma_A \,|\, y_i = x_i,\ |i| \leq m-1\})}{ab} \leq A_2$$

が成り立つ．ここに

$$a = \mu(\{y \in \Sigma_A \,|\, y_i = x_i, -m+1 \leq i \leq 0\}),$$
$$b = \mu(\{y \in \Sigma_A \,|\, y_i = x_i, 0 \leq i \leq m-1\}).$$

実際に (1.1.8) を用いて示される．

統計力学的手法を用いて力学系を明らかにするとき，最大エントロピー（位相的エントロピー），位相的圧力，測度的エントロピーが重要な働きをする．これらの詳細は邦書文献 [Ao2] で解説されている．

有限個の状態の起こる粒子の確率分布がギブス分布である場合にギブス測度の存在を次の 1.2 節で構成する．

1.2 ギブス測度の構成

1.1 節で解説してきたギブス測度をボウエン（洋書文献 [Bo2]）の方法にしたがって構成する．

連続関数 $\varphi : \Sigma_A \to \mathbb{R}$ に対して

$$\mathrm{var}_k(\varphi) = \sup\{|\varphi(x) - \varphi(y)| \,|\, x_i = y_i,\ |i| \leq k\}$$

を定義する．このとき

$$\lim_{k \to \infty} \mathrm{var}_k(\varphi) = 0$$

が成り立つ．

$\mathcal{F}_A = \{\varphi \in C(\Sigma_A, \mathbb{R}) \,|\, b > 0,\ \alpha \in (0,1)$ があって $\mathrm{var}_k(\varphi) \leq b\alpha^k,\ k \geq 0\}$
とおく．d' は $x = (x_i),\ y = (y_i) \in \Sigma_A$ に対して

$$d'(x, y) = \begin{cases} x^{-m} & (m = \max\{n \,|\, x_i = y_i,\ |i| < n\}) \\ 0 & (x = y) \end{cases}$$

で与えた Σ_A の上の距離関数とする．このとき $\mathcal{F}_A$ は d' に関してヘルダー (Hölder) 連続な関数族である．

定理 1.2.1（ギブス測度の存在） $\sigma : \Sigma_A \to \Sigma_A$ は位相混合的であるとし，$\varphi \in \mathcal{F}_A$ とする．このとき，エルゴード的測度 μ が Σ_A の上に一意的に存在して，さらに $C_1, C_2 > 0$，$P \geq 0$ があって

$$C_1 \leq \frac{\mu(\{y \in \Sigma_A \,|\, y_i = x_i,\ 0 \leq i \leq m\})}{\exp(-Pm + \sum_{k=0}^{m-1} \varphi(\sigma^k x))} \leq C_2 \quad (x \in \Sigma_A,\ m \geq 0)$$

が成り立つ．μ，C_1，C_2，P は φ に依存する．μ を φ に関する**ギブス測度**という．

$\psi, \varphi \in C(\Sigma_A, \mathbb{R})$ が σ に関して**ホモロガス** (homologous) であるとは，$u \in C(\Sigma_A, \mathbb{R})$ があって

$$\psi(x) = \varphi(x) - u(x) + u(\sigma x) \quad (x \in \Sigma_A)$$

が成り立つことである．この場合に $\psi \sim \varphi$ と表す．

補題 1.2.2 $\varphi_1 \sim \varphi_2$ で，φ_1 に対して定理 1.2.1 が成り立つとする．このとき φ_2 に対しても定理 1.2.1 が成り立って，$\mu_{\varphi_1} = \mu_{\varphi_2}$ である．

証明

$$\left| \sum_{k=0}^{m-1} \varphi_1(\sigma^k x) - \sum_{k=0}^{m-1} \varphi_2(\sigma^k x) \right| = \left| \sum_{k=0}^{m-1} (u(\sigma^{k+1} x) - u(\sigma^k x)) \right|$$
$$= |u(\sigma^m x) - u(x)|$$
$$\leq 2\|u\|.$$

よって

$$\sum_{k=0}^{m-1} \varphi_2(\sigma^k x) - 2\|u\| \leq \sum_{k=0}^{m-1} \varphi_1(\sigma^k x)$$
$$\leq \sum_{k=0}^{m-1} \varphi_2(\sigma^k x) + 2\|u\|$$

であるから

$$\exp\left(\sum_{k=0}^{m-1} \varphi_2(\sigma^k x)\right) \exp(-2\|u\|) \leq \exp\left(\sum_{k=0}^{m-1} \varphi_1(\sigma^k x)\right)$$
$$\leq \exp\left(\sum_{k=0}^{m-1} \varphi_2(\sigma^k x)\right) \exp(-2\|u\|).$$

よって P, μ は変えないで，C_1, C_2 だけ変えて定理 1.2.1 の不等式を得る． □

補題 1.2.3 $\varphi \in \mathcal{F}_A$ とする．このとき，$x = (x_i)$, $y = (y_i) \in \Sigma_A$ に対して

$$x_i = y_i \quad (i \geq 0) \Longrightarrow \varphi(x) = \psi(y)$$

を満たす $\psi \in \mathcal{F}_A$ は φ にホモロガスである．

証明 n は Y_n の要素の個数である．$1 \leq t \leq n$ に対して

$$a_{0,t} = t$$

である $(a_{k,t})_{k=-\infty}^{\infty} \in \Sigma_A$ を選び，$x \in \Sigma_A$ に対して

$$x_k^* = \begin{cases} x_k & (k \geq 0) \\ a_{k,x_0} & (k \leq 0) \end{cases}$$

とおき

$$\gamma(x) = x^*$$

を定義して

$$u(x) = \sum_{j=0}^{\infty} (\varphi(\sigma^j x) - \varphi(\sigma^j \circ \gamma(x)))$$

とおく．$\sigma^j(x) = \sigma^j \circ \gamma(x)$ は $-j$ から ∞ の間一致するから

$$|\varphi(\sigma^j x) - \varphi(\sigma^j \circ \gamma(x))| \leq \mathrm{var}_j(\varphi) \leq b\alpha^j$$

($\varphi \in \mathcal{F}_A$ であるから $b > 0$, $\alpha \in (0,1)$ が存在する)．$\sum_{j=0}^{\infty} b\alpha^j < \infty$ であるから，u は定義され連続である．

$$x_i = y_j \quad (|i| \leq n)$$

ならば，$0 \leq j \leq n$ に対して

$$|\varphi(\sigma^j x) - \varphi(\sigma^j y)| \leq \mathrm{var}_j(\varphi) \leq b\alpha^{n-j},$$
$$|\varphi(\sigma^j \circ \gamma(x)) - \varphi(\sigma^j \circ \gamma(y))| \leq b\alpha^{n-j}.$$

よって

$$|u(x) - u(y)| \leq \sum_{j=0}^{[\frac{n}{2}]} |\varphi(\sigma^j x) - \varphi(\sigma^j y) + \varphi(\sigma^j \circ \gamma(x)) - \varphi(\sigma^j \circ \gamma(y))|$$

$$+ 2 \sum_{j > [\frac{n}{2}]} b\alpha^j$$

$$\leq 2b \left\{ \sum_{j=0}^{[\frac{n}{2}]} \alpha^{n-j} + \sum_{j > [\frac{n}{2}]} \alpha^j \right\}$$

$$\leq \frac{1}{1-\alpha} 2b\alpha^{[\frac{n}{2}]}$$

であるから $u \in \mathcal{F}_A$ であって

$$\psi = \varphi - u + u \circ \sigma \in \mathcal{F}_A.$$

さらに

$$\psi(x) = \varphi(x) + \sum_{j=-1}^{\infty} (\varphi(\sigma^{j+1} \circ \gamma(x)) - \varphi(\sigma^{j+1} x))$$

$$+ \sum_{j=0}^{\infty} (\varphi(\sigma^{j+1} x) - \varphi(\sigma^j \circ \gamma(\sigma x)))$$

$$= \varphi(\gamma(x)) + \sum_{j=0}^{\infty} (\varphi(\sigma^{j+1} \circ \gamma(x)) - \varphi(\sigma^j \circ \gamma(\sigma x))).$$

よって $x = (x_i) \in \Sigma_A$ に対して, $\psi(x) = \varphi(\gamma(x))$ が成り立っている. □

補題 1.2.2, 補題 1.2.3 は $\phi \in \mathcal{F}_A$ に対してギブス測度 μ_ϕ を見いだすとき, $\phi(x)$ が $(x_i)_0^\infty$ に依存する φ を用いた.

定理 1.2.1 の証明にはペロン–フロベニウスの定理を必要とする. 片側列空間の部分集合 Σ_A^+ の上の推移写像 $\sigma : \Sigma_A^+ \to \Sigma_A^+$ は有限対 1 の連続写像である.

$\varphi \in C(\Sigma_A^+, \mathbb{R})$ に対して

$$\varphi((x_i)_{-\infty}^\infty) = \varphi((x_i)_0^\infty)$$

によって $\varphi \in C(\Sigma_A, \mathbb{R})$ を得る. $\varphi \in C(\Sigma_A, \mathbb{R})$ は

$$x_i = y_i \ (i \geq 0) \Longrightarrow \varphi(x) = \varphi(y)$$

を満たすとする．このとき $(x_i) \in \Sigma_A$ に対して，$(x_i)_{i \leq 0}$ がどんな場合でも

$$\varphi((x_i)_{-\infty}^{\infty}) = \varphi((x_i)_{0}^{\infty})$$

であるとき，φ は $C(\Sigma_A^+, \mathbb{R})$ に属しているとする．

よって，$C(\Sigma_A^+, \mathbb{R})$ は $C(\Sigma_A, \mathbb{R})$ の部分集合と見ることができる．補題 1.2.2, 補題 1.2.3 により，$\phi \in \mathcal{F}_A$ に対してギブス測度を得るために $\phi \in C(\Sigma_A^+, \mathbb{R}) \cap \mathcal{F}_A$ に対してギブス測度を見いだせばよい．

ギブス測度を構成するために，ペロン–フロベニウス作用素を用いる．$\phi \in C(\Sigma_A^+, \mathbb{R})$ を固定して

$$(\mathcal{L}_\varphi \psi)(x) = \sum_{y \in \sigma^{-1}(x)} \exp(\phi(y))\psi(y) \quad (\psi \in C(\Sigma_A^+, \mathbb{R}))$$

によって作用素 $\mathcal{L} = \mathcal{L}_\phi$ を定義する．$\sigma : \Sigma_A^+ \to \Sigma_A^+$ が 1 対 1 でないことから $\mathcal{L}$ が定義される．

定理 1.2.4 (ペロン–フロベニウス作用素) $\sigma : \Sigma_A^+ \to \Sigma_A^+$ は位相混合的とする．$\phi \in C(\Sigma_A^+, \mathbb{R}) \cap \mathcal{F}_A$ に対して $\mathcal{L} = \mathcal{L}_\phi$ を定義する．このとき $\lambda > 0$, $h \in C(\Sigma_A^+, \mathbb{R})$ $(h > 0)$ と $\nu \in \mathcal{M}(\Sigma_A^+)$ があって

(1) $\mathcal{L}(h) = \lambda h,$

(2) $\mathcal{L}_* \nu = \nu \circ \mathcal{L} = \lambda \nu,$

(3) $\nu(h) = 1,$

(4) $\lim_{m \to \infty} \|\lambda^{-m} \mathcal{L}^m(\psi) - \nu(\psi)h\| = 0 \quad (\psi \in C(\Sigma_A^+, \mathbb{R}))$

が成り立つ．

定理 1.2.4 は次の定理と 5 つの補題を通して証明される．

$\mathbb{E}$ が **位相ベクトル空間** (topological vector space) であるとは

(1) $\mathbb{E}$ は位相空間,

(2) $\mathbb{E}$ はベクトル空間

で，ベクトル空間の演算が連続であることである．

位相ベクトル空間 $\mathbb{E}$ が**局所凸位相** (local convex topology) をもつとは，$\mathbb{E}$ の位相の開基底の各集合が凸開集合を含むことである．

定理 1.2.5 (シャウダー–ティコノフ (Schauder–Tychonoff)) $\emptyset \neq V$ は局所凸位相ベクトル空間のコンパクト凸集合とする．このとき連続写像 $G : V \to V$ は不動点をもつ．

証明については洋書文献 [D-Sc] を参照．
$\mathcal{L}$ は正値作用素で $\mathcal{L}(1) > 0$ であるから
$$G(\mu) = (\mathcal{L}_*\mu(1))^{-1}\mathcal{L}_*(\mu) \in \mathcal{M}(\Sigma_A^+) \quad (\mu \in \mathcal{M}(\Sigma_A^+))$$
によって $G : \mathcal{M}(\Sigma_A^+) \to \mathcal{M}(\Sigma_A^+)$ を定義する．G は連続であるから，定理 1.2.5 により
$$G(\nu) = \nu$$
を満たす $\nu \in \mathcal{M}(\Sigma_A^+)$ が存在する．よって
$$\mathcal{L}_*\nu = \lambda\nu \tag{1.2.1}$$
を得る．ここに $\lambda = \mathcal{L}_*\mu(1)$ である．

定理 1.2.4(2) が示された．

$\phi \in \mathcal{F}_A$ に対して $\mathcal{L}$ を定義した．よって $b > 0$, $\alpha \in (0,1)$ があって
$$\mathrm{var}_k(\phi) \leq b\alpha^k \quad (k \geq 0)$$
を満たす．
$$B_m = \exp\left(\sum_{k=m+1}^{\infty} 2b\alpha^k\right)$$
とおき
$$\Lambda = \{\varphi \in C(\Sigma_A^+, \mathbb{R}) \,|\, \varphi \geq 0,\ \nu(\varphi) = 1, \varphi(x) \leq B_m\varphi(x')\,(x_i = x_i', 0 \leq i \leq m)\}$$
を定義する．Λ は凸集合である．

距離空間 X の上の連続関数の集合 $C(X, \mathbb{R})$ の部分集合 H が次の条件を満たすとき，H は**同程度連続** (equi-continuous) であるという：

$\varepsilon > 0$ に対して，$\delta > 0$ があって $d(x,y) < \delta\,(x,y \in X)$ ならば，$|\varphi(x) - \varphi(y)| < \varepsilon\,(\varphi \in H)$ が成り立つ．

定理 1.2.6 (アスコリ–アルツェラ (Ascolli–Arzela)) X をコンパクト距離空間として，$H \subset C(X, \mathbb{R})$ とする．$x \in X$ に対して

$$H(x) = \{\varphi(x) \in \mathbb{R} | \varphi \in H\}$$

とおく．このとき $\mathrm{Cl}(H)$ がコンパクトである必要十分条件は H が同程度連続で，$\mathrm{Cl}(H(x))$ $(x \in X)$ がコンパクトであることである．

証明については洋書文献 [S] を参照．

補題 1.2.7 $h \in \Lambda$ $(h > 0)$ があって

$$\mathcal{L}(h) = \lambda h.$$

証明 $\varphi \in \Lambda$ ならば，$\lambda^{-1}\mathcal{L}(\varphi) \in \Lambda$ である．実際に，$\lambda^{-1}\mathcal{L}(\varphi) \geq 0$ であって

$$\nu(\lambda^{-1}\mathcal{L}(\varphi)) = \lambda^{-1}\mathcal{L}^*\nu(\varphi) = \nu(\varphi) = 1.$$

ここに ν は (1.2.1) を満たすボレル確率測度である．$x_i = x'_i$ $(0 \leq i \leq m)$ とする．このとき $\varphi \in \Lambda$ に対して

$$\mathcal{L}(\varphi)(x) = \sum_j \exp(\phi(jx))\varphi(jx)$$

(ここに，$\sum_j$ は $A_{jx_0} = 1$ なるすべての j についての和である)．x' に対しても同じ等式が成り立つ．jx と jx' は 0 から $m+1$ の間一致するから

$$\exp(\phi(jx))\varphi(jx) \leq \exp(\phi(jx'))\exp(b\alpha^{m+1})B_{m+1}\varphi(jx')$$
$$\leq B_m \exp(\phi(jx'))\varphi(jx').$$

よって

$$\mathcal{L}(\varphi)(x) \leq B_m \mathcal{L}(\varphi)(x').$$

$x, z \in \Sigma_A^+$ とする．(Σ_A^+, σ) は位相混合的であるから，$M > 0$ があって $A^M > 0$ である．よって，$y'_0 = z_0$ を満たす $y' \in \sigma^{-M}(x)$ が存在する．$\varphi \in \Lambda$ に対して

$$\mathcal{L}^M(\varphi)(x) = \sum_{y \in \sigma^{-M}(x)} \exp\left(\sum_{k=0}^{M-1} \phi(\sigma^k y)\right) \varphi(y)$$
$$\geq \exp(-M\|\phi\|)\varphi(y')$$
$$\geq \exp(-M\|\phi\|)B_0^{-1}\varphi(z). \qquad (1.2.2)$$

$$K = \lambda^M e^{M\|\phi\|} B_0$$

とおくと，z は任意であるから

$$1 = \nu(\lambda^{-M} \mathcal{L}^M(\varphi)) \geq K^{-1} \varphi(z). \tag{1.2.3}$$

よって

$$\|\varphi\| \leq K. \tag{1.2.4}$$

$\nu(\varphi) = 1$ であるから，z があって $\varphi(z) \geq 1$ である．よって (1.2.2) により

$$\inf \lambda^{-M} \mathcal{L}^M(\varphi) \geq K^{-1}.$$

$x_i = x'_i$ $(0 \leq i \leq m)$, $\varphi \in \Lambda$ とする．$B_m \to 1$ $(m \to \infty)$ であるから

$$|\varphi(x) - \varphi(x')| \leq (B_m - B_m^{-1}) K \longrightarrow 0.$$

定理 1.2.6 により，Λ はコンパクト凸集合である．定理 1.2.5 により，$\lambda^{-1}\mathcal{L} : \Lambda \to \Lambda$ は

$$\mathcal{L}(h) = \lambda h$$

を満たす $h \in \Lambda$ の存在を保証している．さらに

$$\inf(h) = \inf(\lambda^{-M} \mathcal{L}^M(h)) \geq K^{-1}.$$

$\square$

補題 1.2.7 により

$$\nu(h) = 1$$

である．定理 1.2.4(1), (3) が示された．

補題 1.2.8 h は補題 1.2.7 の関数とする．$\varphi \in \Lambda$ に対して，$\eta \in (0,1)$ と $\varphi' \in \Lambda$ があって

$$\lambda^{-M} \mathcal{L}^M(\varphi) = \eta h + (1-\eta)\varphi'.$$

証明 $\eta > 0$ に対して
$$g = \lambda^{-M}\mathcal{L}^M(\varphi) - \eta h$$
とする．$\eta\|h\| \leq K^{-1}$ であれば，(1.2.3) により $g \geq 0$ が成り立つ．

さらに $m > 0$ に対して $x_i = x_i'$ $(0 \leq i \leq m)$ とする．このとき
$$g(x) \leq B_m g(x'),$$

$$\eta(B_m h(x') - h(x)) \leq B_m \lambda^{-M}\mathcal{L}^M(\varphi)(x') - \lambda^{-M}\mathcal{L}^M(\varphi)(x) \quad (1.2.5)$$

が成り立つように η を選ぶことができれば
$$g(x) \geq 0, \quad g(x) \leq B_m g(x')$$

を得る．
$$\varphi' = \frac{g}{1-\eta}$$
とおくと
$$\begin{aligned}\nu(\varphi') &= \frac{1}{1-\eta}\nu(g) \\ &= \frac{1}{1-\eta}(\nu(\lambda^{-M}\mathcal{L}^M(\varphi) - \eta\nu(h)) \\ &= \frac{1}{1-\eta}(1-\eta) = 1.\end{aligned}$$

よって $\varphi' \in \Lambda$ であって，補題 1.2.8 が成り立つ．

η を見いだすだけである．$\varphi_1 \in \Lambda$ に対して
$$\begin{aligned}\mathcal{L}(\varphi_1)(x) &\leq B_{m+1}\mathcal{L}(\varphi_1)(x) \\ &\leq B_m \exp(b\alpha^m)\mathcal{L}(\varphi_1)(x')\end{aligned}$$

であるから
$$\varphi_1 = \lambda^{-M+1}\mathcal{L}^{M-1}(\varphi)$$
とおくと
$$\lambda^{-M}\mathcal{L}^M(\varphi)(x) \leq B_{m+1}\exp(b\alpha^m)\lambda^{-M}\mathcal{L}^M(\varphi)(x').$$

$h \in \Lambda$ であるから
$$h(x) \geq B_m^{-1}h(x').$$

(1.2.5) を得るために

$$\eta(B_m - B_m^{-1})h(x') \leq (B_m - B_{m+1}e^{b\alpha^m})\lambda^{-M}\mathcal{L}^M(\varphi)(x'),$$

あるいは

$$\eta(B_m - B_m^{-1})\|h\| \leq (B_m - B_{m+1}e^{b\alpha^m})K^{-1}$$

が成り立てば十分である. そこで

$$\log B_m, \ \log B_m^{-1}, \ \log B_{m+1}e^{b\alpha^m} \in [-L, L] \quad (m > 0)$$

を満たす $L > 0$ を定め, $u_1, u_2 > 0$ は

$$u_1(x-y) \leq e^x - e^y \leq u_2(x-y) \quad (x, y \in [-L, L], \ x > y)$$

を満たすとする.

(1.2.5) が成り立つためには, η が次の3つの不等式のいずれかを満たせば十分である.

$$\eta\|h\|u_2(\log B_m - \log B_m^{-1}) \leq K^{-1}u_1(\log B_m - \log B_{m+1}e^{b\alpha^m}),$$

$$\eta\|h\|u_2\frac{4b\alpha^{m+1}}{1-\alpha} \leq K^{-1}u_1 b\alpha^m,$$

$$\eta \leq u_1(1-\alpha)(4\alpha u_2\|h\|K)^{-1}.$$

$\square$

補題 1.2.9 $a > 0$, $\beta \in (0,1)$ があって

$$\|\lambda^{-n}\mathcal{L}^n(\varphi) - h\| \leq a\beta^n \quad (\varphi \in \Lambda, \ n \geq 0).$$

証明 $M > 0$ は補題 1.2.7 の証明で用いた $A^M > 0$ となる整数とする. $n > 0$ に対して

$$n = Mq + r \quad (0 \leq r < M)$$

と表す. 補題 1.2.8 と $\mathcal{L}(h) = \lambda h$ であることから, 補題 1.2.8 を通して帰納的に $\varphi \in \Lambda$ に対して $\varphi'_q \in \Lambda$ があって

$$\lambda^{-Mq}\mathcal{L}^{Mq}(\varphi) = (1 - (1-\eta)^q)h + (1-\eta)^q\varphi'_q.$$

(1.2.4) により $\|\varphi'_q\| \leq K$ であるから

$$\|\lambda^{-Mq}\mathcal{L}^{Mq}(\varphi) - h\| \leq (1-\eta)^q(\|h\| + K).$$

よって

$$\begin{aligned}\|\lambda^{-n}\mathcal{L}^n(h) - h\| &= \|\lambda^{-r}\mathcal{L}^r(\lambda^{-Mq}\mathcal{L}^{Mq}(\varphi) - h)\| \\ &\leq a(1-\eta)^{q+1} \\ &\leq a\beta^n.\end{aligned}$$

ここに

$$a = (1-\eta)^{-1}(\|h\| + K)\sup_{0 \leq r \leq M}\|\lambda^{-r}\mathcal{L}^r\|,$$
$$\beta = (1-\eta)^{\frac{1}{M}}.$$

$\square$

補題 1.2.10 $r > 0$ に対して

$$\mathcal{C}_r = \{\varphi \in C(\Sigma_A^+, \mathbb{R})\Lambda \,|\, \mathrm{var}_r(\varphi) = 0\}$$

とする. このとき $F \in \Lambda$, $\varphi \in \mathcal{C}_r$ ($\varphi \geq 0$) に対して

$$\varphi F \neq 0 \Longrightarrow \nu(\varphi F)^{-1}\lambda^{-r}\mathcal{L}^r(\varphi F) \in \Lambda.$$

証明 $x_i = x'_i$ ($0 \leq i \leq m$) とする. このとき

$$\begin{aligned}&\mathcal{L}^r(\varphi F)(x) \\ &= \sum_{\substack{j_1, \cdots, j_r \\ j_1 \cdots j_r x \in \Sigma_A^+}} \exp\left(\sum_{k=0}^{r-1} \phi(\sigma^k(j_1 \cdots j_r x))\varphi(j_1 \cdots j_r x)F(j_1 \cdots j_r x)\right) \quad (1.2.6)\end{aligned}$$

$\varphi \in \mathcal{C}_r$ であるから

$$\varphi(j_1 \cdots j_r x) = \varphi(j_1 \cdots j_r x')$$

であって, $F \in \Lambda$ であるから

$$F(j_1 \cdots j_r x) \leq B_{m+r}F(j_1 \cdots j_r x').$$

$\varphi \in \mathcal{F}_A$ であるから

$$\phi(\sigma^k(j_1 \cdots j_r x)) \leq \phi(\sigma^k(j_1 \cdots j_r x')) + \mathrm{var}_{m+r-k}(\phi).$$

$$B_{m+r} \exp\left(\sum_{k=0}^{r-1} \mathrm{var}_{m+r-k}(\phi)\right) \leq B_{m+r} \exp\left(\sum_{j=m+1}^{m+r} b\alpha^j\right)$$
$$\leq B_m$$

であるから

$$(1.2.6) \text{ の右辺の各項} \leq B_m \mathcal{L}^r(\varphi F)(x') \text{ の対応する項}.$$

よって
$$\mathcal{L}^r(\varphi F)(x) \leq B_m \mathcal{L}^r(\varphi F)(x').$$

$\nu(\varphi F) > 0$ を示せば，補題 1.2.10 の結論を得る．

(1.2.4) の φ を $\mathcal{L}^r(\varphi F)$ に置き換えるとき

$$\lambda^r \nu(\varphi F) = \nu(\lambda^{-M} \mathcal{L}^{M+r}(\varphi F))$$
$$\geq K^{-1} \mathcal{L}^r(\varphi F)(z) \quad (z \in \Sigma_A^+) \quad ((1.2.2) \text{ により})$$

が成り立つ．

$$(\varphi F)(w) > 0 \Longrightarrow \mathcal{L}^r(\varphi F)(\sigma^r w) > 0$$

であるから，$\nu(\varphi F) > 0$ である． □

補題 1.2.11 h は補題 1.2.7 の関数とし，$a > 0$ は補題 1.2.9 の数とする．$\varphi \in \mathcal{C}_r$, $F \in \Lambda$, $n \geq 0$ に対して

$$\|\lambda^{-n-r} \mathcal{L}^{n+r}(\varphi F) - \nu(\varphi F) h\| \leq a\nu(|\varphi F|) \beta^n,$$
$$\lim_{m \to \infty} \|\lambda^{-m} \mathcal{L}^m(\varphi) - \nu(\varphi) h\| = 0 \quad (\varphi \in C(\Sigma_A^+, \mathbb{R})).$$

証明 $\varphi \in \mathcal{C}_r$ に対して，$\varphi^+, \varphi^- \in \mathcal{C}_r$ ($\varphi^+ \geq 0$, $\varphi^- \geq 0$) があって

$$\varphi = \varphi^+ - \varphi^-$$

と表すことができる．このとき

$$\|\lambda^{-n-r}\mathcal{L}^{n+r}(\varphi^{\pm}F) - \nu(\varphi^{\pm}F)h\| \leq a\nu(\varphi^{\pm}F)\beta^n. \quad (1.2.7)$$

実際に，$\varphi^{\pm}F = 0$ のとき (1.2.7) は明らかである．$\varphi^{\pm}F \neq 0$ に対して補題 1.2.10, 補題 1.2.9 によって補題 1.2.11 の最初の結論を得る．

$\varphi' \in C(\Sigma_A^+, \mathbb{R})$, $\varepsilon > 0$ に対して，$r > 0$ と $\varphi_1, \varphi_2 \in \mathcal{C}_r$ があって

$$\varphi_1 \leq \varphi' \leq \varphi_2, \quad 0 \leq \varphi_2 - \varphi_1 \leq \varepsilon$$

とできる．

$$|\nu(\varphi_i) - \nu(\varphi')| < \varepsilon$$

であるから，$F = 1$ のとき補題 1.2.11 の最初の命題により

$$\|\lambda^{-m}\mathcal{L}^m(\varphi_i) - \nu(\varphi')h\| \leq \varepsilon(1 + \|h\|) \quad (\text{十分に大きい } m).$$

$$\lambda^{-m}\mathcal{L}^m(\varphi_1) \leq \lambda^{-m}\mathcal{L}^m(\varphi') \leq \lambda^{-m}\mathcal{L}^m(\varphi_2)$$

であるから

$$\|\lambda^{-m}\mathcal{L}^m(\varphi') - \nu(\varphi')h\| \leq \varepsilon(1 + \|h\|) \quad (\text{十分に大きい } m).$$

□

以上で定理 1.2.4 の証明は完了した．定理 1.2.4 を用いて，この節の主定理である定理 1.2.1 を示す．

定理 1.2.1 の証明 $\varphi \in \mathcal{F}_A \cap C(\Sigma_A^+, \mathbb{R})$ として，ν, h, λ は定理 1.2.4 にしたがうとする．このとき定理 1.2.4(3) により

$$\mu = h\nu$$

は Σ_A^+ の上の確率測度で

$$\mu(\varphi) = \nu(h\varphi) = \int \varphi(x)h(x)d\nu \quad (\varphi \in C(\Sigma_A^+, \mathbb{R})).$$

μ はギブス測度であることを示すために，証明を 4 つに分割する．

(I) μ は σ-不変である.

証明 $\varphi \in C(\Sigma_A^+, \mathbb{R})$ に対して,$\mu(\varphi) = \mu(\varphi \circ \sigma)$ を示せば十分である.$\varphi' \in C(\Sigma_A^+, \mathbb{R})$ に対して

$$\begin{aligned}
\mathcal{L}(\varphi)\varphi'(x) &= \sum_{y \in \sigma^{-1}(x)} \exp(\phi(y))\varphi(y)\varphi'(x) \\
&= \sum_{y \in \sigma^{-1}(x)} \exp(\phi(y))\varphi(y)\varphi'(\sigma y) \\
&= \mathcal{L}(\varphi\varphi' \circ \sigma)(y)
\end{aligned}$$

であるから

$$\begin{aligned}
\mu(\varphi) &= \nu(h\varphi) \\
&= \nu(\lambda^{-1}\mathcal{L}(h)\varphi) \\
&= \lambda^{-1}\nu(\mathcal{L}(h\varphi \circ \sigma)) \\
&= \lambda^{-1}(\mathcal{L}^*\nu(h\varphi \circ \sigma)) \\
&= \nu(h\varphi \circ \sigma) \qquad \text{(定理 1.2.4(2) により)} \\
&= \mu(\varphi \circ \sigma).
\end{aligned}$$

μ は Σ_A^+ の上で σ-不変であるから,自然な方法によって μ を Σ_A の上の測度に拡張することができる.$\varphi \in C(\Sigma_A, \mathbb{R})$ に対して,$\varphi^* \in C(\Sigma_A^+, \mathbb{R})$ を

$$\varphi^*((x_i)_0^\infty) = \min\{\varphi(y) \,|\, y \in \Sigma_A,\, y_i = x_i\ (i \geq 0)\}$$

によって定義する.

$m, n \geq 0$ に対して

$$\|(\varphi \circ \sigma^n)^* \circ \sigma^m - (\varphi \circ \sigma^{n+m})^*\| \leq \mathrm{var}_n(\varphi)$$

であるから

$$\begin{aligned}
|\mu((\varphi \circ \sigma^n)^*) - \mu((\varphi \circ \sigma^{n+m})^*)| &= |\mu((\varphi \circ \sigma)^* \circ \sigma^m) - \mu((\varphi \circ \sigma^{n+m})^*)| \\
&\leq \mathrm{var}_n(\varphi).
\end{aligned}$$

φ は連続であるから,$n \to \infty$ として $\mathrm{var}_n(\varphi) \to 0$ である.よって

$$\tilde{\mu}(\varphi) = \lim_{n \to \infty} \mu((\varphi \circ \sigma^n)^*).$$

$\tilde{\mu} : C(\Sigma_A, \mathbb{R}) \to \mathbb{R}$ は線形汎関数でリース (Riesz) の表現定理の条件を満たしているから, Σ_A の上の確率測度 μ があって

$$\tilde{\mu}(\varphi) = \mu(\varphi) \quad (\varphi \in C(\Sigma_A^+, \mathbb{R})).$$

$\tilde{\mu}(\varphi \circ \sigma) = \tilde{\mu}(\varphi)$ であるから, μ は σ-不変である. □

(II) μ は $\sigma : \Sigma_A \to \Sigma_A$ に関して混合的である.

証明

$$S_m(\phi)(x) = \sum_{k=0}^{m-1} \phi(\sigma^k x)$$

と表す. $\psi, \psi' \in \mathcal{F}_A \cap C(\Sigma_A^+, \mathbb{R})$ に対して

$$(\mathcal{L}^m \psi)(x) = \sum_{y \in \sigma^{-m}(x)} \exp(S_m \phi(x)) \psi(y)$$

であるから

$$\begin{aligned}((\mathcal{L}^m \psi)\psi' x) &= \sum_{y \in \sigma^{-m}(x)} \exp(S_m \phi(x)) \psi(y) \psi'(\sigma^m y) \\ &= \mathcal{L}^m(\psi \psi' \circ \sigma^m).\end{aligned}$$

混合性の条件を見るために

$$\begin{aligned}E &= \{y \in \Sigma_A \,|\, y_i = a_i, \ r \leq i \leq s\}, \\ F &= \{y \in \Sigma_A \,|\, y_i = b_i, \ u \leq i \leq v\}\end{aligned}$$

とおく. μ の不変性によって $r = u = 0$ と仮定して一般性を失わない.

$$\begin{aligned}\mu(E \cap \sigma^{-n} F) &= \mu(1_E 1_{\sigma^{-n} F}) \\ &= \mu(1_E 1_F \circ \sigma^n) \\ &= \nu(h 1_E 1_F \circ \sigma^n) \\ &= \lambda^{-n} \mathcal{L}^* \nu(h 1_E 1_F \circ \sigma^n) \\ &= \nu(\lambda^{-n} \mathcal{L}^n(h 1_E 1_F \circ \sigma^n)) \\ &= \nu(\lambda^{-n} \mathcal{L}^n(h 1_E) 1_F)\end{aligned}$$

であるから

$$|\mu(E\cap\sigma^{-n}F)-\mu(E)\mu(F)| = |\mu(E\cap\sigma^{-n}F)-\nu(h1_E)\nu(h1_F)|$$
$$= |\nu(\lambda^{-n}\mathcal{L}^n(h1_E)1_F)-\nu(h1_E)\nu(h1_F)|$$
$$= |\nu((\lambda^{-n}\mathcal{L}^n(h1_E)1_F-\nu(h1_E)h)1_F)|$$
$$\leq \|\lambda^{-n}\mathcal{L}^n(h1_E)-\nu(h1_E)h\|\nu(1_F).$$

$1_F \in \mathcal{C}_s$ であるから,補題 1.2.11 により

$$\|\lambda^{-n}\mathcal{L}^n(h1_E)-\nu(h1_E)h\| \leq a\nu(E)\beta^{n-s} \quad (n \geq s).$$

ここに $\beta \in (0,1)$ である.

よって

$$|\mu(E\cap\sigma^{-n}F)-\mu(E)\mu(F)| \leq A'\mu(E)\mu(F)\beta^{n-s} \quad (n \geq s). \quad (1.2.8)$$

ここに

$$A' = a(\inf(h))^{-1}.$$

(1.2.8) から,$\varphi, \psi \in L^2(\mu)$ に対して

$$\mu(\varphi\psi\circ\sigma^n) \to \mu(\varphi)\mu(\psi) \quad (n\to\infty)$$

が導ける.よって μ は混合的である. $\square$

(III) $b = \sum_{k=0}^{\infty} \text{var}_k(\phi) < \infty$ とする.このとき $x, y \in \Sigma_A$ に対して
$$x_i = y_i \ (0 \leq i \leq m-1) \Longrightarrow |S_m\phi(x)-S_m\phi(y)| \leq b.$$

証明

$$y'_i = \begin{cases} y_i & (i \geq 0) \\ x_i & (i \leq 0) \end{cases}$$

によって $y' \in \Sigma_A$ が定義され $\phi(\sigma^k y') = \phi(\sigma^k y) \ (k \geq 0)$ である.よって

$$|S_m\phi(x)-S_m\phi(y)| \leq \sum_{k=0}^{m-1}|\phi(\sigma^k x)-\phi(\sigma^k y')|$$
$$\leq \sum_{k=0}^{m-1}\text{var}_{m-1-k}(\phi)$$
$$\leq b$$

を得る. □

(IV) μ は Σ_A の上の $\phi \in \mathcal{F}_A \cap C(\Sigma_A^+, \mathbb{R})$ に関するギブス測度である. その存在は一意的である.

証明 $x \in \Sigma_A$ として
$$E = \{y \in \Sigma_A^+ \mid y_i = x_i,\ 0 \leq i \leq m-1\}$$
とおく. $z \in \Sigma_A^+$ に対して $y' \in E$ なる $y' \in \sigma^{-m}(z)$ が存在する. (III) により
$$\mathcal{L}^m(h 1_E)(z) = \sum_{y \in \sigma^{-m}(z)} \exp(S_m \phi(y)) h(y) 1_E(y)$$
$$\leq \exp(S_m \phi(z)) e^b \|h\|.$$

よって
$$\mu(E) = \nu(h 1_E)$$
$$= \lambda^{-m} \nu(\mathcal{L}^m(h 1_E))$$
$$\leq \lambda^{-m} \exp(S_m \phi(z)) C_2.$$

ここに $C_2 = e^b \|h\|$ である.

一方において, $z \in \Sigma_A^+$ に対して $y' \in E$ なる $y' \in \sigma^{-m-M}(z)$ が存在する. このとき
$$\mathcal{L}^{m+M}(h 1_E)(z) \geq \exp(S_{m+M} \phi(y')) h(y')$$
$$\geq e^{-M\|\phi\| - b} (\inf(h)) \exp(S_m \phi(z)).$$

よって
$$\mu(E) = \lambda^{-m-M} \nu(\mathcal{L}^{m+M}(h 1_E)) \geq C_1 \lambda^{-m} \exp(S_m \phi(z)).$$

ここに
$$C_1 = \lambda^{-M} e^{-M\|\phi\| - b}$$
である.

$P = \log \lambda$ として,筒集合 E に対して定理 1.2.1 の不等式を得た. μ は φ に関するギブス測度である.

最後に μ の存在の一意性を示すために,μ' は C_1', C_2', P' に対して定理 1.2.1 の不等式を満たしているとする.

$x \in \Sigma_A$ に対して

$$E_m(x) = \{y \in \Sigma_A \,|\, y_i = x_i, \ 0 \leq i \leq m-1\}$$

とする.Σ_A の有限部分集合 T_m があって

$$\Sigma_A = \bigcup_{x \in T_m} E_m(x), \quad E_m(x) \cap E_m(y) = \emptyset \quad (x, y \in T_m, \ x \neq y).$$

このとき

$$C_1' \exp(-P'm) \sum_{x \in T_m} \exp(S_m \phi(x)) \leq \sum_{x \in T_m} \mu'(E_m(x))$$
$$= 1$$
$$\leq C_2' \exp(-P'm) \sum_{x \in T_m} \exp(S_m \phi(x)).$$

よって

$$P' = \lim_{m \to \infty} \frac{1}{m} \log \left(\sum_{x \in T_m} \exp(S_m \phi(x)) \right) \tag{1.2.9}$$

であるから,$P = P'$ が求まる.$D = C_2' C_1^{-1}$ とすると

$$\mu'(E_m(x)) \leq D\mu(E_m(x))$$

を得る.$m > 0$ は任意であるから

$$\mu'(E) \leq D\mu(E) \quad (E \text{ はボレル集合}).$$

よって $\mu' \ll \mu$ であるから,ラドン–ニコディム (Radon–Nikodým) の定理により密度関数 ψ があって $\mu' = \psi\mu$ である.μ' は σ-不変であるから

$$\mu' = \mu' \circ \sigma$$
$$= (\psi \circ \sigma)\mu \circ \sigma$$
$$= (\psi \circ \sigma)\mu.$$

よって $\psi \circ \sigma = \psi$ (μ–a.e.) である．μ はエルゴード的であるから，ψ は μ–a.e. で定数 c であって
$$1 = \mu'(\Sigma_A) = \int c d\mu = c.$$
よって $\mu' = \mu$ である． $\square$

定理 1.2.1 の証明は完了した．

$\varphi \in \mathcal{F}_A$ に対して $\mu = \mu_\varphi$ は $\sigma : \Sigma_A \to \Sigma_A$ のギブス測度とし，σ は位相混合的であるとする．

$\mathcal{A}, \mathcal{B}$ は Σ_A の分割とする．$\mathcal{A}, \mathcal{B}$ が **ε–独立** (ε–independent) であるとは
$$\sum_{A \in \mathcal{A}, B \in \mathcal{B}} |\mu(A \cap B) - \mu(A)\mu(B)| < \varepsilon$$
を満たすことである．

Σ_A の分割 $\mathcal{U} = \{U_1, U_2, \cdots, U_n\}$ の各 U_j を
$$U_j = \{x \in \Sigma_A \,|\, x_0 = j\}$$
によって定義する．$\mathcal{U}$ が μ に関して **弱ベルヌーイ** (weak Bernoulli) であるとは，$\varepsilon > 0$ に対して $N(\varepsilon) > 0$ があって $s \geq 0$, $r \geq 0$, $t \geq s + N(\varepsilon)$ に対して
$$\mathcal{P} = \bigvee_{i=1}^{s} \sigma^{-i}(\mathcal{U}), \quad \mathcal{Q} = \bigvee_{i=t}^{t+r} \sigma^{-i}(\mathcal{U})$$
が ε–独立であるときをいう．

$\mathcal{U}$ が弱ベルヌーイであれば (Σ_A, σ, μ) はベルヌーイ系であることが示される (邦書文献 [To])．

命題 1.2.12 $\mathcal{U}$ は μ に関して弱ベルヌーイである．

証明 $\phi \in C(\Sigma_A^+, \mathbb{R})$ とする．$P \in \mathcal{P}$ に対して $1_P \in \mathcal{C}_s$ を得る．(1.2.8) により
$$|\mu(P \cap Q) - \mu(P)\mu(Q)| \leq A'\mu(P)\mu(Q)\beta^{t-s} \quad (P \in \mathcal{P},\ Q \in \mathcal{Q}).$$
よって $t - s$ が十分に大きければ
$$\sum_{P, Q} |\mu(P \cap Q) - \mu(P)\mu(Q)| \leq A'\beta^{t-s} < \varepsilon$$

を得る. □

$\alpha \in (0,1)$ とする. このとき

$$\mathcal{F}'_A = \{\varphi \in C(\Sigma_A, \mathbb{R}) \,|\, c > 0 \text{ があって } \mathrm{var}_k(\varphi) \leq c\alpha^k, \ k \geq 0\}$$

は

$$\|\varphi\|_\alpha = \|\varphi\| + \sup_{k \geq 0}(\alpha^{-k}\,\mathrm{var}_k(\varphi))$$

によってバナッハ (Banach) 空間をなす. 明らかに $\mathcal{F}'_A \subset \mathcal{F}_A$ である.

命題 1.2.13（相関関数の指数的減衰） $D > 0$, $\gamma \in (0,1)$ があって

$$|\mu(\varphi\psi \circ \sigma^n) - \mu(\varphi)\mu(\psi)| \leq D\|\varphi\|_\alpha\|\psi\|_\alpha \gamma^n \qquad (\varphi, \psi \in \mathcal{F}'_A, \ n \geq 0).$$

証明 $k \geq 0$, $x \in \Sigma_A$ に対して

$$E_k(x) = \{y \in \Sigma_A \,|\, y_i = x_i, \ |i| \leq k\}$$

とおき

$$\varphi_k(x) = \frac{1}{\mu(E_k(x))} \int_{E_k(x)} \varphi\, d\mu$$

を定義する. このとき

$$\mu(\varphi_k) = \mu(\varphi), \quad \|\varphi - \varphi_k\| \leq \|\varphi\|_\alpha \alpha^k.$$

よって

$$|\mu(\varphi\psi \circ \sigma^n) - \mu(\varphi)\mu(\psi)| \leq |\mu(\varphi_k \psi_k \circ \sigma^n) - \mu(\varphi_k)\mu(\psi_k)|$$
$$+ |\mu((\varphi - \varphi_k)\psi_k \circ \sigma^n)| + |\mu(\varphi(\psi - \psi_k) \circ \sigma^n)|$$
$$\leq |\mu(\varphi_k \psi_k \circ \sigma^n) - \mu(\varphi_k)\mu(\psi_k)| + 2\alpha^k \|\varphi\|_\alpha \|\psi\|_\alpha.$$

有限分割 $\mathcal{P} = \{E_k(x)\}$ に対して

$$\varphi_k = \sum_{P \in \mathcal{P}} a_k 1_P, \quad \psi_k = \sum_{P \in \mathcal{P}} b_k 1_P$$

と表されるから

$$|\mu(\varphi_k \psi_k \circ \sigma^n) - \mu(\varphi_k)\mu(\psi_k)| \leq \sum_{P,Q \in \mathcal{P}} |a_p b_q||\mu(P \cap \sigma^{-n}(Q)) - \mu(P)\mu(Q)|$$
$$\leq \|\varphi\|\|\psi\|A'\beta^{n-2k}$$
$$\leq \|\varphi\|_\alpha \|\psi\|_\alpha A'\beta^{n-2k}.$$

$k = \left[\dfrac{n}{3}\right]$ としたとき $\gamma = \max\{\alpha^{\frac{1}{3}}, \beta^{\frac{1}{3}}\}$ とおくと結論を得る. □

定理 1.2.14 (中心極限定理) $\varphi \in \mathcal{F}_A$ に対して $\mathcal{O} = \mathcal{O}(\varphi) \in (0,1)$ があって $\mathcal{O} > 0$ のとき

$$\mu\left(\left\{x \in \Sigma_A \,\middle|\, \frac{1}{\sqrt{n}} \sum_{i=0}^{n-1} \varphi(\sigma^i(x)) - \int \varphi d\mu \in (-\infty, r)\right\}\right)$$
$$\longrightarrow \frac{1}{\mathcal{O}\sqrt{2\pi}} \int_{-\infty}^{r} e^{-\frac{t^2}{2\mathcal{O}^2}} dt \quad (n \to \infty)$$

が成り立つ.

証明は邦書文献 [Ao3] に与えられている.

$\varphi, \psi \in \mathcal{F}_A$ に対して, ギブス測度 μ_φ, μ_ψ が存在する. φ と ψ が (σ に関して) ホモロガスであれば, μ_φ と μ_ψ は一致することを補題 1.2.2 で示した. 次の定理はホモロガスが同値律を満たすことを示している:

定理 1.2.15 $\sigma : \Sigma_A \to \Sigma_A$ は位相混合的で, $\varphi, \psi \in \mathcal{F}_A$ とする. このとき次の (1), (2), (3), (4) は同値である:

$P(\varphi)$ は定理 1.2.1 で φ に対して存在した定数とし $K = P(\varphi) - P(\psi)$ とおくならば

(1) $\mu_\varphi = \mu_\psi$.

(2) $\sigma^m(x) = x \ (m > 0)$ であれば $S_m\varphi(x) - S_m\psi(x) = mK$.

(3) $u \in \mathcal{F}_A$ があって $x \in \Sigma_A$ に対して

$$\varphi(x) = \psi(x) + K + u(\sigma x) - u(x).$$

(4) $L > 0$ があって $x \in \Sigma_A$, $m > 0$ に対して
$$|S_m\varphi(x) - S_m\psi(x) - mK| \leq L.$$

証明 (3)⇒(4) は明らかである.

(4)⇒(1) の証明：$m > 0$ に対して $A = \{y \,|\, y_i = x_i, \, |i| \leq m\}$ とおく．定理 1.2.1 により
$$\exp(-P(\varphi)m + S_m\varphi(x))C_1 \leq \mu_\varphi(A) \leq \exp(-P(\varphi)m + S_m\varphi(x))C_2,$$
$$\exp(-P(\psi)m + S_m\psi(x))C_1' \leq \mu_\psi(A) \leq \exp(-P(\psi)m + S_m\psi(x))C_2'.$$
よって
$$\exp(L)\frac{C_1}{C_2'} \leq \frac{\mu_\varphi(A)}{\mu_\psi(A)} \leq \exp(L)\frac{C_2}{C_1'}$$
であるから $\mu_\varphi = \mu_\psi$ が求まる．

(1)⇒(2) の証明：$\mu_\varphi = \mu_\psi$, $\sigma^m(x) = x$ とする．ギブス測度の性質により
$$d_1 \leq \frac{\exp(-P(\varphi)j + S_j\varphi(x))}{\exp(-P(\psi)j + S_j\psi(x))} \leq d_2 \qquad (j > 0).$$
ここに $d_1 > 0$, $d_2 > 0$ は x, j に依存しない定数である．よって $M > 0$ があって
$$|S_j\varphi(x) - S_j\psi(x) + (P(\psi) - P(\varphi))j| \leq M.$$
$j = km$ であるとき
$$S_j\varphi(x) = kS_m\varphi(x)$$
であるから
$$M \geq k|S_m\varphi(x) - S_m\psi(x) + (P(\psi) - P(\varphi))m|.$$
$k \to \infty$ とするとき，$K = P(\varphi) - P(\psi)$ であるから (2) を得る．

(2)⇒(3) の証明：$\sigma : \Sigma_A \to \Sigma_A$ は位相推移的であるから，可算基 $\{U_i \,|\, i \geq 0\}$ に対して
$$V_{i,N} = \bigcup_{n \geq N} \sigma^{-n}(U_i)$$
は Σ_A で稠密である．よって $\bigcap_{i,N} V_{i,N}$ も稠密であるから，$x \in \bigcap_{i,N} V_{i,N}$ とする．このとき $i \geq 0$ に対して $n \geq N$ があって $\sigma^n(x) \in U_i$ とできる．よって $\Gamma = \{\sigma^k(x) \,|\, k \geq 0\}$ は Σ_A で稠密である．
$$\eta = \varphi - \psi - K$$

とおくと $\eta \in \mathcal{F}_A$ である. $u : \Gamma \to \mathbb{R}$ を
$$u(\sigma^k x) = \sum_{i=0}^{k-1} u(\sigma^i x)$$
によって定義する.

$y = \sigma^k(x)$ と $z = \sigma^m(x)$ $(m > k > 0)$ は $r > 0$ があって
$$y_i = z_i \qquad (|i| \leq r)$$
であるとする. このとき
$$x_{k+i} = x_{m+i} \qquad (|i| \leq r).$$
ここで $w \in \Sigma_A$ を
$$w_i = x_t \qquad (i = t, \mod m-k, \quad k \leq t \leq m)$$

$$\cdots\ x_{k-r}\ \cdots\ x_k\ \cdots\ x_m\ \ x_{m+1}\ \cdots\ x_{m+r}\ \cdots$$
$$\cdots\ w_{k-r}\ \cdots\ w_k\ \cdots\ w_m\ \ w_k\ \cdots\ w_{m-k+r}\ \cdots$$

によって定義する. このとき $\sigma^{m-k}(w) = w$ であって
$$w_i = x_i \qquad (k-r \leq i \leq m+r).$$
よって
$$(\sigma^j x)_i = (\sigma^j w)_i \qquad (k-r-j \leq i \leq m+r-j).$$
u の定義により
$$u(z) - u(y) = \sum_{j=k}^{m-1} \eta(\sigma^j x).$$
(2) により
$$\sum_{j=k}^{m-1} \eta(\sigma^j w) = 0$$
であるから
$$|u(z) - u(y)| \leq \sum_{j=k}^{m-1} |\eta(\sigma^j x) - \eta(\sigma^j w)|$$
$$\leq \mathrm{var}_r(\eta) + \mathrm{var}_{r+1}(\eta) + \cdots + \mathrm{var}_{r+1}(\eta) + \mathrm{var}_r(\eta)$$
$$\leq 2 \sum_{s=r}^{\infty} \mathrm{var}_s(\eta).$$

$\eta \in \mathcal{F}_A$ であるから, $0 < \alpha < 1$ があって $\mathrm{var}_s(\eta) \leq c\alpha^s$ $(s \geq 0)$ と表され

$$\mathrm{var}_r(u_{|\Gamma}) \leq 2c \sum_{s=r}^{\infty} \alpha^s = \frac{2c}{1-\alpha} \alpha^r.$$

よって u は Γ の上で一様連続であるから, Γ の閉包 $\mathrm{Cl}(\Gamma)$ の上に拡張される. その拡張を同じ記号で表す.

$$\mathrm{var}_r(u) = \mathrm{var}_r(u_{|\Gamma})$$

であるから $u \in \mathcal{F}_A$ を得る. $z \in \Gamma$ に対して

$$u(\sigma z) - u(z) = \eta(z)$$

で連続的に Σ_A に拡張できる. よって (3) が結論される. □

$\varphi, \psi \in \mathcal{F}_A$ に対して, ホモロガス $\varphi \sim \psi$ の関係は**同値律** (equivalence relation)

(1) $\varphi \sim \varphi$,

(2) $\varphi \sim \psi \Longrightarrow \psi \sim \varphi$,

(3) $\varphi \sim \psi, \psi \sim \eta \Longrightarrow \varphi \sim \eta$

を満たす.

注意 1.2.16 $\mathcal{F}_A$ を同値律 $\sim$ で類別すると, 類は非可算濃度存在する.

証明 Σ_A は $Y_n^{\mathbb{Z}}$ ($Y_n = \{0, 1, \cdots, n-1\}$, $n \geq 2$) の部分集合であった. Σ_A の上の関数として $q \in \mathbb{R}$ に対して

$$\varphi_q(x) = \begin{cases} q & (x_0 = 1) \\ 0 & (x_0 \neq 1) \end{cases} \quad (x \in \Sigma_A)$$

を定義すると $\varphi_q \in \mathcal{F}_A$ である. よって $q \neq q'$ であるとき $x = (\cdots, 1, 1, 1, \cdots)$, $x' = (\cdots, 0, 0, 0, \cdots)$ に対して

$$\varphi_q(x) - \varphi_{q'}(x) = q - q'$$
$$\varphi_q(x') - \varphi_{q'}(x') = 0$$

であるから定理 1.2.15(2) を満たさない．よって (1) により $\mu_{\varphi_q} \neq \mu_{\varphi_{q'}}$ である．
$\square$

$\mathcal{F}_A$ の類は非可算であるから，各類の代表元 φ に対するギブス測度 μ_φ は非可算個存在する．

1.3 変分原理

この節は統計力学のギブス分布の理論をコンパクト距離空間の上の連続写像に適用することを試みる．

f はコンパクト距離空間 X から X の上への連続写像として，X の部分集合 E が f に関する (n,ε)-**分離集合** (separating set) であるとは，E の異なる点 x, y に対して
$$\max\{d(f^i(x), f^i(y)) \mid 0 \leq i \leq n-1\} > \varepsilon$$
が成り立つことである．

X の上の実数値連続関数の全体を $C(X, \mathbb{R})$ で表す．**位相的圧力** (topological pressure) $P(f, \cdot) : C(X, \mathbb{R}) \to \mathbb{R}$ は

$$P(f, \varphi) = \lim_{\varepsilon \to 0} \limsup_{n \to \infty} \frac{1}{n} \log P_n(f, \varphi, \varepsilon), \qquad (1.3.1)$$

$$P_n(f, \varphi, \varepsilon) = \sup\left\{\sum_{x \in E} \exp \sum_{i=0}^{n-1} \varphi(f^i(x)) \,\bigg|\, E \text{ は } (n,\varepsilon)\text{-分離集合}\right\}$$

によって定義される．位相的圧力の性質は邦書文献 [Ao2] で解説されている．

定理 1.3.1 (変分原理 (variational principle)**)** f はコンパクト距離空間 X から X の上への連続写像とする．このとき $\varphi \in C(X, \mathbb{R})$ に対して

$$P(f, \varphi) = \sup\left\{h_\mu(f) + \int \varphi d\mu \,\bigg|\, \mu \in \mathcal{M}_f(X)\right\}$$

が成り立つ．

注意 1.3.2 連続写像 $f : X \to X$ の位相的エントロピー $h(f)$ に対して

$$h(f) = \sup\{h_\mu(f) \mid \mu \in \mathcal{M}_f(X)\}$$

が成り立つ.

証明 $\varphi \in C(X, \mathbb{R})$ として, $\varphi(x) = 0\ (x \in X)$ を選ぶとき, 定理 1.3.1 によって
$$P(f, 0) = \sup\{h_\mu(f) \,|\, \mu \in \mathcal{M}_f(X)\}$$
である. $P(f, 0) = h(f)$ であるから結論を得る (位相的エントロピーの定義については, 邦書文献 [Ao2] を参照). □

定理 1.3.1 の証明 $\mu \in \mathcal{M}_f(X)$ に対して
$$h_\mu(f) + \int \varphi d\mu \leq P(f, \varphi) \qquad (\varphi \in C(X, \mathbb{R}))$$
を示す. ξ は X の有限可測分割 $\xi = \{A_1, \cdots, A_k\}$ として, 実数 $a > 0$ に対して
$$\varepsilon k \log k < a$$
を満たすように $\varepsilon > 0$ を選ぶ.

μ は正則であるから, 各 $A_j \in \xi$ に対して $\mu(A_j \setminus B_j) < \varepsilon$ を満たすコンパクト集合 $B_j \subset A_j$ が存在する.
$$B_0 = X \setminus \bigcup_{j=1}^{k} B_j = \bigcup_{j=1}^{k} (A_j \setminus B_j)$$
とおく. このとき, $\eta = \{B_0, B_1, \cdots, B_k\}$ は X の可測分割である. $\phi(x) = -x \log x\ (x > 0)$ とする. $\mu(B_0) < k\varepsilon$ であるから:

$$\begin{aligned}
H_\mu(\xi|\eta) &= \sum_{j=0}^{k} \sum_{i=1}^{k} \mu(B_j) \phi\left(\frac{\mu(B_j \cap A_i)}{\mu(B_j)}\right) \\
&= \mu(B_0) \sum_{i=1}^{k} \phi\left(\frac{\mu(B_0 \cap A_i)}{\mu(B_0)}\right) \qquad (B_i \subset A_i\ (1 \leq i \leq k) \text{ により}) \\
&\leq \mu(B_0) \log k \\
&< \varepsilon k \log k < a.
\end{aligned} \qquad (1.3.2)$$

$\varphi \in C(X, \mathbb{R})$ とする.
$$b = \min_{1 \leq i \neq j \leq k} d(B_i, B_j)$$

とおき，δ は $0 < \delta < \dfrac{b}{2}$ を満たし

$$d(x,y) < \delta \Longrightarrow |\varphi(x) - \varphi(y)| < \varepsilon \qquad (1.3.3)$$

が成り立つように選ぶ．

簡単のために

$$\eta^n = \bigvee_{i=0}^{n-1} f^{-i}(\eta)$$

と表す．

$C \in \eta^n$ に対して

$$\alpha(C) = \sup\{S_n\varphi(x) \,|\, x \in C\}$$

とおけば

$$H_\mu(\eta^n) + \int S_n\varphi d\mu \leq \sum_{C \in \eta^n} \mu(C)\left(-\log\mu(C) + \alpha(C)\right)$$

$$\leq \log \sum_{C \in \eta^n} e^{\alpha(C)} \quad \text{(注意 1.1.1 により)．} \quad (1.3.4)$$

各 C の閉包 $\mathrm{Cl}(C)$ はコンパクトであるから，$S_n\varphi(y) = \alpha(C)$ を満たす $y \in \mathrm{Cl}(C)$ が存在する．

$n > 0$ を固定する．E は最大濃度をもつ X の (n,δ)-分離集合とする．E は X の (n,δ)-集約集合でもある（邦書文献 [Ao2]）．よって $y \in \mathrm{Cl}(C)$ に対して

$$d(f^i(y), f^i(y(C))) \leq \delta \qquad (0 \leq i \leq n-1)$$

を満たす $y(C) \in E$ が存在する．

(1.3.3) により

$$|\varphi(f^i(y)) - \varphi(f^i(y(C)))| < \varepsilon \qquad (0 \leq i \leq n-1)$$

が成り立つ．よって

$$\alpha(C) \leq S_n\varphi(y(C)) + n\varepsilon.$$

$0 < \delta < \dfrac{b}{2}$ であるから，半径 δ の閉近傍は η の高々 2 個の集合と交わる．よって $y \in E$ に対して

$$\gamma_i = \{D \in \eta \,|\, B(f^i(y), \delta) \cap D \neq \emptyset\}$$

とおくと $\sharp \gamma_i \leq 2$ である．よって

$$\sharp \left\{ \bigcap_{i=0}^{n-1} f^{-i}(D_{k_i}) \in \eta^n \,\middle|\, B_n(y,\delta) \cap \bigcap_{i=0}^{n-1} f^{-i}(D_{k_i}) \neq \emptyset,\ D_{k_i} \in \gamma_i \right\} \leq 2^n.$$

よって $y \in E$ に対して，$z \in C$ があって

$$d(f^i(y),\ f^i(z)) < \delta \qquad (0 \leq i \leq n-1)$$

を満たす $C \in \eta^n$ は高々 2^n 個である．ゆえに

$$\sum_{C \in \eta^n} e^{\alpha(C) - n\varepsilon} \leq \sum_{C \in \eta^n} e^{S_n \varphi(y(C))} \leq 2^n \sum_{y \in E} e^{S_n \varphi(y)}.$$

このことから

$$\log \left(\sum_{C \in \eta^n} e^{\alpha(C)} \right) - n\varepsilon \leq n \log 2 + \log \left(\sum_{y \in E} e^{S_n \varphi(y)} \right). \qquad (1.3.5)$$

よって

$$\frac{1}{n} H_\mu(\eta^n) + \int \varphi d\mu$$
$$= \frac{1}{n} H_\mu(\eta^n) + \frac{1}{n} \int S_n \varphi d\mu$$
$$\leq \frac{1}{n} \log \left(\sum_{C \in \eta^n} e^{\alpha(C)} \right) \qquad ((1.3.4)\text{ により})$$
$$\leq \varepsilon + \log 2 + \frac{1}{n} \log \left(\sum_{y \in E} e^{S_n \varphi(y)} \right)$$
$$\leq \varepsilon + \log 2 + \frac{1}{n} \log P_n(f, \varphi, \delta) \qquad ((1.3.1)\text{ により}). \qquad (1.3.6)$$

$n \to \infty$ としたとき

$$h_\mu(f, \eta) + \int \varphi d\mu \leq \varepsilon + \log 2 + P(f, \varphi).$$

有限分割 ξ, η に対して

$$h_\mu(f, \xi) \leq h_\mu(f, \eta) + H_\mu(\xi|\eta)$$

が成り立つ(邦書文献 [Ao2],命題 3.1.13).よって

$$
\begin{aligned}
h_\mu(f,\xi) + \int \varphi d\mu &\leq h_\mu(f,\eta) + H_\mu(\xi|\eta) + \int \varphi d\mu \\
&\leq a + \varepsilon + \log 2 + P(f,\varphi) \quad ((1.3.2),\ (1.3.6) \text{ により}) \\
&\leq 2a + \log 2 + P(f,\varphi) \quad (\varepsilon < a \text{ により}).
\end{aligned}
$$

ξ は任意の有限可測分割であるから

$$h_\mu(f) + \int \varphi d\mu \leq 2a + \log 2 + P(f,\varphi).$$

この不等式は f と $\varphi \in C(X,\mathbb{R})$ に対して成り立つから,f として f^n を,φ として $S_n\varphi$ を用いるとき

$$h_\mu(f^n) + \int S_n \varphi d\mu \leq 2a + \log 2 + P(f^n, S_n\varphi).$$

よって

$$n\left(h_\mu(f) + \int \varphi d\mu\right) \leq 2a + \log 2 + nP(f,\varphi).$$

ゆえに n は任意であるから

$$h_\mu(f) + \int \varphi d\mu \leq P(f,\varphi).$$

よって

$$\sup\left\{h_\mu(f) + \int \varphi d\mu \,\middle|\, \mu \in \mathcal{M}_f(X)\right\} \leq P(f,\varphi)$$

が成り立つ.

逆の不等式を求めるために,$\delta > 0$ に対して $\mu \in \mathcal{M}_f(X)$ が存在して

$$h_\mu(f) + \int \varphi d\mu) \geq P(f,\varphi,\delta)$$

が成り立つことを示せば十分である.μ は δ に依存していることに注意する.

f に関する X の (n,δ)–分離集合 E_n があって

$$\log \sum_{y \in E_n} e^{S_n\varphi(y)} \geq \log P_n(f,\varphi,\delta) - 1.$$

δ_x はディラック (Dirac) 測度を表すとして

$$\sigma_n = \frac{\sum_{y \in E_n} e^{S_n\varphi(y)} \delta_y}{\sum_{z \in E_n} e^{S_n\varphi(z)}} \tag{1.3.7}$$

とおく．σ_n は X の上の確率測度である．$\mathcal{M}(X)$ はコンパクトであるから，ボレル確率測度の列

$$\mu_n = \frac{1}{n} \sum_{i=0}^{n-1} \sigma_n \circ f^{-i}$$

の部分列 $\{\mu_{n_j}\}$ は f–不変ボレル確率測度 μ に収束する．この自然数列 $\{n_j\}$ に対して

$$\lim_{j \to \infty} \frac{1}{n_j} \log P_{n_j}(f, \varphi, \delta) = P(f, \varphi, \delta) \tag{1.3.8}$$

と仮定して一般性を失わない．

証明を続けるために，次の注意を用意する：

注意 1.3.3 ξ は $\mu(\partial A) = 0$ $(A \in \xi)$ を満たす有限可測分割とする．このとき

$$\partial \left(\bigcap_{i=0}^{n-1} f^{-i} A_i \right) \subset \bigcup_{i=0}^{n-1} f^{-i} \partial A_i$$

であるから，$\mu \left(\partial \left(\bigcap_{i=0}^{n-1} f^{-i} A_i \right) \right) = 0$ が成り立つ．

注意 1.3.4 $q < n$ は自然数とする．$0 \leq j \leq q-1$ に対して $a(j) = \left[\dfrac{n-j}{q} \right]$ とおく．このとき

(1) $a(0) \geq a(1) \geq \cdots \geq a(q-1)$,

(2) $0 < j \leq q-1$ を固定して

$$S(j) = \{0, 1, \cdots, j-1, j+a(j)q, j+a(j)q+1, \cdots, n-1\}$$

とおく．このとき，$\sharp S(j) \leq 2q$ であって

$$\{0, 1, \cdots, n-1\} = \{j + rq + i \mid 0 \leq r \leq a(j)-1, 0 \leq i \leq q-1\} \cup S(j).$$

(3) $\{rq + j \mid 0 \leq r \leq a(j)-1\}$ $(0 \leq j \leq q-1)$ は互いに共通部分をもたない．

有限可測分割 ξ は $\mu(\partial A) = 0$ $(A \in \xi)$ と $\mathrm{diam}(\xi) < \delta$ を満たしているとする．このとき，ξ^n に属する集合は f に関する X の (n, δ)–分離集合 E_n の高々

1 点を含む．σ_n は (1.3.7) の確率測度とする．このとき $n \geq 1$ に対して

$$H_{\sigma_n}(\xi^n) = \sum_{y \in E_n} -\sigma_n(\{y\}) \log \sigma_n(\{y\}),$$

$$\int S_n \varphi d\sigma_n = \sum_{y \in E_n} \sigma_n(\{y\}) S_n \varphi(y)$$

である．よって

$$H_{\sigma_n}(\xi^n) + \int S_n \varphi d\sigma_n = \sum_{y \in E_n} \sigma_n(\{y\})(S_n \varphi(y) - \log \sigma_n(\{y\}))$$

$$= \log \sum_{y \in E_n} e^{S_n \varphi(y)}$$

(注意 1.1.1 と (1.1.1)，(1.3.7) により)．

$1 < q < n$ とする．注意 1.3.4 のように自然数 $a(j)$ を定義する．注意 1.3.4(2) により，$0 \leq j \leq q-1$ を満たす j に対して

$$\xi^n = \bigvee_{r=0}^{a(j)-1} f^{-(rq+j)}(\xi^q) \vee \bigvee_{l \in S(j)} f^{-l}(\xi).$$

注意 1.3.4(2) の集合 $S(j)$ の濃度は高々 $2q$ であるから

$$\log \sum_{y \in E_n} e^{S_n \varphi(y)} = H_{\sigma_n}(\xi^n) + \int S_n \varphi d\sigma_n$$

$$\leq \sum_{r=0}^{a(j)-1} H_{\sigma_n}\left(f^{-(rq+j)}(\xi^q)\right) + H_{\sigma_n}\left(\bigvee_{l \in S(j)} f^{-l}(\xi)\right)$$

$$+ \int S_n \varphi d\sigma_n$$

$$\leq \sum_{r=0}^{a(j)-1} H_{\sigma_n \circ f^{-(rq+j)}}(\xi^q) + 2q \log k + \int S_n \varphi d\sigma_n.$$

ここに $k = \sharp \xi$ とする．

上式を j について，0 から $q-1$ まで加えるとき

$$q \log \sum_{y \in E_n} e^{S_n \varphi(y)} \leq \sum_{p=0}^{n-1} H_{\sigma_n \circ f^{-p}}(\xi^q) + 2q^2 \log k + q \int S_n \varphi d\sigma_n.$$

よって

$$\frac{q}{n} \log \sum_{y \in E_n} e^{S_n \varphi(y)} \leq H_{\mu_n}(\xi^q) + \frac{2q^2}{n} \log k + q \int \varphi d\mu_n. \qquad (1.3.9)$$

各 j に対して，ξ に属する集合 A_j は $\mu(\partial A_j) = 0$ である．注意 1.3.3 により

$$\lim_{j \to \infty} H_{\mu_{n_j}}(\xi^q) = H_\mu(\xi^q).$$

(1.3.9) の n を n_j で置き換えるとき，(1.3.8) により

$$qP(f, \varphi, \delta) \leq H_\mu(\xi^q) + q \int \varphi d\mu.$$

ゆえに

$$P(f, \varphi, \delta) \leq h_\mu(f) + \int \varphi d\mu.$$

変分原理が証明された． □

1.4 平衡測度

前節では力学系として連続写像を対象にして議論を進めてきた．この節でも連続写像を用いて話題を展開することができる．しかし，連続な全単射（同相写像）を扱ったほうが理解し易いことから，扱う写像は連続な全単射とする．

距離空間 X から X の上への同相写像 f が次の条件を満たすとき，f は**拡大的** (expansive) であるという：

実数 $\delta > 0$ が存在して，$x, y \in X$ に対して $d(f^n(x), f^n(y)) \leq \delta$ がすべての $n \in \mathbb{Z}$ で成り立てば $x = y$ に限る．ここに δ は**拡大定数** (expansive constant) と呼ばれる．f の拡大定数は距離関数に依存する．拡大性を満たす典型的な例として邦書文献 [Ao2] の推移写像（1.1 節），位相的馬蹄写像（1.2 節），自己同型写像（1.5 節）がある．

連続写像 $f : X \to X$ が**拡大的**であるとは，$x, y \in X$ に対して $d(f^n(x), f^n(y)) < \delta$ $(n \geq 0)$ であれば，$x = y$ が成り立つ拡大定数 δ が存在することである．δ は x, y に依存しない．

状態の作る空間が距離空間であって，状態は一定時間間隔で観測する立場に立つとき，拡大性の概念は次のように解釈できる：

いま，2 つの状態 x, y を観測したとする．このとき x と y がどんなに近くにあっても過去または未来のある時刻において一定の距離以上に離れてしまう．す

なわち，観測値の微妙な変化は時間の経過と共に相異が現れることを意味している．

X の有限開被覆 α が f に対する**生成系** (generator system) であるとは，α に属する集合 A_n からなる両側の列 $\{A_n \mid n \in \mathbb{Z}\}$ に対して

$$\bigcap_{n=-\infty}^{\infty} f^{-n}(\mathrm{Cl}(A_n))$$

が高々 1 点集合であるときをいう．ここに $\mathrm{Cl}(E)$ は E の閉包を表す．α が**弱生成系** (weak generator system) であるとは，α に属する集合 A_n の両側列 $\{A_n \mid n \in \mathbb{Z}\}$ に対して

$$\bigcap_{n=-\infty}^{\infty} f^{-n}(A_n)$$

が高々 1 点集合であるときをいう．

定理 1.4.1 コンパクト距離空間 X の上の同相写像 f に対して，次は同値である：

(1) f は拡大的である．

(2) f は生成系をもつ．

(3) f は弱生成系をもつ．

証明 (2) $\Leftrightarrow$ (3) は明らかである．

(1) $\Rightarrow$ (2) の証明：$\delta > 0$ は f の拡大定数とし，α は半径 $\dfrac{\delta}{2}$ の開近傍からなる有限被覆とする．A_n は α に属する集合

$$x, y \in \bigcap_{n=-\infty}^{\infty} f^{-n}(\mathrm{Cl}(A_n))$$

であるとする．このとき $d(f^n(x), f^n(y)) \leq \dfrac{\delta}{2}$ $(n \in \mathbb{Z})$ であるから，$x = y$ を得る．よって α は生成系である．

(2) $\Rightarrow$ (1) の証明：α は生成系として，$\delta > 0$ は α に対するルベーグ数とする．$n \in \mathbb{Z}$ に対して，$d(f^n(x), f^n(y)) \leq \delta$ とするとき，$f^n(x), f^n(y) \in A_n$ を満た

す $A_n \in \alpha$ がすべての $n \in \mathbb{Z}$ に対して存在する．ゆえに

$$x, y \in \bigcap_{n=-\infty}^{\infty} f^{-n}(\mathrm{Cl}(A_n)).$$

α は生成系であるから，$x = y$ が成り立ち f は拡大的である． □

注意 1.4.2 (1) 空間 X がコンパクトであるとき，拡大性は距離関数に依存しない．しかし拡大定数は距離関数によって変化する．
(2) f が拡大的であれば，f^k ($k \neq 0$) も拡大的であり，逆も成り立つ．

証明 生成系は距離関数に依存しないことから (1) は明らか．
　α を f の生成系とするとき

$$\alpha \vee f^{-1}(\alpha) \vee \cdots \vee f^{-(k-1)}(\alpha)$$

は f^k の生成系である．α が f^k の生成系であれば，α は当然 f の生成系である．
□

注意 1.4.3 (1) コンパクト距離空間の上の恒等写像が拡大的であれば，その空間は有限個の点からなる空間に限る．
　(2) コンパクト距離空間の上の拡大的同相写像の不動点の個数は有限個である．
　(3) $Y_2^{\mathbb{Z}}$ の上の推移写像 σ は拡大的である．

証明 (1), (2) は明らかである．
　$Y_2 = \{0, 1\}$ であったことに注意する．

$$A_i = \{(x_n) \in Y_2^{\mathbb{Z}} | x_0 = i\} \quad (i = 0, 1)$$

とおくと，各 A_i は開集合かつ

$$Y_2^{\mathbb{Z}} = A_0 \cup A_1$$

である．$x \in Y_2^{\mathbb{Z}}$ に対して，$x \in \bigcap_{n=-\infty}^{\infty} \sigma^{-n}(A_{i_n})$ であれば

$$x = (\cdots, i_{-2}, i_{-1}, i_0, i_1, i_2, \cdots)$$

と表される.よって $\alpha = \{A_0, A_1\}$ は生成系である.ゆえに推移写像 σ は拡大的である. σ の拡大定数を求めるために,$Y_2^{\mathbb{Z}}$ の上の距離関数 d を

$$d((x_n), (y_n)) = \sum_{n=-\infty}^{\infty} \frac{d(x_n, y_n)}{2^{|n|}}$$

で定義する.このとき $(x_n) \neq (y_n)$ であれば $x_{n_0} \neq y_{n_0}$ を満たす $n_0 \in \mathbb{Z}$ があって

$$d(\sigma^{n_0}((x_n)), \sigma^{n_0}((y_n))) = \sum_{n=-\infty}^{\infty} \frac{d(x_{n+n_0}, y_{n+n_0})}{2^{|n|}} \geq |x_{n_0} - y_{n_0}| = 1.$$

よって 1 が拡大定数である. □

定理 1.4.4 コンパクト距離空間 X の上の同相写像 f が拡大的であれば,$h_\mu(f)$ は μ の関数として

$$h_\cdot(f) : \mathcal{M}_f(X) \longrightarrow \mathbb{R}$$

は上半連続(邦書文献 [Ao2])である.

証明 f は拡大的であるから,定理 1.4.1 によって,f に対する生成系 $\alpha = \{U_1, \cdots, U_s\}$ が存在する.α は X の有限開被覆である.このとき $\delta > 0$ と有限開被覆 $\alpha' = \{U_1', \cdots, U_s'\}$ が存在して,各 i に対して

$$\mathrm{Cl}(U_\delta(U_i')) \subset U_i$$

とできる.ここに,$U_\delta(E) = \{x \in X \,|\, d(x, E) < \delta\}$ である.
$\mu_n, \mu \in \mathcal{M}_f(X)$ は

$$\int \varphi d\mu_n \longrightarrow \int \varphi d\mu \qquad (\varphi \in C(X, \mathbb{R}))$$

を満たすとする.$0 < \delta_0 < \delta$ なる δ_0 が存在して

$$\mu(\mathrm{Cl}(U_{\delta_0}(U_i'))) = \mu(U_{\delta_0}(U_i')) \qquad (1 \leq i \leq s)$$

とできる.
明らかに,$\{U_{\delta_0}(U_i') \,|\, 1 \leq i \leq s\}$ は X の開被覆である.いま

$$A_1 = U_{\delta_0}(U_1'), \quad A_i = U_{\delta_0}(U_i') \setminus \bigcup_{k=1}^{i-1} A_k \qquad (2 \leq i \leq s)$$

を定義して, $\beta = \{A_1, \cdots, A_s\}$ とおく. β は X の分割である. 各 A_i は $A_i \subset U_i$ を満たすボレル集合で

$$\mu(\mathrm{Cl}(A_i)) = \mu(A_i)$$

が成り立つから

$$\lim_{n \to \infty} \mu_n(A_i) = \mu(A_i)$$

である. α は f の生成系であるから

$$\max\left\{\mathrm{diam}(A) \mid A \in \bigvee_{i=-k}^{k} f^{-i}(\beta)\right\} \longrightarrow 0 \quad (k \to \infty)$$

である. ゆえに

$$h_\mu(f) = \lim_{k \to \infty} h_\mu\left(f, \bigvee_{i=-k}^{k} f^{-i}(\beta)\right).$$

さらに

$$h_\mu(f) = h_\mu(f, \beta).$$

$h_\mu(f)$ の上半連続性を求めるために $\varepsilon > 0$ を与える. このとき十分に大きな $k > 0$ に対して

$$h_\mu(f) = h_\mu(f, \beta) \geq \frac{1}{k} H_\mu(\beta^k) - \varepsilon$$

とできる (邦書文献 [Ao2], 注意 1.8.2 により). β^k は有限であるから $N > 0$ が存在して, $n \geq N$ に対して

$$\frac{1}{k} |H_{\mu_n}(\beta^k) - H_\mu(\beta^k)| < \varepsilon$$

が成り立つ. ゆえに $n \geq N$ に対して

$$\begin{aligned}
h_\mu(f) &\geq \frac{1}{k} H_\mu(\beta^k) - \varepsilon \\
&\geq \frac{1}{k} H_{\mu_n}(\beta^k) - 2\varepsilon \\
&\geq h_{\mu_n}(f, \beta) - 2\varepsilon \\
&= h_{\mu_n}(f) - 2\varepsilon.
\end{aligned}$$

よって $h_\mu(f)$ は μ で上半連続である. □

定理 1.4.5 f はコンパクト距離空間 X から X の上への同相写像とする．このとき f が拡大的であれば，$\varphi \in C(X, \mathbb{R})$ に対して μ が存在して

$$P(f, \varphi) = h_\mu(f) + \int \varphi d\mu$$

が成り立つ．

証明 変分原理によって，$\mu_n \in \mathcal{M}_f(X)$ $(n \geq 1)$ があって

$$P(f, \varphi) = \lim_{n \to \infty} \left(h_{\mu_n}(f) + \int \varphi d\mu_n \right)$$

が成り立つ．$\mathcal{M}_f(X)$ はコンパクトであるから $\mu \in \mathcal{M}_f(X)$ があって，$\mu_n \to \mu$ $(n \to \infty)$ である（邦書文献 [Ao2]，定理 2.3.1）．定理 1.4.4 により

$$\limsup_{n \to \infty} h_{\mu_n}(f) \leq h_\mu(f)$$

であるから

$$P(f, \varphi) \leq h_\mu(f) + \int \varphi d\mu \leq P(f, \varphi)$$

が成り立つ．よって結論を得る． $\square$

位相的圧力 $P(f, \cdot)$ は X の上で汎関数 $P(f, \cdot) : C(X, \mathbb{R}) \to \mathbb{R}$ として定義されている．f-不変ボレル確率測度 μ が $\varphi \in C(X, \mathbb{R})$ に対して

$$P(f, \varphi) = h_\mu(f) + \int \varphi d\mu$$

を満たすとき，μ は汎関数 $P(f, \cdot) : C(X, \mathbb{R}) \to \mathbb{R}$ と φ に関する**平衡測度** (equilibrium state) であるという．単に μ は φ に関する平衡測度という場合もある．μ は φ に依存する．ギブス測度は平衡測度である．

$Y_n = \{1, \cdots, n\}$ として，推移写像 $\sigma : Y_n^{\mathbb{Z}} \to Y_n^{\mathbb{Z}}$ を定義する．$a_1, \cdots, a_n \in \mathbb{R}$ とする．$x = (x_i) \in Y_n^{\mathbb{Z}}$ に対して

$$\varphi(x) = a_i \quad (x_0 = i,\ i \in Y_n)$$

なる関数 $\varphi : Y_n^{\mathbb{Z}} \to \mathbb{R}$ は次の 1.6 節の命題 1.6.13 の条件を満たす連続関数である．

注意 1.4.6 φ に関する平衡測度を μ とする.すなわち
$$P(\sigma,\varphi) = h_\mu(\sigma) + \int \varphi d\mu.$$
このとき筒集合 $[i] = \{x \in Y_n^{\mathbb{Z}} | x_0 = i\}$ に対して
$$\mu([i]) = \frac{e^{a_i}}{\sum_{j=1}^n e^{a_j}} \quad (1 \leq i \leq n)$$
であって,μ は確率ベクトル $\left(\dfrac{e^{a_i}}{\sum_{j=1}^n e^{a_j}} \,\middle|\, 1 \leq i \leq n\right)$ によって定義される $Y_n^{\mathbb{Z}}$ の上の無限直積測度である.

証明 $\{[i] \mid 1 \leq i \leq n\}$ は $Y_n^{\mathbb{Z}}$ の生成系であるから,邦書文献 [Ao2] の命題 3.1.14(1) により
$$h_\mu(\sigma) \leq \sum_{i=1}^n -\mu([i]) \log \mu([i]) \tag{1.4.1}$$
が成り立つ.確率ベクトル $(\mu([i]) | 1 \leq i \leq n)$ による $Y_n^{\mathbb{Z}}$ の上の無限直積測度を ν とする.このとき
$$P(\sigma,\varphi) \geq h_\nu(\sigma) + \int \varphi d\nu$$
であって
$$(1.4.1) \text{ の右辺} = h_\nu(\sigma),$$
$$\int \varphi d\mu = \int \varphi d\nu = \sum_{i=1}^n \mu([i]) a_i$$
を得る.μ は φ に関する平衡測度であるから
$$P(\sigma,\varphi) = \sum_{i=1}^n -\mu([i]) \log \mu([i]) + \sum_{i=1}^n \mu([i]) a_i$$
が成り立つ.

ν は確率ベクトル $\left(\dfrac{e^{a_i}}{\sum_{j=1}^n e^{a_j}} \,\middle|\, 1 \leq i \leq n\right)$ による無限直積測度であるとする.このとき
$$h_\nu(\sigma) = \sum_{i=1}^n -\nu([i]) \log \nu([i]),$$
$$\nu([i]) = \frac{e^{a_i}}{\sum_{j=1}^n e^{a_j}} \quad (1 \leq i \leq n).$$

1.4 平衡測度　61

よって $\int \varphi d\nu = \sum_{i=1}^{n} a_i \nu([i])$ であるから

$$P(\sigma, \varphi) = \log \sum_{i=1}^{n} e^{a_i} = h_\nu(\sigma) + \int \varphi d\nu.$$

実際に第 2 項と第 3 項が等しいことは注意 1.1.1 から求まる．第 1 項と第 3 項が等しいことも注意 1.1.1 により求まる．μ, ν は φ に関する平衡測度で $h_\mu(\sigma) = h_\nu(\sigma)$ であるから，1.6 節の命題 1.6.13 により $\mu = \nu$ である． □

$x \in X$ に対して

$$\mu_{n,x} = \frac{1}{n} \sum_{i=0}^{n-1} \delta_{f^i(x)}$$

とおき，$V(x)$ は $\{\mu_{n,x}\}$ の集積点の集合とする．f–不変部分集合 $Z \subset X$ ($f(Z) = Z$) に対して

$$\hat{Z} = \{x \in Z \mid V(x) \cap \mathcal{M}_f(Z) \neq \emptyset\}$$

とおく．

命題 1.4.7 f は X から X への連続写像とし，$Z \subset X$ は f–不変部分集合とする．このとき，$\hat{Z} \neq \emptyset$ であれば

$$P_{\hat{Z}}(f, \varphi) = \sup \left\{ h_\mu(f) + \int \varphi d\mu \,\bigg|\, \mu \in \mathcal{M}_f(Z) \right\} \quad (\varphi \in C(X, \mathbb{R}))$$

が成り立つ．

証明 定理 1.3.1 の証明を繰り返すことにより得られる． □

エルゴード的測度 μ を用いて X の上で定義されたエルゴード的鉢を

$$B(\mu) = \left\{ x \in X \,\bigg|\, \lim_{n \to \infty} \frac{1}{n} \sum_{i=0}^{n-1} \varphi(f^i x) = \int \varphi d\mu, \varphi \in C(X, \mathbb{R}) \right\}$$

で表し，$\mathrm{Supp}(\mu)$ に制限されたエルゴード的鉢を $B_S(\mu)$ で表す．

注意 1.4.8 $\mu \in \mathcal{M}_f(X)$ として，μ はエルゴード的であるとする．$B_S(\mu)$ は μ に関するエルゴード的領域とする．このとき

$$P_{\mathrm{Supp}(\mu)}(f,\varphi) = P_{B_S(\mu)}(f,\varphi) = h_\mu(f) + \int \varphi d\mu \quad (\varphi \in C(X, \mathbb{R})).$$

証明 $\mathrm{Supp}(\mu) = \mathrm{Cl}(B_S(\mu))$ であるから，最初の等式が成り立つ．次に，$B_S(\mu) = \hat{B}_S(\mu)$ は容易に示される．$\mathcal{M}_f(B_S(\mu)) = \{\mu\}$ であるから，命題 1.4.7 により第 2 の等式を得る． $\square$

注意 1.4.9 エルゴード的測度 μ, ν に対して

$$h_\mu(f) = h_\nu(f),$$
$$\mathrm{Supp}(\mu) = \mathrm{Supp}(\nu)$$

であれば $\mu = \nu$ である．

証明 エルゴード的鉢 $B_S(\mu)$, $B_S(\nu)$ に対して

$$\mathrm{Cl}(B_S(\mu)) = \mathrm{Supp}(\mu),$$
$$\mathrm{Cl}(B_S(\nu)) = \mathrm{Supp}(\nu)$$

である．仮定によって $\mathrm{Supp}(\mu) = \mathrm{Supp}(\nu)$ であるから $\varphi \in C(X, \mathbb{R})$ に対して

$$\begin{aligned}
h_\mu(f) + \int \varphi d\mu &= P_{B_S(\mu)}(f,\varphi) \\
&= P_{\mathrm{Supp}(\mu)}(f,\varphi) \\
&= P_{\mathrm{Supp}(\nu)}(f,\varphi) \\
&= h_\nu(f) + \int \varphi d\nu.
\end{aligned}$$

$h_\mu(f) = h_\nu(f)$ により

$$\int \varphi d\mu = \int \varphi d\nu \quad (\varphi \in C(X, \mathbb{R})).$$

よって $\mu = \nu$ を得る． $\square$

命題 1.4.7 により，エルゴード的測度 μ は $\mathrm{Supp}(\mu)$ の上で

$$P_{\mathrm{Supp}(\mu)}(f,0) = h(f, \mathrm{Supp}(\mu)) = h_\mu(f)$$

を保つ．

$Z \subset X$ は f-不変部分集合 $(f(Z) = Z)$ とする．$\varphi \in C(X, \mathbb{R})$ を固定して

$$\psi_Z(t) = P_Z(f, t\varphi) \quad (t \in \mathbb{R})$$

とおく．$\psi_Z(t)$ を**圧力関数** (pressure function) といい

$$\psi_Z(t) = 0$$

を**ボウエン方程式** (Bowen's equation) という．

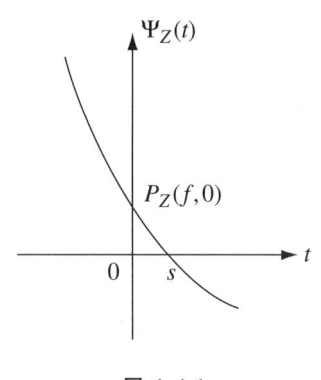

図 1.4.1

注意 1.4.10 $P_Z(f, 0) < \infty$ のとき，$\varphi \in C(X, \mathbb{R})$ に対して $P_Z(f, \varphi) < 0$ であれば $\psi_Z(t)$ はリプシッツ連続，狭義単調減少で凸関数である．

証明 $\psi_Z(t)$ が凸関数でリプシッツ連続である（邦書文献 [Ao2]，命題 1.12.2）．
狭義単調減少であることは次のように示される：
$s < t$ に対して，$\psi_Z(t) < \psi_Z(s)$ を示せば十分である．$n > 0$ に対して F は Z の (n, ε)-集約集合とする．このとき

$$\frac{\inf\left\{\sum_{y \in F} e^{sS_n\varphi(y)}\right\}}{\inf\left\{\sum_{y \in F} e^{tS_n\varphi(y)}\right\}} \geq \inf\left\{\sum_{y \in F} e^{(s-t)S_n\varphi(y)}\right\}$$

であるから

$$P_Z(f, s\varphi) - P_Z(f, t\varphi) \geq P_Z(f, (s-t)\varphi)$$
$$\geq (s-t)P_Z(f, \varphi)$$
$$> 0 \quad (P_Z(f, \varphi) < 0 \text{ により}).$$

上の不等式の第2の不等号の証明は，邦書文献 [Ao2, 命題 1.12.1] を参照． □

$\varphi \in C(X, \mathbb{R})$ が $\varphi(x) \leq 0$ $(x \in X)$ で，$h(f) < \infty$ のとき，注意 1.4.10 により $\psi_Z(t) = 0$ は一意的に解をもつ．この解は連続関数 φ に依存している．

X はコンパクト距離空間とし，$f : X \to X$ は連続な全単射（同相写像）とする．μ は f–不変ボレル確率測度を表す．

$C(X, \mathbb{R})$ は L^1–ノルムに関して $L^1(\mu)$ で稠密であるから，$\phi \in L^1(\mu)$ に対して $\varphi_n \in C(X, \mathbb{R})$ があって

$$\|\varphi_n - \phi\|_1 \longrightarrow 0 \quad (n \to \infty)$$

である．μ はエルゴード的であるとする．このとき命題 1.4.7 により

$$P_{B_S(\mu)}(f, \varphi) = h_\mu(f) + \int \varphi d\mu \quad (\varphi \in C(X, \mathbb{R}))$$

であるから

$$|P_{B_S(\mu)}(f, \varphi_n) - P_{B_S(\mu)}(f, \varphi_m)| \leq \int |\varphi_n - \varphi_m| d\mu.$$

よって $\{P_{B_S(\mu)}(f, \varphi_n)\}$ はコーシー (Cauchy) 列である．このとき

$$\bar{P}_{B_S(\mu)}(f, \phi) = \lim_n P_{B_S(\mu)}(f, \varphi_n)$$
$$= h_\mu(f) + \lim_n \int \varphi_n d\mu.$$

$\|\varphi_n - \phi\| \to 0$ であるから，部分列 $\{\varphi_{n_i}\}$ があって

$$\lim_i \varphi_{n_i} = \phi \quad \mu\text{–a.e.}$$

$\{P_{B_S(\mu)}(f, \varphi_n)\}$ はコーシー列であるから

$$\bar{P}_{B_S(\mu)}(f, \phi) = h_\mu(f) + \int \phi d\mu$$

を得る．$L^1(\mu)$ の上の f に関する**拡張された圧力** (extended pressure) $\bar{P}_{B_S(\mu)}(f, \cdot)$ が定義される．

注意 1.4.11 μ は f–不変ボレル確率測度とする．μ がエルゴード的であれば

$$\begin{aligned}
\bar{P}_{B_S(\mu)}(f,0) &= P_{B_S(\mu)}(f,0) \\
&= P_{\mathrm{Supp}(\mu)}(f,0) \\
&= h(f,\mathrm{Supp}(\mu)) \\
&= h(f) \qquad (\mathrm{Supp}(\mu) = X \text{ のとき})
\end{aligned}$$

が成り立つ．

$\varphi \in L^1(\mu)$ を固定する．

$$\bar{\psi}_{B_S(\mu)}(t) = \bar{P}_{B_S(\mu)}(f,t\varphi) - h_\mu(f) \qquad (t \in \mathbb{R})$$

によって**拡張された圧力関数**が定義される．

注意 1.4.12 $\bar{P}_{B_S(\mu)}(f,0) < \infty$ のとき，$\bar{P}_{B_S(\mu)}(f,\varphi) < 0$ であれば $\bar{\psi}_{B_S(\mu)}(t)$ は線形関数である．

1.5 エントロピー関数

f はコンパクト距離空間 X から X への同相写像とし，μ は f–不変ボレル確率測度とする．このとき，μ–a.e. x に対して，エルゴード的 f–不変確率測度 μ_x が存在して，$E \in \mathcal{B}$ に対して $\mu_x(E)$ は x の関数として可測であって，$\mu(E) = \int \mu_x(E) d\mu$ が成り立つ．よって，エントロピー $h_{\mu_x}(f)$ は x の関数として可測である．$h_{\mu_x}(f)$ を f の**エントロピー関数** (entropy function) という．

定理 1.5.1 μ は X の上の f–不変ボレル確率測度とする．μ–a.e. x に対して μ_x はエルゴード分解定理（邦書文献 [Ao2]）によって得られる f–不変確率測度とする．このとき

$$h_\mu(f) = \int h_{\mu_x}(f) d\mu(x)$$

が成り立つ．

注意 1.5.2 $\mathcal{E}(X)$ は $\mathcal{M}_f(X)$ に属するエルゴード的確率測度の集合とする．このとき

$$h(f) = \sup\{h_\mu(f) | \mu \in \mathcal{E}(X)\},$$
$$P(f, \varphi) = \sup\left\{h_\mu(f) + \int \varphi d\mu \,\bigg|\, \mu \in \mathcal{E}(X)\right\}.$$

証明 $h(f) = 0$ のときは明らかであるから，$h(f) > 0$ の場合を示せば十分である．注意 1.3.2 により，$\varepsilon > 0$ に対して $\mu \in \mathcal{M}_f(X)$ があって

$$h_\mu(f) > h(f) - \varepsilon$$

が成り立つ．

μ を $\{\mu_x\}$ (μ–a.e. x) にエルゴード分解する．定理 1.5.1 により

$$h_\mu(f) = \int h_{\mu_x}(f) d\mu > h(f) - \varepsilon$$

であるから，$h_{\mu_x}(f) > h(f) - \varepsilon$ を満たす $x \in X$ が存在する．

よって

$$\sup\{h_\mu(f) | \mu \in \mathcal{E}(X)\} \geq h_{\mu_x}(f) - \varepsilon > h(f) - \varepsilon.$$

$\varepsilon > 0$ は任意であるから結論を得る．後半も同様に示される． $\square$

定理 1.5.1 を示すために次の補題を必要とする：

補題 1.5.3 $\mu, \nu \in \mathcal{M}_f(X)$ と $0 \leq p \leq 1$ に対して

$$h_{p\mu+(1-p)\nu}(f) = ph_\mu(f) + (1-p)h_\nu(f)$$

が成り立つ．

証明 $p\mu + (1-p)\nu \in \mathcal{M}_f(X)$ であるから

$$h_{p\mu+(1-p)\nu}(f) \geq ph_\mu(f) + (1-p)h_\nu(f) \tag{1.5.1}$$

が成り立つ．よって逆の不等式を示すことが残されている．

関数 $\phi : [0,1] \to \mathbb{R}$ は $\phi(x) = -x \log x$ で与えた関数とする．このとき

$$0 \leq \phi(pt + (1-p)s) - p\phi(t) - (1-p)\phi(s) \quad (1.5.2)$$
$$\leq -pt \log p - (1-p)s \log(1-p)$$

が成り立つ．

実際に，最初の不等式は明らかである．第 2 項の不等式は次の計算から得られる：

$0 < p < 1$, $0 < t \leq 1$, $0 < s \leq 1$ に対して

$$(1.5.2) = -(pt + (1-p)s) \log(pt + (1-p)s) + pt \log t + (1-p)s \log s$$
$$= -pt\{\log(pt + (1-p)s) - \log t\}$$
$$\quad - (1-p)s\{\log(pt + (1-p)s) - \log s\}$$
$$= -pt\{\log(pt + (1-p)s) - \log pt\}$$
$$\quad - (1-p)s\{\log(pt + (1-p)s) - \log(1-p)s\}$$
$$\quad - pt\{\log pt - \log t\} - (1-p)s\{\log(1-p)s - \log s\}$$
$$\leq -pt \log p - (1-p)s \log(1-p).$$

よって ξ は X の有限可測分割とすれば

$$0 \leq \sum_{B \in \xi} [\phi(p\mu(B) + (1-p)\nu(B)) - p\phi(\mu(B)) - (1-p)\phi(\nu(B))]$$
$$\leq \phi(p) + \phi(1-p) \leq \log 2.$$

$n > 0$ に対して

$$0 \leq \frac{1}{n} H_{p\mu + (1-p)\nu}(\xi^n) - p\frac{1}{n} H_\mu(\xi^n) - (1-p)\frac{1}{n} H_\nu(\xi^n)$$
$$\leq \frac{1}{n} \log 2.$$

$n \to \infty$ とすれば

$$h_{p\mu + (1-p)\nu}(f, \xi) \leq p h_\mu(f, \xi) + (1-p) h_\nu(f, \xi).$$

(1.5.1) と併せて等式を得る． □

注意 1.5.4 $h_\mu(f) > 0$ を満たす $\mu \in \mathcal{M}_f(X)$ が存在すれば

$$\{\mu \in \mathcal{M}_f(X) | h_\mu(f) > 0\}$$

は $\mathcal{M}_f(X)$ で稠密である.

証明 $h_\mu(f) > 0$ とする. $\nu \in \mathcal{M}_f(X)$ に対して

$$\nu_t = t\mu + (1-t)\nu \quad (0 \le t \le 1)$$

とおく. このとき補題 1.5.3 により

$$\begin{aligned} h_{\nu_t}(f) &= th_\mu(f) + (1-t)h_\nu(f) \\ &\ge th_\mu(f) \\ &> 0 \quad (0 < t < 1) \end{aligned}$$

であって, $\nu_t \to \nu$ $(t \to 0)$ であるから結論を得る. □

定理 1.5.1 の証明 2つの場合に証明を分割する.
場合 1 $f : X \to X$ は拡大的であるとき, 定理 1.4.4 により

$$h_\cdot(f) : \mathcal{M}_f(X) \longrightarrow \mathbb{R}$$

は上半連続である. $Q(f)$ は準正則点の集合として, $B(\mu)$ は μ に関する生成的な点の集合 (エルゴード的鉢) とする. 可測集合 $\mathcal{E}(f) = \bigcup_{\mu \in \mathcal{E}(X)} B(\mu)$ は X の f–不変ボレル集合で, $\nu(\mathcal{E}(f)) = 1$ $(\nu \in \mathcal{M}_f(X))$ である.

定理 2.3.1 により, $\mathcal{M}_f(X)$ はコンパクト距離空間であるから

$$\mathcal{C}_1 \le \mathcal{C}_2 \le \cdots, \quad \operatorname{diam}(\mathcal{C}_n) \longrightarrow 0 \quad (n \to \infty)$$

を満たす $\mathcal{M}_f(X)$ の有限可測分割 $\mathcal{C}_n = \{C_n^1, \cdots, C_n^{m_n}\}$ $(n \ge 1)$ が存在する. $n \ge 1$ に対して

$$U_n^k = \{x \in \mathcal{E}(f) | \mu_x \in C_n^k\} \quad (1 \le k \le m_n)$$

とおく. このとき $U_n^k \cap U_n^l = \emptyset$ $(k \ne l)$ であって, $f^{-1}(U_n^k) = U_n^k$ $(1 \le k \le m_n)$ が成り立つ. よって

$$\xi_n = \{U_n^1, \cdots, U_n^{m_n}\}$$

は $\mathcal{E}(f)$ の f-不変可測分割である.明らかに,$\bigvee_{n=0}^{\infty} \xi_n$ は $\mathcal{E}(f)$ の分割 $\{B(\mu_x) \mid x \in \mathcal{E}(f)\}$ と一致する.ここに $B(\mu_x)$ は μ_x のエルゴード的鉢である.

$\mathcal{E}(f)$ のボレル集合 E に対して,条件付き確率測度

$$\mu_x^n(E) = \frac{\mu(\xi_n(x) \cap E)}{\mu(\xi_n(x))} \tag{1.5.3}$$

を定義する.ここに,$\xi_n(x)$ は点 x を含む ξ_n に属する集合とする.$\mathcal{B}_n$ は ξ_n を含む最小の σ-集合体とする.明らかに,$\mathcal{B}_n$ は $\mathcal{E}(f)$ のボレルクラス $\mathcal{B}$ に含まれ,$\bigcup_n \mathcal{B}_n$ の生成する σ-集合体は $\{B(\mu_x) \mid x \in \mathcal{E}(f)\}$ の生成する σ-集合体 $\tilde{\mathcal{B}}$ と一致する.

$\mu_x^n(E)$ は x の関数として $\mathcal{B}_n$-可測であり,f-不変である.ドゥブ (Doob) の定理により

$$\mu_x^n(E) = E(1_E \mid \mathcal{B}_n)(x) \to E(1_E \mid \tilde{\mathcal{B}})(x) \qquad \mu\text{-a.e. } x.$$

ここに $E(\varphi \mid \mathcal{B})$ は $\mathcal{B}$ に関する φ の条件付き平均を表す(邦書文献 [Ao2]).μ-a.e. x を固定すると

$$E(1_E \mid \tilde{\mathcal{B}})(x) = E(1_E \mid \tilde{\mathcal{B}})(y) \quad (y \in B(\mu_x))$$

であるから

$$E(1_E \mid \tilde{\mathcal{B}})(x) = \tilde{\mu}(E)$$

とおくと,$\tilde{\mu}(E)$ は $B(\mu_x)$ の上の f-不変ボレル確率測度である.しかし $\mathcal{M}_f(B(\mu_x)) = \{\mu_x\}$ であるから,$\mu_x = \tilde{\mu}$ である.

(1.5.3) により

$$\mu = \sum \mu(\xi_n(x)) \mu_x^n$$

であるから,補題 1.5.3 により

$$h_\mu(f) = \sum \mu(\xi_n(x)) h_{\mu_x^n}(f) = \int h_{\mu_x^n}(f) d\mu(x) \quad (n \geq 1). \tag{1.5.4}$$

f は拡大的であるから,$h_{\cdot}(f) : \mathcal{M}_f(X) \to \mathbb{R}$ は上半連続である.よって

$$\limsup h_{\mu_x^n}(f) \leq h_{\mu_x}(f).$$

(1.5.4) により

$$h_\mu(f) = \limsup_n \int h_{\mu_x^n}(f) d\mu \leq \int \limsup_n h_{\mu_x^n}(f) d\mu$$
$$\leq \int h_{\mu_x}(f) d\mu.$$

同様にして逆の不等式も成り立つ．よって $h_\mu(f) = \int h_{\mu_x}(f)d\mu$ を得る．

場合 2 一般の場合を示すために X の有限可測分割 $\xi = \{B_1, \cdots, B_k\}$ に対して

$$h_\mu(f, \xi) = \int h_{\mu_x}(f, \xi)d\mu$$

を示せば十分である．これを示すために記号力学系を用いる．分割 ξ の個数 $\#\xi = k$ に対して

$$Y_k^\mathbb{N} = \{(x_0, x_1, \cdots) \,|\, x_i \in \{1, \cdots, k\},\ i \geq 0\}$$

と推移写像 $\sigma : Y_k^\mathbb{N} \to Y_k^\mathbb{N}$ を定義する．$x \in X$ に対して

$$f^n(x) \in B_{x_n} \qquad (n \geq 0)$$

とおき，$\varphi(x) = (x_n) \in Y_k^\mathbb{N}$ とする．このとき $\varphi : X \to Y_k^\mathbb{N}$ は可測写像である．明らかに

$$\begin{array}{ccc} X & \xrightarrow{f} & X \\ \varphi \downarrow & & \downarrow \varphi \\ \varphi(X) & \xrightarrow{\sigma} & \varphi(X) \end{array} \qquad \varphi \circ f = \sigma \circ \varphi$$

が成り立つ．

$$\tilde{\mu} = \mu \circ \varphi^{-1}, \qquad \tilde{\mu}_{\varphi(x)} = \mu_x \circ \varphi^{-1}$$

によって $\varphi(X)$ の上の σ–不変確率測度を定義する．閉包 $\mathrm{Cl}(\varphi(X))$ はコンパクトで $\tilde{\mu}(\mathrm{Cl}(\varphi(X)), \varphi(X)) = 0$ である．$\tilde{\mu}_{\varphi(x)}$ はエルゴード的であり，$\varphi(X)$ の可測集合 E に対して

$$\tilde{\mu}(E) = \mu(\varphi^{-1}(E)) = \int \mu_x(\varphi^{-1}(E))d\mu$$
$$= \int \tilde{\mu}_{\varphi(x)}(E)d\mu \circ \varphi^{-1} = \int \tilde{\mu}_{\varphi(x)}(E)d\tilde{\mu}$$

であるから，$\tilde{\mu}_{\varphi(x)}$ は $\varphi(X)$ の上のエルゴード分解によるエルゴード的 σ–不変測度である．

$\sigma : \varphi(X) \to \varphi(X)$ は拡大的であるから，場合 1 により

$$h_{\tilde{\mu}}(\sigma) = \int h_{\tilde{\mu}_{\varphi(x)}}(\sigma)d\tilde{\mu}.$$

σ は拡大的であるから

$$\mathrm{diam}\left(\bigvee_{i=-n}^{n-1}\sigma^{-i}(\eta)\right) \longrightarrow 0 \quad (n \to \infty)$$

を満たす $\varphi(X)$ の有限分割 η が存在する．実際に，η として筒集合

$$[i] = \{x \in Y_k^{\mathbb{N}} \mid x_0 = i\}$$

を用いて

$$\eta = \{[1], [2], \cdots, [k]\} \cap \varphi(X)$$

を選べばよい．このとき $\varphi^{-1}(\eta) = \xi$ であって

$$h_{\tilde{\mu}}(\sigma) = h_{\tilde{\mu}}(\sigma, \eta) = h_\mu(f, \xi)$$

であるから

$$\begin{aligned} h_\mu(f, \xi) = h_{\tilde{\mu}}(\sigma) &= \int h_{\tilde{\mu}_{\varphi(x)}}(\sigma) d\tilde{\mu} \\ &= \int h_{\mu_x}(f, \xi) d\mu \\ &\leq \int h_{\mu_x}(f) d\mu \end{aligned}$$

が成り立つ．場合 2 が示され定理 1.5.1 を得る． $\square$

1.6 周期点とエントロピー

$U \subset \mathbb{R}^2$ は有界な開集合とする．$f(U) \subset U$ を満たす C^r-微分同相写像 $f : \mathbb{R}^2 \to \mathbb{R}^2$ の U への制限 $f_{|U}$ の集合に C^r-位相を導入した集合を $\mathrm{Diff}^r(U)$ で表す（邦書文献 [Ao1]）．

$f \in \mathrm{Diff}^r(U)$ に対して，周期 n の孤立的周期点の集合を $P_n(f)$ とする．

定理 1.6.1 (アルティン–マズール (Artin–Mazur)) $r \geq 1$ とする．$C > 0$ があって

$$\sharp P_n(f) \leq \exp(nC), \quad n \geq 0$$

を満たす $\mathrm{Diff}^r(U)$ に属する f の集合は稠密である（関連論文 [Ar-Maz] を参照）．

$$h(f) = \limsup_{n\to\infty} \frac{1}{n} \log \sharp P_n(f)$$

を満たす $f \in \mathrm{Diff}^r(U)$ の集合はベイル (Baire) 集合であるか否かの問題がボウエンによって提起された．この問題はカローシン (Kalosin) によって $r \geq 2$ のとき否定的であることが示された（関連論文 [Kal]）．

以降において，力学的な仮定のもとで位相的エントロピーと周期点との関係を議論する．

一様双曲的な力学系の位相的性質に拡大性と追跡性があった．これらの性質に位相混合性を加えるとき，明記性 (specification) の概念が導かれる．

距離空間 X の上の同相写像を f とする．δ は正の数とする．X の点列 $\{x_i \mid i \in \mathbb{Z}\}$ が f の **δ–軌道** (δ–orbit) であるとは，$d(f(x_i), x_{i+1}) < \delta$ $(i \in \mathbb{Z})$ を満たすときをいう．f が**一様追跡性** (uniformly shadowing property) を満たすとは，$\varepsilon > 0$ に対して $\delta = \delta(\varepsilon) > 0$ が存在して，f の任意の δ–軌道 $\{x_i \mid i \in \mathbb{Z}\}$ に対して X の点 y があって，$d(f^i(y), x_i) < \varepsilon$ がすべての $i \in \mathbb{Z}$ に対して成り立つときをいう．このような点 y を ε–**追跡点** (tracing point) という．

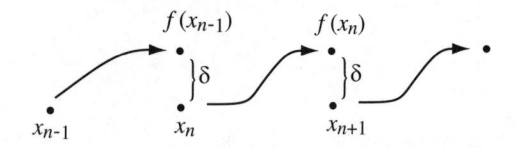

図 1.6.1

自然現象を相空間 X の上にある同相写像 f の形で捉える立場に立つとき，その同相写像 f は追跡性をもっていることを仮定する場合が多い．例えば，現象の変化 $x \mapsto f(x)$ そのものを観測できず，$x \mapsto x_1$ なる観測は $d(f(x), x_1)$ が十分に小さいという形をとり，この観測を精密にすればするほど $f(x)$ に近いと思っているのは，観測値 $\{x, x_1, x_2, \cdots\}$ が軌道とあまり違わないこと，すなわち，ε–追跡されていることを仮想しているに他ならない．

注意 1.6.2 X はコンパクト距離空間とし，直積空間 $X^{\mathbb{Z}} = \prod_{i=-\infty}^{\infty} X_i$ $(X = X_i)$ の上の距離関数 $\tilde{d}$ を

$$\tilde{d}(x, y) = \max_{i \in \mathbb{Z}} \frac{d(x_i, y_i)}{2^{|i|}} \qquad (x = (x_i),\ y = (y_i) \in X^{\mathbb{Z}})$$

によって定義する．$X^{\mathbb{Z}}$ はコンパクトである．このとき，$X^{\mathbb{Z}}$ の上の推移写像 σ ($\sigma(x_i) = (y_i)$, $y_i = x_{i+1}$, $i \in \mathbb{Z}$) は一様追跡性をもつ．

証明 $X^{\mathbb{Z}}$ の上の推移写像 σ は同相写像であることに注意する．$\varepsilon > 0$ を固定し，$\delta > 0$ は $\delta < \varepsilon$ を満たす実数とする．

σ の δ–軌道 $\{x^i | i \in \mathbb{Z}\}$ と $i \in \mathbb{Z}$ に対して

$$\delta > \tilde{d}(\sigma(x^i), x^{i+1}) \geq \frac{d(\sigma(x^i)_k, x_k^{i+1})}{2^{|k|}} = \frac{d(x_{k+1}^i, x_k^{i+1})}{2^{|k|}}$$

が $k \in \mathbb{Z}$ に対して成り立つ．よって

$$d(x_{k+1}^i, x_k^{i+1}) < 2^{|k|}\delta \qquad (i, k \in \mathbb{Z})$$

である．いま

$$x = (\cdots, x_0^{-1}, x_0^0, x_0^1, x_0^2, \cdots)$$

とおくと $x \in X^{\mathbb{Z}}$，かつ

$$(\sigma^i(x))_k = x_0^{i+k} \qquad (i, k \in \mathbb{Z})$$

である．$k \geq 0$ のとき

$$d(x_k^i, x_0^{i+k}) \leq \sum_{j=0}^{k-1} d(x_{k-j}^{i+j}, x_{k-j-1}^{i+j+1}) \leq 2^k \delta$$

が成り立つ．$k < 0$ のときは

$$d(x_k^i, x_0^{i+k}) \leq 2^{|k|}\delta$$

である．よって $i \in \mathbb{Z}$ に対して

$$\tilde{d}(x^i, \sigma^i(x)) = \max_{k \in \mathbb{Z}} \frac{d(x_k^i, (\sigma^i(x))_k)}{2^{|k|}} \leq \delta < \varepsilon.$$

点 $x \in X^{\mathbb{Z}}$ が δ–軌道 $\{x^i\}$ の ε–追跡点である． □

注意 1.6.3 $Y_2^{\mathbb{Z}}$ の上の推移写像 σ は一様追跡性をもつことが注意 1.6.2 から得られる．

上で述べた一様追跡性は一様双曲性をもつ力学系の位相的概念であって,拡大性もこの種の力学系の位相的概念である.

拡大性と一様追跡性をもつ同相写像を**位相的アノソフ同相写像** (topological Anosov homeomorphism) と呼んでいる.

$\mathbb{T}^2$ の上の同相写像 g が位相的アノソフであるとき,固有値の絶対値が 1 でない $\mathbb{R}^2$ の上の行列 B ($\det(B) = \pm 1$) があって B によって導入される $\mathbb{T}^2$ の上の自己同型写像 g_B と g は位相共役である(洋書文献 [Ao-Hi]).

よって,g は g_B と位相的に同じ性質をもつ.しかし,測度論的に g を見るとき,g と g_B は力学的に異なる性質を見いだすことができる.このことは議論を進める途中で理解する.

f が**明記性**をもつとは,任意の $\varepsilon > 0$ に対し自然数 $M(\varepsilon) = M$ が存在して,任意の有限点列

$$x_1, x_2, \cdots, x_k \in X$$

と $2 \leq j \leq k$ なる j に対し

$$a_j - b_{j-1} \geq M$$

を満たす任意の整数列

$$a_1 \leq b_1 < a_2 \leq b_2 < \cdots < a_k \leq b_k \text{ と } p \geq M + (b_k - a_1)$$

なる任意の自然数 p に対し,$f^p(x) = x$ を満たす $x \in X$ が存在して

$$d(f^{a_1+a_2+\cdots+a_{j-1}+i}(x), f^i(x_j)) < \varepsilon \quad (a_j \leq i \leq b_j,\ 1 \leq j \leq k)$$

を満たすときをいう.

定理 1.6.4 $f: X \to X$ が明記性をもてば,f は位相混合的である.

証明 U, V は空でない X の開集合とする.このとき自然数 M があって,すべての $n \geq M$ に対し,$f^n(U) \cap V \neq \emptyset$ を示せばよい.

U から点 x を,V から点 y を選び十分小さな $\varepsilon > 0$ に対し

$$U_\varepsilon(x) \subset U, \qquad U_\varepsilon(y) \subset V$$

とできる．この ε に対し，$M(\varepsilon) = M > 0$ を明記性の定義に現れる自然数とする．このとき $n \geq M$ に対し $z \in X$ が存在して，$x_1 = x$, $x_2 = y$ に対し

$$d(z, x_1) = d(z, x) < \varepsilon,\ d(f^n(z), x_2) = d(f^n(z), y) < \varepsilon$$

とできる．よって $z \in f^{-n}(U_\varepsilon(y))$ であるから，$f^{-n}(U_\varepsilon(y)) \cap U_\varepsilon(x) \neq \emptyset$ が成り立つ．ゆえに

$$\emptyset \neq U_\varepsilon(y) \cap f^n(U_\varepsilon(x)) \subset V \cap f^n(U)$$

である． □

f の n 周期点の集合を $P_n(f)$ で表す．次の定理は f が明記性をもてば，十分大きな周期をもつ周期点を多数見つけることができることを保証している．

定理 1.6.5 f が明記性をもつとし，$\varepsilon > 0$ に対し $M(\varepsilon) = M > 0$ は明記性の定義に現れる自然数とする．このとき，$p \geq 2M$ を周期にする周期点 $x \in X$ ($f^p(x) = x$) が存在し，$\bigcup_{m \geq M} P_m(f)$ は X で ε-網 (ε-net) である．

証明 $x \in X$ に対し，$x = x_1 = x_2$ とおく．$a_1 = b_1 = 0$, $a_2 = b_2 = M$ とする．このとき，f は明記性をもつから，$p \geq M$ なる p に対し，$f^p(y) = y$ を満たす $y \in X$ が存在して

$$d(x, y) = d(x_1, y) < \varepsilon,\ d(x_2, f^M(y)) < \varepsilon$$

とできる．よって $y \in U_\varepsilon(x)$ である． □

定理 1.6.6 コンパクト距離空間 (X, d) の上の同相写像 f が次の条件をもつとする：

(1) f は位相混合的である，

(2) f は拡大的である，

(3) f は一様追跡性をもつ．

このとき f は明記性をもつ．

証明 $c>0$ は f の拡大定数とし，$0<\varepsilon<\dfrac{c}{2}$ なる ε に対し，$\delta>0$ は一様追跡性の定義に現れる数とする．δ–開球からなる X の有限被覆を u とする．f は位相混合的であるから，$U_i, U_j \in u$ に対し，自然数 M_{ij} が存在して，すべての $n \geq M_{ij}$ に対し

$$f^n(U_i) \cap U_j \neq \emptyset$$

とできる．

$$M = \max\{M_{ij}\}$$

とおく．任意の有限点列

$$x_1, x_2, \cdots, x_k \in X$$

と，$2 \leq j \leq k$ なる j に対し

$$a_j - b_{j-1} \geq M$$

を満たす任意の整数列

$$a_1 \leq b_1 < a_2 \leq b_2 < \cdots < a_k \leq b_k,$$

そして

$$p \geq M + (b_k - a_1)$$

なる整数 p に対し

$$a_{k+1} = b_{k+1} = p + a_1, \quad x_{k+1} = f^{a_1 - a_{k+1}}(x_1)$$

とおく．$z \in X$ に対し，点 z を含む u の要素 U を $U(z)$ で表そう．このとき，$1 \leq j \leq k$ に対し

$$f^{a_{j+1} - b_j}(y_j) \in U(f^{a_{j+1}}(x_{j+1}))$$

を満たす $y_j \in U(f^{b_j}(x_j))$ が存在する．

実際に，$1 \leq j \leq k$ なる j に対し，$a_{j+1} - b_j \geq M$ より

$$U(f^{a_{j+1}}(x_{j+1})) \cap f^{a_{j+1} - b_j} U(f^{b_j}(x_j)) \neq \emptyset$$

が成り立つことから明らかである．

X の点列 $\{z_i\}$ を次の条件を満たすように定義する.

$$z_i = f^i(x_j) \quad (a_j \leq i < b_j)$$
$$z_i = f^{i-b_j}(y_j) \quad (b_j \leq i < a_{j+1})$$
$$z_{i+p} = z_i \quad (i \in \mathbb{Z})$$

このとき $\{z_i\}$ は δ–周期軌道である.f は一様追跡性をもつから,$x \in X$ が存在して

$$d(f^i(x), z_i) < \varepsilon \quad (i \in \mathbb{Z})$$

とできる.ところで,$z_{i+p} = z_i \ (i \in \mathbb{Z})$ より

$$d(f^{i+p}(x), z_i) < \varepsilon \quad (i \in \mathbb{Z})$$

である.よって

$$d(f^i \circ f^p(x), f^i(x)) < 2\varepsilon < c \quad (i \in \mathbb{Z}).$$

だから拡大性によって $f^p(x) = x$ である.ゆえに f は明記性を満たす. □

注意 1.6.7 f が明記性をもてば,$h(f) > 0$ である.

証明 $x, y \in X \ (x \neq y)$ に対して,$\varepsilon > 0$ があって $d(x, y) > 3\varepsilon$ とできる.$M = M(\varepsilon) > 0$ は明記性の定義の整数であるとする.$n > 0$ を固定して $z_i \in \{x, y\}$ の n 組 $(z_1, z_2, \cdots, z_n)$ を考える.このとき明記性から

$$d(f^{(i-1)M}(z), z_i) \leq \varepsilon \quad (1 \leq i \leq n)$$

を満たす $z \in X$ が存在する.

異なった n 組に対して,異なった $z \in X$ が存在する.このような z は少なくとも 2^n 個存在する.これらの点の集合 E_n は (nM, ε)–分離集合である.

実際に,$z, z' \in E_n \ (z \neq z')$ に対して

$$d(f^j(z), f^j(z')) \leq \varepsilon \quad (0 \leq j \leq nM - 1)$$

とする.z に対応する n 組 $(z_1, \cdots, z_n)$, z' に対応する n 組 $(z'_1, \cdots, z'_n)$ は

$$(z_1, \cdots, z_n) \neq (z'_1, \cdots, z'_n)$$

であるから, $z_j \neq z'_j$ なる j があって

$$d(f^{jM}(z), z_j) \leq \varepsilon, \quad d(f^{jM}(z'), z'_j) \leq \varepsilon.$$

よって

$$d(z_j, z'_j) \leq d(z_j, f^{jM}(z)) + d(f^j(z), f^j(z')) + d(f^j(z'), z'_j)$$
$$\leq 3\varepsilon.$$

このことは矛盾である.

分離集合 E_n を用いると

$$h(f) \geq \limsup_{n \to \infty} \frac{1}{nM} \log \sharp E_n$$

$$\geq \limsup_{n \to \infty} \frac{1}{nM} \log 2^n$$

$$= \frac{1}{M} \log 2 > 0.$$

□

命題 1.6.8 f は拡大性と明記性をもつとする. このとき

$$h(f) = \lim_{n \to \infty} \frac{1}{n} \log \sharp P_n(f)$$

が成り立つ. ここに $P_n(f)$ は n 周期点の集合を表す.

注意 1.6.9 f は拡大性と明記性を満たすとする. このとき, f–不変ボレル確率測度 μ があって $h(f) = h_\mu(f)$ であるから

$$h_\mu(f) = \lim_{n \to \infty} \frac{1}{n} \log \sharp P_n(f)$$

が成り立つ.

注意 1.6.10 $f : \mathbb{T}^2 \to \mathbb{T}^2$ は 2×2–行列 A によって導入された自己同型写像とする. 邦書文献 [Ao2] の定理 1.7.2 により, $P(f)$ は $\mathbb{T}^2$ で稠密である. f は位相混合的で, 一様追跡性と拡大性をもつから

$$h(f) = \lim_{n \to \infty} \frac{1}{n} \log \sharp P_n(f)$$
$$= \log |\lambda_u|$$

が成り立つ（前半の等式は邦書文献 [Ao-Sh] を参照）．

後半の等式は次のように示される．周期点の集合を $P(f)$ で表す．n 周期点の個数と A の固有値との間に次の関係がある：

$$\sharp P_n(f) = \sharp\{x \in P(f) \mid f^n(x) = x\} = \text{kernel}(f^n - id).$$

$f^n - id$ は $|\det(A^n - I)|$ 対 1 の写像である．このことは行列 $A^n - I$ は基本行列の積で表されることを利用して求めることができる．

よって

$$\sharp P_n(f) = |\det(A^n - I)| = |(\lambda_u - 1)(\lambda_s - 1)|$$

でるから，$n > 0$ に対して

$$\frac{1}{n} \log \sharp P_n(f) = \frac{1}{n} \log |\lambda_s - 1| + \frac{1}{n} \log |\lambda_u| + \frac{1}{n} \log |\lambda_u^{-n} - 1|.$$

よって

$$h(f) = \lim_{n \to \infty} \log \sharp P_n(f) = \log |\lambda_u|.$$

命題 1.6.8 の証明　4 段階に分割して証明を進める．

段階 1　$\varepsilon > 0$ は十分に小さいとする．このとき，有限な自然数列 $(n_1, \cdots, n_k)$ に対して

$$s_{n_1 + \cdots + n_k}(\varepsilon, X) \leq \prod_{i=1}^{k} s_{n_i}\left(\frac{\varepsilon}{2}, X\right)$$

が成り立つ．

E は X の $(n_1 + \cdots + n_k, \varepsilon)$–分離集合として，$1 \leq i \leq k$ に対して E_i は最大濃度をもつ X の $\left(n_i, \dfrac{\varepsilon}{2}\right)$–分離集合とする．

$x \in E$ に対して，E_1 の濃度の最大性により $z_1(x) \in E_1$ があって

$$\max\{d(f^j(x), f^j(z_1(x))) \mid 0 \leq j \leq n_1 - 1\} \leq \frac{\varepsilon}{2}.$$

$f^{n_1}(x) \in X$ に対して，$z_2(x) \in E_2$ が存在する．帰納的に，$3 \leq i \leq k$ に対して $z_i(x) \in E_i$ があって

$$\max\{d(f^{n_1 + \cdots + n_{i-1} + j}(x), f^j(z_i(x))) \mid 0 \leq j \leq n_i - 1\} \leq \frac{\varepsilon}{2}$$

を得る．

x に $(z_1(x), \cdots, z_k(x))$ を対応させる写像

$$\varphi : x \longmapsto (z_1(x), \cdots, z_k(x))$$

を定義する．このとき

$$\varphi : E \longrightarrow E_1 \times \cdots \times E_k$$

は単射である．

実際に，$x, y \in E$ に対して $\varphi(x) = \varphi(y)$ とする．このとき $z_i(x) = z_i(y)$ $(1 \leq i \leq k)$ であるから，$1 \leq i \leq k$ と $0 \leq j \leq n_i - 1$ に対して

$$d(f^{n_1 + \cdots + n_{i-1} + j}(x), f^{n_1 + \cdots + n_{i-1} + j}(y))$$
$$\leq d(f^{n_1 + \cdots + n_{i-1} + j}(x), f^j(z_i(x))) + d(f^j(z_i(y)), f^{n_1 + \cdots + n_{i-1} + j}(x))$$
$$\leq \varepsilon.$$

しかし，E は $(n_1 + \cdots + n_k, \varepsilon)$-分離集合であるから，$x = y$ である．よって

$$\sharp E \leq \prod_{i=1}^{k} \sharp E_i = \prod_{i=1}^{k} s_{n_i}\left(\frac{\varepsilon}{2}, X\right).$$

段階1が示された．

段階2 $\varepsilon > 0$ は十分に小さいとして，$M = M(\varepsilon)$ は明記性の数とする．このとき，$D_{\varepsilon, M} \geq 1$ があって有限な自然数列 $(n_1, \cdots, n_k)$ に対して

$$D_{\varepsilon, M}^k s_{n_1 + \cdots + n_k}\left(\frac{\varepsilon}{2}, X\right) \geq \prod_{i=1}^{k} s_{n_i}(3\varepsilon, X)$$

が成り立つ．

$1 \leq i \leq k$ に対して，E_i は最大濃度をもつ X の $(n_i, 3\varepsilon)$-分離集合とする．

$$a_1 = 0, \quad b_1 = n_1 - 1,$$
$$a_i = n_1 + \cdots + n_{i-1} + (i-1)M \quad (i \geq 2),$$
$$b_i = n_1 + \cdots + n_{i-1} + n_i - 1 + (i-1)M,$$
$$m = n_1 + \cdots + n_k + (k-1)M$$

とおく．このとき
$$a_{i+1} - b_i = 1 + M > M.$$
f は X の上で明記性をもつから
$$z = (z_1, \cdots, z_k) \in E_1 \times \cdots \times E_k$$
に対して，$m + M$-周期の周期点 $x = x(z)$ が存在して
$$d(f^{a_i+j}(x), f^j(z_i)) \leq \varepsilon \quad (0 \leq j \leq n_i - 1, \ 1 \leq i \leq k). \quad (1.6.1)$$
このとき
$$E = \{x(z) \mid z \in E_1 \times \cdots \times E_k\}$$
は X の $(m+M, \varepsilon)$-分離集合である．

$z, z' \in E_1 \times \cdots \times E_k$ に対して
$$z \neq z' \implies x(z) \neq x(z')$$
が成り立つ．実際に，$x(z) = x(z')$ とする．$z \neq z'$ であるから，$1 \leq i \leq k$ があって $z_i \neq z_i'$ である．(1.6.1) により
$$d(f^j(z_i), f^j(z_i')) \leq d(f^{a_i+j}(x(z)), f^j(z_i)) + d(f^{a_i+j}(x(z')), f^j(z_i'))$$
$$\leq 2\varepsilon \quad (0 \leq j \leq n_i - 1).$$
E_i は $(n_i, 3\varepsilon)$-分離集合であるから矛盾である．よって
$$\prod_{i=1}^{k} s_{n_i}(3\varepsilon, X) \leq s_{m+M}(\varepsilon, X).$$
段階 1 により
$$s_{m+M}(\varepsilon, X) \leq s_{n_1 + \cdots + n_k}\left(\frac{\varepsilon}{2}, X\right) \left\{s_M\left(\frac{\varepsilon}{2}, X\right)\right\}^k.$$
$D_{\varepsilon, M} = s_M\left(\dfrac{\varepsilon}{2}, X\right)$ とおけば，段階 2 の結論を得る．

段階 3 $h = h(f)$ とする．十分に小さい $\varepsilon > 0$ に対して
$$e^{hn} \leq s_n\left(\frac{\varepsilon}{2}, X\right), \quad s_n(3\varepsilon, X) \leq D_{\varepsilon, M} e^{hn} \quad (n \geq 0)$$

が同時に成り立つ．ここに $D_{\varepsilon,M}$ は段階2の定数とする．

否定すると $\varepsilon > 0$ に対して $n > 0$ があって，上の2つの不等式のいずれかが成り立たないか，または2つ共に成り立たないかのいずれかである．前半が成り立たない，すなわち $n > 0$ があって $s_n\left(\frac{\varepsilon}{2}, X\right) < e^{hn}$ であるとする．$\lambda > 0$ を十分小さく選べば

$$s_n\left(\frac{\varepsilon}{2}, X\right) < e^{(h-\lambda)n}$$

とできる．段階1より

$$s_{nk}(\varepsilon, X) \leq \left\{s_k\left(\frac{\varepsilon}{2}, X\right)\right\}^n \leq e^{(h-\lambda)nk} \quad (k > 0).$$

よって

$$\frac{1}{nk}\log s_{nk}(\varepsilon, X) \leq \frac{1}{k}\log s_k\left(\frac{\varepsilon}{2}, X\right) < h - \lambda \quad (k > 0).$$

これは矛盾である．

$n > 0$ があって $D_{\varepsilon,M} e^{hn} < s_n(3\varepsilon, X)$ であるとする．段階2より

$$D_{\varepsilon,M}^k e^{hnk} < \{s_n(3\varepsilon, X)\}^k \leq D_{\varepsilon,M}^k s_{nk}(\varepsilon, X) \quad (k > 0).$$

よって

$$\frac{1}{n}\log D_{\varepsilon,M} + h + \lambda < \frac{1}{nk}\log s_{nk}(\varepsilon, X) + \frac{1}{n}\log D_{\varepsilon,M}$$

であるから

$$\frac{1}{n}\log D_{\varepsilon,M} + h + \lambda \leq \limsup_k \frac{1}{nk}\log s_{nk}(\varepsilon, X) + \frac{1}{n}\log D_{\varepsilon,M}$$
$$\leq \limsup_m \frac{1}{m}\log s_m(\varepsilon, X) + \frac{1}{n}\log D_{\varepsilon,M}.$$

よって

$$h + \lambda \leq \limsup_m \frac{1}{m}\log s_m(\varepsilon, X).$$

$\varepsilon > 0$ は任意であるから

$$h < h + \lambda \leq h(f)$$

となって矛盾が起こる．段階3が示された．

段階 4 $\varepsilon > 0$ は十分に小さいとして，$M = M(\varepsilon)$ は明記性の数とする．このとき
$$e^{h(n-2M)} \leq \sharp P_n(f) \leq D_{\varepsilon,M} e^{hn} \quad (n > 2M).$$

$\varepsilon > 0$ は十分に小さいから，$P_n(f)$ は X の $(n, 3\varepsilon)$-分離集合である．よって
$$\sharp P_n(f) \leq s_n(3\varepsilon, X)$$
$$\leq D_{\varepsilon,M} e^{hn} \quad (\text{段階 3 により}).$$

E は最大濃度をもつ X の $\left(n - 2M, \dfrac{\varepsilon}{2}\right)$-分離集合とする．明記性により，$z \in E$ に対して $x(z) \in P_n(f)$ があって
$$d(f^j(z),\, f^j(x(z))) \leq \frac{\varepsilon}{5} \quad (0 \leq j \leq n - M)$$
が成り立つようにできる．このとき
$$z \neq z' \Longrightarrow x(z) \neq x(z').$$

実際に，$x(z) = x(z')$ とすると，$0 \leq j \leq n - 2M$ に対して
$$d(f^j(z),\, f^j(z')) \leq d(f^j(z),\, f^j(x(z))) + d(f^j(z'),\, f^j(x(z')))$$
$$< \frac{2\varepsilon}{5} < \frac{\varepsilon}{2}.$$

しかし，E は最大濃度をもつ X の $\left(n - 2M, \dfrac{\varepsilon}{2}\right)$-分離集合であるから矛盾である．よって
$$\sharp P_n(f) \geq s_{n-2M}\left(\frac{\varepsilon}{2}, X\right)$$
$$\geq e^{h(n-2M)} \quad (\text{段階 3 により}).$$

段階 4 は示された．

命題 1.6.8 を結論するために，段階 4 を用いる．このとき
$$h(n - 2M) \leq \log \sharp P_n(f) \leq \log D_{\varepsilon,M} + hn \quad (n > 2M).$$

よって
$$h(f) = \lim_n \frac{1}{n} \log \sharp P_n(f).$$

命題 1.6.8 の証明は完了した. □

$n \geq 1$ に対して

$$\nu_n = \frac{1}{\sharp P_n(f)} \sum_{x \in P_n(f)} \delta_x$$

とおく. $\{\nu_n\}$ の集積点 ν に対して, 次の命題が成り立つ:

命題 1.6.11（ボウエン） f は拡大性と明記性を満たし $h(f) = h_\mu(f)$ であるとき, $h_\nu(f) = h_\mu(f)$ が成り立つ.

証明 4つに分割して証明を与える.

(A) 十分に小さい $\varepsilon > 0$ に対して, $A_\varepsilon > 0$ があって $x \in X$ と $n \geq 1$ に対して

$$\nu(B_n(x, \varepsilon)) \geq A_\varepsilon e^{-hn}.$$

ここに $h = h_\mu(f)$, $B_n(x, \varepsilon) = \bigcap_{i=0}^{n-1} f^{-i}(B(f^i(x), \varepsilon))$ である.
$s > 0$, $m > 0$ とする. F は最大濃度をもつ X の $\left(m, \dfrac{\varepsilon}{2}\right)$-分離集合とする. $M = M(\varepsilon) > 0$ は明記性の数として

$$r = n + m + 2M$$

とおく. $z \in F$ に対して, 明記性によって $x(z) \in P_r(f)$ があって

$$d(f^j(x(z)), f^j(z)) \leq \varepsilon/5 \quad (0 \leq j < n),$$
$$d(f^{n+M+j}(x(z)), f^j(z)) \leq \varepsilon/5 \quad (0 \leq j \leq m)$$

が成り立つようにできる. このとき

$$z, z' \in F \ (z \neq z') \Longrightarrow x(z) \neq x(z').$$

定理 1.6.5 により, $\bigcup_n P_n(f)$ は X で稠密であるから十分に大きく s' を選ぶとき, $B_n(x, \varepsilon)$ は x の近傍であるから $\bigcup_{k \leq s'} P_k(f) \cap B_n(x, \varepsilon)$ に多くの点が含まれる. よって, $0 < k < s'$ なるすべての k を因数にもつように r' を定めれば

$$\bigcup_{k \leq s'} P_k(f) \subset P_{r'}(f).$$

よって $m > 0$ に対して $r' > 0$ があって

$$\sharp(B_n(x,\varepsilon) \cap P_{r'}(f)) \geq \sharp F = s_m\left(\frac{\varepsilon}{2}, X\right)$$

を満たすようにできる．よって

$$\begin{aligned}
\nu_r(B_n(x,\varepsilon)) &= \frac{1}{\sharp P_{r'}(f)} \sharp(B_n(x,\varepsilon) \cap P_{r'}(f)) \\
&\geq \frac{1}{\sharp P_{r'}(f)} s_m\left(\frac{\varepsilon}{2}, X\right) \\
&\geq \frac{1}{D_{\varepsilon,M}} e^{h(m-r')} \quad \text{(命題 1.6.8 の証明の段階 3,4 により)} \\
&\geq \frac{1}{D_{\varepsilon,M}} e^{h(-n-2M)} \quad (m - r' \leq m - r \text{ により})
\end{aligned}$$

であるから

$$A_\varepsilon = (D_{\varepsilon,M} e^{2Mh})^{-1}$$

とおくと

$$\nu_{r'}(B_n(x,\varepsilon)) \geq A_\varepsilon e^{-hn}. \tag{1.6.2}$$

(1.6.2) において，$r' > 0$ はいくらでも大きくできるから

$$\begin{aligned}
\nu(B_n(x,\varepsilon)) &\geq \limsup_{r'} \nu_{r'}(B_n(x,\varepsilon)) \\
&\geq A_\varepsilon e^{-hn}.
\end{aligned}$$

(A) が示された．
よって

$$\limsup_n -\frac{1}{n} \log \nu(B_n(x,\varepsilon)) \leq h \tag{1.6.3}$$

を得る．

(B) 十分に小さい $\varepsilon > 0$ に対して，B_ε があって $y \in \Lambda$ と $n > 0$ に対して

$$\nu(B_n(y,\varepsilon)) \leq B_\varepsilon e^{-hn}.$$

$M = M(\varepsilon)$ は明記性の数とする．このとき $\delta > 0$ があって

$$d(x,y) \leq 6\delta \Longrightarrow \max\{d(f^i(x), f^i(y)) \mid |i| \leq M\} \leq 3\varepsilon \tag{1.6.4}$$

とできる. $n > 0$, $m > 0$ に対して

$$r = n + m + 2M$$

とおく.

$$x, z \in P_r(f) \cap B_n(y, 3\delta)$$

に対して, $\{x, z\}$ は X の $(r, 3\varepsilon)$–分離集合である.

よって, $\{f^{n+2M}(x), f^{n+2M}(z)\}$ は X の $(m, 3\varepsilon)$–分離集合である.

実際に, $x, z \in B_n(y, 3\delta)$ であるから

$$d(f^j(x), f^j(y)) \le 3\delta, \quad d(f^j(y), f^j(z)) \le 3\delta \quad (0 \le j \le n-1).$$

よって

$$d(f^j(x), f^j(z)) \le 6\delta \quad (0 \le j \le n-1).$$

(1.6.4) により

$$\max\{d(f^j(x), f^j(y)) \mid 0 \le j \le M+n-1\} \le 3\varepsilon.$$

$\{x, z\}$ は $(r, 3\varepsilon)$–分離集合であるから, $0 \le j \le r-1$ があって

$$d(f^j(x), f^j(z)) > 3\varepsilon.$$

よって $0 \le i \le m-1$ があって

$$d(f^{2M+n+i}(x), f^{2M+n+i}(z)) > 3\varepsilon.$$

すなわち, $\{f^{n+2M}(x), f^{n+2M}(z)\}$ は $(m, 3\varepsilon)$–分離集合である.

よって

$$\sharp(P_r(f) \cap B_n(y, 3\delta)) \le s_m(3\varepsilon, X)$$

であるから

$$\nu_r(B_n(y, 3\delta)) = \frac{1}{\sharp P_r(f)} \sharp\{P_r(f) \cap B_n(y, 3\delta)\}$$

$$\le \frac{1}{\sharp P_r(f)} s_m(3\varepsilon, X)$$

$$\le \frac{1}{e^{h(r-M)}} D_{\varepsilon, M} e^{hm} \quad (\text{命題 1.6.8 の証明の段階 3,4 により}).$$

$m - r + M = -n - M$ であるから

$$\nu_r(B_n(y, 3\delta)) \leq D_{\varepsilon, M} e^{-hM} e^{hn}.$$

$B_\varepsilon = D_{\varepsilon, M} e^{-hM}$ とおくと，(B) の結論を得る．

$V \subset X$ は
$$B_n(x, \delta) \subset V \subset B_n(x, 3\delta)$$

を満たす開集合とする．(B) により

$$\nu(B_n(x, \delta)) \leq \nu(V) \leq \liminf_r \nu_r(V) \leq B_\varepsilon e^{-hn}.$$

よって
$$\lim_{\delta \to 0} \limsup_{n \to \infty} -\frac{1}{n} \log \nu(B_n(x, \delta)) \geq h.$$

(1.6.3) により
$$\lim_{\delta \to 0} \limsup_{n \to \infty} -\frac{1}{n} \log \nu(B_n(x, \delta)) = h$$

が成り立つ．ν がエルゴード的であれば

$$h_\nu(f) = h(f)$$

(邦書文献 [Ao2] 定理 3.5.2)．よって

$$h_\nu(f) = h_\mu(f)$$

を得る．よって命題 1.6.11 が結論される．

(C) ν はエルゴード的である．

$\bar{\varepsilon} > 0$ は十分に小さいとして，$A, B \subset X$ は閉集合とする．このとき

$$A \subset U, \quad B \subset V$$

であって
$$\nu(\partial U) = \nu(\partial V) = 0$$

を満たす $2\bar{\varepsilon}$–近傍とする．$\tilde{U}, \tilde{V}$ は

$$A \subset \tilde{U} \subset U, \quad B \subset \tilde{V} \subset V$$

を満たす $\bar{\varepsilon}$–近傍とする.

$n > 0$ を十分に大きく選び $\bar{\varepsilon} < \varepsilon$ を固定する. s と t は異なる自然数として, $M = M(\varepsilon)$ は明記性の数とする. 2組の整数列

$$a_1, \ a_2, \ a_3, \ a_4; \quad b_1, \ b_2, \ b_3, \ b_4$$

は次を満たすとする:

$$\begin{aligned} a_1 &= -n, & b_1 &= n, \\ a_2 &= b_1 + M, & b_2 &= a_2 + s, \\ a_3 &= b_2 + M, & b_3 &= a_3 + 2n, \\ a_4 &= b_3 + M, & b_4 &= a_4 + t. \end{aligned}$$

ここで

$$m = b_4 - a_1 + M$$

とおく. 明らかに

$$m = t + s + 4n + 4M. \tag{1.6.5}$$

E_s は最大濃度をもつ X の $\left(s, \dfrac{\varepsilon}{2}\right)$–分離集合で, E_t は最大濃度をもつ X の $\left(t, \dfrac{\varepsilon}{2}\right)$–分離集合とする.

$$\begin{aligned} z_1 &\in P_{2n}(f) \cap f^{-n}(\tilde{U}), \\ z_2 &\in E_s, \\ z_3 &\in P_{2n}(f) \cap f^{-n}(\tilde{V}), \\ z_4 &\in E_t \end{aligned}$$

に対して, (z_1, z_2, z_3, z_4) を z で表す. f は X の上で明記性をもつから, $x = x(z) \in P_m(f)$ が存在して

$$d(f^{a_i+j}(x), f^j(x(z_i))) < \frac{\varepsilon}{5} \quad (0 \leq j \leq b_i - a_i, \ 1 \leq i \leq 4). \tag{1.6.6}$$

$i = 1$ のとき, $a_1 = -n$ で

$$d(f^{-n+j}(x), f^j(x(z_1))) < \frac{\varepsilon}{5} \quad (0 \leq j \leq 2n).$$

f は拡大的であって，$n > 0$ が十分に大きいことから

$$d(x, f^n(z_1)) < \bar{\varepsilon}$$

が成り立つ．

$f^n(z_1) \in \tilde{U}$ であって，$d(f^n(z_1), A) < \bar{\varepsilon}$ であるから

$$d(x, A) \leq d(x, f^n(z_1)) + d(f^n(z_1), A) < 2\bar{\varepsilon}.$$

よって $x = x(z) \in U$ である．

同様にして

$$f^{s+2n+2M}(x) \in V$$

が示される．

$$r = s + 2n + 2M$$

とおくと

$$x \in P_m(f) \cap U \cap f^{-r}(V)$$

が成り立つ．

$z_1 \neq z_1'$ のとき，$x(z_1) \neq x(z_1')$ である．実際に，$x(z_1) = x(z_1')$ を仮定すると

$$z_1 \neq z_1' \Longrightarrow d(f^j(z_1), f^j(z_1')) \leq d(f^j(z_1), f^{a_1+j}x(z))$$
$$+ d(f^{a_1+j}x(z'), f^j(z_1'))$$
$$\leq \frac{2\varepsilon}{5} \quad (0 \leq j \leq 2n).$$

ところで，$z_1, z_1' \in P_{2n}(f)$ であるから，拡大性により $z_1 = z_1'$ である．このことは矛盾である．

$z_3 \neq z_3'$ を仮定すると，$z_3, z_3' \in P_{2n}(f)$ であるから矛盾を得る．よって $z_3 = z_3'$ である．

$z_2 \neq z_2'$ を仮定する．このとき $z_2, z_2' \in E_s$ であって，E_s は X の $\left(s, \dfrac{\varepsilon}{2}\right)$-分離集合である．よって

$$\max\{d(f^j(z_2), f^j(z_2')) \mid 0 \leq j \leq s-1\} > \frac{\varepsilon}{2}. \qquad (1.6.7)$$

しかし (1.6.6) により，$i = 2$ のとき $0 \leq j \leq b_2 - a_2$ に対して

$$d(f^{a_2+j}x(z), f^j(z_2)) \leq \frac{\varepsilon}{5},$$
$$d(f^{a_2+j}x(z'), f^j(z_2')) \leq \frac{\varepsilon}{5}.$$

$b_2 - a_2 = s$ であるから
$$d(f^j(z_2), f^j(z_2')) \leq \frac{2\varepsilon}{5} < \frac{\varepsilon}{2} \quad (0 \leq j \leq s).$$
このことは (1.6.7) に反する．よって $z_2 = z_2'$ である．同様にして，$z_4 = z_4'$ が示される．

よって
$$x(\cdot) : (P_{2n}(f) \cap f^{-n}(\tilde{U})) \times E_s \times (P_{2n}(f) \cap f^{-n}(\tilde{V})) \times E_t \to P_m(f) \cap U \cap f^{-r}(V)$$
は単射であるから
$$\sharp(P_m(f) \cap U \cap f^{-r}(V)) \geq \sharp(P_{2n}(f) \cap f^{-n}(\tilde{U}))\sharp E_s \sharp(P_{2n}(f) \cap f^{-n}(\tilde{V}))\sharp E_t.$$
よって
$$\begin{aligned}
\nu_m(U \cap f^{-r}(V)) &= \frac{1}{\sharp P_m(f)} \sharp(P_m(f) \cap U \cap f^{-r}(V)) \\
&\geq \frac{1}{\sharp P_m(f)} \sharp(P_{2n}(f) \cap f^{-n}(\tilde{U}))\sharp E_s \sharp(P_{2n}(f) \cap f^{-n}(\tilde{V}))\sharp E_t \\
&\geq \frac{(\sharp P_{2n}(f))^2}{\sharp P_m(f)} s_s\left(\frac{\varepsilon}{2}, X\right) s_t\left(\frac{\varepsilon}{2}, X\right) \nu_{2n}(\tilde{U})\nu_{2n}(\tilde{V}) \\
&\geq \frac{(\sharp P_{2n}(f))^2}{\sharp P_m(f)} e^{h(s+t)} \nu_{2n}(\tilde{U})\nu_{2n}(\tilde{V}) \\
&\geq \frac{e^{2h(2n-M)}}{D_{\varepsilon,M} e^{hm}} e^{h(s+t)} \nu_{2n}(\tilde{U})\nu_{2n}(\tilde{V}).
\end{aligned}$$

(1.6.5) により，$4n - 4M + s + t - m = -8M$ であるから
$$R = (e^{6hM} D_{\varepsilon,M})^{-1}$$
とおくと
$$\nu_m(U \cap f^{-r}(V)) \geq R \nu_{2n}(\tilde{U})\nu_{2n}(\tilde{V}).$$
(1.6.5) により，$m = t + s + 4n + 4M$ であって $r = s + 2n + 2M$ であるから
$$m = t + 2n + 2M + r.$$
よって n, M, r を固定して $t \to \infty$ とすれば $m \to \infty$ であるから
$$\nu(U \cap f^{-r}(V)) = \lim_{m \to \infty} \nu_m(U \cap f^{-r}(V)) \geq R \nu_{2n}(\tilde{U})\nu_{2n}(\tilde{V})$$

であって

$$\liminf_{r\to\infty} \nu(U \cap f^{-r}(V)) \geq R \liminf_{r\to\infty} \nu_{2n}(\tilde{U})\nu_{2n}(\tilde{V})$$
$$\geq R\nu(\tilde{U})\nu(\tilde{V})$$
$$\geq R\nu(A)\nu(B).$$

ところで

$$\nu(A \cap f^{-r}(B)) \geq \nu(U \cap f^{-r}(V)) - \nu(U \setminus A) - \nu(V \setminus B).$$

$s \to \infty$ とすれば, $r \to \infty$ であるから

$$\liminf_{r\to\infty} \nu(A \cap f^{-r}(B)) \geq \liminf_{r\to\infty} \nu(U \cap f^{-r}(V)) - \nu(U \setminus A) - \nu(V \setminus B).$$

よって

$$\liminf_{r\to\infty} \nu(A \cap f^{-r}(B)) \geq R\nu(A)\nu(B) - \nu(U \setminus A) - \nu(V \setminus B).$$

ν は正則であることに注意すると, $\nu(P) > 0$, $\nu(Q) > 0$ を満たすボレル集合 P, Q に対して

$$\liminf_{r\to\infty} \nu(P \cap f^{-r}(Q)) > 0$$

を得る. よって, $f(Q) = Q$ なるボレル集合が $0 < \nu(Q) < 1$ であるとき

$$0 < \liminf_{r\to\infty} \nu(Q^c \cap f^{-r}(Q)) = \nu(Q^c \cap Q) = 0$$

となって矛盾が起こる.

すなわち, ν はエルゴード的である. 命題 1.6.11 の証明は完了した. □

注意 1.6.12 f は拡大性と明記性を満たし, μ はエルゴード的で $h_\mu(f) = h(f)$ であるとする. このとき $h_\nu(f) = h_\mu(f)$ ならば, $\nu = \mu$ である.

証明 $n > 0$, $\varepsilon > 0$ に対して

$$B_{n,n}(x,\varepsilon) = \{y \in X \mid d(f^i(x), f^i(y)) \leq \varepsilon, \ -n \leq i \leq n\}$$

とする.

$n > 0$ は十分に大きいとして，$\varepsilon > 0$ は f の拡大定数よりも十分に小さいとする．E_n は最大濃度をもつ X の $(n, 2\varepsilon)$-分離集合とする．このとき

$$B_{n,n}(x,\varepsilon) \cap B_{n,n}(y,\varepsilon) = \emptyset \quad (x, y \in E_n,\ x \neq y),$$
$$X \subset \bigcup_{x \in E_n} B_{n,n}(x, 2\varepsilon).$$

α は f の生成系として，α_n は次の条件をもつ X の可測分割とする：

$$\alpha_n = \{A_x \,|\, B_{n,n}(x,\varepsilon) \subset A_x \subset B_{n,n}(x, 2\varepsilon)\},$$
$$\alpha_n \geq \bigvee_{i=-(n-1)}^{n-1} f^{-i}(\alpha).$$

よって $\bigvee_{i=0}^{\infty} f^{-i}(\alpha_n)$ は各点分割である．

結論を得るために，μ は ν に関して特異，すなわち

$$\mu(B(\mu)) = 1, \quad \nu(B(\mu)) = 0 \tag{1.6.8}$$

であると仮定する．

このことが否定されれば，$\nu(B(\mu) \cap B(\nu)) > 0$ であるから，$z \in B(\mu) \cap B(\nu)$ に対して

$$\int \varphi d\mu = \lim_{n \to \infty} \frac{1}{n} \sum_{i=0}^{n-1} \varphi(f^i(z)) = \int \varphi d\nu \quad (\varphi \in C(X, \mathbb{R})).$$

よって $\mu = \nu$ を得る．

仮定 (1.6.8) のもとで矛盾を導くために，$\delta > 0$ に対して閉集合 $D_\delta \subset B(\mu)$ があって

$$\mu(D_\delta) > 1 - \delta$$

とできる．ここで

$$C_{2n}^\delta = \bigcup \{A_x \in \alpha_n \mid A_x \cap D_\delta \neq \emptyset\}$$

とおく．明らかに，$D_\delta \subset C_{2n}^\delta$ である．α は生成系であるから

$$\bigcap_{n>0} C_{2n}^\delta = D_\delta$$

1.6 周期点とエントロピー 93

が成り立つ. 実際に, $D_\delta \subset \bigcap_{n>0} C_{2n}^\delta$ は明らかであるから, 逆の包含関係を示せば十分である.

$z \in \bigcap_{n>0} C_{2n}^\delta$ に対して $z \in C_{2n}^\delta$ $(n > 0)$ であるから

$$A_{x_n} \cap D_\delta \neq \emptyset, \quad z \in A_{x_n} \quad (n > 0)$$

を満たす $A_{x_n} \in \alpha_n$ が存在する.

$$\alpha_n \geq \bigvee_{i=-(n-1)}^{n-1} f^{-i}(\alpha)$$

であるから

$$\mathrm{diam}(A_{x_n}) \longrightarrow 0 \quad (n \to \infty).$$

よって $z \in D_\delta$ である. すなわち, $\bigcap_{n>0} C_{2n}^\delta \subset D_\delta$ である.

よって

$$\mu(C_{2n}^\delta) \longrightarrow \mu(D_\delta), \quad \nu(C_{2n}^\delta) \longrightarrow \nu(D_\delta) \quad (n \to \infty). \tag{1.6.9}$$

エントロピーの性質により

$$h_\mu(f) \leq \frac{1}{2n} H_\mu(\alpha_n)$$

であるから

$$h_\mu(f) + \mu(\varphi) \leq \frac{1}{2n}[H_\mu(\alpha_n) + \mu(S_n\varphi)] \quad (\varphi \in C(X, \mathbb{R})). \tag{1.6.10}$$

ここに

$$S_{2n}\varphi = \sum_{i=0}^{2n-1} \varphi \circ f^i,$$

$$\mu(\varphi) = \int \varphi d\mu$$

である.

$$P = h_\mu(f) + \mu(\varphi)$$

とおく.

$$h_\mu(f) = h_\nu(f) = h_\nu(f, \alpha_n)$$

であるから

$$-2nh_\nu(f) = \mu(S_{2n}\varphi) - 2nP. \qquad (1.6.11)$$

(1.6.10) により

$$\begin{aligned}
2nP &\le H_\mu(\alpha_n) + \mu(S_{2n}\varphi) \\
&= \sum_{\alpha_n} -\mu(A_x)\log\mu(A_x) + \sum_{\alpha_{2n}} \mu(A_x)\mu(S_{2n}\varphi) \\
&= \sum_{\alpha_n} \mu(A_x)[\mu(S_{2n}\varphi) - \log\mu(A_x)] \\
&= \sum_{A_x \cap D_\delta \ne \emptyset} \mu(A_x)[\mu(S_{2n}\varphi) - \log\mu(A_x)] \\
&\quad + \sum_{A_x \cap D_\delta = \emptyset} \mu(A_x)[\mu(S_{2n}\varphi) - \log\mu(A_x)] \\
&= (*).
\end{aligned}$$

注意 1.1.1 を用いて，$K = \max_{t \in [0,1]} -t\log t$ とおくと

$$\begin{aligned}
(*) \le{}& \mu(C_{2n}^\delta) \log \sum_{A_x \cap D_\delta \ne \emptyset} \exp(\mu(S_{2n}\varphi)) \\
&+ \mu((C_{2n}^\delta)^c) \log \sum_{A_x \cap D_\delta = \emptyset} \exp(\mu(S_{2n}\varphi)) + 2K.
\end{aligned}$$

よって

$$\begin{aligned}
-2K \le{}& \mu(C_{2n}^\delta) \log \sum_{A_x \cap D_\delta \ne \emptyset} \exp\{\mu(S_{2n}\varphi) - 2nP\} \\
&+ \mu((C_{2n}^\delta)^c) \log \sum_{A_x \cap D_\delta = \emptyset} \exp\{\mu(S_{2n}\varphi) - 2nP\} \\
={}& \mu(C_{2n}^\delta) \log \sum_{A_x \cap D_\delta \ne \emptyset} \exp\{-2nh_\nu(f)\} \\
&+ \mu((C_{2n}^\delta)^c) \log \sum_{A_x \cap D_\delta = \emptyset} \exp\{-2nh_\nu(f)\} \quad ((1.6.10) \text{により}).
\end{aligned}$$

命題 1.6.11 の証明の (A) により

$$\nu(B_{n,n}(x,\varepsilon)) \ge A_\varepsilon e^{-2nh_\nu(f)}.$$

よって

$$-2K \leq \mu(C_{2n}^\delta) \log \sum_{A_x \cap D_\delta \neq \emptyset} A_\varepsilon^{-1} \nu(B_{n,n}(x,\varepsilon))$$
$$+ \mu((C_{2n}^\delta)^c) \log \sum_{A_x \cap D_\delta = \emptyset} A_\varepsilon^{-1} \nu(B_{n,n}(x,\varepsilon))$$
$$\leq \mu(C_{2n}^\delta) \log A_\varepsilon^{-1} \nu(C_{2n}^\delta) + \mu((C_{2n}^\delta)^c) \log A_\varepsilon^{-1} \nu((C_{2n}^\delta)^c). \quad (1.6.12)$$

$n \to \infty$, $\delta \to 0$ のとき (1.6.12) の右辺は $-\infty$ に収束する.しかし,左辺は $-2K$ であるから,矛盾が起こる. □

$K > 0$, $\delta > 0$ があって

$$\mathcal{H}(X) = \{\varphi \in C(X, \mathbb{R}) | d_n(x,y) < \delta \Rightarrow |S_n\varphi(x) - S_n\varphi(y)| < K, \ n \geq 0\}$$

を定義する.ここに

$$d_n(x,y) = \max\{d(f^i(x), f^i(y)) | 0 \leq i \leq n-1\}.$$

命題 1.6.13 (ボウエン) f は拡大性と明記性を満たすとする.このとき $\varphi \in \mathcal{H}(X)$ に関する平衡測度 $\mu, \nu \in \mathcal{M}_f(X)$ があって

$$h_\mu(f) + \int \varphi d\mu = h_\nu(f) + \int \varphi d\nu$$

が成り立てば,$\mu = \nu$ である.

証明 注意 1.6.12 と類似な方法で証明される.詳細は関連論文 [Bo3] を参照. □

═══════════ まとめ ═══════════

物理系は可能な状態 $1, 2, \cdots, n$ をもっていて,それらの状態のエネルギーは $E_1, \cdots, E_n$ であるとする.この系は温度 T の大きな熱源に接触して置かれているとして,系と熱源の間にエネルギーは自由に交換可能であるとする.

熱源は系に比べて高い温度をもち，その温度 T は一定であるとする．しかし，系のエネルギーは一定でないから，あらゆる状態が起こりうる．状態 j が起こる確率 p_j は

$$p_j = \frac{e^{-\beta E_j}}{\sum_{i=1}^{n} e^{-\beta E_i}}$$

であるという物理的事実がある．ここに $\beta = 1/(kT)$ で，k はボルツマン定数 (Boltzman constant) である．p_j を**ギブス分布** (Gibbs distribution) という．

物理的事実を記号力学系によって定式化し，ペロン-フロベニウス作用素を用いてギブス測度を構成する．この構成から位相的圧力の概念を得ることができる．

位相的圧力の定義の仕方から，コンパクト距離空間の上の連続写像に対して，測度的エントロピーと位相的圧力との間に変分原理と呼ばれる関係式が存在する：$\varphi \in C(X, \mathbb{R})$ に対して

$$P(f, \varphi) = \sup\left\{h_\mu(f) + \int \varphi d\mu \,\middle|\, \mu \in \mathcal{M}_f(X)\right\}.$$

特に，$\varphi = 0$ のとき $P(f, 0)$ は位相的エントロピーを表し

$$h(f) = \sup\{h_\mu(f) | \mu \in \mathcal{M}_f(X)\}$$

を得る．

記号力学系は拡大性，すなわち適当な有限開被覆の生成系をもっている．$f: X \to X$ の拡大性だけから，$\varphi \in C(X, \mathbb{R})$ に対して $\mu_\varphi \in \mathcal{M}_f(X)$ があって

$$P(f, \varphi) = h_{\mu_\varphi}(f) + \int \varphi d\mu_\varphi$$

とできる．μ_φ を φ に関する平衡測度という．

しかし，f の拡大性は非一様双曲性の場合に期待することはできない．そこで，平衡測度に代わる確率測度を見いだすために，μ にエルゴード性を仮定してエルゴード的鉢 $B(\mu)$ に制限した位相的圧力 $P_{B(\mu)}(f, \varphi)$ ($\varphi \in C(X, \mathbb{R})$) を定義して

$$P_{B(\mu)}(f, \varphi) = h_\mu(f) + \int \varphi d\mu \quad (\varphi \in C(X, \mathbb{R}))$$

を求める．このとき $\varphi \in C(X, \mathbb{R})$ を固定して

$$\Phi(t) = P_{B(\mu)}(f, t\varphi) \quad (t \in \mathbb{R})$$

とおくと，$P_{B(\mu)}(f,0) < \infty$, $P_{B(\mu)}(f,\varphi) < 0$ であれば $\Phi(t)$ は単調減少，連続な凸関数であることから，$\Phi(t) = 0$ を満たす解を一意的に見いだすことができる．よって

$$h_\mu(f) = -t \int \varphi d\mu$$

を得る．t のもつ力学的意味は後において議論される．

不変ボレル確率測度の集合は弱位相に関してコンパクト凸集合 $\mathcal{M}_f(X)$ をなし，エルゴード的測度は $\mathcal{M}_f(X)$ の端点である．しかし，$\mu \in \mathcal{M}_f(X)$ は $\{\mu_x\}$ (μ–a.e. x) にエルゴード分解される．よって各 μ_x に関して測度的エントロピー $h_{\mu_x}(f)$ が定義され

$$h_\mu(f) = \int h_{\mu_x}(f) d\mu$$

が成り立つ．この関係式によって測度的エントロピーに関する話題をエルゴード性をもつ場合に制限することによって議論を容易に進めることができる．

この章は洋書文献 [Bo2], [Wa]，関連論文 [Bo3] を参考にして書かれた．

第2章　アトラクター

アトラクターは広領域の各分野において重要な概念の一つであることから，幾何的側面と解析的側面の両面から議論を進める．

この章では一様双曲的アトラクターの場合を扱う．双曲的アトラクターの存在は体積補題を用いて，変分原理と関係づけ，位相的圧力の値によって保証されている．そのとき，アトラクターの特性として SRB 条件をもつ不変ボレル測度が見いだせる（本章では議論しない）．その測度を用いて（一様）双曲的な力学系を解析する場合にポアンカレ写像の絶対連続性を必要とする．

この章は主に，双曲的アトラクターの幾何的条件を与えるボウエンの定理，ポアンカレ写像の微分可能性と絶対連続性を解説する．

2.1　双曲的アトラクター

2 次元ユークリッド空間 $\mathbb{R}^2$ の通常の内積を $\langle \cdot, \cdot \rangle$ で表し，それによって導入されるノルムを $\| \cdot \|$ で表す．$f : \mathbb{R}^2 \to \mathbb{R}^2$ を C^1–微分同相写像とする．このとき，C^1–関数 $f_i : \mathbb{R}^2 \to \mathbb{R}$，$g_i : \mathbb{R}^2 \to \mathbb{R}$ $(i = 1, 2)$ があって

$$f(x_1, x_2) = (f_1(x_1, x_2),\ f_2(x_1, x_2))$$
$$f^{-1}(x_1, x_2) = (g_1(x_1, x_2),\ g_2(x_1, x_2))$$
$$(x = (x_1, x_2) \in \mathbb{R}^2)$$

と表すことができる．f のヤコビ行列（Jacobian）

$$D_x f = \begin{pmatrix} \frac{\partial f_1}{\partial x_1} & \frac{\partial f_1}{\partial x_2} \\ \frac{\partial f_2}{\partial x_1} & \frac{\partial f_2}{\partial x_2} \end{pmatrix}, \quad D_x f^{-1} = \begin{pmatrix} \frac{\partial g_1}{\partial x_1} & \frac{\partial g_1}{\partial x_2} \\ \frac{\partial g_2}{\partial x_1} & \frac{\partial g_2}{\partial x_2} \end{pmatrix}$$

を x の微分という．

$$D_x(f^{-1} \circ f) = D_{f(x)}f^{-1} D_x f$$

であるから

$$\det(D_x f) \neq 0$$

である．よって微分 $D_x f$ は $\mathbb{R}^2$ から $\mathbb{R}^2$ の上への線形写像である．線形写像 $D_x f$ のノルムを

$$\|D_x f\| = \sup_{\|v\|=1} \|D_x f(v)\|$$

によって与える．

点 x が f の不動点 $f(x) = x$ であるときに，線形写像 $D_x f : \mathbb{R}^2 \to \mathbb{R}^2$ の固有値を λ_1, λ_2 とする．このとき

(1) $|\lambda_1|, |\lambda_2| < 1$ のとき，x を**吸引不動点** (sink fixed point),

(2) $|\lambda_1|, |\lambda_2| > 1$ のとき，x を**反発不動点** (source fixed point),

(3) $|\lambda_1| < 1, |\lambda_2| > 1$ のとき，x を**鞍部不動点** (saddle fixed point)

という．一般的に，すべての固有値の絶対値が 1 でないとき，点 x を**双曲的不動点** (hyperbolic fixed point) という．

周期点 x ($f^k(x) = x$) に対して，$D_x f^k : \mathbb{R}^2 \to \mathbb{R}^2$ の固有値 λ_1, λ_2 が (1) を満たすとき，x を**吸引周期点** (sink periodic point), (2) を満たすとき，**反発周期点** (source periodic point) そして (3) を満たすとき，**鞍部周期点** (saddle periodic point) という．(1), (2), (3) のいずれかが成り立つとき，単に**双曲的周期点** (hyperbolic periodic point) という場合がある．

$f : \mathbb{R}^2 \to \mathbb{R}^2$ は C^1–微分同相写像とする．U は $\mathbb{R}^2$ の有界な開集合とし，$f(U) \subset U$ を満たすとする．Cl(U) の f–不変閉集合 Λ ($f(\Lambda) = \Lambda$) が**双曲的** (hyperbolic) であるとは，$0 < \lambda < 1$ とノルム $\|\cdot\|$ が存在して，$x \in \Lambda$ に対して，$\mathbb{R}^2$ は部分空間 $E^s(x), E^u(x)$ の直和

$$\mathbb{R}^2 = E^s(x) \oplus E^u(x)$$

に分解され

(1) $\sigma = s, u$ に対して

$$D_x f(E^\sigma(x)) = E^\sigma(f(x)),$$

(2) $n \geq 0$ に対して

$$\begin{aligned}
\|D_x f^n(v)\| &\leq \lambda^n \|v\| \qquad (v \in E^s(x)), \\
\|D_x f^{-n}(v)\| &\leq \lambda^n \|v\| \qquad (v \in E^u(x))
\end{aligned} \qquad (2.1.1)$$

を満たすときをいう．分解 $\mathbb{R}^2 = E^s(x) \oplus E^u(x)$ は x に関して連続的に変化する．λ を f の**歪率**(skewness) という．

特に，閉曲面の上の C^1-微分同相写像 f に対して，空間全体が双曲的であるとき，f を**アノソフ**(Anosov) であるという．閉曲面がアノソフ微分同相写像をもつならば，その曲面はトーラスに限る（邦書文献 [Ao-Hi]）．

f-不変部分集合 Λ が双曲的であるとして，$\varepsilon > 0$ は十分に小さいとする（ε は Λ によって決定される定数である）．このとき，各 $x \in \Lambda$ に対して局所安定多様体 $\hat{W}^s_\varepsilon(x)$，局所不安定多様体 $\hat{W}^u_\varepsilon(x)$ が存在して

$$\hat{W}^s_\varepsilon(x) = \{y \in U \,|\, d(f^n(x), f^n(y)) \leq \varepsilon, \, n \geq 0\},$$
$$\hat{W}^u_\varepsilon(x) = \{y \in U \,|\, d(f^{-n}(x), f^{-n}(y)) \leq \varepsilon, \, n \geq 0\}$$

が成り立つ．ここに，d は $\|\cdot\|$ によって導かれた U の上の距離関数である．

Λ の各点 x が $\hat{W}^s_\varepsilon(x)$ と $\hat{W}^u_\varepsilon(x)$ をもつから，Λ に局所座標系が導入される．このことから，f は拡大性と追跡性をもつ．

局所座標系は次のように定義される：

コンパクト距離空間 X の上の同相写像を f とする．$\varepsilon > 0$ に対して

$$\hat{W}^s_\varepsilon(x) = \{y \in X \,|\, d(f^i(x), f^i(y)) \leq \varepsilon \, (i \geq 0)\},$$
$$\hat{W}^u_\varepsilon(x) = \{y \in X \,|\, d(f^{-i}(x), f^{-i}(y)) \leq \varepsilon \, (i \geq 0)\}$$

をそれぞれ点 x の**局所安定集合** (local stable set), **局所不安定集合** (local unstable set) という．$f: X \to X$ が**局所座標系** (local coordinate system) をもつとは，次の (A), (B) を満たすことである：

$\varepsilon > 0$ に対して

$$\triangle(\varepsilon) = \{(x,y) \,|\, d(x,y) \leq \varepsilon\}$$

とおくと

(A) $\delta_0 > 0$，連続写像 $[\cdot, \cdot] : \triangle(\delta_0) \to X$ があって，$x, y, z \in X$ に対して $[\cdot, \cdot]$ が定義されたとき

$$[x,x] = x, \, [[x,y], z] = [x,z], \, [x, [y,z]] = [x,z]$$

$$f[x,y] = [f(x), f(y)]$$

を満たす．

(B) $0 < \delta < \delta_0$, $0 < \rho < \delta$ があって，$x \in X$ に対して

$$V_\delta^u(x) = \{y \in \hat{W}_{\delta_0}^u(x) \,|\, d(x,y) < \delta\},$$
$$V_\delta^s(x) = \{y \in \hat{W}_{\delta_0}^s(x) \,|\, d(x,y) < \delta\},$$
$$N_x = [V_\delta^u(x), V_\delta^s(x)]$$

とおくとき，次の (a), (b), (c) を満たす：

(a) N_x は X の開集合で，$\mathrm{diam}(N_x) < \delta_0$,

(b) $[\cdot,\cdot] : V_\delta^u(x) \times V_\delta^s(x) \to N_x$ は同相写像,

(c) $N_x \supset \{y \in X \,|\, d(x,y) < \rho\}$.

Λ は双曲的であるから，局所安定多様体 $\hat{W}_\varepsilon^s(x)$，局所不安定多様体 $\hat{W}_\varepsilon^u(y)$ ($x, y \in \Lambda$) に対して，x と y が十分に近ければ，$z \in U$ があって

$$\hat{W}_\varepsilon^s(x) \cap \hat{W}_\varepsilon^u(y) = \{z\}$$

が成り立つ．よって $[y,x] = z$ が定義され (A), (B) が示される．

$x \in \Lambda$ に対して $T_x \hat{W}_\varepsilon^\sigma(x) = E^\sigma(x)$ ($\sigma = s, u$) が成り立つ．$0 < \lambda < 1$ が存在して

$$\begin{aligned} d(f^n(x), f^n(y)) &\leq \lambda^n d(x,y) & (y \in \hat{W}_\varepsilon^s(x),\ n \geq 0), \\ d(f^{-n}(x), f^{-n}(y)) &\leq \lambda^n d(x,y) & (y \in \hat{W}_\varepsilon^u(x),\ n \geq 0) \end{aligned} \qquad (2.1.2)$$

が成り立つ．$x \in \Lambda$ に対して

$$\hat{W}^s(x) = \{y \in U \,|\, d(f^n(x), f^n(y)) \to 0,\ n \to \infty\},$$
$$\hat{W}^u(x) = \{y \in U \,|\, d(f^{-n}(x), f^{-n}(y)) \to 0,\ n \to \infty\}$$

はそれぞれ安定多様体，不安定多様体といい

$$\hat{W}_\varepsilon^s(x) \subset f^{-1}(\hat{W}_\varepsilon^s(f(x))) \subset \cdots \subset \bigcup_{i \geq 0} f^{-i}(\hat{W}_\varepsilon^s(f^i(x))) = \hat{W}^s(x),$$
$$\hat{W}_\varepsilon^u(x) \subset f(\hat{W}_\varepsilon^u(f^{-1}(x))) \subset \cdots \subset \bigcup_{i \geq 0} f^i(\hat{W}_\varepsilon^u(f^{-i}(x))) = \hat{W}^u(x)$$

を満たす．

双曲的集合 Λ が**孤立的** (isolated) であるとは，$\bigcap_{n=-\infty}^{\infty} f^n(V) = \Lambda$ を満たす Λ のコンパクト近傍 V が存在することである．このとき V を**孤立的ブロック** (isolated block) という．Λ が**基本集合** (basic set) であるとは，次の (1), (2), (3) を満たすことである：

(1) Λ は孤立的である．

(2) Λ は双曲的である．

(3) $f_{|\Lambda} : \Lambda \to \Lambda$ は位相推移的である．

$\mathrm{Cl}(U)$ の f–不変集合 Λ の点 x の (相対位相に関する) 近傍 V に対して，$f^n(V) \cap V \neq \emptyset$ を満たす $n > 0$ が存在するときに，点 x を**非遊走点** (nonwandering point) という．非遊走点の集合を**非遊走集合** (nonwandering set) といい，$\Omega(f)$ で表す．$\Omega(f)$ は Λ の閉部分集合であって $f(\Omega(f)) = \Omega(f)$ を満たすことは容易に求まる．

注意 2.1.1 $\Omega(f)$ は Λ の上の f–不変ボレル確率測度 μ に対して $\mu(\Omega(f)) = 1$ である．

証明 $x \notin \Omega(f)$ に対して，点 x の近傍 U_x があって $f^n(U_x) \cap U_x = \emptyset \ (n > 0)$ が成り立つ．よって

$$1 \geq \mu\left(\bigcup_n f^{-n}(U_x)\right) = \sum_n \mu(f^{-n}(U_x)).$$

μ は f–不変であるから，$\mu(U_x) = 0$ である． □

公理 A 微分同相写像 f は $\Omega(f)$ の上で拡大的で，一様追跡性をもつ (洋書文献 [Ao-Hi] を参照)．f が**公理 A**(Axiom A) であるとは，非遊走集合 $\Omega(f)$ が双曲的であって，周期点の集合 $P(f)$ は $\Omega(f)$ で稠密であることである．

f が公理 A を満たすとき，次を満たす有限個の基本集合 $\Lambda_1, \cdots, \Lambda_l$ が存在する (証明に対しては邦書文献 [Ao1] を参照)：

(1) $\Lambda_i \cap \Lambda_j = \emptyset \ (i \neq j)$

(2) $\Omega(f) = \bigcup_{i=1}^{l} \Lambda_i$

(3) $U = \bigcup_{i=1}^{l} W^s(\Lambda_i)$

ここに，不変部分集合 X に対して

$$\hat{W}^s(X) = \{y \in U \,|\, d(f^n(y), X) \to 0 \ (n \to \infty)\}$$

を表す．$\hat{W}^s(X)$ を X の**位相的鉢** (topological basin) という．

ところが一様双曲性の場合に

$$\hat{W}^s(\Omega(f)) = \bigcup_{x \in \Omega(f)} \hat{W}^s(x),$$
$$\hat{W}^s(\Lambda_i) = \bigcup_{x \in \Lambda_i} \hat{W}^s(x) \qquad (1 \le i \le l)$$

が成り立つ（邦書文献 [Ao1] を参照）．ここに

$$\hat{W}^s(x) = \{y \,|\, d(f^n(x), f^n(y)) \to 0, \ n \to \infty\}.$$

Λ は（一様）双曲的であるから，$x \in \Lambda$ に対して $\hat{W}^s(x)$ は $\mathbb{R}$ と微分同相な x を含む C^1-曲線をなし，x の**安定多様体** (stable manifold) という．同様に

$$\hat{W}^u(x) = \{y \,|\, d(f^{-n}(x), f^{-n}(y)) \to 0, \ n \to \infty\}$$

は $\mathbb{R}$ と微分同相な x を含む C^1-曲線をなす．$\hat{W}^u(x)$ を x の**不安定多様体** (unstable manifold) という（邦書文献 [Ao1] を参照）．

$\Omega(f)$ が有限個の基本集合 Λ_i の和集合で表されるときに $\Omega(f)$ は**スペクトル分解** (spectral decomposition) をもつという．

f-不変閉集合 Λ が**アトラクター** (attractor) であるとは

$$f(\mathrm{Cl}(V)) \subset \mathrm{int}(V), \quad \bigcap_{i>0} f^i(V) = \Lambda$$

を満たす Λ の近傍 V が存在することである．Λ が**双曲的アトラクター** (hyperbolic attractor) であるとは，Λ はアトラクターであって，次の (1), (2) を満たすことである：

(1) Λ は双曲的集合である．

104　第2章　アトラクター

(2) $f_{|\Lambda}$ は位相推移的である．

アノソフ系が (2) を満たすとき，空間全体が双曲的アトラクターである．

注意 2.1.2 Λ は双曲的アトラクターであるとするとき，$f_{|\Lambda}$ は拡大的であって一様追跡性を満たし

$$P(f) = \{x \in \Lambda \mid f^n(x) = x, \ n > 0\}$$

は Λ で稠密である．

　公理 A を満たす微分同相写像に対して，スペクトル分解を用いて非サイクル (no cycle) という概念が定義される（詳細は邦書文献 [Ao1] を参照）．非サイクルをもつ公理 A 微分同相写像は双曲的アトラクターをもつ．そのアトラクターは**公理 A アトラクター** (Axiom A attractor) とも呼ばれている．
　$\mathbb{R}^3$ の中に簡単に双曲的アトラクターの例を構成することができる．

注意 2.1.3　円周 $S^1 = \mathbb{R}/\mathbb{Z}$ と複素平面の単位円板 D^2 によって，**ソリッド・トーラス** (solid torus) $Q = S^1 \times D^2$ を定義する．$0 < \rho < \dfrac{1}{2}$，$0 < \lambda < \rho$ とする．

$$f(\theta, z) = (2\theta, \ \rho e^{2\pi i \theta} + \lambda z)$$

によって写像 $f: Q \to Q$ を定義する．幾何学的に，f の挙動は S^1-方向に沿って拡大し，D^2-方向に沿って縮小している．Q は f によって Q 自身の中に写される ($f(Q) \subset Q$)．よって

$$\Lambda = \bigcap_{n=0}^{\infty} f^n(Q)$$

は f のアトラクターである．Λ を**ソレノイド** (solenoid) という．

　$\tau: Q \to S^1$ は $\tau(\theta, z) = \theta$ によって定義された自然な射影として

$$\pi(y) = (\tau(f^{-i}y))_{i=0}^{\infty}$$

によって $\pi: \Lambda \to \prod_{k=0}^{\infty} S_k^1 (S_k^1 = S^1)$ を与える．このとき

$$X = \left\{ (\theta_i) \in \prod_{k=0}^{\infty} S_k^1 \ \middle| \ \theta_i = 2\theta_{i+1} \right\}$$

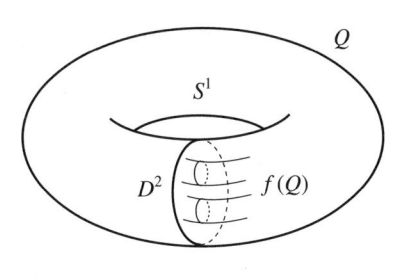

図 2.1.1

は S^1 の上の写像 $T : \theta \to 2\theta \ (mod \ \mathbb{Z})$ による射影的極限群である．これを**ソレノイダル群** (solenoidal group) という．$T : S^1 \to S^1$ は拡大的微分写像であることから，$f : \Lambda \to \Lambda$ は双曲的である．よって (Λ, f) は双曲的アトラクターである．

Λ は $\mathbb{R}^2$ の有界な開集合 U に含まれる C^1-微分同相写像 f の基本集合とする．すなわち，$x \in \Lambda$ に対して $\mathbb{R}^2 = E^s(x) \oplus E^u(x)$ に分解され，x に依存しない $0 < \lambda < 1$ と $\|\cdot\|$ があって

$$\|Df_{|E^s(x)}\| < \lambda, \qquad \|Df^{-1}_{|E^u(x)}\| < \lambda$$

を満たす．このとき関数 $\phi^u : \Lambda \to \mathbb{R}$ を

$$\phi^u(x) = -\log|\det(Df_{|E^u(x)})| < 0$$

によって定義する．明らかに ϕ^u は連続である．

$f : \mathbb{R}^2 \to \mathbb{R}^2$ は C^2-微分同相写像とする．有界開集合 $U \subset \mathbb{R}$ は $f(U) \subset U$ を満たすとする．

定理 2.1.4（ボウエン） 開集合 U に含まれる基本集合 Λ の上の関数 ϕ^u の f に関する位相的圧力を $P_\Lambda(f, \phi^u)$ で表し，m は $\mathbb{R}^2$ の上のルベーグ測度を表す．このとき次の (1), (2), (3) は同値である：

(1) $P_\Lambda(f, \phi^u) = 0$,

(2) $m(\hat{W}^s(\Lambda)) > 0$,

(3) Λ は双曲的アトラクターである．

微分同相写像 f が C^2 である条件は体積補題 (命題 2.1.5, 命題 2.1.10) の証明に用いるだけである．

上の定理から Λ が双曲的アトラクターであれば，連続関数 ϕ^u に関するボウエン方程式 $\psi_\Lambda(t) = P_\Lambda(f, t\phi^u) = 0$ の解は $t = 1$ であることを示している．

定理 2.1.4 を証明するために，Λ は f–不変集合であることに注意して，$\varepsilon > 0$ を固定する．$n > 0$ に対して

$$B_n(x, \varepsilon) = \{y \in U \mid d(f^i(x), f^i(y)) \leq \varepsilon,\ 0 \leq i \leq n-1\}$$

を定義して

$$B_n(\varepsilon) = \bigcup_{x \in \Lambda} B_n(x, \varepsilon)$$

とおき

$$S_n \phi^u(x) = \sum_{i=0}^{n-1} \phi^u(f^i x)$$

を定義する．このとき次の補題が成り立つ：

命題 2.1.5 (体積補題) Λ は双曲的集合とする．このとき $\varepsilon > 0$ に対して $C_\varepsilon > 1$ が存在して

$$C_\varepsilon^{-1} \exp S_n \phi^u(x) \leq m(B_n(x, \varepsilon)) \leq C_\varepsilon \exp S_n \phi^u(x) \qquad (x \in \Lambda,\ n > 0)$$

が成り立つ．

証明は次節で与える．

補題 2.1.6 Λ は双曲的集合とする．このとき次の (1), (2) が成り立つ：

(1) $P_\Lambda(f, \phi^u) \leq \lim_{n \to \infty} \dfrac{1}{n} \log m(B_n(\varepsilon)) \leq 0$,

(2) 局所安定多様体 $\hat{W}^s_\varepsilon(x)$ の和集合 $\bigcup_{x \in \Lambda} \hat{W}^s_\varepsilon(x)$ を $\hat{W}^s_\varepsilon(\Lambda)$ で表す．このとき $m(\hat{W}^s_\varepsilon(\Lambda)) > 0$ ならば，$P_\Lambda(f, \phi^u) = 0$ である．

証明 (1) の証明：$\delta > 0$ に対して，E は Λ の (n, δ)–分離集合であって，最大濃度をもつとする．最大濃度をもつ分離集合は集約集合であることに注意する．こ

のとき $x \in \Lambda$ に対して $y \in E$ があって $x \in B_n(y, \delta)$ が成り立つから

$$B_n(x, \varepsilon) \subset B_n(y, \delta + \varepsilon), \qquad B_n(\varepsilon) \subset \bigcup_{y \in E} B_n(y, \delta + \varepsilon).$$

体積補題によって $C_{\delta+\varepsilon} > 0$ が存在して

$$m(B_n(\varepsilon)) \leq \sum_{y \in E} m(B_n(y, \delta + \varepsilon))$$
$$\leq C_{\delta+\varepsilon} \sum_{y \in E} \exp S_n \phi^u(y).$$

この不等式は (n, δ)–集約集合に対して成り立つから

$$m(B_n(\varepsilon)) \leq C_{\delta+\varepsilon} \inf_{E\,:\,\text{集約集合}} \sum_{y \in E} \exp S_n \phi^u(y). \tag{2.1.3}$$

δ は $0 < \delta < \varepsilon$ を満たすとする. このとき

$$\bigcup_{y \in E} B_n\left(y, \frac{\delta}{2}\right) \subset B_n(\varepsilon),$$
$$B_n\left(y, \frac{\delta}{2}\right) \cap B_n\left(y', \frac{\delta}{2}\right) = \emptyset \quad (y, y' \in E,\ y' \neq y)$$

であるから, 体積補題により $C_{\frac{\delta}{2}} > 0$ があって

$$m(B_n(\varepsilon)) \geq C_{\frac{\delta}{2}}^{-1} \sum_{y \in E} \exp S_n \phi^u(y).$$

よって

$$m(B_n(\varepsilon)) \geq C_{\frac{\delta}{2}}^{-1} \inf_{E\,:\,\text{集約集合}} \sum_{y \in E} \exp S_n \phi^u(y). \tag{2.1.4}$$

f は C^2–級であるから, $\mathbb{R}^2 = E^s(x) \oplus E^u(x)$ $(x \in \Lambda)$ は C^1–分解であると仮定することができる. よって ϕ^u はリプシッツ連続, すなわち $a > 0$ があって

$$|\phi^u(x) - \phi^u(y)| \leq a d(x, y) \qquad (x, y \in \Lambda). \tag{2.1.5}$$

このとき

$$|S_n \phi^u(x) - S_n \phi^u(y)| \leq \sum_{i=0}^{n-1} |\phi^u(f^i(x)) - \phi^u(f^i(y))|$$
$$\leq a \sum_{i=0}^{n-1} d(f^i(x), f^i(y)).$$

Λ は双曲的であるから, $0 < \alpha < 1$ が存在して, $x, y \in \Lambda$ に対して $d(f^i(x), f^i(y)) < \varepsilon$ $(0 \leq i \leq n-1)$ ならば

$$d(f^i(x), f^i(y)) < \alpha^{\min\{i, n-i-1\}}$$

が成り立つ．よって

$$|S_n \phi^u(x) - S_n \phi^u(y)| \leq 2a \sum_{i=0}^{\infty} \alpha^i = \gamma. \qquad (2.1.6)$$

$\mathcal{U}$ は $\operatorname{diam}(\mathcal{U}) < \delta$ を満たす Λ の開被覆として，$\mathfrak{A}$ を $\bigvee_{i=0}^{n-1} f^{-i}(\mathcal{U})$ の部分被覆とする．$y \in E$ に対して，y を含む $\mathfrak{A}$ に属する集合 V を V_y で表し

$$S_n \phi^u(V_y) = \sup \left\{ \sum_{k=0}^{n-1} \phi^u(f^k x) \,\bigg|\, x \in V_y \right\}$$

とおく．明らかに $S_n \phi^u(V_y) \geq S_n \phi^u(y)$ である．

$y, y' \in E$ に対して，$V_y = V_{y'}$ ならば

$$d(f^k(y), f^k(y')) \leq \operatorname{diam}(V_y) < \delta$$

である．E は (n, δ)-分離集合であるから，$y = y'$ である．このことから，対応：$E \mapsto \Gamma$ は 1 対 1 である．よって

$$\sum_{V \in \mathfrak{A}} \exp S_n \phi^u(V) \geq \sum_{y \in E} \exp S_n \phi^u(y). \qquad (2.1.7)$$

ここで

$$P_\Lambda(\phi^u, \mathcal{U}) = \limsup_{n \to \infty} \frac{1}{n} \log \inf_{\mathfrak{A}} \sum_{V \in \mathfrak{A}} \exp S_n \phi^u(V) \qquad (2.1.8)$$

を定義する．位相的圧力の定義（邦書文献 [Ao2]）により

$$\frac{1}{n} \log \inf_{\mathfrak{A}} \sum_{V \in \Gamma} \exp S_n \phi^u(V) \geq \frac{1}{n} \log Q_n(f, \phi^u, \delta)$$

であるから

$$P_\Lambda(\phi^u, \mathcal{U}) \geq Q(f, \phi^u, \delta) = \limsup_{n \to \infty} \frac{1}{n} \log Q_n(f, \phi^u, \delta).$$

よって
$$P_\Lambda(f,\phi^u) = \lim_{\delta\to 0} Q(f,\phi^u,\delta) \leq \lim_{\delta\to 0} P_\Lambda(\phi^u,\mathcal{U}). \qquad (2.1.9)$$

(2.1.3) により
$$P_\Lambda(\phi^u,\mathcal{U}) \geq \limsup_{n\to\infty} \frac{1}{n}\log \inf_{E\,:\,\text{集約集合}} \sum_{y\in E} \exp S_n\phi^u(y)$$
$$\geq \limsup_{n\to\infty} \frac{1}{n}\log m(B_n(\varepsilon))$$

であるから
$$\lim_{\delta\to 0} P_\Lambda(\phi^u,\mathcal{U}) \geq \limsup_{n\to\infty} \frac{1}{n}\log m(B_n(\varepsilon)). \qquad (2.1.10)$$

$\eta > 0$ は $\mathcal{U}$ のルベーグ数として，F は Λ の (n,η)-集約集合とする．$y\in F$ に対して，$B_n(y,\eta)\cap \Lambda \subset V$ を満たす $V\in \bigvee_{i=0}^{n-1} f^{-i}(\mathcal{U})$ の存在は一意的ではないが，1つ固定して V^y で表し
$$\mathfrak{A}_0 = \{V^y\,|\,y\in F\}$$
とおく．このとき $x\in \Lambda$ に対して，$y\in F$ が存在して $x\in B_n(y,\eta)$ であるから，$x\in B_n(y,\eta)\cap \Lambda$ が成り立つ．よって $\mathfrak{A}_0$ は Λ の被覆である．

$y\in F$ に対して，y を含む $\mathfrak{A}_0$ に属する集合 V^y があって，$x\in V^y$ に対して
$$d(f^i(x),f^i(y)) \leq \eta \quad (0\leq i\leq n-1)$$
を満たす．

(2.1.6) により，$x\in V^y$ に対して
$$S_n(\phi^u(x)) \leq S_n\phi^u(y) + \gamma.$$

$x\in V^y$ であるから
$$S_n\phi^u(V^y) \leq S_n\phi^u(y) + \gamma.$$

よって
$$\inf_{\mathfrak{A}}\sum_{V\in\mathfrak{A}_0}\exp S_n\phi^u(V) \leq \sum_{V^y\in\mathfrak{A}_0}\exp S_n\phi^u(V^y)$$
$$\leq e^\gamma \sum_{y\in F}\exp S_n\phi^u(y).$$

ゆえに，(2.1.4) と (2.1.8) により

$$P_\Lambda(\phi^u,\mathcal{U}) \leq \liminf_{n\to\infty} \frac{1}{n}\log m(B_n(\varepsilon)). \qquad (2.1.11)$$

(2.1.10) と (2.1.11) により

$$P_\Lambda(\phi^u,\mathcal{U}) = \lim_{n\to\infty} \frac{1}{n}\log m(B_n(\varepsilon)).$$

(2.1.9) により

$$P_\Lambda(f,\phi^u) \leq \lim_{\mathrm{diam}(\mathcal{U})\to 0} P_\Lambda(\phi^u,\mathcal{U}) = \lim_{n\to\infty}\frac{1}{n}\log m(B_n(\varepsilon)) \leq 0$$

が成り立つ．(1) が示された．

(2) の証明：$\hat{W}^s_\varepsilon(\Lambda) \subset B_n(\varepsilon)$ であるから，$m(\hat{W}^s_\varepsilon(\Lambda)) \leq m(B_n(\varepsilon))$ である．仮定により，$m(\hat{W}^s_\varepsilon(\Lambda)) > 0$ であるから

$$\lim_{n\to\infty}\frac{1}{n}\log m(B_n(\varepsilon)) \geq \lim_{n\to\infty}\frac{1}{n}\log m(\hat{W}^s_\varepsilon(\Lambda)) = 0.$$

この不等式と (1) により

$$\lim_{n\to\infty}\frac{1}{n}\log m(B_n(\varepsilon)) = 0$$

である．よって $P_\Lambda(f,\phi^u) = 0$ を得る． □

補題 2.1.7 Λ は基本集合とする．このとき

(1) $\hat{W}^u_\varepsilon(x) \subset \Lambda$ を満たす $x \in \Lambda$ が存在すれば，Λ はアトラクターである．

(2) Λ がアトラクターでなければ，$\gamma > 0$ があって，$x \in \Lambda$ に対して $d(y,\Lambda) > \gamma$ を満たす $y \in \hat{W}^u_\varepsilon(x)$ が存在する．

証明 (1) の証明：$x \in \Lambda$ に対して $\hat{W}^u_\varepsilon(x) \subset \Lambda$ ならば

$$U_x = \bigcup\{\hat{W}^s_\varepsilon(y) \mid y \in \hat{W}^u_\varepsilon(x)\}$$

は点 x の近傍をなす（図 2.1.2）．

実際に，$z \in U_x$ に対して，$y \in \hat{W}^u_\varepsilon(x) \subset \Lambda$ が存在して，$z \in \hat{W}^s_\varepsilon(y)$ が成り立つ．U_n は z の近傍であって $\bigcap_n U_n = \{z\}$ を満たしているとする．このとき，$U_n \subset U_x$ を満たす U_n が存在することを示す．

2.1 双曲的アトラクター　111

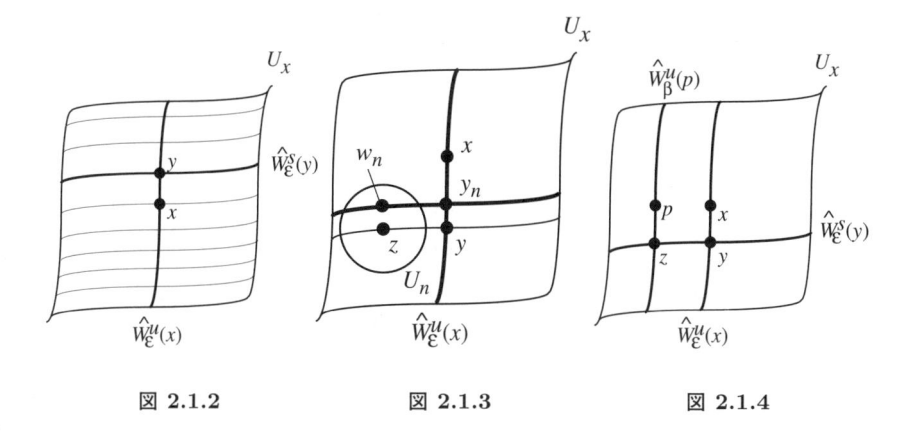

図 2.1.2　　　図 2.1.3　　　図 2.1.4

十分に大きな $n > 0$ に対して，U_n の点 w_n に対して，$y_n \in \hat{W}^u(x) \subset \Lambda$ があって，$w_n \in \hat{W}^s_\varepsilon(y_n)$ とできる．$y_n \to y$ のとき $\hat{W}^s_\varepsilon(y_n)$ が $\hat{W}^s_\varepsilon(y)$ に連続的に近づくから $w_n \in U_x$ である．

$U_x \cap \Lambda$ から周期点 p $(f^m(p) = p)$ を選び，$\hat{W}^u_\beta(p) \subset U_x$ を満たす $\beta > 0$ を選ぶ (図 2.1.4)．このとき $z \in \hat{W}^u_\beta(p)$ に対して $z \in \hat{W}^s_\varepsilon(y)$ を満たす $y \in \hat{W}^u_\varepsilon(x)$ が存在して

$$d(f^n(z), f^n(y)) < \varepsilon, \quad d(f^{-n}(z), f^{-n}(p)) < \beta \quad (n \geq 0) \quad (2.1.12)$$

であって，$\hat{W}^s_\varepsilon(y) \cap \hat{W}^u_\beta(p) \ni z$ である．U_ε は Λ の近傍とする．仮定により，$y \in \hat{W}^u_\varepsilon(x) \subset \Lambda$ である．(2.1.12) により，$z \in \bigcap_{n=-\infty}^\infty f^n(U_\varepsilon) = \Lambda$ が成り立つ．z は任意であるから，$\hat{W}^u_\beta(p) \subset \Lambda$ である．

$$\hat{W}^u(p) = \bigcup_{i \geq 0} f^{mi}(\hat{W}^u_\beta(p))$$

であるから，$\hat{W}^u(p) \subset \Lambda$ である．

次の注意 2.1.8 により，$Y = \bigcup_{i=0}^N f^i(\hat{W}^u(p))$ とおくと，$Y \subset \Lambda$ であって Cl$(Y) = \Lambda$ である．$x \in \Lambda$ に対して

$$B_x\left(\frac{\delta}{2}\right) = \left\{y \,\middle|\, d(x,y) \leq \frac{\delta}{2}\right\}$$

は Y と共通部分をもつ．すなわち $B_x\left(\frac{\delta}{2}\right) \cap Y \neq \emptyset$ であるから，その共通部

分から点 z を選ぶ．このとき $z \in Y$ により $\hat{W}^u_\varepsilon(z) \subset \Lambda$ である．よって

$$B_x\left(\frac{\delta}{2}\right) \subset B_z(\delta) \subset U_z$$

が成り立つ．よって

$$\Lambda \subset \bigcup_{x \in Y} U_x.$$

U_x の定義により

$$\bigcup_{x \in Y} U_x \subset \hat{W}^s_\varepsilon(\Lambda)$$

が成り立つ．ゆえに $\hat{W}^s_\varepsilon(\Lambda)$ は Λ の近傍であって $f(\hat{W}^s_\varepsilon(\Lambda)) \subset \hat{W}^s_\varepsilon(\Lambda)$, かつ

$$\bigcap_{n=0}^\infty f^n(\hat{W}^s_\varepsilon(\Lambda)) = \Lambda$$

が成り立つ．

実際に，$f(\hat{W}^s_\varepsilon(\Lambda)) \subset \hat{W}^s_\varepsilon(\Lambda)$ は明らかである．$\Lambda \subset \bigcap_{n=0}^\infty f^n(\hat{W}^s_\varepsilon(\Lambda))$ も明らかである．$y \in \bigcap_{n=0}^\infty f^n(\hat{W}^s_\varepsilon(\Lambda))$ とする．このとき $f^{-n}(y) \in \hat{W}^s_\varepsilon(\Lambda)$ ($n \geq 0$) である．よって

$$d(f^{-n+i}(y), \Lambda) \leq \varepsilon \quad (n \geq 0,\ i \geq 0)$$

であるから，$y \in \hat{W}^u_\varepsilon(\Lambda) \subset \hat{W}^u(\Lambda)$ である．よって $y \in \Lambda$, すなわち

$$\Lambda = \bigcap_{n=0}^\infty f^n(\hat{W}^s_\varepsilon(\Lambda))$$

が成り立つ．Λ はアトラクターである．

(2) の証明：$x \in \Lambda$ に対して，$\hat{W}^u_\varepsilon(x)$ は x が変化するときに，$\hat{W}^u_\varepsilon(x)$ は連続的に変化することに注意する．Λ はアトラクターではないとする．このとき $\gamma > 0$ に対して

$$V_\gamma = \{x \in \Lambda \mid d(y, \Lambda) > \gamma \text{ を満たす } y \in \hat{W}^u_\varepsilon(x) \text{ が存在する}\}$$

は Λ の開集合であり，γ が減少するとき，V_γ は増大する．よって $\bigcup_{\gamma > 0} V_\gamma = \Lambda$ が成り立つ．Λ のコンパクト性により，$V_\gamma = \Lambda$ を満たす $\gamma > 0$ が存在する． □

注意 2.1.8 $p \in \Lambda$ は m 周期点 $(f^m(p) = p)$ として $X_p = \mathrm{Cl}(\hat{W}^u(p))$ とおく.
このとき $m \geq N > 0$ が存在して

$$\Lambda = X_p \cup f(X_p) \cup \cdots \cup f^N(X_p) \tag{2.1.13}$$

が成り立つ.

証明 閉集合 X_p が Λ で開集合（相対位相に関して）であることを示せば十分である.
　実際に, $f_{|\Lambda} : \Lambda \to \Lambda$ は追跡性を満たす（邦書文献 [Ao-Sh] を参照）. $\delta > 0$ は追跡性の定義に現れる数として

$$q \in U_\delta(X_p) \cap P(f)$$

なる周期 n の周期点 q を選ぶ. このとき $d(q, x) < \delta$ を満たす $x \in \hat{W}^u(p)$ が存在する. δ–擬軌道

$$\{\cdots, f^{-2}(x), f^{-1}(x), q, f(q), \cdots\}$$

に対して, ε–追跡点 $x' \in \Lambda$ が存在する. すなわち

$$x' \in \hat{W}^u_\varepsilon(x) \cap \hat{W}^s_\varepsilon(q) \subset \hat{W}^u(x) \cap \hat{W}^s(q).$$

$x \in \hat{W}^u(p)$ であるから, $\hat{W}^u(p) = \hat{W}^u(x)$ が成り立つ. よって

$$f^{kmn}(x') \in f^{kmn}(\hat{W}^u(p)) = \hat{W}^u(p)$$

がすべての $k > 0$ に対して成り立つ.
　一方において

$$d(f^{kmn}(x'), f^{kmn}(q)) = d(f^{kmn}(x'), q) \longrightarrow 0 \quad (k \to \infty).$$

よって $q \in \mathrm{Cl}(\hat{W}^u(p)) = X_p$ である. すなわち $U_\delta(X_p) = X_p$ である. よって (2.1.13) を得る. □

注意 2.1.9 Λ は双曲的アトラクターとする. このとき $\hat{W}^s(\Lambda)$ は Λ の近傍である.

証明 Λ は双曲的アトラクターであるから,Λ は孤立的である.すなわち,Λ の閉近傍 V があって $\Lambda = \bigcap_{n=0}^{\infty} f^n(V)$ が成り立つ.よって,$x \in V$ に対して $\{f^n(x) \mid n \geq 0\}$ は Λ の点に収束する.ゆえに $V \subset \hat{W}^s(\Lambda)$ が成り立つから,$\hat{W}^s(\Lambda)$ は Λ の近傍である. □

定理 2.1.4 の証明 (3)⇒(2) の証明:$m(\hat{W}^s(\Lambda)) > 0$ であるから明らかである.
 (2)⇒(1) の証明:補題 2.1.6 (2) により,明らかである.
 (1)⇒(3) の証明:Λ が双曲的アトラクターでなければ,$P_\Lambda(f, \phi^u) < 0$ を示せば十分である.$x \in \Lambda$ に対して

$$\hat{W}^s_\varepsilon(x) \cap \hat{W}^u_\varepsilon(x) = \{x\}$$

が成り立つから $d(f^i(x), f^i(y)) < \varepsilon \ (i \in \mathbb{Z})$ ならば,$x = y$ である.すなわち,$f|_\Lambda : \Lambda \to \Lambda$ は拡大的である.よって

$$d(f^{-i}(x), f^{-i}(y)) < \varepsilon \ (i \geq 0)$$

ならば,$\delta > 0$ に対して $N > 0$ があって

$$d(f^{-N-i}(y), f^{-N-i}(x)) < \delta \qquad (i \geq 0)$$

が成り立つから,補題 2.1.7 のように $\gamma > 0$ を選ぶとき,$N > 0$ があって $x \in \Lambda$ に対して

$$\hat{W}^u_\varepsilon(f^N x) \subset f^N(\hat{W}^u_{\frac{\gamma}{4}}(x))$$

が成り立つ.よって $n \geq 0$ に対して

$$f^n\left(B_n\left(x, \frac{\gamma}{4}\right)\right) \supset \hat{W}^u_{\frac{\gamma}{4}}(f^n(x)),$$
$$f^N(\hat{W}^u_{\frac{\gamma}{4}}(f^n(x))) \supset \hat{W}^u_\varepsilon(f^{N+n}(x))$$

が成り立つから

$$f^{N+n}\left(B_n\left(x, \frac{\gamma}{4}\right)\right) \supset \hat{W}^u_\varepsilon(f^{N+n}(x)) \qquad (n \geq 0).$$

補題 2.1.7(2) により,$y \in \hat{W}^u_\varepsilon(f^{N+n}(x))$ が存在して

$$d(y, \Lambda) > \gamma$$

が成り立つ. よって
$$y(x,n) \in B_n\left(x, \frac{\gamma}{4}\right)$$
があって $y = f^{N+n}(y(x,n))$ であるから
$$d(f^{n+N}(y(x,n)), \Lambda) > \gamma. \tag{2.1.14}$$
$$B_n\left(y(x,n), \frac{\gamma}{4}\right) \subset B_n\left(x, \frac{\gamma}{2}\right) \subset B_n\left(\frac{\gamma}{2}\right)$$
であるから, $0 < \delta < \frac{\gamma}{4}$ に対して (2.1.14) により
$$f^{n+N}(B_n(y(x,n), \delta)) \cap B\left(\Lambda, \frac{\gamma}{2}\right) = \emptyset.$$
ゆえに
$$B_n(y(x,n), \delta) \cap B_{n+N}\left(\frac{\gamma}{2}\right) = \emptyset \quad (x \in \Lambda) \tag{2.1.15}$$
が成り立つ. E は Λ の $\left(n, \frac{\gamma}{2}\right)$-分離集合で, 最大濃度をもつとする. このとき $x \in E$ に対して (2.1.15) が成り立つ. $x, \bar{x} \in E$ に対して $x \neq \bar{x}$ であれば
$$B_n(y(x,n), \delta) \cap B_n(y(\bar{x},n), \delta) = \emptyset$$
であって
$$\bigcup_{x \in E} B_n(y(x,n), \delta) \cap B_{n+N}\left(\frac{\gamma}{2}\right) = \emptyset$$
が成り立つ. さらに E は集約集合であるから
$$B_n\left(\frac{\gamma}{2}\right) = \bigcup_{x \in E} B_n\left(x, \frac{\gamma}{2}\right)$$
である. よって
$$B_n\left(\frac{\gamma}{2}\right) = B_{N+n}\left(\frac{\gamma}{2}\right) \cup \bigcup_{x \in E} B_n(y(x,n), \delta).$$
$x \in \Lambda$ と
$$y(x,n) \in B_n\left(x, \frac{\gamma}{4}\right) \subset B_n\left(x, \frac{\gamma}{2}\right)$$

に対して，次の第2体積補題を用いるとき，$d = d\left(\frac{\gamma}{2}, \delta\right) > 0$ があって

$$m\left(B_n\left(\frac{\gamma}{2}\right)\right) - m\left(B_{n+N}\left(\frac{\gamma}{2}\right)\right) \geq \sum_{x \in E} m(B_n(y(x,n), \delta))$$
$$\geq d \sum_{x \in E} m\left(B_n\left(x, \frac{\gamma}{2}\right)\right)$$
$$\geq dm\left(B_n\left(\frac{\gamma}{2}\right)\right).$$

よって

$$m\left(B_{n+N}\left(\frac{\gamma}{2}\right)\right) \leq (1-d)m\left(B_n\left(\frac{\gamma}{2}\right)\right).$$

$n > 0$ は任意であるから，n として $n + N(n-1)$ を選べば

$$m\left(B_{n(1+N)}\left(\frac{\gamma}{2}\right)\right) < (1-d)^n m\left(B_n\left(\frac{\gamma}{2}\right)\right) < (1-d)^n$$

が成り立つ．よって補題 2.1.6(1) により

$$P_\Lambda(f, \phi^u) \leq \lim_{n \to \infty} \frac{1}{n(N+1)} \log m\left(B_{n(1+N)}\left(\frac{\gamma}{2}\right)\right)$$
$$\leq \frac{1}{N+1} \log(1-d) < 0$$

が求まる． □

命題 2.1.10（第2体積補題） Λ は双曲的集合である．このとき十分に小さい $\varepsilon > 0$ と $\delta > 0$ に対して，$d = d(\varepsilon, \delta) > 0$ が存在して，$x \in \Lambda$ と $y \in B_n(x, \varepsilon)$ に対して

$$m(B_n(y, \delta)) \geq dm(B_n(x, \varepsilon)) \qquad (n \geq 1)$$

が成り立つ．

証明は次節で与える．

注意 2.1.11 f は C^2-微分同相写像とし，μ は双曲的アトラクター Λ の上の f-不変ボレル確率測度とする．このとき

$$h_\mu(f) \leq -\int \varphi^u d\mu.$$

証明 定理 2.1.4(1) により

$$0 = P_\Lambda(f, \phi^u)$$
$$\geq h_\mu(f) + \int \phi^u d\mu.$$

□

注意 2.1.12 f は C^2-微分同相写像として，Λ は双曲的アトラクターとする．このとき，ϕ^u に関する平衡測度 μ に対して，$h_\mu(f) = -\int \varphi^u d\mu$ が成り立つ．

注意 2.1.13 公理 A を満たす閉曲面 M の上の微分同相写像 f は有限個の基本集合 Λ_i $(1 \leq i \leq l)$ をもち，$M = \bigcup_{i=1}^{l} \hat{W}^s(\Lambda_i)$ が成り立つ．よって，$m(\hat{W}^s(\Lambda_i)) > 0$ を満たす Λ_i が存在する．f が C^2-級であれば，定理 2.1.4 により Λ_i は双曲的アトラクターである．

2.2 一様双曲性に対する体積補題

力学系は保存系と散逸系に分けられる．散逸系はルベーグ測度 m を不変にしない．しかし，m は微分同相写像 f に関して非特異測度である．よって，この性質を利用して部分集合を f によって写していくとき，その集合の体積の変化の様子が評価できる．

それを一様双曲的な力学系に対して得た補題が補題 2.1.5 と補題 2.1.10 である．非一様双曲性をもつ力学系に対しても体積補題を明らかにすることができる．しかし，f の歪率に対応するリャプノフ指数が各点ごとに変化するために結論は複雑な形になる．

補題 2.1.5 の証明 $f : \mathbb{R}^2 \to \mathbb{R}^2$ は C^2-微分同相写像とし，Λ は f の双曲的集合とする．このとき，$x \in \Lambda$ に対して $\mathbb{R}^2 = E^s(x) \oplus E^u(x)$ に C^1-分解され，$0 < \lambda < 1$ とノルム $|\cdot|$ が存在して

(1) $D_x f(E^\sigma(x)) = E^\sigma(f(x))$ $(\sigma = s, u)$

(2) $|D_x f^n(v)| \leq \lambda^n |v|$ $(v \in E^s(x), n \geq 0)$
$|D_x f^n(v)| \geq \lambda^{-n} |v|$ $(v \in E^u(x), n \geq 0)$

を満たす．

$E^s(x)$ と $E^u(x)$ は直交していることに注意する．

$$\tau_x(\mathbb{R} \times \{0\}) = E^s(x), \quad \tau_x(\{0\} \times \mathbb{R}) = E^u(x)$$

を満たす $\mathbb{R}^2$ の標準基底を $E^s(x) \oplus E^u(x)$ の正規直交基底に対応する線形写像 $\tau_x : \mathbb{R}^2 \to \mathbb{R}^2$ を定義して

$$E^s = \mathbb{R} \times \{0\}, \quad E^u = \{0\} \times \mathbb{R}$$

と書く．このとき E^s と E^u は $\mathbb{R}^2 = E^s \oplus E^u$ であって，$\mathbb{R}^2$ の通常の内積に関して直交し，$C > 0$ があって

$$C^{-1} \leq |\tau_x| \leq C, \quad C^{-1} \leq |\tau_x^{-1}| \leq C \qquad (x \in \Lambda)$$

である（詳細は 4.2 節で与えている）．その内積から導かれたノルムを $||\cdot||$ とする．$\mathbb{R}^2$ の上の新しいノルム $|||\cdot|||$ を

$$|||v+u||| = \max\{||v||, ||u||\} \quad (v \in E^s, \ u \in E^u)$$

によって定義し，$T_x M$ の上の新しいノルム $||\cdot||$ を

$$||\hat{v}|| = |||\tau_x^{-1}(\hat{v})||| \quad (\hat{v} \in \mathbb{R}^2)$$

によって定義する．明らかに，最初のノルム $|\cdot|$ と新しいノルム $||\cdot||$ は同値である．

$$\Phi_x = \tau_x + x \ : \ \mathbb{R}^2 \to \mathbb{R}^2$$

を定義し，写像 f_x を

$$f_x = \Phi_{f(x)}^{-1} \circ f \circ \Phi_x$$

によって定義する．

$$\Phi_x^{-1}(U \cap f^{-1}(U)) \subset \mathbb{R}^2$$

であるから

$$f_x(\Phi_x^{-1}(U \cap f^{-1}(U))) = \Phi_{f(x)}^{-1}(f(U) \cap U)$$

かつ

$$f_x(0) = 0$$

である．原点 o を中心とする $\mathbb{R}^2$ の半径 $\hat{\varepsilon} > 0$ の $|||\cdot|||$ による閉近傍 $\mathbb{R}^2(\hat{\varepsilon})$ が

$$\mathbb{R}^2(\hat{\varepsilon}) \subset \Phi_x^{-1}(U \cap f^{-1}(U))$$

を満たすように $\hat{\varepsilon}$ を選ぶ．

$x \in \Lambda$ に対して，$f_x : \mathbb{R}^2(\hat{\varepsilon}) \to \mathbb{R}^2$ は微分可能であって，f_x の原点 o の微分 $D_0 f_x$ は

$$D_0 f_x = \begin{pmatrix} \lambda_1(x) & 0 \\ 0 & \lambda_2(x) \end{pmatrix}, \quad 0 < |\lambda_1(x)| \le \lambda, \; \lambda^{-1} \le |\lambda_2(x)|$$

と行列表示される．

$\alpha > 0$ は

$$0 < \alpha < \frac{|\lambda_2(x)| - |\lambda_1(x)|}{2}, \quad |\lambda_2(x)| - \alpha > 1 > |\lambda_1(x)| + \alpha \quad (2.2.1)$$

を満たすとする．このとき $0 < \varepsilon_1 < \hat{\varepsilon}$ が存在して $x \in \Lambda, w \in \mathbb{R}^2(\varepsilon_1)$ に対して

$$|||f_x(w) - D_0 f_x(w)||| \le \alpha |||w||| \quad (2.2.2)$$

が成り立つようにできる．

m は $\mathbb{R}^2$ の上のルベーグ測度であるとして，ボレル集合 $B \subset \mathbb{R}^2(\varepsilon_1)$ に対して

$$m_x(B) = m(\Phi_x(B))$$

とおく．m_x は $\mathbb{R}^2(\varepsilon_1)$ の上のルベーグ測度である．

以上の準備のもとで補題 2.1.5 を証明する．

$0 < \varepsilon < \dfrac{\varepsilon_1}{3}$ とする．$x \in \Lambda, n > 0$ に対して $f_x(0) = 0$ である．$\mathbb{R}^2(\varepsilon_1)$ の部分集合

$$D_n(\varepsilon) = \left\{ w \in \mathbb{R}^2(\varepsilon_1) \,|\, |||f_x^k(w)||| \le \varepsilon, \, 0 \le k \le n-1 \right\}$$

を定義する．このとき

$$\Phi_x\left(D_n\left(\frac{\varepsilon}{C\sqrt{2}}\right)\right) = B_n(x, \varepsilon) \subset \Phi_x(D_n(\varepsilon C)) \quad (2.2.3)$$

が成り立つ．

実際に，$y \in U$ に対して

$$|x - y| = d(x, y)$$

によって U の上の x と y との間の距離関数が定義されている.

$$y \in \Phi_x\left(D_n\left(\frac{\varepsilon}{C\sqrt{2}}\right)\right)$$

に対して,$\Phi_x^{-1}(y) \in D_n\left(\frac{\varepsilon}{C\sqrt{2}}\right)$ であるから,$0 \leq k \leq n-1$ に対して

$$\frac{\varepsilon}{C\sqrt{2}} \geq |||f_x^k \circ \Phi_x^{-1}(y)||| = |||\Phi_{f^k(x)}^{-1}(f^k y)|||$$
$$\geq \frac{1}{\sqrt{2}}\|\Phi_{f^k(x)}^{-1}(f^k y)\|$$
$$\geq \frac{1}{C\sqrt{2}}|f^k(x) - f^k(y)|$$
$$= \frac{1}{C\sqrt{2}}d(f^k(x), f^k(y)).$$

よって $y \in B_n(x,\varepsilon)$ である.すなわち $\Phi_x\left(D_n\left(\frac{\varepsilon}{C\sqrt{2}}\right)\right) \subset B_n(x,\varepsilon)$ が成り立つ.さらに $y \in B_n(x,\varepsilon)$ に対して

$$\varepsilon C \geq Cd(f^k(x), f^k(y)) = C|f^k(x) - f^k(x)|$$
$$\geq \|\Phi_{f^k(x)}^{-1}(f^k y)\|$$
$$\geq |||\Phi_{f^k(x)}^{-1}(f^k y)|||$$
$$= |||f_x^k \circ \Phi_x^{-1}(y)||| \quad (0 \leq k \leq n-1).$$

よって (2.2.3) を得る.

$$E^\sigma(\varepsilon) = \mathbb{R}^2(\varepsilon) \cap E^\sigma \quad (\sigma = s, u)$$

とおく.補題 2.1.5 を得るために,$d_\varepsilon > 0$ が存在して

$$2\varepsilon d_\varepsilon \leq m_x(f_x^{n-1}(D_n(\varepsilon))) \leq 2\varepsilon d_\varepsilon^{-1} \quad (x \in \Lambda, n \geq 0) \tag{2.2.4}$$

が成り立つことを示す.

$w \in \mathbb{R}^2(\varepsilon)$ に対して,$k > 0$ があって $f_x^k(w) \in \mathbb{R}^2(\varepsilon)$ であるならば

$$f_x^k(w) = (f_x^k)_1(w) + (f_x^k)_2(w) \quad ((f_x^k)_1(w) \in E^s(\varepsilon),\ (f_x^k)_2(w) \in E^u(\varepsilon))$$

と表すことにする.

2.2 一様双曲性に対する体積補題

$v \in E^s(\varepsilon) \cap D_n(\varepsilon)$ に対して，v を通る E^u に平行な直線と $D_n(\varepsilon)$ との共通部分を $N_v(\varepsilon, n)$ とする．明らかに

$$D_n(\varepsilon) = \bigcup_{v \in E^s(\varepsilon)} N_v(\varepsilon, n).$$

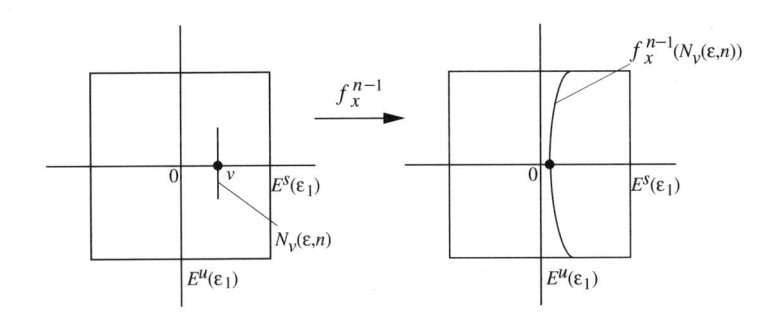

図 **2.2.1**

$f_x^{n-1}(N_v(\varepsilon, n))$ が図 2.2.1 のような曲線であることを主張するために，$f_x^{n-1}(N_v(\varepsilon, n))$ は $\|Dg\| \leq 1$ を満たす C^1-関数

$$g : E^u(\varepsilon) \longrightarrow E^s(\varepsilon)$$

のグラフであることをいえばよい．そのために次が成り立てば十分である：
e_1, e_2 は $\mathbb{R}^2$ の標準基底として

$$w = w_1 e_1 + w_2 e_2 \ , \ w' = w_1' e_1 + w_2' e_2 \in \mathbb{R}^2(\varepsilon_1)$$

に対して

$$\begin{aligned}&|w_1 - w_1'| \leq |w_2 - w_2'| \Longrightarrow \\ &|(f_x^{n-1})_1(w) - (f_x^{n-1})_1(w')| \leq |(f_x^{n-1})_2(w) - (f_x^{n-1})_2(w')|\end{aligned} \quad (2.2.5)$$

を示せば十分である．実際に

$$\begin{aligned} &|(f_x)_2(w) - (f_x)_2(w')| \\ &= |(D_0 f_x)_2(w - w') + ((f_x)_2 - (D_0 f_x)_2)(w) - ((f_x)_2 - (D_0 f_x)_2)(w')| \\ &\geq |\lambda_2(x)||w - w'| - \alpha |w - w'| \\ &\geq (|\lambda_2(x)| - \alpha)|w - w'|. \end{aligned}$$

同様にして

$$|(f_x)_1(w) - (f_x)_1(w')| \leq |\lambda_1(x)||w - w'| + \alpha|w - w'|$$
$$\leq (|\lambda_1(x)| + \alpha)|w - w'|.$$

よって

$$\frac{|(f_x)_2(w) - (f_x)_2(w')|}{|\lambda_2(x)| - \alpha} \geq |w - w'| \geq \frac{|(f_x)_1(w) - (f_x)_1(w')|}{|\lambda_1(x)| + \alpha}.$$

(2.2.1) により，$|\lambda_2(x)| - \alpha > |\lambda_1(x)| + \alpha$ であるから

$$|(f_x)_2(w) - (f_x)_2(w')| \geq |(f_x)_1(w) - (f_x)_1(w')|$$

が求まる．帰納法を用いて (2.2.5) を得る．

したがって，$f_x^{n-1}(N_v(\varepsilon, n))$ の長さ $l(f_x^{n-1}(N_v(\varepsilon, n)))$ は有界である．すなわち，$d_\varepsilon > 0$ があって，$n > 0, v \in E^s(\varepsilon_1)$ に対して

$$d_\varepsilon \leq l(f_x^{n-1}(N_v(\varepsilon, n))) \leq d_\varepsilon^{-1}. \tag{2.2.6}$$

$$f_x^{n-1}(D_n(\varepsilon)) = \bigcup_{v \in E^s(\varepsilon_1)} f_x^{n-1}(N_v(\varepsilon, n))$$

のルベーグ測度 m_x（m_x は $\mathbb{R}(\varepsilon_1)$ の上の測度）による面積は

$$m_x(f_x^{-(n-1)}(D_n(\varepsilon)))$$
$$= \int 1_{D_n(\varepsilon)}(f_x^{-(n-1)}(v, u)) dm_x$$
$$= \int \left\{ \int 1_{N_v(\varepsilon, n)}(f_x^{n-1}(v, u)) du \right\} dv$$
$$= \int l(f_x^{n-1}(N_v(\varepsilon, n))) dv \tag{2.2.7}$$
$$= \int \left\{ \int 1_{N_v(\varepsilon, n)}(v, u) \left|\det(D_{(v,u)} f_x^{n-1}|_{E^u})\right| du \right\} dv \tag{2.2.8}$$

によって表される．(2.2.6), (2.2.7) により

$$2\varepsilon d_\varepsilon \leq m_x(f_x^{n-1}(D_n(\varepsilon))) \leq 2\varepsilon d_\varepsilon^{-1}. \tag{2.2.9}$$

(2.2.4) が示された．

2.2 一様双曲性に対する体積補題

さて, $\theta > 0$ が存在して, $v \in E^s(\varepsilon_1)$ を固定したとき

$$e^{-\theta} \leq \frac{|\det(D_{(v,u)} f_x^{n-1}|_{E^u})|}{|\det(D_0 f_x^{n-1}|_{E^u})|} \leq e^{\theta} \quad (x \in \Lambda, (v,u) \in D_n(\varepsilon),\ n \geq 0) \tag{2.2.10}$$

が示されたとする. このとき

$$(2.2.8) \leq \int \left\{ \int 1_{N_v(\varepsilon,n)}(v,u) e^{\theta} |\det(D_0 f_x^{n-1}|_{E^u})| du \right\} dv$$
$$= e^{\theta} |\det(D_0 f_x^{n-1}|_{E^u})| \int l(N_v(\varepsilon,n)) dv$$
$$= e^{\theta} |\det(D_0 f_x^{n-1}|_{E^u})| m_x(D_n(\varepsilon)).$$

さらに

$$(2.2.8) \geq \int \left\{ \int 1_{N_v(\varepsilon,n)}(v,u) e^{-\theta} |\det(D_0 f_x^{n-1}|_{E^u})| du \right\} dv$$
$$= e^{-\theta} |\det(D_0 f_x^{n-1}|_{E^u})| m_x(D_n(\varepsilon)).$$

よって

$$e^{-\theta} |\det(D_0 f_x^{n-1}|_{E^u})| m_x(D_n(\varepsilon)) \leq m_x(f_x^{n-1}(D_n(\varepsilon))$$
$$\leq e^{\theta} |\det(D_0 f_x^{n-1}|_{E^u})| m_x(D_n(\varepsilon)).$$

(2.2.9) を用いて

$$\frac{2\varepsilon e^{-\theta} d_\varepsilon}{|\det(D_0 f_x^{n-1}|_{E^u})|} \leq m_x(D_n(\varepsilon)) \leq \frac{2\varepsilon e^{\theta} d_\varepsilon^{-1}}{|\det(D_0 f_x^{n-1}|_{E^u})|}$$

を得る. ここで $C_\varepsilon = 2\varepsilon e^{\theta} d_\varepsilon^{-1}$ とおくとき

$$C_\varepsilon^{-1} \frac{1}{|\det(D_0 f_x^{n-1}|_{E^u})|} \leq m_x(D_n(\varepsilon))$$
$$\leq C_\varepsilon \frac{1}{|\det(D_0 f_x^{n-1}|_{E^u})|}. \tag{2.2.11}$$

$x = \Phi_x(0)$ であって

$$D_0 f_x = \tau_{f(x)}^{-1} \circ D_x f \circ \tau_x. \tag{2.2.12}$$

$\phi^u(x) = -\log|\det(Df|_{E^u(x)})|$ であるから

$$e^{\phi^u(x)} = \frac{1}{|\det(Df|_{E^u(x)})|}.$$

よって $n > 0$ に対して

$$\exp S_n \phi^u(x) = \frac{1}{|\det(Df^n|_{E^u(x)})|}.$$

このことと (2.2.11),(2.2.12),さらに τ_x, τ_x^{-1} は x に関して一様有界であるから,(2.2.2) を用いて補題 2.1.5 は結論される.

したがって,(2.2.10) を示すことが残るだけである.そのために $L > 0$ があって $(v,u) \in D_n(\varepsilon)$, $0 \le k \le n-1$ に対して $v \in E^s$ を固定するとき

$$\left| \log \frac{|\det(D_{f_x^k(v,u)} f_{f^k(x)}|_{E^u})|}{|\det(D_0 f_x|_{E^u})|} \right| \le L |||f_x^k(v,u)||| \tag{2.2.13}$$

を示す.

実際に,$\tau = |\lambda_1| + \alpha$ とおくとき,$w \in D_n(\varepsilon)$ に対して

$$|||f_x^k(w)||| \le \varepsilon \tau^k \qquad (0 \le k \le n-1) \tag{2.2.14}$$

が成り立ち

$$D_{(v,u)} f_x^{n-1} = D_{f_x^{n-2}(v,u)} f_{f^{n-2}(x)} \circ \cdots \circ D_{f_x(v,u)} f_{f(x)} \circ D_{(v,u)} f_x,$$
$$D_0 f_x^{n-1} = D_{f_x^{n-2}(0)} f_{f^{n-2}(x)} \circ \cdots \circ D_{f_x(0)} f_{f(x)} \circ D_0 f_x$$

である.不等式 (2.2.10) の中央部分の対数は

$$\log \prod_{i=0}^{n-2} \frac{|\det(D_{f_x^i(v,u)} f_{f^i(x)}|_{E^u})|}{|\det(D_{f_x^i(0)} f_{f^i(x)}|_{E^u})|} \tag{2.2.15}$$

に等しい.次の議論の中で f が C^2-級である条件を用いる.$f_x(0) = 0$ であるから,各 i に対して

$$\frac{|\det(D_{f_x^i(v,u)} f_{f^i(x)}|_{E^u})|}{|\det(D_{f^i(0)} f_{f^i(x)}|_{E^u})|}$$
$$\le \exp \left| 1 - \frac{|\det(D_{f_x^i(v,u)} f_{f^i(x)}|_{E^u})|}{|\det(D_{f^i(0)} f_{f^i(x)}|_{E^u})|} \right|$$
$$\le \exp \lambda | |\det(D_{f_x^i(0)} f_{f^i(x)}|_{E^u})| - |\det(D_{f_x^i(v,u)} f_{f^i(x)}|_{E^u})| |$$
$$\le \exp \lambda D |||f_x^i(0) - f_x^i(v,u)||| \qquad \begin{pmatrix} \text{平均値の定理により} \\ D > 0 \text{ が存在して} \end{pmatrix}$$
$$= \exp \lambda D |||f_x^i(v,u)||| \qquad (f_x^i(0) = 0 \text{ であるから}).$$

(2.2.13) が示された．これを用いて

$$(2.2.15) \text{ の絶対値} = \left| \sum_{i=0}^{n-2} \log \frac{|\det(D_{f_x^i(v,u)} f_{f^i(x)}|_{E^u})|}{|\det(D_{f_x^i(0)} f_{f^i(x)}|_{E^u})|} \right|$$

$$\leq \sum_{i=0}^{n-2} \lambda D |||f_x^i(v,u)|||$$

$$\leq \lambda D \varepsilon \frac{1}{1-\tau} \qquad ((2.2.14) \text{ により}).$$

ここで，$\theta = \lambda D \varepsilon \frac{1}{1-\tau}$ とおけば，(2.2.10) を得る．体積補題が証明された．□

命題 2.1.10 の証明 $\varepsilon_1 > 0$ は (2.2.2) を満たす数とする．$0 < \varepsilon, \delta < \frac{\varepsilon_1}{3}$ は十分に小さいとする．このとき，$n > 0$ と $y \in \bigcap_{i=-n}^{n} f^i(U)$ に対して，補題 2.1.5 を応用すると，$C_\delta > 1$ があって

$$C_\delta^{-1} \exp S_n \phi^u(y) \leq m(B_n(y,\delta)) \leq C_\delta \exp S_n \phi^u(y)$$

が成り立つ．$n > 0$ と $x \in \Lambda$ に対して，再び補題 2.1.6 を用いて

$$C_\varepsilon^{-1} \exp S_n \phi^u(x) \leq m(B_n(x,\varepsilon)) \leq C_\varepsilon \exp S_n \phi^u(x).$$

よって

$$\frac{1}{C_\varepsilon \exp S_n \phi^u(x)} m(B_n(x,\varepsilon)) \leq 1 \leq \frac{C_\delta}{\exp S_n \phi^u(y)} m(B_n(y,\delta))$$

が成り立つ．結論を得るために，次の不等式を評価する：

$$\frac{\exp S_n \phi^u(x)}{\exp S_n \phi^u(y)} = \exp \left(\sum_{i=0}^{n-1} (\phi^u(f^i(x)) - \phi^u(f^i(y))) \right)$$

$$\leq \exp \left(\sum_{i=0}^{n-1} |\phi^u(f^i(x)) - \phi^u(f^i(y))| \right)$$

$$\leq \exp \left(D \sum_{i=0}^{n-1} d(f^i(x), f^i(y)) \right).$$

(2.2.1) により，$0 < \lambda_1(x) < 1$, $\lambda_2(x) > 1$ は $D_0 f_x$ の固有値である．このとき $k > 0$ があって

$$d(f^i(x), f^i(y)) \leq \begin{cases} \sqrt{2} \lambda_1^i(x) & (0 \leq i \leq k+1) \\ \sqrt{2} \lambda_2^{-(n-k-i)}(x) & (-k \leq i \leq n-2k-3) \end{cases}$$

を得る(詳細は 4.2 節の注意 4.2.8 を参照).$1 > \lambda \geq \max\{\lambda_1(x), \lambda_2^{-1}(x)\}$ であるから
$$\sum_{i=0}^{n-1} d(f^i(x), f^i(y)) \leq \frac{\sqrt{2}}{1-\lambda}.$$

よって
$$\frac{\exp S_n \phi^u(x)}{\exp S_n \phi^u(y)} \leq \exp\left(\frac{\sqrt{2}D}{1-\lambda}\right).$$

$d = \dfrac{1}{C_\varepsilon C_\delta} \left\{\exp\left(\dfrac{\sqrt{2}D}{1-\lambda}\right)\right\}^{-1}$ とおく.このとき $dm(B_n(x,\varepsilon)) \leq m(B_n(y,\delta))$ が求まる. □

2.3 ポアンカレ写像(一様双曲的)

N は $\mathbb{R}^2$ に含まれる長さが有限な曲線とする.N の局所座標系 $\{(U_i, \varphi_i)\}$ に対して,N の有界性から $\{U_i\}$ は有限開被覆と仮定してよい.$\mathcal{B}$ は N のボレルクラスを表すとする.$V \in \mathcal{B}$ が $V \subset U_i$ を満たすとき
$$m_i(V) = \int_{\varphi_i(V)} |\det(D_x \varphi_i^{-1})| dx$$

とおく.$V \subset U_i \cap U_j$ であるとき
$$\begin{aligned}
m_i(V) &= \int_{\varphi_i(V)} |\det(D_x \varphi_i^{-1})| dx \\
&= \int_{\varphi_i(V)} |\det(D_{\varphi_j \circ \varphi_i^{-1}(x)} \varphi_j^{-1})| |\det(D_x \varphi_j \circ \varphi_i^{-1})| dx \\
&= \int_{\varphi_j(V)} |\det(D_x \varphi_j^{-1})| dx \\
&= m_j(V)
\end{aligned}$$

が成り立つ.N の有限分割 $\mathcal{A} = \{A_i\}$ の各集合 A_i は可測であって,かつ $U_{j_i} \in \{U_j\}$ があって,$A_i \subset U_{j_i}$ を満たすとする.このとき
$$m(V) = \sum_i m_{j_i}(V \cap A_i)$$

は N の有限ボレル測度である.m の完備化を N の上の**ルベーグ測度** (Lebesgue measure) といい,同じ記号を用いて表す.

U は有界開集合で N を C^2-曲線とする．$N \cap U \neq \emptyset$ であるとし，$\mathcal{F}$ は U の分割とする．$x \in N \cap U$ を含む $\mathcal{F}$ の要素を $\gamma(x)$ とすると

$$\gamma(x) = W(x) \cap N$$

となる $\gamma(x)$ を含む C^2-曲線 $W(x)$ が存在するとする．このとき $N \cap U$ は $\mathcal{F}$ に属する C^2-曲線 $\gamma(x)$ で被覆される．N が $\mathcal{F}$ に**横断的** (transverse) であるとは，x を含む $\mathcal{F}$ に属する集合 $\gamma(x)$ に対して

$$T_x N \oplus T_x \gamma(x) = \mathbb{R}^2 \qquad (x \in N \cap \mathcal{B})$$

が成り立つことである．$T_x N, T_x \gamma(x)$ は点 x での $N, \gamma(x)$ の接線を原点に平行移動した 1 次元空間を表す．

曲線 N_1, N_2 が $\mathcal{F}$ に横断的に交わっているとして，写像 $\pi : N_1 \to N_2$ が $\mathcal{F}$ に関して**ポアンカレ写像** (Poincaré map) であるとは，π は単射であって，連続かつ

$$\pi(x) \in \gamma(x) \cap N_2 \qquad (x \in N_1)$$

を満たすことである．

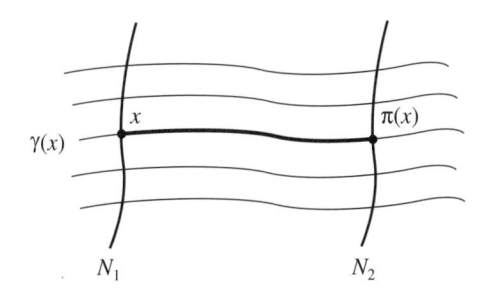

図 **2.3.1**

ポアンカレ写像 $\pi : N_1 \to N_2$ が次の条件 (1), (2) を満たすとき，π は**絶対連続** (absolutely continuous) であるという：

π は微分可能であって，$x \in N_1$ に対して

(1) $\pi : N_1 \to N_2$ は C^1-写像である．

(2) m_i は N_i $(i = 1, 2)$ の上のルベーグ測度であるとするとき

$$m_2(\pi(A)) = \int_A |\det(D_x \pi)| dm_1(x) \qquad (A \subset N_1).$$

$\mathcal{F}$ に関するポアンカレ写像が絶対連続であるとき，$\mathcal{F}$ は**絶対連続**であるという．

関数 φ が**ヘルダー連続** (Hölder continuous) であるとは，$a > 0$, $\theta > 0$ があって
$$|\varphi(x) - \varphi(y)| \leq a d(x,y)^\theta$$
が成り立つことである．この場合に，φ は (a, θ)–ヘルダー連続であるという．特に，$\theta = 1$ のとき φ は $\boldsymbol{a}$**–リプシッツ連続** (Lipschitz continuous) であるという．

f は $\mathbb{R}^2$ の上の微分同相写像として，コンパクト集合 Λ ($f(\Lambda) = \Lambda$) は双曲的とする．特に，f が C^2–微分同相写像であるとき，Λ の各点 x での分解 $\mathbb{R}^2 = E^s(x) \oplus E^u(x)$ は C^1–連続であって双曲的集合の定義を満たすようにできる．さらに，Λ を含む小さな近傍 Q の各点 y の分解 $\mathbb{R}^2 = \tilde{E}^s(y) \oplus \tilde{E}^u(y)$ が C^1–連続であるように拡張される．すなわち，$x \in f^{-1}(Q) \cap Q \cap f(Q)$ に対して
$$D_x f(\tilde{E}^\sigma(x)) = \tilde{E}^\sigma(f(x)), \quad D_x f^{-1}(\tilde{E}^\sigma(x)) = \tilde{E}^\sigma(f^{-1}(x)) \quad (\sigma = s, u),$$
を満たす部分空間 $\tilde{E}^\sigma(x)$ ($\sigma = s, u$) の直和
$$\mathbb{R}^2 = \tilde{E}^s(x) \oplus \tilde{E}^u(x) \tag{2.3.1}$$
に C^1–分解される．この分解は $x \in \Lambda$ のとき
$$\tilde{E}^s(x) = E^s(x), \quad \tilde{E}^u(x) = E^u(x)$$
が成り立つ（詳細は邦書文献 [Ao1] を参照）．

したがって，Q の各点に対して s–曲線，u–曲線が次を満たすように存在する：

(1) $x \in f^{-1}(Q) \cap Q \cap f(Q)$ に対して，$f^i(x)$ を通過する C^1–曲線 $C^\sigma_{f^i(x)}$ ($i = -1, 0, 1$) があって
$$f(C^s_x) \subset C^s_{f(x)}, \quad f^{-1}(C^u_x) \subset C^u_{f^{-1}(x)},$$

(2) $y \in Q$ に対して
$$y \notin C^\sigma_x \implies C^\sigma_x \cap C^\sigma_y = \emptyset \quad (\sigma = s, u),$$

(3) $x \in \Lambda$ であれば，C^s_x は x の局所安定多様体，C^u_x は x の局所不安定多様体である，

(4) $\delta > 0$ があって, $d(x,y) < \delta$ $(x,y \in Q)$ であれば, C_x^s と C_y^u は横断的に交わる,

(5) $Q \subset \bigcup_x C_x^\sigma$ $(\sigma = s, u)$.

C^1-分解によって

$$\log \|Df_{|\tilde{E}^\sigma(x)}\|, \quad \log |\det(Df_{|\tilde{E}^\sigma(x)})| \quad (x \in Q, \sigma = s, u)$$

は C^1-連続である.

f は C^2-微分同相写像であるから, Λ の点 x を通る安定多様体 $\hat{W}^s(x)$, 不安定多様体 $\hat{W}^u(x)$ は $\tilde{E}^s(x)$, $\tilde{E}^u(x)$ の定める C^1-ベクトル場の解曲線である.

$\{R_1, \cdots, R_n\}$ は Λ のマルコフ分割とする. $x \in R_j$ に対して $\hat{W}^s(x) \cap R_j$ の両端点を含む $W^s(x)$ に沿った曲線を $\gamma(x)$ で表し, Λ の分割

$$\mathcal{F}^s = \bigcup_{j=1}^n \{\gamma(x) \,|\, x \in R_j\} \tag{2.3.2}$$

を定義する. 同様にして $\mathcal{F}^u$ も定義することができる. マルコフ分割の性質により

$$\mathcal{F}^s \le f(\mathcal{F}^s), \quad \mathcal{F}^u \le f^{-1}(\mathcal{F}^u)$$

が成り立つ. ここで

$$\tilde{R} = \bigcup_{\mathcal{F}^s} \gamma(x)$$

とおく. $\Lambda \subset \tilde{R}$ であって $\tilde{R}$ は内点をもつから $\mathbb{R}^2$ の上のルベーグ測度 m に対して $m(\tilde{R}) > 0$ である.

注意 2.3.1 $\gamma(x)$ の長さは有限である.

γ を点 x を通る**安定葉** (stable leaf) という.

注意 2.3.2 $\mathcal{F}^s$ に関する Λ の上のボレル確率測度の条件付き確率測度の標準系を見いだすことができる.

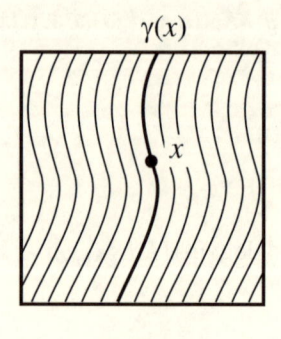

図 2.3.2

Λ の各点は双曲的であるから，$x \in \Lambda$ を含む $\mathcal{F}^s$ の要素を $\gamma^s(x)$，$\mathcal{F}^u$ の要素を $\gamma^u(x)$ とする．このとき $0 < \lambda_0 < 1$ と $C > 0$ があって

$$y, y' \in \gamma^s(x) \ (x \in \Lambda) \Longrightarrow d(f^n(y), f^n(y')) \leq C\lambda_0^n d(y, y') \ (n \geq 0),$$
$$y, y' \in \gamma^u(x) \ (x \in \Lambda) \Longrightarrow d(f^{-n}(y), f^{-n}(y')) \leq C\lambda_0^n d(y, y') \ (n \geq 0)$$
(2.3.3)

が成り立つ．

命題 2.3.3 Λ は双曲的集合の閉部分集合とする．このとき $a_0 > 0$，$\delta_0 > 0$ があって，$0 < \delta \leq \delta_0$ と $d(y_1, y_2) \leq \delta$ を満たす $y_1, y_2 \in \Lambda$ に対して，$\tilde{\gamma} = \gamma(y_1)$，$\gamma = \gamma(y_2)$ は $\mathcal{F}^s$ に属するとする．このとき，ポアンカレ写像

$$\pi = \pi(\tilde{\gamma}, \gamma) : \tilde{\gamma} \longrightarrow \gamma$$

が存在して，次の (1), (2), (3), (4) が成り立つ：

(1) $\pi : \tilde{\gamma} \to \gamma$ は a_0-リプシッツ連続である．
$\log|\det(D.\pi)| : \tilde{\gamma} \to \mathbb{R}$ は a_0-リプシッツ連続である．

(2) $\log|\det(D_z\pi)| \leq a_0 d(z, \pi(z)) \quad (z \in \tilde{\gamma})$.

(3) $\tilde{\gamma}, \gamma \in \mathcal{F}^s$ に対して

$$d(\tilde{\gamma}, \gamma) = \sup\{d(z, \pi(z)) \mid z \in \tilde{\gamma}\}$$

が十分に小さければ, $k > 0$ があって

$$f^{-1}(\tilde{\gamma}) \cap \tilde{R} = \bigcup_{j=1}^{k} \tilde{\gamma}_j, \quad f^{-1}(\gamma) \cap \tilde{R} = \bigcup_{j=1}^{k} \gamma_j$$

を満たす $\tilde{\gamma}_j = \gamma(x_1^j)$, $\gamma_j = \gamma(x_2^j) \in \mathcal{F}^s$ $(1 \leq j \leq k)$ が存在する (図 2.3.3).

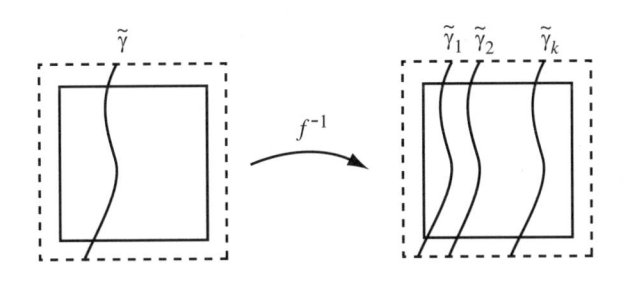

図 2.3.3

注意 2.3.4 ポアンカレ写像は微分可能である.

証明 $x \in \Lambda$ に対して $\gamma^s(x)$ は局所安定多様体を表す. $\{\gamma^u(z) | z \in \gamma^s(x) \cap \Lambda\}$ に横断的に交わる局所安定多様体を $\gamma^s(y)$ $(y \neq x)$ として

$$y(z) = \gamma^s(z) \cap \gamma^s(y) \qquad (z \in \gamma^s(x) \cap \Lambda)$$

とする. $T_{y(z)}\gamma^s(y) = E^s(y(z))$ であるから

$$\mathbb{R}^2 = E^s(y(z)) \oplus E^s(y(z))^\perp$$

の直交分解の座標系に基づいて以下の議論を進める.

x を含む開集合 V があって, V の上で拡張された $\mathbb{R}^2$ の C^1-分解 $\mathbb{R}^2 = \tilde{E}^s(z) \oplus \tilde{E}^u(z)$ $(z \in V)$ が存在する. $\tilde{E}^u(z)$ の単位ベクトルによるベクトル場を $v(z) = \begin{pmatrix} v_1(z) \\ v_2(z) \end{pmatrix}$ とする. このとき $v_2(z) \neq 0$ である.

$z \in \gamma^s(x)$ を通る微分方程式

$$\frac{dz}{dt} = v(z)$$

は $\varphi(0,z) = z$ であって

$$\frac{d}{dt}\varphi(t,z) = \begin{pmatrix} \frac{d\varphi}{dt}(t,z) \\ \frac{d\varphi^2}{dt}(t,z) \end{pmatrix} = \begin{pmatrix} v_1(z) \\ v_2(z) \end{pmatrix}$$

を満たす積分曲線

$$\varphi : [0,T] \times \gamma^s(x) \longrightarrow \mathbb{R}^2$$

をもつ．ここに T はある定数である．

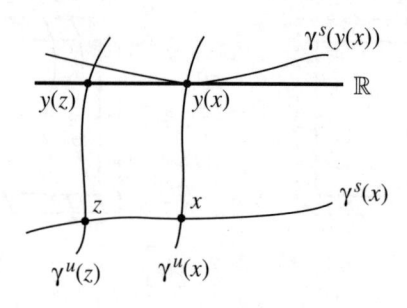

図 2.3.4

$z \in \gamma^s(x) \cap V$ に対して，$t = t(z) \in [0,T]$，$y = y(z) \in \mathbb{R}^2$ が一意的に存在して

$$\varphi(t(z),z) = \begin{pmatrix} \varphi^1(t(z),z) \\ \varphi^2(t(z),z) \end{pmatrix} = \begin{pmatrix} y(z) \\ \gamma^s(y(z)) \end{pmatrix}$$

が成り立つ．ポアンカレ写像 $\pi : \gamma^s(x) \to \gamma^s(y)$ を

$$\pi(z) = \varphi(t(z),z) = \begin{pmatrix} y(z) \\ \gamma^s(y(z)) \end{pmatrix}$$

により定義する．ここに $\begin{pmatrix} y(z) \\ \gamma^s(y(z)) \end{pmatrix}$ は $\mathbb{R}$ の上の $\gamma^s(y(z))$ のグラフを表す．このとき，π は C^1-微分同相写像である．実際に

$$\xi(z,(t,z)) = \begin{pmatrix} \varphi(t,z) - y \\ \gamma^s(y) \end{pmatrix}$$

を定義する．$z \in \gamma^s(x)$ に対して

$$\varphi(t(z),z) = \begin{pmatrix} y(z) \\ \gamma^s(y(z)) \end{pmatrix}$$

を満たす $t = t(t) \in [0,1]$, $y = y(z) \in \mathbb{R}$ が存在するから

$$\xi(z,(t(z),y(z))) = 0$$

を得る．一方において，$z \in \gamma^s(x) \cap V$, $(t,y) \in [0,T] \times \mathbb{R}$ に対して

$$\xi(z,(t,y)) = \begin{pmatrix} \xi^1(z,(t,y)) \\ \xi^2(z,(t,y)) \end{pmatrix}$$

$$= \begin{pmatrix} \varphi^1(t,z) - y \\ \varphi^2(t,z) - \tilde{\gamma}^s(y) \end{pmatrix}$$

の第 2 成分 (t,y) に関する微分を $D_2\xi$ で表すとき

$$D_2\xi(t,(t,y)) = \begin{pmatrix} \frac{\partial}{\partial t}\xi^1(z,(t,y)) & \frac{\partial}{\partial y}\xi^1(z,(t,y)) \\ \frac{\partial}{\partial t}\xi^2(z,(t,y)) & \frac{\partial}{\partial y}\xi^2(z,(t,y)) \end{pmatrix}$$

$$= \begin{pmatrix} \frac{\partial}{\partial t}\varphi^1(t,z) & -1 \\ \frac{\partial}{\partial t}\varphi^2(t,z) & \frac{d}{dy}\tilde{\gamma}^s(y) \end{pmatrix}$$

$$= \begin{pmatrix} v_1(z) & -1 \\ v_2(z) & \frac{d}{dy}\tilde{\gamma}^s(y) \end{pmatrix}.$$

y が $y(x)$ に十分に近ければ，$\dfrac{d}{dy}\gamma^s(y)$ は 0 に近く，さらに $v_2(z) \neq 0$ であるから $D_2\xi$ は正則である．陰関数定理により $t = t(z)$, $y = y(z)$ は C^1-級である．すなわち $\pi(z)$ は C^1-級である． □

命題 2.3.3 の証明 $x \in \tilde{R}$ に対して，$\tilde{E}^u(x)$ の定める C^1-ベクトル場によって導かれる曲線 $\gamma^u(x)$ の族を $\mathcal{F}^u$ で表す．$x \in \Lambda$ であるとき，$\mathcal{F}^u(x)$ は x を通る不安定多様体 $\hat{W}^u(x)$ と一致する．

$y \in \hat{W}^u(\Lambda)$, $x \in \tilde{R}$ に対して，y と x との間の距離が十分に小さければ，$\gamma(y) \in \mathcal{F}^s$ があって，$\gamma(y) \cap \gamma^u(x)$ は横断的に交わる．よって，$\delta_0 > 0$ があって，$0 < \delta \leq \delta_0$ に対して $d(y_1,y_2) < \delta$ $(y_1,y_2 \in \Lambda)$ であれば

$$\gamma(y_1) \cap \gamma^u(z) \neq \emptyset \Longrightarrow \gamma(y_2) \cap \gamma^u(z) \neq \emptyset$$

であるから

$$\pi(z) = \gamma(y_2) \cap \gamma^u(z) \qquad (z \in \gamma(y_1))$$

とおく (図 2.3.5). このとき, $\pi : \gamma(y_1) \to \gamma(y_2)$ は C^1-微分同相写像である.

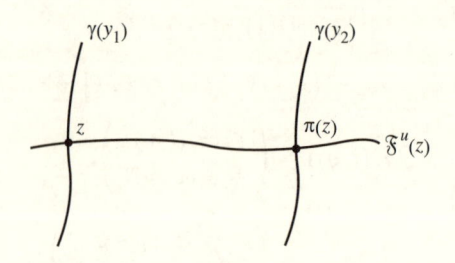

図 2.3.5

明らかに, $y_2 \to y_1$ ならば, π は恒等写像 id に C^1-位相のもとで近づく.

よって, $d(y_1, y_2) < \delta$ を満たす y_1, y_2 を含む $\gamma(y_1), \gamma(y_2)$ に対して, $\pi : \gamma(y_1) \to \gamma(y_2)$ は δ だけに依存する $a_0 > 0$ があって, π は a_0-リプシッツ連続写像である. (1) の前半が示された. (1) の後半は (2) の証明から導けるので, 後で証明を与える.

(3) は明らかである.

(2) を示すために, $y_1, y_2 \in \Lambda$ に対して $y_2 \in \gamma^u(y_1)$ であれば $n > 0$ に対して

$$d(f^{-n}(y_1), f^{-n}(y_2)) \leq d(y_1, y_2) < \delta$$

であるから $\phi_n = f^{-n} \circ \pi \circ f^n \ (n \geq 0)$ によって

$$\phi_n : f^{-n}(\gamma(y_1)) \to f^{-n}(\gamma(y_2))$$

を定義する. このとき $n \to \infty$ とすれば, ϕ_n の定義域 $f^{-n}(\gamma(y_1))$ と値域 $f^{-n}(\gamma(y_2))$ は互いに接近していく. よって, ϕ_n は id に C^1-位相のもとで近づく.

Λ の各点 x は C^1-分解をもつから, $\log |\det(Df^{-1}_{|\tilde{E}^s(x)})| \ (x \in \tilde{R})$ はリプシッツ連続 (C^1-連続) である. よって $z \in f(\tilde{R})$ であれば

$$\frac{|\det(Df^{-1}_{|\tilde{E}^s(f^{-1}(z))})|}{|\det(Df^{-1}_{|\tilde{E}^s(f^{-1} \circ \pi(z))})|}$$
$$= \exp\left\{\log|\det(Df^{-1}_{|\tilde{E}^s(f^{-1}(z))})| - \log|\det(Df^{-1}_{|\tilde{E}^s(f^{-1} \circ \pi(z))})|\right\}$$
$$\leq \exp\left\{Cd(f^{-1}(z), f^{-1} \circ \pi(z))\right\}$$
$$\leq \exp\{C\lambda_0 d(z, \pi(z))\} \quad ((2.3.3) \text{ により})$$

$z \in f^n(\tilde{R})$ $(n \geq 1)$ であれば

$$\frac{|\det(Df^{-n}_{|\tilde{E}^s(z)})|}{|\det(Df^{-n}_{|\tilde{E}^s(\pi(z))})|} \leq \prod_{j=0}^{n-1} \exp\left\{C\lambda_0^j d(z,\pi(z))\right\}$$
$$\leq \exp\left\{\frac{C}{1-\lambda_0} d(z,\pi(z))\right\}.$$

ところで

$$\pi = f^n \circ \phi_n \circ f^{-n} : \gamma(y_1) \to \gamma(y_2)$$

であるから,$z \in \gamma(y_1)$ に対して

$$D_z\pi = Df^n_{|T_{\phi_n \circ f^{-n}(z)}f^{-n}(\gamma(y_2))} \circ D\phi_{n|T_{f^{-n}(z)}f^{-n}(\gamma(y_1))} \circ Df^{-n}_{|T_z\gamma(y_1)}$$
$$= Df^n_{|\tilde{E}^s(f^{-n}\circ\pi(z))} \circ D\phi_{n|T_{f^{-n}(z)}f^{-n}(\gamma(y_1))} \circ Df^{-n}_{|\tilde{E}^s(z)}.$$

これは

$$|\det(D_z\pi)| = \frac{|\det(Df^{-n}_{|\tilde{E}^s(z)})|}{|\det(Df^{-n}_{|\tilde{E}^s(\pi(z))})|} |\det(D_{f^{-n}(z)}\phi_n)|$$

と表すことができる.$|\det(D_{f^{-n}(z)}\phi_n)| \to 1$ $(n \to \infty)$ であるから

$$|\det(D_z\pi)| \leq \exp\left\{\frac{C}{1-\lambda_0} d(z,\pi(z))\right\}.$$

(2) が示された.

(1) の後半は (2) を用いて示される.命題 2.3.3 の証明は完了した. □

$\mathbb{R}^2$ の有界な開集合に含まれる微分同相写像による双曲的アトラクターに対して,次の命題を示す.

双曲的アトラクター Λ の十分に小さい近傍 Q を選べば,注意 2.1.9 により $y \in Q \setminus \Lambda$ に対して y を含む安定多様体 $\hat{W}^s(x)$ が存在する.$\mathcal{F}^s$ は (2.3.2) によって構成された分割とすると $\gamma(z) \subset \hat{W}^s(x)$ なる $\gamma(z) \in \mathcal{F}^s$ が存在するから,$\gamma(z)$ は y を含むように $\hat{W}^s(x)$ に沿って延長する.このようにして構成された Q の分割を再び $\mathcal{F}^s$ で表す.

m は Q の上のルベーグ確率測度とする.$\mathcal{F}^s$ に関する m の条件付き確率測度の標準系 $\{m_x^s\}$ が存在する.l_x^s は $\gamma(x)$ の上のルベーグ確率測度とする.

命題 2.3.5 m_x^s と l_x^s との間に，関数 $H: Q \to (0,1)$ があって，$H_{|\gamma}$ はリプシッツで

$$dm_x = H_{|\gamma(x)} dl_x^s$$

が成り立つ．

証明 $\mathcal{U} = \{U_i\}$ は小さい直径をもつ Λ を被覆する $\mathbb{R}^2$ の有限開被覆とするとき，各 U_i に対して命題 2.3.5 を満たすリプシッツ関数 $H_i : U_i \to (0,1)$ を見いだし，U_i の上で $dm_x^s = H_{i|\gamma(x)} dl_x^s$ (m–a.e. x) を求めれば，$\mathcal{U}$ に関する 1 の分解定理（邦書文献 [Ao1] を参照）を用いて，命題 2.3.5 を得る．

$x \in \Lambda$ に対して，分解

$$\mathbb{R}^2 = E^s(x) \oplus E^u(x)$$

は直交分解となる内積が存在して，$x \in Q$ に対して

$$\mathbb{R}^2 = \tilde{E}^s(x) \oplus \tilde{E}^u(x)$$

は拡張された C^1–分解であった．

$y \in Q$ に対して，$\tilde{E}^s(y) \subset \mathbb{R}^2$ であるから，$\tilde{E}^s(y)$ は C^1–関数 $\zeta : Q \to \mathbb{R}$ があって $(1, \zeta(y)) \in \mathbb{R}^2$ によって生成された 1 次元空間である．

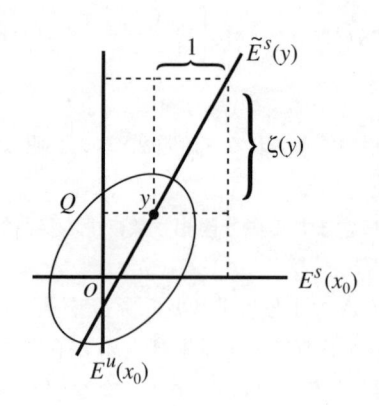

図 2.3.6

ここで，$X(y) = (1, \zeta(y)) \in \mathbb{R}^2$ により，C^1–ベクトル場

$$X : Q \longrightarrow \mathbb{R}^2$$

を定義する．このとき，$0 < t_0 < 1$ と解曲線 $\varphi : [-t_0, t_0] \times [-t_0, t_0] \to Q$ があって

(i) $\varphi(y, t)$ は t の関数として，C^2-級である．

(ii) $\varphi(y, t)$ は y の関数として，C^1-級である．

$\varphi(y, t)$ を座標関数によって

$$\varphi(y, t) = (\varphi^u(y, t), \varphi^s(y, t))$$

と表すとき，$y = (y^s, y^u) \in Q$ に対して

$$\varphi^u(y, t) = y^u + \int_0^t \zeta(\varphi(y, s)) ds,$$
$$\varphi^s(y, t) = y^s + t$$

が成り立つ．$V_0 = [-t_0, t_0] \times [-t_0, t_0]$ とおく．このとき

$$\Phi : V_0 \longrightarrow Q$$

を

$$\Phi(\xi, \eta) = (\rho(\xi, \eta), \eta)$$

によって定義する．ここに

$$\rho(\xi, \eta) = \xi + \int_0^\eta \zeta(\varphi(\xi, s)) ds$$

である．このとき

(1) $\xi \in [-t_0, t_0]$ を固定して，$\{\Phi(\xi, \eta) | |\eta| \leq t_0\}$ は $\Phi(\xi, 0)$ を通る Q の中の安定多様体である．

(2) $\Phi(\xi, \eta)$ は η の関数として，C^2-級である．

(3) $\Phi : V_0 \to \Phi(V_0)$ は C^1-微分同相写像である．

(4) $\det(D_{(\xi, \eta)}\Phi) = \det \begin{pmatrix} \frac{\partial \rho}{\partial \xi} & \frac{\partial \rho}{\partial \eta} \\ 0 & 1 \end{pmatrix} = \frac{\partial \rho}{\partial \xi}$ はリプシッツ連続である．

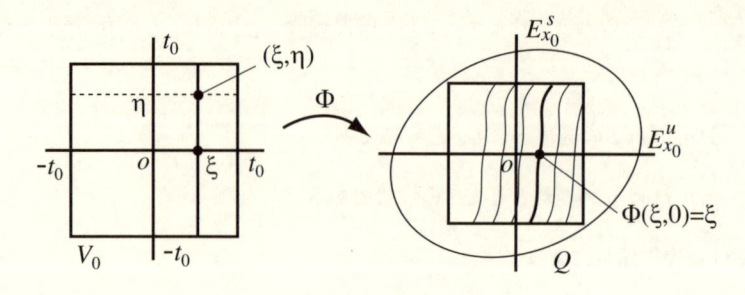

図 2.3.7

(1), (2), (3) は明らかである.
(4) を示すために
$$I(0) = \{\Phi(\xi,0) \mid |\xi| \leq t_0\}$$
とおき, η を固定して
$$\phi_\eta(\Phi(\xi,0)) = (\rho(\xi,\eta), \eta)$$
によって, ポアンカレ写像
$$\phi_\eta : I(0) \longrightarrow I(\eta)$$
を定義する. ここに
$$I(\eta) = \{\Phi(\xi,\eta) \mid |\xi| \leq t_0\}$$
とする.

$$\frac{d\phi_\eta}{d\xi}(\Phi(\xi,0)) = \frac{\partial \rho}{\partial \xi}(\xi,\eta) \tag{2.3.4}$$

は明らかである. $n \geq 1$ に対して, $\phi_n = f^n \circ \phi_\eta \circ f^{-n}$ と表すと
$$\phi_n : f^n(I(0)) \longrightarrow f^n(I(\eta)).$$
$n \to \infty$ のとき, ϕ_n は C^1-位相のもとで id に収束する.

$\phi_\eta = f^{-n} \circ \phi_n \circ f^n$ であるから

$$\frac{d\phi_\eta}{d\xi} = Df^{-n}|_{T_{f^n \circ \Phi(\xi,\eta)} f^n(I(\eta))} \circ D\phi_n|_{T_{f^n \circ \Phi(\xi,0)} f^n(I(0))} \circ Df^n|_{T_{\Phi(\xi,0)} I(0)}$$

であって
$$(Df^n|_{T_{\Phi(\xi,\eta)} I(\eta)})^{-1} = Df^{-n}|_{T_{f^n \circ \Phi(\xi,\eta)} f^n(I(\eta))}$$

であるから

$$\frac{d\phi_\eta}{d\xi} = \frac{Df^n|_{T_{\Phi(\xi,0)}I(0)}}{Df^n|_{T_{\Phi(\xi,\eta)}I(\eta)}} D\phi_n|_{T_{f^n \circ \Phi(\xi,\eta)}I(0)}.$$

$\dfrac{d\phi_\eta}{d\xi}$ はリプシッツ連続である.実際に,$i \geq 0$ に対して

$$\frac{|Df|_{T_{f^i \circ \Phi(\xi,0)}f^i(I(0))}|}{|Df|_{T_{f^i \circ \Phi(\xi,\eta)}f^i(I(\eta))}|}$$
$$= \exp\left\{\log|Df|_{T_{f^i \circ \Phi(\xi,0)}f^i(I(0))}| - \log|Df|_{T_{f^i \circ \Phi(\xi,\eta)}f^i(I(\eta))}|\right\}$$
$$\leq \exp\{Cd(f^i \circ \Phi(\xi,0), f^i \circ \Phi(\xi,\eta))\}$$

であって

$$|D\phi_n|_{T_{f^n \circ \Phi(\xi,0)}I(0)}| \longrightarrow 1 \quad (n \to \infty)$$

であるから,$\dfrac{d\phi_\eta}{d\xi}$ はリプシッツ連続である.よって (2.3.4) により,$\dfrac{\partial \rho}{\partial \xi}$ はリプシッツ連続である.(4) が示された.

(3),(4) を用いると m_x^s と l_x^s の同値性が示され,その密度関数 $H'(y)$ はリプシッツ連続関数である.ここで次の注意 2.3.6 により H' は Q の上の連続関数に一意的に拡張される.命題 2.3.5 が示された. □

注意 2.3.6 (ウリゾーン–ティーツェ (Urysohn–Tietze) の定理) 距離空間 X の閉集合 V の上の有界連続関数 $H: V \to \mathbb{R}$ に対して,次を満たす X の上の有界連続関数 $\tilde{H}: X \to \mathbb{R}$ が存在する:

$$\tilde{H}(y) = H(y) \quad (y \in V), \quad \sup_{y \in X} \tilde{H}(y) = \sup_{y \in V} H(y).$$

証明 洋書文献 [S] を参照. □

注意 2.3.7 f は $\mathbb{R}^2$ の上の C^2–微分同相写像とする.Λ は $\mathbb{R}^2$ に含まれる f による双曲的集合とし,m は $\mathbb{R}^2$ の上のルベーグ測度とする.Λ の点を含む十分に小さい開近傍 V に対して,安定葉層 $\mathcal{F}^s = \{\gamma(x) \mid x \in V\}$ を構成する.

$\mathcal{F}^s$ に関する m の条件付き確率測度の標準系を $\{m_x^s\}$ で表し,l_x^s は $\gamma(x)$ の上のルベーグ確率測度とする.

このとき，m_x^s と l_x^s に関して，関数 $H: V \to (0,1)$ があって

$$H_{|\gamma(x)} : \gamma(x) \longrightarrow (0,1) \text{ はリプシッツ},$$
$$dm_x^s = H_{|\gamma(x)} dl_x^s \quad m\text{–a.e.} \, x$$

が成り立つ．

=== まとめ ===

　双曲的アトラクターは一様双曲的な力学系によって導かれる．この種のアトラクターの典型的な例にアノソフ系，公理 A アトラクターがある．

　力学系が C^2–級であるとき，双曲的アトラクターはルベーグ測度の値，または位相的圧力の値によって，その存在が判定されるボウエンの定理を解説した．さらに，エルゴード理論の立場で議論を進めるために，ポアンカレの絶対連続性に関する命題（一様双曲的な力学系（アノソフの定理）と非一様双曲的な力学系（ペシンの定理））の一部を準備した．

　これらの準備に基づいて，双曲的アトラクターの上の力学系に対して相関関数の減衰の速さが議論される．速さは指数的減衰であることから，中心極限定理，または測度的安定性定理が保証される（詳細は [Ao3] を参照）．

　非一様双曲的な力学系は不変ボレル確率測度に基づいて議論を展開する（詳細は次章から始まる）．この場合に双曲的アトラクターとは異なるアトラクターが現れる．その典型的なアトラクターにエルゴード的アトラクター（SRB アトラクター）がある．この種のアトラクターもリャプノフ指数，ルベーグ測度の値，または位相的圧力の拡張された概念を用いて判定される．

　この章は洋書文献 [Bo2] を参考にして書かれた．

第3章　力学系の特性指数

線形写像 $A : \mathbb{R}^2 \to \mathbb{R}^2$ の反復 A^m ($m \in \mathbb{Z}$) を考える．A が異なる固有値 λ_i ($i = 1, 2$) をもつ場合に，$\mathbb{R}^2$ は A–不変部分空間 E_i の直和 $\mathbb{R}^2 = E_1 \oplus E_2$ に分解され，$0 \neq v_i \in E_i$ に対して

$$\lim_{m \to \infty} \frac{1}{m} \log \|A^{\pm m}(v_i)\| = \pm \log |\lambda_i|$$

が成り立つ．$\log |\lambda_i|$ を A の特性指数 (characteristic exponent) という．しかし，一般に線形写像の無限列 $\{A_i\}$ に対して，$A_m \circ \cdots \circ A_1(v)$ の特性指数はうまく定義されない．

しかし，オセレデツ (Oseledec) は不変ボレル確率測度 μ をもつ力学系 (f, μ) に対して乗法エルゴード定理を確立し，μ–a.e. x に対して微分の列 $D_x f, D_{f(x)} f, \cdots$ の特性指数を求めた．それによって μ–a.e. x に対して定義されたリャプノフ指数 $\chi_i(x)$ が可測関数として存在して，指数 $\chi_i(x)$ が μ–a.e. で 0 でなければそれに対応する接平面の分解 $E_1(x) \oplus E_2(x)$ が求まり次が保証される：

μ–a.e. x に対して $\|D_x f(v)\| \sim e^{\chi_i(x)} \|v\|$ ($v \in E_i(x)$) が成り立つ．

このことを 2 次元の力学系に対して詳細に解説する．

3.1　特性指数

$\mathbb{R}^2$ の上の C^1–微分同相写像 f の不動点 x を $D_x f$ の固有値によって特徴付ける．この特徴付けによって不動点の近くの点の振る舞いが理解される．例えば，原点 o が吸引不動点であるとき，原点 o に近い点 x の振る舞いは，次の定理によって，$f^m(x) \to 0$ ($m \to \infty$) であることが求まる．

定理 3.1.1 (ハートマン (Hartman) の定理) U は $\mathbb{R}^2$ の有界な開集合として，$f: U \to \mathbb{R}^2$ は C^1-微分同相写像とする．$x \in U$ が n 周期点 $(f^n(x) = x)$ かつ $D_x f^n$ の固有値の絶対値が 1 でないとする．このとき，原点 o の近傍 V, 点 x の近傍 W と同相写像 $h: V \to W$ が存在して

$$f^n \circ h = h \circ D_x f^n$$

が成り立つ．

邦書文献 [Ao1] を参照.

しかし，周期点の存在がわからないときに上で述べた方法で f の力学的挙動を調べることができない．ゆえに，周期点でない点 x の f による挙動とその近くの点の力学的挙動を理解するために，新しい方法を見いだす必要がある．

周期点でない点 x の f による挙動を調べるために，$\tau_x(y) = y + x$ によって写像 $\tau_x : \mathbb{R}^2 \to \mathbb{R}^2$ を定義して，$m > 0$ に対して

$$g_m = \tau_{f^m(x)}^{-1} \circ f \circ \tau_{f^{m-1}(x)} : \mathbb{R}^2 \longrightarrow \mathbb{R}^2$$

とおく．このとき，点 x の軌道 $x, f(x), f^2(x), \cdots$ の振る舞いに対して，点 x に近い点 y の f による振る舞いを写像

$$\begin{aligned} g^{(m)} &= g_m \circ g_{m-1} \circ \cdots \circ g_1 \\ &= \tau_{f^m(x)}^{-1} \circ f^m \circ \tau_x \qquad (m \in \mathbb{Z}) \end{aligned}$$

を用いて調べる．$g^{(n)}(0) = 0$ であるから $0 \in \mathbb{R}^2$ での $g^{(n)}$ の微分 $D_0 g^{(n)}$ を用いる．

$\{D_0 g^{(m)}\}$ の力学的性質を 2 次の行列を用いて何が得られるかを見ることにする．

線形写像 $L: \mathbb{R}^2 \to \mathbb{R}^2$ に対して，2 次の行列 A が存在して，$L(x) = Ax$ ($x \in \mathbb{R}^2$) と表すことができる．逆に，2 次の行列は $\mathbb{R}^2$ の上の線形写像を定義する．よって，線形写像と行列を区別しない．

2 次の正則行列の基本的な性質を準備する．

$\mathbb{A} = \{A^{(m)}\}_{m=1}^\infty$ を 2 次の正則行列からなる列とする．$\mathbb{A}$ と $v \in \mathbb{R}^2 \setminus \{0\}$ に対して

$$\chi(\mathbb{A}, v) = \limsup_{m \to \infty} \frac{1}{m} \log \|A^{(m)}(v)\| \qquad (3.1.1)$$

を定義する．ここに $\|\ \|$ は $\mathbb{R}^2$ の通常のノルムを表す．特に $v = 0$ のとき，$\chi(\mathbb{A}, 0) = -\infty$ とする．$\chi(\mathbb{A}, \cdot)$ を $\mathbb{A}$ に関する**特性指数** (characteristic exponent) という．

$\chi(\mathbb{A}, v)$ は v の関数として有限の値をとるとは限らない．しかし，以後において $|\chi(\mathbb{A}, v)| < \infty$ $(0 \neq v \in \mathbb{R}^2)$ であるとして議論を進める．

注意 3.1.2　$\{a_m\}, \{b_m\}$ は正の実数列とする．このとき
$$\limsup_{m \to \infty} \frac{1}{m} \log(a_m + b_m) = \max\left\{\limsup_{m} \frac{1}{m} \log a_m,\ \limsup_{m} \frac{1}{m} \log b_m\right\}.$$

証明　左辺の式を A で，右辺の式を B とおくとき，$A \geq B$ は明らかである．よって $A \leq B$ を示せば十分である．$C > B$ を満たす実数 C に対して，$N > 0$ があって
$$a_m < e^{mC}, \qquad b_m < e^{mC} \qquad (m \geq N)$$
であるから
$$\frac{1}{m} \log(a_m + b_m) < \frac{1}{m} \log 2e^{mC} = C + \frac{1}{m} \log 2.$$
よって $A \leq C$ である．C は任意であるから，$A \leq B$ を得る．　□

注意 3.1.3　具体的な 2 次の行列
$$A = \begin{pmatrix} \lambda_1 & 0 \\ 0 & \lambda_2 \end{pmatrix} \qquad (\lambda_1, \lambda_2 \in \mathbb{R} \setminus \{0\})$$
に対して，次が成り立つ：

E_1 は x–軸を表し，E_2 は y–軸を表すとする．このとき，$\mathbb{R}^2 = E_1 \oplus E_2$ である．次の (1), (2) は容易に求めることができる：

(1)　$A(E_i) = E_i \qquad (i = 1, 2)$,

(2)　$0 \neq v \in E_i$ に対して
$$\lim_{m \to \infty} \frac{1}{m} \log \|A^{\pm m}(v)\| = \pm \log |\lambda_i|.$$

$v \in \mathbb{R}^2$ が $v = v_1 + v_2$ $(0 \neq v_1 \in E_1,\ 0 \neq v_2 \in E_2)$ と表されているとき

$$\lim_{m \to \infty} \frac{1}{m} \log \|A^m(v)\| = \max\{\log |\lambda_1|,\ \log |\lambda_2|\}$$

が成り立つ．R は $\mathbb{R}^2$ の矩形であるとするとき

$$\lim_{m \to \infty} \frac{1}{m} \log \left(A^m(R) \text{ の面積}\right) = \log |\lambda_1| + \log |\lambda_2|$$

である．

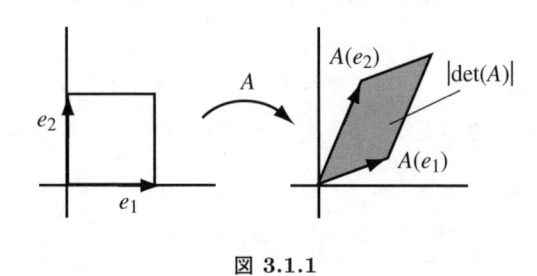

図 3.1.1

命題 3.1.4 $u, v \in \mathbb{R}^2$ と $a, b \in \mathbb{R}$ に対して

$$\chi(\mathbb{A}, au + bv) \leq \max\{\chi(\mathbb{A}, u),\ \chi(\mathbb{A}, v)\}$$

が成り立つ．

証明 4つの場合に分割して証明を与える．

(1) $a = b = 0$ のとき，補題は明らかである．

(2) $a = 0,\ b \neq 0$ のとき

$$\begin{aligned}
\chi(\mathbb{A}, au + bv) &= \chi(\mathbb{A}, bv) \\
&= \limsup_{m \to \infty} \frac{1}{m} \log \|A^{(m)}(bv)\| \\
&= \limsup_{m \to \infty} \frac{1}{m} \log(|b|\, \|A^{(m)}(v)\|) \\
&= \chi(\mathbb{A}, v).
\end{aligned}$$

(3) $a \neq 0, b = 0$ のとき，同様に

$$\chi(\mathbb{A}, au + bv) = \chi(\mathbb{A}, u).$$

(4) $a \neq 0, b \neq 0$ のとき

$$\begin{aligned}
&\chi(\mathbb{A}, au + bv) \\
&= \limsup_{m \to \infty} \frac{1}{m} \log \|A^{(m)}(au + bv)\| \\
&\leq \limsup_{m \to \infty} \frac{1}{m} \log(\|A^{(m)}(au)\| + \|A^{(m)}(bv)\|) \\
&= \max \left\{ \limsup_{m \to \infty} \frac{1}{m} \log \|A^{(m)}(au)\|, \ \limsup_{m \to \infty} \frac{1}{m} \log \|A^{(m)}(bv)\| \right\} \\
&\qquad\qquad\qquad\qquad\qquad\qquad\qquad\text{(注意 3.1.2 により)} \\
&= \max\{\chi(\mathbb{A}, u), \ \chi(\mathbb{A}, v)\}.
\end{aligned}$$

$\square$

命題 3.1.5 $\chi \in \mathbb{R}$ に対して

$$V_\chi = \{v \in \mathbb{R}^2 \mid \chi(\mathbb{A}, v) \leq \chi\}$$

は線形部分空間である．

証明 $u, v \in V_\chi$ と $a, b \in \mathbb{R}$ に対して

$$\chi(\mathbb{A}, au + bv) \leq \max\{\chi(\mathbb{A}, u), \ \chi(\mathbb{A}, v)\} \leq \chi.$$

よって $au + bv \in V_\chi$ である．ゆえに V_χ は線形部分空間である． $\square$

命題 3.1.6 $\mathbb{R}^2 \setminus \{0\}$ の上の関数 $\chi(\mathbb{A}, \cdot)$ の値域は高々 2 つの実数である．

証明 $\chi_1 < \chi_2 < \chi_3$ を満たす χ_1, χ_2, χ_3 が $\chi(\mathbb{A}, \cdot)$ の値域に含まれるとする．V_{χ_i} の定義により

$$\{0\} \neq V_{\chi_1} \subset V_{\chi_2}$$

は明らかである．$\chi(\mathbb{A}, v) = \chi_2$ を満たす $v \in V_{\chi_2}$ は $v \notin V_{\chi_1}$ であるから，$V_{\chi_1} \neq V_{\chi_2}$ である．命題 3.1.5 により V_{χ_i} は線形部分空間であるから

$$V_{\chi_2} = \mathbb{R}^2.$$

よって $v \in \mathbb{R}^2$ に対して

$$\chi(\mathbb{A}, v) \leq \chi_2 < \chi_3$$

である．このことは χ_3 が $\chi(\mathbb{A}, \cdot)$ の値域に含まれていることに矛盾する．□

$\chi(\mathbb{A}, \cdot)$ の $-\infty$ を除いた高々 2 つの値を χ_1, χ_2 で表す．$\chi(\mathbb{A}, \cdot)$ の値がただ 1 つのときは $\chi_1 = \chi_2$，値が 2 つのときは $\chi_1 < \chi_2$ とする．χ_i を $\mathbb{A}$ の**リャプノフ指数** (Lyapunov exponent) といい

$$n_1 = \dim V_{\chi_1}, \qquad n_2 = \dim V_{\chi_2} - \dim V_{\chi_1}$$

をリャプノフ指数の**重複度** (multiplicity) という．

$$\{0\} \neq V_{\chi_1} \subset V_{\chi_2} = \mathbb{R}^2$$

であるから，$n_1 = 1$ のとき $n_2 = 1$ であって，$n_1 = 2$ のとき $n_2 = 0$ である．

$\mathbb{R}^2$ のベクトル $v \neq 0, w \neq 0$ に対して，それらの間の最小角度を $\angle(v, w) \geq 0$ で表す．このとき

$$\cos(\angle(v, w)) = \frac{|\langle v, w \rangle|}{\|v\| \|w\|}$$

が成り立つ．2 つの部分空間 $V, W \subset \mathbb{R}^2$ に対して

$$\angle(V, W) = \min\{\angle(v, w) \mid 0 \neq v \in V, \ 0 \neq w \in W\}$$

によって V と W の角度を定義する．明らかに $0 \leq \angle(V, W) \leq \dfrac{\pi}{2}$ であり，$V \cap W \neq \{0\}$ ならば $\angle(V, W) = 0$ である．

以後において，$\mathbb{R}^2$ の基底 $\{e_1, e_2\}$ は断らない限り $\|e_1\| = \|e_2\| = 1$ を満たすとする．

線形写像 $A : \mathbb{R}^2 \to \mathbb{R}^2$ に対して，$\det(A)$ は A の行列式 (determinant) を表す．$\{e_1, e_2\}$ を $\mathbb{R}^2$ の正規直交基底とすると

$$\begin{aligned}|\det(A)| &= \|A(e_1)\| \|A(e_2)\| |\sin(\angle(A(e_1), A(e_2)))| \\ &= \|A(e_1)\| \|A(e_2)\| \sin(\angle(A(\langle e_1 \rangle), A(\langle e_2 \rangle)))\end{aligned} \tag{3.1.2}$$

が成り立つ．ここに，$\langle e \rangle$ はベクトル e で生成される $\mathbb{R}^2$ の部分空間を表す．

V を $\mathbb{R}^2$ の 1 次元部分空間とする．P_V^1 と P_V^2 をそれぞれ $\mathbb{R}^2$ から V と V の直交補空間 $V^\perp$ への自然な射影とする．すなわち，$v \in \mathbb{R}^2$ を $v_1 \in V$ と $v_2 \in V^\perp$ で
$$v = v_1 + v_2$$
と表したときに
$$P_V^1(v) = v_1, \qquad P_V^2(v) = v_2$$
である．このとき
$$|\det(A)| = \|A|_V\| \|P_{A(V)}^2 \circ A|_{V^\perp}\| \tag{3.1.3}$$
が成り立つ．

注意 3.1.7 $\{e_1, e_2\}$ を $\mathbb{R}^2$ の正規基底とする（直交基底とは限らない）．このとき
$$|\det(A)| = \|A(e_1)\| \|A(e_2)\| \frac{\sin(\angle(A(\langle e_1 \rangle), A(\langle e_2 \rangle)))}{\sin(\angle(\langle e_1 \rangle, \langle e_2 \rangle))}$$
が成り立つ．

証明 $\|\bar{e}_2\| = 1$ を満たす $\bar{e}_2 \in \langle e_1 \rangle^\perp$ を選ぶと，$\{e_1, \bar{e}_2\}$ は $\mathbb{R}^2$ の正規直交基底である．
$$e_2' = \frac{e_2}{\sin(\angle(\langle e_1 \rangle, \langle e_2 \rangle))}$$
とおく．このとき
$$\bar{e}_2 = P_{\langle e_1 \rangle}^2(\bar{e}_2) = P_{\langle e_1 \rangle}^2(e_2'),$$
または
$$\bar{e}_2 = P_{\langle e_1 \rangle}^2(\bar{e}_2) = -P_{\langle e_1 \rangle}^2(e_2')$$
であるから
$$\begin{aligned}
\|A(e_2')\| \sin(\angle(A(\langle e_1 \rangle), A(\langle e_2' \rangle))) &= \|P_{A(\langle e_1 \rangle)}^2(A(e_2'))\| \\
&= \|P_{A(\langle e_1 \rangle)}^2(A(P_{\langle e_1 \rangle}^1(e_2') + P_{\langle e_1 \rangle}^2(e_2')))\| \\
&= \|P_{A(\langle e_1 \rangle)}^2(A(P_{\langle e_1 \rangle}^2(e_2')))\| \\
&= \|P_{A(\langle e_1 \rangle)}^2(A(P_{\langle e_1 \rangle}^2(\bar{e}_2)))\|
\end{aligned}$$

$$= \|P^2_{A(\langle e_1 \rangle)}(A(\bar{e}_2))\|$$
$$= \|A(\bar{e}_2)\| \sin(\angle(A(\langle e_1 \rangle), A(\langle \bar{e}_2 \rangle))).$$

よって (3.1.2) により

$$|\det(A)| = \|A(e_1)\|\|A(\bar{e}_2)\| \sin(\angle(A(\langle e_1 \rangle), A(\langle \bar{e}_2 \rangle)))$$
$$= \|A(e_1)\|\|A(e'_2)\| \sin(\angle(A(\langle e_1 \rangle), A(\langle e'_2 \rangle)))$$
$$= \|A(e_1)\|\|A(e_2)\| \frac{\sin(\angle(A(\langle e_1 \rangle), A(\langle e_2 \rangle)))}{\sin(\angle(\langle e_1 \rangle, \langle e_2 \rangle))}.$$

□

命題 3.1.8 n_i をリャプノフ指数の重複度とする．このとき

$$n_1 \chi_1 + n_2 \chi_2 \geq \limsup_{m \to \infty} \frac{1}{m} \log |\det(A^{(m)})|.$$

証明 $\chi_1 < \chi_2$ の場合に証明を与える．このとき，$\{0\} \neq V_{\chi_1} \subsetneq V_{\chi_2}$ であるから，$e_1 \in V_{\chi_1}, e_2 \in V_{\chi_1}^\perp \setminus \{0\} \subset V_{\chi_2} \setminus V_{\chi_1}$ を満たす基底 $\{e_1, e_2\}$ が存在する．(3.1.2) により

$$|\det(A^{(m)})| \leq \|A^{(m)}(e_1)\|\|A^{(m)}(e_2)\|$$

であるから

$$\limsup_{m \to \infty} \frac{1}{m} \log |\det(A^{(m)})|$$
$$\leq \limsup_{m \to \infty} \frac{1}{m} (\log \|A^{(m)}(e_1)\| + \log \|A^{(m)}(e_2)\|)$$
$$\leq \limsup_{m \to \infty} \frac{1}{m} \log \|A^{(m)}(e_1)\| + \limsup_{m \to \infty} \frac{1}{m} \log \|A^{(m)}(e_2)\|$$
$$= \chi_1 + \chi_2.$$

□

$\mathbb{A} = \{A^{(m)}\}_{m=1}^\infty$ が**リャプノフ正則** (Lyapunov regular) であるとは，リャプノフ指数 χ_1, χ_2 があって

$$n_1 \chi_1 + n_2 \chi_2 = \liminf_{m \to \infty} \frac{1}{m} \log |\det(A^{(m)})| \qquad (3.1.4)$$

が成り立つことである.ここに,n_1, n_2 は χ_1, χ_2 の重複度を表す.

命題 3.1.8 により,$\mathbb{A}$ がリャプノフ正則ならば

$$n_1\chi_1 + n_2\chi_2 = \lim_{m\to\infty}\frac{1}{m}\log|\det(A^{(m)})|$$

が成り立つ.

3.2 標準的な基底

$\mathbb{A} = \{A^{(m)}\}_{m=1}^{\infty}$ を 2 次の正則行列からなる列として,χ_1, χ_2 を $\mathbb{A}$ のリャプノフ指数,n_1, n_2 をリャプノフ指数の重複度とする.

$\mathbb{R}^2$ の基底 $\{e_1, e_2\}$ が $\mathbb{A}$ に関して**標準的な基底** (standard basis) であるとは,$e_1 \in V_{\chi_1}$,または $e_2 \in V_{\chi_1}$ を満たすときをいう.特に $n_1 = 2$ のとき,任意の基底は標準的な基底である.明らかに,$\chi(\mathbb{A}, e_i) = \chi_i$ $(i = 1, 2)$ が成り立つ.

標準的な基底は通常の標準基底(基本ベクトルからなる基底)とは限らないことに注意する.

命題 3.2.1 $\mathbb{A}$ をリャプノフ正則とし,$\{e_1, e_2\}$ を $\mathbb{A}$ の標準的な基底とする.このとき

(1) $\lim_{m\to\infty} \dfrac{1}{m}\log\|A^{(m)}(e_i)\|$ が存在する.

(2) $\lim_{m\to\infty} \dfrac{1}{m}\log\sin\left(\angle(A^{(m)}(\langle e_1\rangle), A^{(m)}(\langle e_2\rangle))\right) = 0$.

証明 (1) の証明:$\chi(\mathbb{A}, e_i) = \chi_i$ $(i = 1, 2)$ であるから

$$\sum_{i=1}^{2} \limsup_{m\to\infty} \frac{1}{m}\log\|A^{(m)}(e_i)\|$$
$$= \sum_{i=1}^{2} \chi(\mathbb{A}, e_i)$$
$$= \chi_1 + \chi_2$$
$$= \lim_{m\to\infty}\frac{1}{m}\log|\det(A^{(m)})|$$
$$= \lim_{m\to\infty}\frac{1}{m}\log\left\{\|A^{(m)}(e_1)\|\|A^{(m)}(e_2)\|\frac{\sin(\angle(A^{(m)}(\langle e_1\rangle), A^{(m)}(\langle e_2\rangle)))}{\sin\angle(\langle e_1\rangle, \langle e_2\rangle)}\right\}$$
(注意 3.1.7 により)

$$= \lim_{m\to\infty} \frac{1}{m} \log\{\|A^{(m)}(e_1)\|\|A^{(m)}(e_2)\|\sin\angle(A^{(m)}(\langle e_1\rangle),\ A^{(m)}(\langle e_2\rangle)))\}$$

$$\le \liminf_{m\to\infty} \frac{1}{m} \log \prod_{i=1}^{2} \|A^{(m)}(e_i)\|$$

$$= \liminf_{m\to\infty} \sum_{i=1}^{2} \frac{1}{m} \log \|A^{(m)}(e_i)\|$$

$$\le \limsup_{m\to\infty} \sum_{i=1}^{2} \frac{1}{m} \log \|A^{(m)}(e_i)\|$$

$$\le \sum_{i=1}^{2} \limsup_{m\to\infty} \frac{1}{m} \log \|A^{(m)}(e_i)\|.$$

よって

$$\sum_{i=1}^{2} \limsup_{m\to\infty} \frac{1}{m} \log \|A^{(m)}(e_i)\| = \lim_{m\to\infty} \sum_{i=1}^{2} \frac{1}{m} \log \|A^{(m)}(e_i)\|.$$

一方において

$$\liminf_{m\to\infty} \frac{1}{m} \log \|A^{(m)}(e_1)\|$$
$$\ge \lim_{m\to\infty} \sum_{i=1}^{2} \frac{1}{m} \log \|A^{(m)}(e_i)\| - \limsup_{m\to\infty} \frac{1}{m} \log \|A^{(m)}(e_2)\|$$
$$= \limsup_{m\to\infty} \frac{1}{m} \log \|A^{(m)}(e_1)\|.$$

e_1 に対して (1) が示された.同様にして e_2 に対して (1) が示される.

(2) の証明:注意 3.1.7 により

$$\lim_{m\to\infty} \frac{1}{m} \log |\det(A^{(m)})|$$
$$= \lim_{m\to\infty} \frac{1}{m} \log \left\{ \|A^{(m)}(e_1)\|\|A^{(m)}(e_2)\| \frac{\sin(\angle(A^{(m)}(\langle e_1\rangle),\ A^{(m)}(\langle e_2\rangle)))}{\sin(\angle(\langle e_1\rangle,\langle e_2\rangle))} \right\}.$$

このとき

$$\text{左辺} = \sum_{i=1}^{2} \chi(\mathbb{A}, e_i),$$
$$\text{右辺} = \lim_{m\to\infty} \frac{1}{m} \log \|A^{(m)}(e_1)\| + \lim_{m\to\infty} \frac{1}{m} \log \|A^{(m)}(e_2)\|$$

$$+ \lim_{m \to \infty} \frac{1}{m} \log \sin \left(\angle (A^{(m)}(\langle e_1 \rangle), \ A^{(m)}(\langle e_2 \rangle)) \right)$$
$$= \sum_{i=1}^{2} \chi(\mathbb{A}, e_i) + \lim_{m \to \infty} \frac{1}{m} \log \sin \left(\angle (A^{(m)}(\langle e_1 \rangle), \ A^{(m)}(\langle e_2 \rangle)) \right).$$

ゆえに
$$\lim_{m \to \infty} \frac{1}{m} \log \sin \left(\angle (A^{(m)}(\langle e_1 \rangle), \ A^{(m)}(\langle e_2 \rangle)) \right) = 0.$$

□

注意 3.2.2 $\mathbb{A}$ がリャプノフ正則ならば，$0 \neq v \in \mathbb{R}^2$ に対して次の極限値が存在する：
$$\lim_{m \to \infty} \frac{1}{m} \log \|A^{(m)}(v)\|.$$

証明 $\mathbb{A}$ に関する標準的な基底 $\{e_1, e_2\}$ を選ぶ．このとき，$\{e_1, e_2\}$ は直交基底であるとして一般性を失わない．$v = v_1 e_1 + v_2 e_2 \ (v_1, v_2 \in \mathbb{R})$ とおく．$v_1 = 0$ または $v_2 = 0$ である場合に，命題 3.2.1(1) により結論を得るから，$v_1 \neq 0$ かつ $v_2 \neq 0$ である場合を示せばよい．$\{e_1, e_2\}$ は直交基底であるから
$$\|A^{(m)}(v)\| \geq \max\{\|A^{(m)}(v_1 e_1)\|, \ \|A^{(m)}(v_2 e_2)\|\}$$

が成り立つ．よって

$$\liminf_{m \to \infty} \frac{1}{m} \log \|A^{(m)}(v)\|$$
$$\geq \max \left\{ \lim_{m \to \infty} \frac{1}{m} \log \|A^{(m)}(v_1 e_1)\|, \ \lim_{m \to \infty} \frac{1}{m} \log \|A^{(m)}(v_2 e_2)\| \right\}$$
$$= \max\{\chi(\mathbb{A}, e_1), \ \chi(\mathbb{A}, e_2)\}$$
$$= \chi(\mathbb{A}, v)$$
$$= \limsup_{m \to \infty} \frac{1}{m} \log \|A^{(m)}(v)\|.$$

□

定理 3.2.3 $\mathbb{A}$ はリャプノフ正則で，$0 \neq v \in \mathbb{R}^2$ に対して
$$\lim_{m \to \infty} \frac{1}{m} \log \|A^{(m)}(v)\| = \chi$$

とする．このとき $\varepsilon > 0$ に対して，$C > 1$ が存在して，$m \geq 1$ に対して

$$C^{-1} \exp((\chi - \varepsilon)m) \leq \frac{\|A^{(m)}(v)\|}{\|v\|} \leq C \exp((\chi + \varepsilon)m),$$

$$\sin(\angle A^{(m)}\langle e_1 \rangle, \ A^{(m)}\langle e_2 \rangle) \geq C^{-1} \exp(-\varepsilon m)$$

が成り立つ．ここに $\{e_1, e_2\}$ は $\mathbb{A}$ に関する標準的な基底である．

証明 $\varepsilon > 0$ を固定する．$v \in V \setminus \{0\}$ に対して，$\displaystyle\lim_{m \to \infty} \frac{1}{m} \log \|A^{(m)}(v)\| = \chi$ であるから，$\displaystyle\lim_{m \to \infty} \frac{1}{m} \log \frac{\|A^{(m)}(v)\|}{\|v\|} = \chi$ である．よって $k > 0$ が存在して $m > k$ に対して

$$\exp((\chi - \varepsilon)m) \leq \frac{\|A^{(m)}(v)\|}{\|v\|} \leq \exp((\chi + \varepsilon)m).$$

$1 \leq m \leq k$ に対して

$$C_m^{-1} \exp((\chi - \varepsilon)m) \leq \frac{\|A^{(m)}(v)\|}{\|v\|} \leq C_m \exp((\chi + \varepsilon)m)$$

を満たすように $C_m > 1$ を選び

$$C = \max\{C_m \mid m = 1, \cdots, k\}$$

とおけば，$m \geq 1$ に対して

$$C^{-1} \exp((\chi - \varepsilon)m) \leq \frac{\|A^{(m)}(v)\|}{\|v\|} \leq C \exp((\chi + \varepsilon)m).$$

後半の不等式も同様にして示される． □

注意 3.2.4 $m \geq 1$, $n \geq 1$ に対して定理 3.2.3 の不等式は次の不等式に置き換えることができる：

$$C^{-2} \exp\left(\left(\chi - \frac{\varepsilon}{2}\right)(m - n) - \varepsilon n\right) \leq \frac{\|A^{(m)}(v)\|}{\|A^{(n)}(v)\|}$$
$$\leq C^2 \exp\left(\left(\chi + \frac{\varepsilon}{2}\right)(m - n) + \varepsilon n\right).$$

証明 定理 3.2.3 によって，$\varepsilon > 0$ に対して $C = C\left(\dfrac{\varepsilon}{2}\right) > 0$ が存在して

$$\begin{aligned}
\frac{\|A^{(m)}(v)\|}{\|A^{(n)}(v)\|} &= \frac{\|A^{(m)}(v)\|}{\|v\|} \frac{\|v\|}{\|A^{(n)}(v)\|} \\
&= \frac{\|A^{(m)}(v)\|}{\|v\|} \frac{1}{\frac{\|A^{(n)}(v)\|}{\|v\|}} \\
&\leq C \exp\left(\left(\chi + \frac{\varepsilon}{2}\right)m\right) \frac{1}{C^{-1}\exp((\chi - \frac{\varepsilon}{2})n)} \\
&\; C \exp\left(\left(\chi + \frac{\varepsilon}{2}\right)m\right) C \exp\left(\left(-\chi + \frac{\varepsilon}{2}\right)n\right) \\
&= C^2 \exp\left(\left(\chi + \frac{\varepsilon}{2}\right)(m-n) + \varepsilon n\right).
\end{aligned}$$

他方の不等式も同様に示すことができる． □

行列の族 $\mathbb{A} = \{A^{(m)}\}_{m=0}^{\infty}$ を用いて v の関数 $\chi(\mathbb{A}, v)$ を定義し，それが $0 \neq v$ に対して有限の値であるとき，固有値の一般化であるリャプノフ指数を求めることができた．その指数から代数的な性質を見てきた．

これらを C^1-微分同相写像の反復に適用して，一様双曲的な力学系で得た安定多様体，不安定多様体の存在を保証したい．そのためには次節の乗法エルゴード定理が必要である．

3.3 乗法エルゴード定理

2 次元ユークリッド空間 $\mathbb{R}^2$ のノルム $\|\cdot\|$ は通常の内積 $\langle\cdot,\cdot\rangle$ によって定義されているとする．$f: \mathbb{R}^2 \to \mathbb{R}^2$ を C^1-微分同相写像とする．点 x での f の微分 $D_x f$ は $\mathbb{R}^2$ から $\mathbb{R}^2$ の上への線形写像 ($D_x f: \mathbb{R}^2 \to \mathbb{R}^2$) であり，$f^{-1}$ の微分 $D_x f^{-1}$ も $\mathbb{R}^2$ から $\mathbb{R}^2$ の上への線形写像である．

$x \in \mathbb{R}^2$ に対して f^m の x での微分 $D_x f^m$ の族 $\{D_x f^m\}_{m=0}^{\infty}$ と $\mathbb{R}^2$ のベクトル $v \neq 0$ に対して

$$\chi(\{D_x f^m\}_{m=0}^{\infty}, v) = \limsup_{m \to \infty} \frac{1}{m} \log \|D_x f^m(v)\|$$

を定義する．$v = 0$ のときは

$$\chi(\{D_x f^m\}_{m=0}^{\infty}, 0) = -\infty$$

とおく．

$\chi(\{D_x f^m\}_{m=0}^\infty, v)$ は $0 \neq v$ の関数として有限であると仮定する．このとき命題 3.1.6 により

$$\chi(\{D_x f^m\}_{m=0}^\infty, \cdot) : \mathbb{R}^2 \setminus \{0\} \longrightarrow \{\chi_1(x), \chi_2(x)\}$$

を満たす高々 2 個の実数 $\chi_1(x), \chi_2(x)$ が存在する．$\chi_1(x), \chi_2(x)$ を x における f の**リャプノフ指数** (Lyapunov exponent) という．

$$\chi_1(x) = \chi_2(x)$$

の場合に，リャプノフ指数は**重複** (multiplicity) しているという．明らかに

$$\chi_i(f(x)) = \chi_i(x) \qquad (i = 1, 2)$$

を満たす．

同様にして，$v \in \mathbb{R}^2$ に対して

$$\chi(\{D_x f^{-m}\}_{m=0}^\infty, v) = \limsup_{m \to \infty} \frac{1}{m} \log \|D_x f^{-m}(v)\|$$

を定義する．

$$\chi(\{D_x f^{-m}\}_{m=0}^\infty, \cdot) : \mathbb{R}^2 \setminus \{0\} \longrightarrow \mathbb{R}$$

を仮定した場合に x における f^{-1} のリャプノフ指数が定義される．

明らかに，$v \in \mathbb{R}^2$ を固定して $\chi(\{D_x f^m\}_{m=-\infty}^\infty, v)$ は x の関数として可測である．

注意 3.3.1 邦書文献 [Ao2] の 1.2 節で見たように正方形 B の上で微分可能な馬蹄写像 $f : \Lambda \to \Lambda$ が構成される．この構成において馬蹄 Λ は f の微分

$$D_x f = \begin{pmatrix} a & 0 \\ 0 & b \end{pmatrix} \qquad (x \in \Lambda)$$

の a, b が $0 < a < 1 < b$ の条件によって得られる．

このとき

$$\chi(\{D_x f^n\}_{n=-\infty}^\infty, \cdot) : \mathbb{R}^2 \setminus \{0\} \longrightarrow \{\log a, \log b\} \quad (x \in \Lambda)$$

であるから，$\log a$, $\log b$ はリャプノフ指数で，さらに

$$\lim_{n\to\pm\infty} \frac{1}{n} \log|\det(D_x f^n)| = \log a + \log b \quad (x \in \Lambda)$$

が成り立つ．すなわち，$\{D_x f^n\}_{n=-\infty}^{\infty}$ はリャプノフ正則である．

注意 3.3.2 閉区間 $[0,1]$ の上のロジスティック写像 $f(x) = 4x(1-x)$ は

$$d\mu = \frac{1}{\pi\sqrt{x(1-x)}} dx$$

を f–不変ボレル確率測度にもって，μ はエルゴード的である（邦書文献 [Ao2]，注意 2.2.4）．

このとき μ–a.e. x に対して

$$\lim_{n\to\infty} \frac{1}{n} \log|D_x f^n| = \log 2.$$

実際に，f の導関数 $D_x f$ に対して，$\phi(x) = \log|D_x f|$ は可積分であるから，バーコフのエルゴード定理を用いて，μ–a.e. x に対して

$$\begin{aligned}
\frac{1}{n} \log|D_x f^n| &= \frac{1}{n} \log \prod_{i=1}^{n-1} |D_{f^i(x)} f| \\
&= \frac{1}{n} \sum_{i=0}^{n-1} \phi(f^i(x)) \\
&\longrightarrow \int_0^1 \log|4-8x| \frac{1}{\pi\sqrt{x(1-x)}} dx \\
&= \log 2
\end{aligned}$$

を得る．このとき，$\log 2$ は（μ に関する）f のリャプノフ指数である．

1次元より高い次元の場合には，導関数は標準基底に関して行列で表示され，微分の連鎖則

$$D_x f^n = D_{f^{n-1}(x)} f \circ \cdots \circ D_x f$$

とバーコフのエルゴード定理を用いて，$D_x f^n$ がいかに挙動するのかを調べることによってリャプノフ指数を求める．

そのために，3.1節で見たように

(i) $\quad \chi(\{D_x f^n\}_{n=-\infty}^{\infty}, \cdot) : \mathbb{R}^2 \setminus \{0\} \longrightarrow \mathbb{R}$

が成り立つ点の集合の存在を明らかにすることである．その存在はエルゴード定理により，確率測度の値が 1 となる集合で見いだされる．その集合に属する点 x に対して，$\chi(\{D_x f^n\}_{n=-\infty}^{\infty}, \cdot)$ の値域は高々 2 点 $\chi_1(x)$, $\chi_2(x)$ である．

ここで，$\chi_1(x)$, $\chi_2(x)$ と $D_x f$ によって反復するときの変化率との関係式

(ii) $\quad \displaystyle\lim_{n \to \pm\infty} \frac{1}{n} \log |\det(D_x f^n)| = \chi_1(x) + \chi_2(x)$

が成り立てば，3.2 節で見た性質を得る．これらの性質は力学系を測度論を用いて議論するときに有効な条件になる．

有界な開集合 $U \subset \mathbb{R}^2$ が $f(U) \subset U$ を満たすとする．μ は U の上の f–不変ボレル確率測度とする．このとき，点 $x \in \mathrm{Cl}(U)$ の任意の近傍 $V(x)$ に対して $\mu(V(x)) > 0$ を満たす点 x の集合 $\mathrm{Supp}(\mu)$ は μ の台 (support) と呼ばれる．ここに $\mathrm{Cl}(E)$ は E の閉包を表す．$\mathrm{Supp}(\mu)$ は $\mathrm{Cl}(U)$ に含まれる閉集合であって

$$f(\mathrm{Supp}(\mu)) = \mathrm{Supp}(\mu)$$

である．

f のリャプノフ指数 $\chi_1(x), \chi_2(x)$ が $\mathrm{Supp}(\mu)$ の上に存在して共に 0 (μ–a.e.) である場合に，指数を用いて f の力学的挙動を測度論的に調べることができない．しかし，$\mathrm{Supp}(\mu)$ の上で $\chi_1(x), \chi_2(x)$ のどちらか一方が μ–a.e. で 0 でない場合にリャプノフ指数を用いて f の力学的構造を調べることができる．

したがって，このような場合に制限して以後の議論を展開する．

注意 3.3.3 リャプノフ指数がすべての点で 0 である簡単な例として，単位円周 S^1 の上の回転写像 $f(z) = e^{2\pi i\alpha} z$ $(z \in S^1)$ がある．

実際に，$n \geq 1$ に対して $|D_z f^n| = 1$ であるから明らかである．

与えられた微分同相写像 $f : U \to U$ を力学的に解析する場合に，局所安定多様体が存在するか否かを調べることが基本である．測度論的手法に基づいて力学系を展開するときに，局所安定多様体の存在は乗法エルゴード定理（定理 3.3.5）によって保証される．

実際に，U の上の f–不変ボレル確率測度 μ がエルゴード的である場合に，乗

法エルゴード定理を用いて，Supp(μ) に含まれる単調に増大する閉集合列

$$\Lambda_1 \subset \Lambda_2 \subset \cdots \subset \bigcup_{l=1}^{\infty} \Lambda_l = \Lambda$$

が $\mu(\Lambda) = 1$ であって，$f^{\pm 1}(\Lambda_l) \subset \Lambda_{l+1}$ を満たし，かつ各 Λ_l は力学的に基本となる性質をもつように見いだすことができる．

このような Λ を μ に関する**ペシン集合** (Pesin set) という．$\mu(\Lambda) = 1$ であるから，$\mathrm{Cl}(\Lambda) = \mathrm{Supp}(\mu)$ である．

Λ の各点に対して局所安定多様体を見いだすために，Λ_l を固定する．Λ_l の各点 x に対して $\mathbb{R}^2$ の上にリャプノフ計量 $\langle \cdot, \cdot \rangle_{L,x}$ を定義して，微分 $D_x f$ の構造をリャプノフ計量を用いて調べる．その結果から，$\chi_1(x) \ne \chi_2(x)$ (μ–a.e. x) の場合に支配的分解 (dominated splitting) と呼ばれる分解を導く．支配的分解が明らかになれば，安定多様体理論を用いて，Λ の各点に対して局所安定多様体が構成される．局所安定多様体を構成するために，f は C^2–微分同相写像であることを必要とする (C^1–微分同相写像に対して局所安定多様体は構成できない)．

注意 3.3.4 行列 $A = \begin{pmatrix} a_{11} & a_{12} \\ a_{21} & a_{22} \end{pmatrix}$ の各成分が $a_{ij} \in \mathbb{Z}$ で，$\det(A) = \pm 1$ のとき，A はトーラス $\mathbb{T}^2$ の上に自己同型写像（微分同相写像）$f_A : \mathbb{T}^2 \to \mathbb{T}^2$ を導くことを述べた．A は異なる固有値をもち，それらの絶対値が $\lambda_s < 1$, $\lambda_u > 1$ であるとする．このとき，$\mathbb{R}^2$ の固有空間 E^s, E^u があって

$$\mathbb{R}^2 = E^s \oplus E^u$$

に分解され

$$\|Av\| = \lambda_s \|v\| \qquad (v \in E^s),$$
$$\|Av\| = \lambda_u \|v\| \qquad (v \in E^u)$$

が成り立つ．点 $x \in \mathbb{T}^2$ における f_A の微分は $D_x f_A = A$ である．明らかに

(1) $D_x f_A(E^\sigma) = E^\sigma \qquad (\sigma = s, u)$,

(2) $\displaystyle\lim_{m \to \pm\infty} \frac{1}{|m|} \log \|D_x f_A^m(v)\| = \pm \log \lambda_s \qquad (0 \ne v \in E^s)$,

$\displaystyle\lim_{m \to \pm\infty} \frac{1}{|m|} \log \|D_x f_A^m(v)\| = \pm \log \lambda_u \qquad (0 \ne v \in E^u)$,

(3) $\displaystyle\lim_{m\to\pm\infty}\frac{1}{m}\log\sin(\angle(D_xf^m(E^s),\ D_xf^m(E^u)))=0$.

この場合に，$\mathbb{T}^2$ の各点の不安定多様体，安定多様体は容易に構成される．

一般の微分同相写像に対しても，(1), (2), (3) が成り立つことを主張しているのが次の定理である：

定理 3.3.5 (乗法エルゴード定理) $f:\mathbb{R}^2\to\mathbb{R}^2$ は C^1-微分同相写像とする．$f(U)\subset U$ を満たす有界な開集合 U が存在して，μ は U の上の f-不変ボレル確率測度とする．このとき，f のリャプノフ指数（本質的に有界な可測関数）$\chi_1(x),\ \chi_2(x)$ が存在する．

$\chi_1(x)<\chi_2(x)$ (μ–a.e. x) であるとする．このとき，$\mu(Y_\mu)=1$ を満たす f-不変ボレル集合 $Y_\mu\subset\mathrm{Supp}(\mu)$ が存在して，Y_μ の点 x に対して，次の (1), (2), (3) を満たす $\mathbb{R}^2$ の部分空間 $E_1(x),\ E_2(x)$ が存在して

$$\mathbb{R}^2=E_1(x)\oplus E_2(x)$$

に分解され，その分解は次の (2) を満たすことから一意的である：

(1) $D_xf(E_i(x))=E_i(f(x))\quad (i=1,2)$,

(2) $\displaystyle\lim_{m\to\pm\infty}\frac{1}{|m|}\log\|D_xf^m|_{E_i(x)}\|=\pm\chi_i(x),\quad \chi_i(f(x))=\chi_i(x)\quad (i=1,2)$,

(3) $\displaystyle\lim_{m\to\pm\infty}\frac{1}{m}\log\sin\left(\angle(D_xf^m(E_1(x)),\ D_xf^m(E_2(x)))\right)=0$.

$\chi_1(x),\ \chi_2(x)$ を **μ に関する f のリャプノフ指数**という．

注意 3.3.6 μ に関する f のリャプノフ指数 $\chi_i(x)$ に対して，$-\chi_i(x)$ は μ に関する f^{-1} のリャプノフ指数である．

注意 3.3.7 乗法エルゴード定理は注意 3.3.4 で見た関係式

$$\|D_xf(v)\|\leq e^{\chi_1(x)}\|v\|\quad (v\in E_1(x), x\in Y)$$
$$\|D_xf^{-1}(v)\|\leq e^{-\chi_2(x)}\|v\|\quad (v\in E_2(x), x\in Y)$$

を保証していない.これに関連することは次章で議論する.

定理 3.3.5 の証明 最初に,f のリャプノフ指数 $\chi_1(x), \chi_2(x)$ の存在を示す.そのために,$\mathbb{R}^2$ の 1 次元部分空間の集合 G_1 と $\mathbb{R}^2$ の直積空間を構成して,f を $\mathbb{R}^2 \times G_1$ の上の写像 $\tilde{f}$ に拡張する.さらに,$\mathbb{R}^2$ の上の f–不変ボレル確率測度 μ を自然な形で $\mathbb{R}^2 \times G_1$ の上の $\tilde{f}$–不変ボレル確率測度にもち込む.ここで,エルゴード定理を用いて f のリャプノフ指数を見いだす.

G_1 は $\mathbb{R}^2$ の 1 次元部分空間の集合とする.$A \in G_1$, $v \in \mathbb{R}^2$ に対して

$$\mathrm{dist}(v, A) = \min_{w \in A} \|v - w\|$$

は v と A との最短距離を表している.$A, B \in G_1$ に対して

$$\mathrm{dist}(A, B) = \max\left\{ \max_{v \in A, \|v\|=1} \mathrm{dist}(v, B), \max_{w \in B, \|w\|=1} \mathrm{dist}(w, A) \right\}$$

を定義する.このとき $\mathrm{dist}(\cdot, \cdot)$ は G_1 の距離関数をなす.

単位円周の左側が開いた上半円周

$$C_1 = \{ w \in \mathbb{R}^2 \mid \|w\| = 1 \}$$

と A との交点を a として

$$\varphi(A) = a$$

とおく.ただし,上半円周の両端は同一視する.このとき

$$\varphi : (G_1, \mathrm{dist}) \longrightarrow (C_1, d)$$

は同相写像である.ここに d は円弧に沿った 2 点の最短距離によって与えた距離関数である.よって G_1 はコンパクトである.このようにして得られた G_1 を**グラスマン多様体** (Grassmann manifold) という.同相写像

$$\tilde{f} : \mathbb{R}^2 \times G_1 \longrightarrow \mathbb{R}^2 \times G_1$$

を

$$(x, V) \longmapsto (f(x), D_x f(V))$$

によって定義する．π は自然な射影とするとき，次の図式は可換になる：

$$\begin{array}{ccc} \mathbb{R}^2 \times G_1 & \xrightarrow{\tilde{f}} & \mathbb{R}^2 \times G_1 \\ \pi \downarrow & & \downarrow \pi \\ \mathbb{R}^2 & \xrightarrow{f} & \mathbb{R}^2 \end{array} \qquad \pi \circ \tilde{f} = f \circ \pi$$

$\tilde{\mu}$ は $\mathbb{R}^2 \times G_1$ の上のボレル確率測度とする．このとき $\mathbb{R}^2$ のボレル集合 B に対して

$$\pi_* \tilde{\mu}(B) = \tilde{\mu}(\pi^{-1}(B))$$

によって π_* を定義する．$\pi_* \tilde{\mu}$ は $\mathbb{R}^2$ の上のボレル確率測度である．

μ は定理 3.3.5 の確率測度とし

$$X = \mathrm{Supp}(\mu)$$

とおく．U は有界集合であるから，X は f–不変コンパクト集合である．$C(X, \mathbb{R})$ は X の上の実数値連続関数の全体を表す．

μ は X の上の f–不変ボレル確率測度である．

補題 3.3.8 $\pi_* \tilde{\mu} = \mu$ を満たす $\tilde{f}$–不変ボレル確率測度 $\tilde{\mu}$ が $X \times G_1$ の上に存在する．

証明 次の集合

$$\mathcal{S} = \{\varphi \circ \pi : X \times G_1 \to \mathbb{R} \mid \varphi \in C(X, \mathbb{R})\}$$

は $C(X \times G_1, \mathbb{R})$ の部分空間である．このとき

$$L(\psi) = \int \varphi d\mu \quad (\psi = \varphi \circ \pi \in \mathcal{S})$$

により線形汎関数 $L : \mathcal{S} \to \mathbb{R}$ が定義される．$X = \mathrm{Supp}(\mu)$ であるから，$1 \in \mathcal{S}$ を

$$1(x, V) = 1 \qquad ((x, V) \in X \times G_1)$$

によって定義すると $L(1) = 1$ である．

$p: C(X \times G_1, \mathbb{R}) \to \mathbb{R}$ を

$$p(\psi) = \max\{\sup \psi, 0\} \quad (\psi \in C(X \times G_1, \mathbb{R}))$$

により定義する．p は

$$p(\psi + \psi') \leq p(\psi) + p(\psi') \quad (\psi, \psi' \in C(X \times G_1, \mathbb{R})),$$
$$p(c\psi) = cp(\psi) \quad (c > 0,\ \psi \in \mathbb{E})$$

を満たし，$\mathcal{S}$ の上の線形汎関数 L は $L(\psi) \leq p(\psi)$ を満たす．よって，ハーン–バナッハ (Hahn–Banach) の定理（邦書文献 [Ao2]）を用いて L の拡張である線形汎関数 $\bar{L}: C(X \times G_1, \mathbb{R}) \to \mathbb{R}$ が存在する．

$\psi \in C(X \times G_1, \mathbb{R})$ に対して

$$\psi(x, V) \geq 0 \quad ((x, V) \in X \times G_1)$$

ならば $p(-\psi) = 0$ である．よって $\bar{L}(-\psi) \leq 0$ である．$\bar{L}$ は線形汎関数であるから

$$\bar{L}(\psi) \geq 0$$

が成り立つ．リースの表現定理により，$X \times G_1$ の上の確率測度 $\bar{\mu}$ が存在して

$$\bar{L}(\psi) = \int \psi d\bar{\mu} \quad (\psi \in C(X \times G_1, \mathbb{R})).$$

$\bar{\mu}$ は $\mathbb{R}^2 \times G_1$ のボレルクラスの上の確率測度である．

$$\int \varphi d\bar{\mu} \circ \pi^{-1} = \int \varphi \circ \pi d\bar{\mu} = \bar{L}(\varphi \circ \pi) = L(\varphi \circ \pi) = \int \varphi d\mu \quad (\varphi \in C(X, \mathbb{R}))$$

であるから $\pi_* \bar{\mu} = \mu$ が成り立つ．$\{\tilde{f}_*^n \bar{\mu}\}$ に対して，必要ならば収束する部分列を選び

$$\tilde{\mu} = \lim_{n \to \infty} \frac{1}{n} \sum_{i=0}^{n-1} \tilde{f}_*^i \bar{\mu}$$

とおく．このとき $\tilde{\mu}$ は $\tilde{f}$-不変であって

$$\pi_* \tilde{\mu} = \lim_{n \to \infty} \frac{1}{n} \sum_{i=0}^{n-1} \pi_* \tilde{f}_*^i \bar{\mu}$$
$$= \lim_{n \to \infty} \frac{1}{n} \sum_{i=0}^{n-1} \bar{\mu} \circ \pi^{-1} \circ \tilde{f}^{-i}$$

$$= \lim_{n\to\infty} \frac{1}{n} \sum_{i=0}^{n-1} \mu \circ f^{-i}$$
$$= \mu.$$

□

$V \in G_1$ は $\mathbb{R}^2$ の 1 次元部分空間であるから

$$\|D_x f^2|_V\| = \|D_{f(x)}f|_{D_x f(V)}\|\|D_x f|_V\|.$$

よって $m \geq 1$ に対して

$$\|D_x f^m|_V\| = \|D_{f^{m-1}(x)}f|_{D_x f^{m-1}(V)}\| \cdots \|D_x f|_V\| \quad (3.3.1)$$

と表される.

$$\varphi(x, V) = \log \|D_x f|_V\| \quad ((x, V) \in X \times G_1)$$

とおく. 明らかに $\varphi \in C(X \times G_1, \mathbb{R})$ であって

$$\varphi(\tilde{f}^i(x, V)) = \log \|D_{f^i(x)}f|_{D_x f^i(V)}\| \quad (i \geq 0)$$

が成り立つ. $\varphi \in L^1(\tilde{\mu})$ であるから, バーコフのエルゴード定理により

$$\lim_{m\to\infty} \frac{1}{m} \sum_{i=0}^{m-1} \varphi(\tilde{f}^i(x, V)) = \chi_1(x, V) \quad \tilde{\mu}\text{--a.e.},$$
$$\chi_1(\tilde{f}(x, V)) = \chi_1(x, V) \quad \tilde{\mu}\text{--a.e.}$$

を満たす $\chi_1 \in L^1(\tilde{\mu})$ が存在する. このとき (3.3.1) により

$$\lim_{m\to\infty} \frac{1}{m} \log \|D_x f^m|_V\| = \chi_1(x, V) \quad \tilde{\mu}\text{--a.e.}$$

が成り立つ.

$\tilde{\mu}$–a.e. (x, V) を固定する. $v \in V$ ($\|v\| = 1$) に対して

$$\lim_{m\to\infty} \frac{1}{m} \log \|D_x f^m|_V\| = \lim_{m\to\infty} \frac{1}{m} \log \frac{\|D_x f^m(v)\|}{\|v\|}$$
$$= \lim_{m\to\infty} \frac{1}{m} \log \|D_x f^m(v)\|$$

であるから

$$\left|\lim_{m\to\infty} \frac{1}{m} \log \|D_x f^m(v)\|\right| < \infty \quad (0 \neq v \in V).$$

$w \notin V$ に対して

$$\chi(\{D_x f^m\}_{m=0}^{\infty}, w) = -\infty \tag{3.3.2}$$

であるとする．このとき

$$\{0\} \neq V_{-\infty} = \{w \mid \chi(\{D_x f^m\}_{m=0}^{\infty}, w) = -\infty\}.$$

$0 \neq v \in V$ に対して

$$\chi(\{D_x f^m\}_{m=0}^{\infty}, v) = \chi_1(x, V)$$

であるから，$V_{-\infty} \neq \mathbb{R}^2$ である．$u \notin V$ で，かつ $u \notin V_{-\infty}$ なる u があって

$$\infty > \chi(\{D_x f^m\}_{m=0}^{\infty}, u) > -\infty. \tag{3.3.3}$$

(3.3.3) を $\chi_2(x)$ で表すとき

$$\chi_1(x, V) = \chi_2(x) \Longrightarrow V_{\chi_1(x,V)} = \mathbb{R}^2.$$

$\chi_1(x, V) \neq \chi_2(x)$ であるとき，例えば $\chi_1(x, V) < \chi_2(x)$ のとき

$$V_{\chi_1(x,V)} \subset V_{\chi_2(x)} = \mathbb{R}^2$$

である．

よって $0 \neq v \in \mathbb{R}^2$ に対して

$$\chi(\{D_x f^m\}_{m=0}^{\infty}, v) > -\infty$$

となり (3.3.2) に矛盾する．

よって

$$\chi(\{D_x f^m\}_{m=0}^{\infty}, \cdot) : \mathbb{R}^2 \setminus \{0\} \longrightarrow \{\chi_1(x, V), \chi_2(x)\}$$

である．ここで V を固定して

$$\chi_1(x, V) = \chi_1(x) \tag{3.3.4}$$

と表す．$\chi_1(x)$ は本質的に有界である．

$$\bar{\varphi}(x, V) = \log \|D_x f^{-1}|_V\| \qquad ((x, V) \in X \times G_1)$$

とおくと，$\bar{\chi}_1(\tilde{f}^{-1}(x, V)) = \bar{\chi}_1(x, V)$ ($\tilde{\mu}$–a.e.) を満たす $\bar{\chi}_1 \in L^1(\tilde{\mu})$ が存在して

$$\lim_{m \to \infty} \frac{1}{m} \log \|D_x f^{-m}|_V\| = \lim_{m \to \infty} \frac{1}{m} \sum_{i=0}^{m-1} \bar{\varphi}(\tilde{f}^{-i}(x, V))$$
$$= \bar{\chi}_1(x, V) \qquad \tilde{\mu}\text{–a.e.}$$

が成り立つ．このとき

$$\chi_1(x, V) = -\bar{\chi}_1(x, V) \qquad \tilde{\mu}\text{–a.e.}$$

実際に，$v \in V$ ($\|v\| = 1$) に対して

$$\|D_{f(x)} f^{-1}|_{D_x f(V)}\| = \frac{\|D_{f(x)} f^{-1}(D_x f(v))\|}{\|D_x f(v)\|}$$
$$= \frac{\|v\|}{\|D_x f(v)\|}$$
$$= \|D_x f|_V\|^{-1}$$

であるから，$\varphi(x, V) = -\bar{\varphi}(\tilde{f}(x, V))$ である．よって，$\tilde{\mu}$ がエルゴード的である場合に

$$\chi_1(x, V) = \int \varphi d\tilde{\mu} = -\int \bar{\varphi} \circ \tilde{f} d\tilde{\mu} = -\int \bar{\varphi} d\tilde{\mu} = -\bar{\chi}_1(x, V) \qquad \tilde{\mu}\text{–a.e.}$$

$\tilde{\mu}$ がエルゴード的でない場合には，エルゴード分解定理（邦書文献 [Ao2]）を用いてエルゴード的な測度に帰着できる．

よって

$$\lim_{m \to \pm\infty} \frac{1}{m} \log \|D_x f^m|_V\| = \chi_1(x, V) \qquad \tilde{\mu}\text{–a.e.} \qquad (3.3.5)$$

が成り立つ．(3.3.5) を満たす (x, V) に対して V は (3.3.4) を満たすとすれば

$$\chi_1(x, V) = \chi_1(x),$$

(3.3.3) の $u \neq 0$ を含む 1 次元部分空間を $\langle u \rangle = W$ とするとき

$$\lim_{m \to \pm\infty} \frac{1}{m} \log \|D_x f^m|_W\| = \chi_2(x) \qquad (3.3.6)$$

を得る.

(3.3.5) を満たす $\tilde{\mu}$–測度の値が 1 である集合を $\tilde{Y}_0 \subset X \times G$ とする. $\tilde{\mu}$ は $\tilde{f}$–不変であるから, $\tilde{f}(\tilde{Y}_0) = \tilde{Y}_0$ が成り立つとしてよい. このとき

$$K_1 \subset K_2 \subset \cdots \subset \tilde{Y}_0$$

なる閉集合列を選び $\tilde{\mu}(\bigcup_n K_n) = \tilde{\mu}(\tilde{Y}_0)$ とできるから

$$Y_0 = \pi\left(\bigcup_n K_n\right) = \bigcup_n \pi(K_n)$$

はボレル集合である.

$$\mu(Y_0) = \tilde{\mu}(\tilde{Y}_0) = 1$$

が成り立つ. (3.3.6) は Y_0 の上で成り立つ.

よって, $x \in Y_0$ に対して f のリャプノフ指数 $\chi_1(x)$, $\chi_2(x)$ が存在し, (3.3.5), (3.3.6) により $\chi_1(x)$, $\chi_2(x)$ は可測である. 定理 3.3.5 の仮定により

$$\chi_1(x) < \chi_2(x) \quad (x \in Y_0)$$

である.

以後において

$$\chi_1(x) + \chi_2(x) = \lim_{n \to \infty} \frac{1}{n} \log|\det(D_x f^n)|$$

が成り立つ点 x の集合 Y_μ が $\mu(Y_\mu) = 1$ であることを示し, 定理 3.3.5(1), (2), (3) を求める.

そのために, $\mathbb{R}^2$ の 1 次元部分空間 V に対して射影

$$P_V^1 : \mathbb{R}^2 \longrightarrow V,$$
$$P_V^2 : \mathbb{R}^2 \longrightarrow V^\perp$$

を定義する.

V は (3.3.4) (すなわち, $\chi_1(x, V) = \chi_1(x)$) を満たす 1 次元空間とする. このとき, $v \in \mathbb{R}^2$ に対して

$$v = P_V^1(v) + P_V^2(v) \in V \oplus V^\perp.$$

$(x, V) \in X \times G_1$, $v \in \mathbb{R}^2 \setminus \{0\}$ とする. 注意 3.1.7 の証明で用いた計算と同様にして $m \geq 1$ に対して

$$\|P^2_{D_x f^m(V)}(D_x f^m(v))\|$$
$$= \|P^2_{D_x f^m(V)} \circ D_{f^{m-1}(x)} f \circ P^2_{D_x f^{m-1}(V)}(D_x f^{m-1}(v))\|$$

が成り立つ.

$$P^2_{D_x f^{m-1}(V)}(D_x f^{m-1}(v)) \in (D_x f^{m-1}(V))^\perp$$

であるから

$$\|P^2_{D_x f^m(V)}(D_x f^m(v))\|$$
$$= \|P^2_{D_x f^m(V)} \circ D_{f^{m-1}(x)} f|_{(D_x f^{m-1}(V))^\perp}\| \|P^2_{D_x f^{m-1}(V)}(D_x f^{m-1}(v))\|.$$

よって

$$\|P^2_{D_x f^m(V)}(D_x f^m(v))\|$$
$$= \prod_{i=1}^{m-1} \|P^2_{D_x f^{i+1}(V)} \circ D_{f^i(x)} f|_{(D_x f^i(V))^\perp}\| \|P^2_V(v)\|$$

が成り立つ. よって

$$\|P^2_{D_x f^m(V)} \circ D_x f^m|_{V^\perp}\| = \prod_{i=0}^{m-1} \|P^2_{D_x f^i(V)} \circ D_{f^i(x)} f|_{(D_x f^i(V))^\perp}\| \quad (3.3.7)$$

を得る.

ここで

$$\psi(x, V) = \log \|P^2_{D_x f(V)} \circ D_x f|_{V^\perp}\| \qquad ((x, V) \in X \times G_1)$$

とおく. 明らかに $\psi \in C(X \times G_1, \mathbb{R})$ である. このとき, 再びバーコフのエルゴード定理を用いて

$$\chi_2(\tilde{f}(x, V)) = \chi_2(x, V) \quad (\tilde{\mu}\text{--a.e.})$$

を満たす $\chi_2 \in L^1(\tilde{\mu})$ が存在して

$$\lim_{m \to \infty} \frac{1}{m} \log \|P^2_{D_x f^m(V)} \circ D_x f^m|_{V^\perp}\|$$
$$= \lim_{m \to \infty} \frac{1}{m} \sum_{i=0}^{m-1} \psi(\tilde{f}^i(x, V))$$
$$= \chi_2(x, V) \quad \tilde{\mu}\text{--a.e.} \qquad (3.3.8)$$

が成り立つ.

$v \in V^\perp \setminus \{0\}$ に対して

$$\begin{aligned}
v &= D_{f(x)}f^{-1}(D_x f(v)) \\
&= D_{f(x)}f^{-1}(P^2_{D_x f(V)} \circ D_x f(v) + P^1_{D_x f(V)} \circ D_x f(v)) \\
&= P^2_V \circ D_{f(x)}f^{-1}(P^2_{D_x f(V)} \circ D_x f(v)) + P^1_V \circ D_{f(x)}f^{-1}(P^2_{D_x f(V)} \circ D_x f(v)) \\
&\qquad\qquad + P^1_V \circ D_{f(x)}f^{-1}(P^1_{D_x f(V)} \circ D_x f(v)) \\
&= P^2_V \circ D_{f(x)}f^{-1}(P^2_{D_x f(V)} \circ D_x f(v))
\end{aligned}$$

であるから

$$\begin{aligned}
\|P^2_V \circ D_{f(x)}f^{-1}|(D_x f(V))^\perp\| &= \frac{\|P^2_V \circ D_{f(x)}f^{-1}(P^2_{D_x f(V)} \circ D_x f(v))\|}{\|P^2_{D_x f(V)} \circ D_x f(v)\|} \\
&= \frac{\|v\|}{\|P^2_{D_x f(V)} \circ D_x f(v)\|} \\
&= \|P^2_{D_x f(V)} \circ D_x f|_{V^\perp}\|^{-1}.
\end{aligned}$$

よって,$\chi_1(x, V)$ を求めたときと同様にして

$$\begin{aligned}
&\lim_{m \to \infty} \frac{1}{m} \log \|P^2_{D_x f^{-m}(V)} \circ D_x f^{-m}|_{V^\perp}\| \\
&= \lim_{m \to \infty} \frac{1}{m} \sum_{i=0}^{m-1} \log \|P^2_{D_x f^{-i-1}(V)} \circ D_{f^{-i}(x)}f^{-1}|_{(D_x f^{-i}(V))^\perp}\| \\
&= -\chi_2(x, V) \qquad \tilde{\mu}\text{-a.e..} \tag{3.3.9}
\end{aligned}$$

(3.3.8) の $\chi_2(x, V)$ と (3.3.6) の $\chi_2(x)$ との関係を明らかにする.(3.3.8),(3.3.9) を満たす $\tilde{Y}_0 \ni (x, V)$ の集合を $\tilde{Y}$ と $\tilde{Y}$ に含まれる単調増加な閉集合列 $\{K_n\}$ が $\tilde{\mu}(\bigcup_n K_n) = \tilde{\mu}(\tilde{Y})$ を満たすように選ぶことができるから

$$Y_\mu = \pi\left(\bigcup_n K_n\right)$$

とおく.明らかに $\mu(Y_\mu) = 1$ である.

補題 3.3.9 $(x, V) \in \tilde{Y}$ に対して

$$\begin{aligned}
\chi_1(x, V) + \chi_2(x, V) &= \lim_{m \to \infty} \frac{1}{m} \log |\det(D_x f^m)|, \\
-\chi_1(x, V) - \chi_2(x, V) &= \lim_{m \to \infty} \frac{1}{m} \log |\det(D_x f^{-m})|.
\end{aligned}$$

ここに，$D_x f$ の行列表示は $\mathbb{R}^2$ の標準基底に基づく．

証明

$$\begin{aligned}
&\chi_1(x,V) + \chi_2(x,V) \\
&= \lim_{m\to\infty} \frac{1}{m} \sum_{i=0}^{m-1} \log \|D_{f^i(x)}f|_{D_x f^i(V)}\| \\
&\quad + \lim_{m\to\infty} \frac{1}{m} \sum_{i=0}^{m-1} \log \|P^2_{D_x f^{i+1}(V)} \circ D_{f^i(x)}f|_{(D_x f^i(V))^\perp}\| \\
&= \lim_{m\to\infty} \frac{1}{m} \sum_{i=0}^{m-1} \log \|D_{f^i(x)}f|_{D_x f^i(V)}\| \|P^2_{D_x f^{i+1}(V)} \circ D_{f^i(x)}f|_{(D_x f^i(V))^\perp}\| \\
&= \lim_{m\to\infty} \frac{1}{m} \sum_{i=0}^{m-1} \log \left|\det(D_{f^i(x)}f)\right| \quad ((3.1.3) \text{ により}) \\
&= \lim_{m\to\infty} \frac{1}{m} \log |\det(D_x f^m)|.
\end{aligned}$$

$\{D_x f^{-m}\}_{m=0}^\infty$ の場合も同様にして求まる． □

補題 3.3.10 $(x,V) \in \tilde{Y}$ に対して

$$\chi_1(x,V) < \chi_2(x,V).$$

証明 $\chi_1(x,V) = \chi_2(x,V)$ とする．$\chi_1(x,V) = \chi_1(x) < \chi_2(x)$ であるから，命題 3.1.8 と補題 3.3.9 により

$$\begin{aligned}
-\chi_1(x) - \chi_2(x) &\geq \lim_{m\to\infty} \frac{1}{m} \log |\det(D_x f^{-m})| \\
&= -\chi_1(x,V) - \chi_2(x,V) \\
&= -2\chi_1(x) \\
&> -\chi_1(x) - \chi_2(x) .
\end{aligned}$$

このことは矛盾である． □

命題 3.3.11 $(x,V) \in \tilde{Y}$ に対して

$$\limsup_{m\to\infty} \frac{1}{m} \log \|D_x f^m(v_2)\| = \chi_2(x,V),$$

$$\limsup_{m\to\infty} \frac{1}{m} \log \|D_x f^{-m}(v_2)\| = -\chi_2(x, V)$$

を満たす $v_2 \in \mathbb{R}^2 \setminus V$ が存在する．

命題 3.3.11 が成り立つとして，定理 3.3.5 の証明を続ける．

v_2 は命題 3.3.11 のベクトルとして，$v_1 \in V \setminus \{0\}$ を選ぶ（$\|v_1\| = \|v_2\| = 1$ とする）．このとき $\{v_1, v_2\}$ は $\mathbb{R}^2$ の基底である．命題 3.3.11，補題 3.3.9 により $x \in Y_\mu$ に対して

$$\begin{aligned}
\sum_{i=1}^{2} \chi(\{D_x f^m\}_{m=0}^\infty, v_i) &= \sum_{i=1}^{2} \limsup_{m\to\infty} \frac{1}{m} \log \|D_x f^m(v_i)\| \\
&= \chi_1(x, V) + \chi_2(x, V) \\
&= \lim_{m\to\infty} \frac{1}{m} \log |\det(D_x f^m)| \\
&\leq \chi_1(x) + \chi_2(x).
\end{aligned}$$

v_1 と v_2 は 1 次独立なベクトルであるから

$$\sum_{i=1}^{2} \chi(\{D_x f^m\}_{m=0}^\infty, v_i) = \chi_1(x) + \chi_2(x).$$

よって，$\{D_x f^m\}_{m=0}^\infty$ はリャプノフ正則であって

$$\chi_1(x) + \chi_2(x) = \chi_1(x, V) + \chi_2(x, V)$$

が成り立つ．V は (3.3.4) の部分空間とすると $\chi_1(x, V) = \chi_1(x)$ である．
よって

$$\chi_2(x, V) = \chi_2(x)$$

である．

同様にして，$\{D_x f^{-m}\}_{m=0}^\infty$ のリャプノフ正則性も示される．
点 x に対して，$\{D_x f^m\}_{m=0}^\infty$ と $\{D_x f^{-m}\}_{m=0}^\infty$ がリャプノフ正則，すなわち

$$n_1 \chi_1(x) + n_2 \chi_2(x) = \lim_{m\to\pm\infty} \frac{1}{m} \log |\det(D_x f^m)|$$

が成り立つ．このとき，$\{D_x f^m\}_{m=-\infty}^\infty$ は**リャプノフ正則** (Lyapunov regular) であるといい，x を**正則点** (regular point) という．よって

$$\hat{R} = \bigcup_{\mu \in \mathcal{M}_f(U)} Y_\mu$$

を f の**正則点集合** (regular set) という．ここに $\mathcal{M}_f(U)$ は U の上の不変測度の集合を表す．

$\{v_1, v_2\}$ は上の $\mathbb{R}^2$ の基底とする．$v_1 \in V = V_{\chi_1(x)}$, $v_2 \in \mathbb{R}^2 \setminus V$ であるから

$$E_1(x) = V = \langle v_1 \rangle, \qquad E_2(x) = \langle v_2 \rangle$$

とおく．$\{v_1, v_2\}$ は $\{D_x f^m\}_{m=0}^{\infty}$ に関する標準的な基底である．よって命題 3.2.1 により，$\{D_x f^m\}_{m=0}^{\infty}$ に対して定理 3.3.5(2), (3) を得る．$-\chi_1(x) > -\chi_2(x)$ であるから $\{D_x f^{-m}\}_{m=0}^{\infty}$ に対して

$$E_2(x) = V_{-\chi_2(x)}$$

が成り立つ．よって $\{v_1, v_2\}$ は $\{D_x f^{-m}\}_{m=0}^{\infty}$ に関する標準的な基底である．

同様にして，$\{D_x f^{-m}\}_{m=0}^{\infty}$ に対して定理 3.3.5(2), (3) が成り立つ．

定理 3.3.5(2) を満たす分解

$$\mathbb{R}^2 = E_1(x) \oplus E_2(x)$$

は一意的に定まる．実際に

$$\mathbb{R}^2 = E_1'(x) \oplus E_2'(x)$$

が定理 3.3.5(2) を満たすとする．$E_1(x) \neq E_1'(x)$ ならば，$v \in E_1'(x) \setminus \{0\}$ に対して $v = v_1 + v_2 \in E_1(x) \oplus E_2(x)$ としたときに $v_2 \neq 0$ である．よって

$$\begin{aligned}
\chi_2(x) &= \lim_{m \to \infty} \frac{1}{m} \log \|D_x f^m(v_2)\| \\
&\leq \lim_{m \to \infty} \frac{1}{m} \log(\|D_x f^m(v)\| + \|D_x f^m(v_1)\|) \\
&= \chi_1(x).
\end{aligned}$$

これは $\chi_1(x) < \chi_2(x)$ に反する．同様にして $E_2(x) = E_2'(x)$ も示される．

分解の一意性により定理 3.3.5(1) は容易に示される．

$\chi_1(x, V) = \chi_2(x)$ の場合には $\{D_x f^m\}_{m=0}^{\infty}$ の代わりに $\{D_x f^{-m}\}_{m=0}^{\infty}$ を，$\{D_x f^{-m}\}_{m=0}^{\infty}$ の代わりに $\{D_x f^m\}_{m=0}^{\infty}$ を用いることにより，同様に示される．

ゆえに，命題 3.3.11 の証明を与えれば，乗法エルゴード定理の証明は完了する．

命題 3.3.11 を示すために，次の補題を準備する：

補題 3.3.12 $(x, V) \in \tilde{Y}$ と $v \in V^{\perp} \setminus \{0\}$ に対して，$\tilde{v} \in V$ が存在して

(1) $\limsup_{m\to\infty} \dfrac{1}{m} \log \left\| P^1_{D_x f^m(V)} \circ D_x f^m(v-\tilde{v}) \right\| \leq \chi_2(x,V)$,

(2) $\limsup_{m\to\infty} \dfrac{1}{m} \log \left\| P^1_{D_x f^{-m}(V)} \circ D_x f^{-m}(v-\tilde{v}) \right\| \leq -\chi_2(x,V)$

が成り立つ.

証明 $(x,V) \in \tilde{Y}$ と $v \in V^\perp \setminus \{0\}$ を固定する. $m \in \mathbb{Z}$ に対して

$$v_i^{-m} = P^i_{D_x f^{-m}(V)} \circ D_x f^{-m}(v) \qquad (i=1,2) \tag{3.3.10}$$

とおく. このとき, $m > 0$ に対して

$$\begin{aligned}
&v_1^{-m} \\
&= D_{f^{-(m-1)}(x)}f(v_1^{-(m-1)}) + P^1_{D_x f^{-m}(V)} \circ D_{f^{-(m-1)}(x)}f(v_2^{-(m-1)}) \\
&= D_{f^{-(m-1)}(x)}f\left(D_{f^{-(m-2)}(x)}f(v_1^{-(m-2)})\right.\\
&\qquad \left. + P^1_{D_x f^{-(m-1)}(V)} \circ D_{f^{-(m-2)}(x)}f(v_2^{-(m-2)})\right) \\
&\qquad + P^1_{D_x f^{-m}(V)} \circ D_{f^{-(m-1)}(x)}f(v_2^{-(m-1)}) \\
&\cdots \\
&= D_x f^{-m}(v_1^0) \\
&\qquad + \sum_{l=0}^{m-1} D_{f^{-(l+1)}(x)}f^{-(m-l-1)}(P^1_{D_x f^{-(l+1)}(V)} \circ D_{f^{-l}(x)}f(v_2^{-l})) \\
&= \sum_{l=0}^{m-1} D_{f^{-(l+1)}(x)}f^{-(m-l-1)}(P^1_{D_x f^{-(l+1)}(V)} \circ D_{f^{-l}(x)}f(v_2^{-l})) \\
&\qquad\qquad\qquad\qquad (v \in V^\perp \text{ により}) \tag{3.3.11}
\end{aligned}$$

が成り立つ. よって

$$\begin{aligned}
&D_{f^{-m}(x)}f^m(v_1^{-m}) \\
&= \sum_{l=0}^{m-1} D_{f^{l+1}(x)}f^{-(l+1)}\left(P^1_{D_x f^{l+1}(V)} \circ D_{f^l(x)}f(v_2^l)\right).
\end{aligned} \tag{3.3.12}$$

補題 3.3.10 により $\chi_1(x,V) < \chi_2(x,V)$ であるから

$$\tilde{v} = \lim_{m\to\infty} D_{f^{-m}(x)}f^m(v_1^{-m}) \in V \tag{3.3.13}$$

が成り立つ．実際に，$m \geq 1$ に対して

$$v_1^{-m} = D_{f^{-(m-1)}(x)} f^{-1}(v_1^{-(m-1)}) + P_{D_x f^{-m}(V)}^1 \circ D_{f^{-(m-1)}(x)} f^{-1}(v_2^{-(m-1)})$$

であるから

$$\begin{aligned} D_{f^{-m}(x)} f^m (v_1^{-m}) &= D_{f^{-(m-1)}(x)} f^{m-1}(v_1^{-(m-1)}) \\ &\quad + D_{f^{-m}(x)} f^m (P_{D_x f^{-m}(V)}^1 \circ D_{f^{-(m-1)}(x)} f^{-1}(v_2^{-(m-1)})). \end{aligned}$$

(3.3.13) を得るために

$$\begin{aligned} &\|D_{f^{-m}(x)} f^m (v_1^{-m}) - D_{f^{-(m-1)}(x)} f^{m-1}(v_1^{-(m-1)})\| \\ &= \|D_{f^{-m}(x)} f^m (P_{D_x f^{-m}(V)}^1 \circ D_{f^{-(m-1)}(x)} f^{-1}(v_2^{-(m-1)}))\| \end{aligned} \quad (3.3.14)$$

の値を評価する．(3.3.14) の右辺は次のように表される：

(3.3.14) の右辺
$$\begin{aligned} &= \|D_{f^{-m}(x)} f^m |_{D_x f^{-m}(V)}\| \|(P_{D_x f^{-m}(V)}^1 \circ D_{f^{-(m-1)}(x)} f^{-1}(v_2^{-(m-1)}))\| \\ &\leq \|D_{f^{-m}(x)} f^m |_{D_x f^{-m}(V)}\| \|D_{f^{-(m-1)}(x)} f^{-1}(v_2^{-(m-1)})\|. \end{aligned}$$

さらに

$$K = \sup_{x \in \mathrm{Supp}(\mu)} \|D_x f\|$$

とおくと

$$\begin{aligned} \|D_{f^{-(m-1)}(x)} f^{-1}(v_2^{-(m-1)})\| &= \|D_{f^{-(m-1)}(x)} f|_{(D_x f^{-(m-1)}(V))^\perp}\| \|v_2^{-(m-1)}\| \\ &\leq K \|P_{D_x f^{-(m-1)}(V)}^2 \circ D_x f^{-(m-1)}|_{V^\perp}\| \\ &\quad (v \in V^\perp \text{ により}) \end{aligned}$$

である．
　$\varepsilon > 0$ とする．十分に大きな $m > 0$ に対して

$$\|D_{f^{-m}(x)} f^m |_{D_x f^{-m}(V)}\| \leq \exp(m(\chi_1(x, V) + \varepsilon)),$$
$$\|P_{D_x f^{-(m-1)}(V)}^2 \circ D_x f^{-(m-1)}|_{V^\perp}\| \leq \exp(-(m-1)(\chi_2(x, V) - \varepsilon))$$

が成り立つ．よって

(3.3.14) の右辺 $\leq K \exp(\chi_1(x, V) + \varepsilon) \exp((m-1)(\chi_1(x, V) - \chi_2(x, V) + 2\varepsilon))$

であるから
$$\{D_{f^{-m}(x)}f^m(v_1^{-m})|m\geq 1\}$$
はコーシー (Cauchy) 列である．よって (3.3.13) が成り立つ．

補題 3.3.12(2) を得るために，$k>0$ に対して

$$\begin{aligned}
&P^1_{D_xf^{-k}(V)}\circ D_xf^{-k}(v-\tilde{v})\\
&=P^1_{D_xf^{-k}(V)}(D_xf^{-k}(v)-D_xf^{-k}(\tilde{v}))\\
&=P^1_{D_xf^{-k}(V)}\circ D_xf^{-k}(v)-D_xf^{-k}(\tilde{v})\qquad(\tilde{v}\in V\text{ により})\\
&=v_1^{-k}-\lim_{m\to\infty}\sum_{l=0}^{m-1}D_xf^{-k}\circ D_{f^{l+1}(x)}f^{l+1}(P^1_{D_xf^{-(l+1)}(V)}\circ D_{f^{-l}(x)}f(v_2^{-l}))\\
&\hphantom{=}\qquad\qquad\qquad\qquad\qquad((3.3.10),\ (3.3.12)\text{ により})\\
&=-\lim_{m\to\infty}\sum_{l=k}^{m-1}D_{f^{-(l+1)}(x)}f^{-(k-(l+1))}(P^1_{D_xf^{-(l+1)}(V)}\circ D_{f^{-l}(x)}f(v_2^{-l}))\\
&\hphantom{=}\qquad\qquad\qquad\qquad\qquad((3.3.11)\text{ を用いて})
\end{aligned}$$

が成り立つ．よって

$$\begin{aligned}
&\|P^1_{D_xf^{-k}(V)}\circ D_xf^{-k}(v-\tilde{v})\|\\
&\leq \lim_{m\to\infty}\sum_{l=k}^{m-1}\|D_{f^{-(l+1)}(x)}f^{-(k-(l+1))}(P^1_{D_xf^{-(l+1)}(V)}\circ D_{f^{-l}(x)}f(v_2^{-l}))\|\\
&\leq \lim_{m\to\infty}\sum_{l=k}^{m-1}\|D_{f^{-(l+1)}(x)}f^{-(k-(l+1))}|_{D_xf^{-(l+1)}(V)}\|\|D_{f^{-l}(x)}f(v_2^{-l})\|\\
&\leq \lim_{m\to\infty}\sum_{l=k}^{m-1}\|D_xf^{-k}|_V\|\|D_{f^{l+1}(x)}f^{l+1}|_{D_xf^{-(l+1)}(V)}\|K\|v_2^{-l}\|\\
&= \lim_{m\to\infty}\sum_{l=k}^{m-1}\|D_xf^{-k}|_V\|\|D_xf^{-(l+1)}|_V\|^{-1}K\|v_2^{-l}\| \qquad (3.3.15)
\end{aligned}$$

を得る．十分に大きな k,l ($l\geq k$) に対して

$$\|D_xf^{-(l+1)}|_V\|\geq \exp((l+1)(-\chi_1(x,V)-\varepsilon)),$$
$$\|D_xf^{-k}|_V\|\leq \exp(-k(\chi_1(x,V)+\varepsilon)),$$
$$\|v_2^{-l}\|\leq \exp(-l(\chi_2(x,V)+\varepsilon)).$$

よって

(3.3.15) の右辺
$$\leq \lim_{m\to\infty} \sum_{l=k}^{m-1} \exp(-(l+1)(\varepsilon+\chi_1(x,V)))\exp(-k(\chi_1(x,V)+\varepsilon))K$$
$$\times \exp(-l(\chi_2(x,V)+\varepsilon))$$
$$= K\exp(-k\chi_2(x,V)-(3k+1)\varepsilon+\chi_1(x,V))$$
$$\times \lim_{m\to\infty}\sum_{l=k}^{m-1}\exp(-(l-k)(\chi_2(x,V)-\chi_1(x,V)+2\varepsilon))$$
$$\leq C\exp(k\chi_2(x,V)+(3k+1)\varepsilon-\chi_1(x,V)) \quad (C \text{ は } k \text{ によらない定数}).$$

このとから
$$\limsup_{k\to\infty}\frac{1}{k}\log\left\|P^1_{D_xf^{-k}(V)}\circ D_xf^{-k}(v-\tilde v)\right\| \leq -\chi_2(x,V)+3\varepsilon.$$

$\varepsilon>0$ は任意であったので
$$\limsup_{k\to\infty}\frac{1}{k}\log\left\|P^1_{D_xf^k(V)}\circ D_xf^{-k}(v-\tilde v)\right\| \leq -\chi_2(x,V).$$

よって (2) が示された．

同様な計算により
$$\limsup_{m\to\infty}\frac{1}{m}\log\left\|P^1_{D_xf^m(V)}\circ D_xf^m(v-\tilde v)\right\| \leq \chi_2(x,V)$$

を求めることができる．(1) が示された． $\square$

命題 3.3.11 の証明 $(x,V)\in\tilde Y$ とする．$v\in V^\perp\setminus\{0\}$ に対して，補題 3.3.12 を満たす $\tilde v$ が存在するので，$w=v-\tilde v$ とおく．このとき注意 3.1.2 を用いて

$$\limsup_{m\to\infty}\frac{1}{m}\log\|D_xf^m(w)\|$$
$$=\limsup_{m\to\infty}\frac{1}{m}\log\|P^1_{D_xf^m(V)}\circ D_xf^m(w)+P^2_{D_xf^m(V)}\circ D_xf^m(v-\tilde v)\|$$
$$=\limsup_{m\to\infty}\frac{1}{m}\log\|P^1_{D_xf^m(V)}\circ D_xf^m(w)+P^2_{D_xf^m(V)}\circ D_xf^m(v)\|$$
$$=\limsup_{m\to\infty}\frac{1}{2m}\log\left(\|P^1_{D_xf^m(V)}\circ D_xf^m(w)\|^2+\|P^2_{D_xf^m(V)}\circ D_xf^m(v)\|^2\right)$$

$$= \max \left\{ \limsup_{m \to \infty} \frac{1}{m} \log \|P^1_{D_x f^m(V)} \circ D_x f^m(w)\|, \right.$$
$$\left. \limsup_{m \to \infty} \frac{1}{m} \log \|P^2_{D_x f^m(V)} \circ D_x f^m | V^\perp \| \right\}$$
$$= \chi_2(x, V) \qquad (\text{補題 3.3.12(1), (3.3.8) により}).$$

同様な仕方で
$$\limsup_{m \to \infty} \frac{1}{m} \log \|D_x f^{-m}(w)\| = -\chi_2(x, V)$$
が求まる. □

注意 3.3.13 微分同相写像 f が公理 A を満たしているとして, μ は U の上の f-不変ボレル確率測度とする. このとき, 注意 2.1.1 によって $\mu(\Omega(f)) = 1$ である. 公理 A の定義により, $x \in \Omega(f)$ に対して, $D_x f$-不変部分空間 $E^s(x)$, $E^u(x)$ が存在して $\mathbb{R}^2 = E^s(x) \oplus E^u(x)$ と表される. このとき, μ に関してバーコフのエルゴード定理を満たす点の集合を含む Y_μ があって, $x \in Y_\mu$ に対して
$$\lim_{n \to \infty} \frac{1}{n} \log \|D_x f^n | E^s(x)\| = \chi_1(x)$$
$$\lim_{n \to \infty} \frac{1}{n} \log \|D_x f^n | E^u(x)\| = \chi_2(x)$$
が成り立ち
$$\chi_1(x) \leq \log \lambda < -\log \lambda \leq \chi_2(x)$$
である. ここに, λ は (3.3.6) を満たす f の歪率である. よって Y_μ の上で乗法エルゴード定理が成り立つ.

3.4 ルエルの不等式

$\mathbb{T}^2$ は 2 次元トーラスとして, $f : \mathbb{T}^2 \to \mathbb{T}^2$ は行列 $A = \begin{pmatrix} 1 & 1 \\ 1 & 0 \end{pmatrix}$ によって導かれた微分同相写像とする. A の固有値は $\lambda_u = \dfrac{1+\sqrt{5}}{2}$, $\lambda_s = \dfrac{1-\sqrt{5}}{2}$ であることから, $\mathbb{T}^2$ の上のルベーグ測度 μ に対して
$$h_\mu(f) = \log \lambda_u$$
である.

ここでは，一般の微分同相写像に対して測度的エントロピーとリャプノフ指数との関係を見ることにする．

$f : \mathbb{R}^2 \to \mathbb{R}^2$ は微分同相写像で，$\mathbb{R}^2$ の有界な開集合 U があって，$f : U \to U$ は C^1–微分同相写像とする．$x \in U$ に対して，f の微分の族を $\mathbb{A}_x = \{D_x f^m\}_{m=0}^{\infty}$ とする．$0 \neq v \in \mathbb{R}^2$ に対して

$$\chi(\mathbb{A}_x, v) = \limsup_{m \to \infty} \frac{1}{m} \log \|D_x f^m(v)\|$$

を定義する．$v = 0$ のとき，$\chi(\mathbb{A}_x, v) = -\infty$ とおく．乗法エルゴード定理により，μ–a.e. x で $\chi(\mathbb{A}_x, \cdot) : \mathbb{R}^2 \setminus \{0\} \to \mathbb{R}$ であるから，$\chi(\mathbb{A}_x, v)$ の値域は高々2つの実数である．それらを $\chi_1(x) \leq \chi_2(x)$ とする．このとき

$$\max\{0, \chi_2(x), \chi_1(x) + \chi_2(x)\} = 0$$

であれば，$\chi_1(x) \leq \chi_2(x) \leq 0$ である．

$$\max\{0, \chi_2(x), \chi_1(x) + \chi_2(x)\} > 0 \tag{3.4.1}$$

であれば

$$\chi_2(x) > 0 \geq \chi_1(x), \tag{3.4.2}$$

または

$$\chi_2(x) \geq \chi_1(x) > 0 \tag{3.4.3}$$

が成り立つ．したがって (3.4.1) の場合に

$$\max\{0, \chi_2(x), \chi_1(x) + \chi_2(x)\} = \begin{cases} \chi_2(x) & ((3.4.2) \text{ のとき}) \\ \chi_1(x) + \chi_2(x) & ((3.4.3) \text{ のとき}) \end{cases}$$

を意味する．

定理 3.4.1 (ルエルの不等式) $f : U \to U$ を C^1–微分同相写像とする．このとき，f–不変ボレル確率測度 μ に関する f のリャプノフ指数 $\chi_1(x) \leq \chi_2(x)$ に対して

$$h_\mu(f) \leq \int \max\{0, \chi_2(x), \chi_1(x) + \chi_2(x)\} d\mu$$

が成り立つ．

定理 3.4.1 から次を得る：

注意 3.4.2 定理 3.4.1 と同じ仮定のもとで

$$h_\mu(f) = h_\mu(f^{-1}) \leq -\int \min\{0,\ \chi_1(x),\ \chi_1(x) + \chi_2(x)\} d\mu$$

が成り立つ．

定理 3.4.1 の証明 $r > 0$ に対して，距離関数を通常のノルムによって導入し

$$X = \mathrm{Supp}(\mu)$$

とする．このとき，μ–a.e. で X の有限分割 $\xi^r = \{A_1^r, \cdots, A_{q_r}^r\}$ と点列 $x_1^r, \cdots, x_{q_r}^r$ が存在して

$$B\left(x_i^r, \frac{r}{6}\right) \subset A_i^r \subset B(x_i^r, r) \tag{3.4.4}$$

を満たすようにできる．ここに，$B(x, r)$ は x を中心とする半径 r の $\mathbb{R}^2$ の閉球を表す．

実際に，X のコンパクト性により，$\bigcup_{i=1}^{l} B\left(x_i, \frac{r}{6}\right) = X$ (μ–a.e.) を満たす $x_1, \cdots, x_l \in X$ が存在する．簡単のために

$$B_i = B\left(x_i, \frac{r}{6}\right)$$

とおく．このとき，必要ならば順番を取り換えることによって，$q > 0$ があって

$$B_i \cap B_j = \emptyset \quad (1 \leq i,\ j \leq q)$$
$$B_k \cap \left(\bigcup_{i=1}^{q} B_i\right) \neq \emptyset \quad (q < k \leq l)$$

であるように番号付けをする．このとき，$\{B_i | 1 \leq i \leq q\}$ に対して

$$A_1^r = \left(\bigcup_{B_1 \cap B_j \neq \emptyset} B_j\right) \setminus \left(\bigcup_{i=1}^{q} B_i \setminus B_1\right)$$

$$A_k^r = \left(\bigcup_{B_k \cap B_j \neq \emptyset} B_j\right) \setminus \left(\left(\bigcup_{i=1}^{k-1} A_i^r\right) \cup \left(\bigcup_{i=1}^{q} B_i \setminus B_1\right)\right) \quad (k = 2, \cdots, q)$$

とおけば，(3.4.4) を満たす X の分割

$$\xi^r = \{A_1^r, \cdots, A_q^r\}$$

が μ–a.e. で構成される．

原点から x_i^r への平行移動を $\tau_{x_i^r}$ で表して

$$\tau_{x_i^r}^{-1}\left(B\left(x_i^r, \frac{r}{6}\right)\right) = \left\{y \in \mathbb{R}^2 \mid \|y\| \leq \frac{r}{6}\right\} = B_{\frac{r}{6}},$$
$$\tau_{x_i^r}^{-1}(B(x_i^r, r)) = \{y \in \mathbb{R}^2 \mid \|y\| \leq r\} = B_r$$

とおく．明らかに

$$B_{\frac{r}{6}} \subset \tau_{x_i^r}^{-1}(A_i^r) \subset B_r.$$

m を $\mathbb{R}^2$ の上のルベーグ測度とすると

$$\frac{\pi}{36}r^2 \leq m(A_i^r) \leq \pi r^2 \quad (1 \leq i \leq q) \tag{3.4.5}$$

を満たす．

$n \geq 1$ に対して，次を満たす $r_0 = r_0(n) > 0$ が存在する：

$0 < r < r_0$ と X の分割 ξ^r を固定し，Y_μ は乗法エルゴード定理を満たす $\mu(Y_\mu) = 1$ なる集合とする．このとき $A \in \xi^r$ と $x \in A \cap Y_\mu$ に対して

$$\sharp\{C \in \xi^r \mid f^n(A) \cap C \neq \emptyset\} \leq C_2 \max\{1, \|D_x f^n\|, |\det(D_x f^n)|\} \tag{3.4.6}$$

を満たす．ここに $C_2 > 1$ は n と r によらない定数である．

実際に

$$D_x f^n : \mathbb{R}^2 \longrightarrow \mathbb{R}^2 \quad (x \in Y_\mu,\ n > 0)$$

は $\mathbb{R}^2$ の上の線形写像であるから，それを標準基底のもとで $G_n = (a_{ij})$ に行列表現する．$a_1 = \begin{pmatrix} a_{11} \\ a_{21} \end{pmatrix}$, $a_2 = \begin{pmatrix} a_{12} \\ a_{22} \end{pmatrix}$ とおき，a_1 と a_2 とのなす角度を $\theta = \angle(a_1, a_2)$ とする．このとき

$$B_r,\ G_n(B_r),\ U(G_n(B_r), r)$$

は図 3.4.1 のように描ける．ここに，部分集合 E に対して

$$U(E, r) = \{x \mid d(x, E) < r\}$$

とする．このとき

$$m(U(G_n(B_r),r)) \le (2r\|a_1\|)(2r\|a_2\|)\sin\theta + 4r^2\|a_1\| + 4r^2\|a_2\| + \pi r^2$$
$$\le 16r^2 \max\{|\det G_n|, \|G_n\|, \pi\} \qquad (3.4.7)$$

が成り立つ．

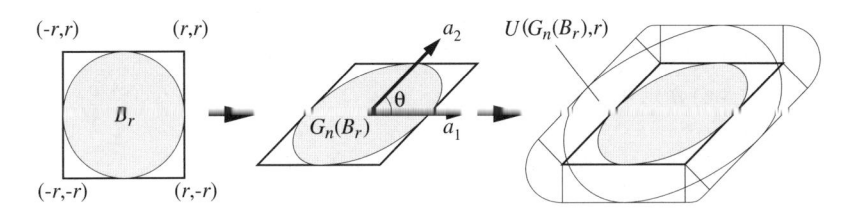

図 3.4.1

$x \in Y_\mu$ に対して

$$f_x = \tau_{f(x)}^{-1} \circ f \circ \tau_x$$

とおく．$n \ge 1$ を固定して $r > 0$ を十分に小さく選べば，$y \in B_r$ に対して $\|f_x^n(y) - G_n(y)\|$ は十分に小さい（$\|f_x^n(y) - G_n(y)\| < \varepsilon_1 < 1$ とする）．$0 < \varepsilon_1 < 1$ に対して $r > 0$ を

$$\|f_x^n(y)\| \le e^{\varepsilon_1}\|G_n(y)\| \qquad (y \in B_r).$$

を満たすように選ぶ．このとき

$$m((U(f^n(B_r)),r)) \le 2m(U(G_n(B_r),r))$$
$$= 2m(U(D_0 f^n(B_r),r))$$

が成り立つ．

(3.4.6) を得るために，$A \in \xi^r$ を固定する．このとき $x \in A \cap Y$ に対して次が成り立つ：

$$\sharp\{C \in \xi^r \,|\, f^n(A) \cap C \ne \emptyset\}\frac{\pi}{36}r^2$$
$$\le \sum_{C \in \xi^r,\; f^n(A) \cap C \ne \emptyset} m(C) \qquad ((3.4.5) \text{により})$$

$$= m\left(\bigcup_{C\in\xi^r,\ f^n(A)\cap C\neq\emptyset} C\right)$$
$$\leq m\left(U(f^n(A),r)\right) \qquad (\mathrm{diam}(C)\leq r)$$
$$\leq m\left(U\left(f^n(B(x,r)),r\right)\right) \qquad (\mathrm{diam}(A)\leq r)$$
$$\leq 2m\left(U(D_x f^n(B_r),r)\right)$$
$$\leq 32r^2 \max\{\pi, ||D_x f^n||, |\det(D_x f^n)|\} \qquad ((3.4.7) \text{により}).$$

よって (3.4.6) が成り立つ.

$$\mathrm{diam}(\xi^r) \longrightarrow 0 \qquad (r\to 0)$$

であるから
$$h_\mu(f^{-n}) \leq h_\mu(f^{-n}, \xi^r) + \varepsilon$$

を満たす r が存在する.

非負の実数列 $a_1, \cdots, a_k$ に対して, $\sum_{i=1}^k a_i = 1$ ならば

$$-\sum_{i=1}^k a_i \log a_i \leq \log k \tag{3.4.8}$$

である. ここでエントロピーを計算すると

$nh_\mu(f)$
$= h_\mu(f^n)$
$\leq h_\mu(f^n, \xi^r) + \varepsilon$
$= \lim_{k\to\infty} \dfrac{1}{k} H_\mu\left(\bigvee_{i=0}^{k-1} f^{-in}(\xi^r)\right) + \varepsilon$
$\leq H_\mu\left(\xi^r \,|\, f^{-n}(\xi^r)\right) + \varepsilon$
$= \displaystyle\sum_{A\in\xi^r} \mu(A) \sum_{B\in f^{-n}(\xi^r)} -\dfrac{\mu(B\cap A)}{\mu(A)} \log \dfrac{\mu(B\cap A)}{\mu(A)} + \varepsilon$
$= \displaystyle\sum_{A\in\xi^r} \mu(A) \sum_{C\in\xi^r} -\dfrac{\mu(C\cap f^n(A))}{\mu(f^n(A))} \log \dfrac{\mu(C\cap f^n(A))}{\mu(f^n(A))} + \varepsilon$
$\leq \displaystyle\sum_{A\in\xi^r} \mu(A) \log \sharp\{C\in\xi^r \,|\, C\cap f^n(A)\neq\emptyset\} + \varepsilon \quad ((3.4.8) \text{により})$

$$\leq \sum_{A \in \xi^r} \mu(A) \inf_{x \in A} \log\left(C_2 \max\{1, \|D_x f^n\|, |\det(D_x f^n)|\}\right) + \varepsilon$$

((3.4.6) により)

$$\leq \int \log\left(C_2 \max\{1, \|D_x f^n\|, |\det(D_x f^n)|\}\right) d\mu + \varepsilon.$$

ゆえに

$$h_\mu(f) \leq \frac{1}{n}(\log C_2 + \varepsilon)$$
$$+ \int \max\left\{0, \frac{1}{n}\log\|D_x f^n\|, \frac{1}{n}\log|\det(D_x f^n)|\right\} d\mu.$$

$n \to \infty$ とするとき

$$h_\mu(f) \leq \int \max\{0, \chi_2(x), \chi_1(x) + \chi_2(x)\} d\mu(x) \qquad (n \to \infty).$$

□

まとめ

2次元ユークリッド空間 $\mathbb{R}^2$ の上の C^1-微分同相写像 f は有界開集合 U に対して $f(U) \subset U$ を満たすとする.

U の各点 x の f による反復 f^n $(n \in \mathbb{Z})$ の微分 $D_x f^n$ を用いて

$$\chi^\pm(\{D_x f^n\}_{n=-\infty}^\infty, v) = \limsup_{n \to \pm\infty} \frac{1}{n} \log \|D_x f^n(v)\| \quad (0 \neq v \in \mathbb{R}^2)$$

を定義する. 特に, $v = 0$ の場合は $\chi^\pm(\{D_x f^n\}_{n=-\infty}^\infty, 0) = -\infty$ とおく.

$\chi^\pm(\{D_x f^n\}_{n=-\infty}^\infty, \cdot)$ は $\mathbb{R}^2 \setminus \{0\}$ の上で有限の値をとることは保証されていないので

$$\chi^\pm(\{D_x f^n\}_{n=-\infty}^\infty, \cdot) : \mathbb{R}^2 \setminus \{0\} \longrightarrow \mathbb{R} \qquad (*)$$

を仮定する. このとき, $\chi^+(\{D_x f^n\}_{n=-\infty}^\infty, \cdot)$, $\chi^-(\{D_x f^n\}_{n=-\infty}^\infty, \cdot)$ の値域は高々2点 $\{\chi_1(x), \chi_2(x)\}$ からなる集合である.

点 x を固定するとき, $\chi_i(x)$ $(i = 1, 2)$ は

(1) $\chi_1(x) \leq 0 < \chi_2(x),$

(2) $\chi_1(x) \leq \chi_2(x) < 0$, $\chi_1(x) \geq \chi_2(x) > 0$,

(3) $\chi_1(x) = \chi_2(x) = 0$

に分類される．(3) の場合はこれから進める議論に対して意味を失うために，(3) を除いて (1), (2) に注目する．

$\chi_1(x)$, $\chi_2(x)$ を用いて

$$\chi_1(x) + \chi_2(x) = \lim_{n \to \pm\infty} \frac{1}{n} \log |\det(D_x f^n)|$$

が成り立つ場合に話題を制限する．この場合に $\{D_x f^n\}_{n=-\infty}^{\infty}$ をリャプノフ正則といい，点 x を正則点と呼ぶ．

$\chi_1(x) + \chi_2(x)$ は $\chi_1(x) < 0 < \chi_2(x)$ である場合に $D_x f^n$ による単位面積の変化率を与えている．このような変化率は正則点の存在を保証すれば得られる．

仮定した $(*)$ と正則点の存在を保証する定理が乗法エルゴード定理である．

すなわち，U の上にボレル確率測度 μ を与え，μ は f–不変であるとする．このとき，$\mu(Y_\mu) = 1$ を満たす f–不変集合 Y_μ があって，Y_μ の各点 x は正則点であって $\mathbb{R}^2 = E_1(x) \oplus E_2(x)$ を満たす部分空間 $E_1(x), E_2(x)$ があって，$i = 1, 2$ に対して

(1) $D_x f(E_i(x)) = E_i(f(x))$,

(2) $\displaystyle\lim_{n \to \pm\infty} \frac{1}{n} \log \|D_x f^n_{|E_i(x)}\| = \chi_i(x)$, $\chi_i(f(x)) = \chi_i(x)$,

(3) $\displaystyle\lim_{n \to \pm\infty} \frac{1}{n} \log \sin(\angle D_x f^n(E_1(x)), D_x f^n(E_2(x))) = 0$ が成り立つ．

$\chi_i(x)$ $(i = 1, 2)$ を μ に関する f の**リャプノフ指数**といい，$\chi_1(x) < 0 < \chi_2(x)$ (μ–a.e. x) であるとき

$$h_\mu(f) \leq \int \chi_2(x) d\mu$$

が成り立つ．この不等式を**ルエルの不等式**という．

この章は洋書文献 [Ma], [Po], [Shu] と関連論文 [Os], [Pe1] を参考にして書かれた．

第4章 非線形写像の局所線形化

$f: \mathbb{R}^2 \to \mathbb{R}^2$ は C^1-微分同相写像とする．$\mathbb{R}^2$ の有界開集合 U から U への f が $f(\Lambda) = \Lambda$ を満たす閉部分集合 $\Lambda \subset \mathrm{Cl}(U)$ をもつとき，$0 < \lambda < 1$ とノルム $|\cdot|$ があって各 $x \in \Lambda$ に対して $\mathbb{R}^2$ が次の (i), (ii) を満たす部分空間 $E^s(x), E^u(x)$ の直和

$$\mathbb{R}^2 = E^s(x) \oplus E^u(x)$$

に分解されるならば，Λ は（一様）双曲的であると呼んだ：

(i) $D_x f(E^\sigma(x)) = E^\sigma(f(x))$ $(\sigma = s, u)$,

(ii) $n \geq 0$ に対して

$$|D_x f^n(v)| \leq \lambda^n |v| \quad (v \in E^s(x)),$$
$$|D_x f^{-n}(v)| \leq \lambda^n |v| \quad (v \in E^u(x)).$$

Λ の双曲性は各点の安定，不安定多様体の存在を保証し，それを用いて力学的性質が導かれる．

ところで，Λ の双曲性が不明である場合に確率測度を用いる．不変ボレル確率測度 μ は乗法エルゴード定理を導く．この定理により，リャプノフ指数の存在は μ-測度の値が1の範囲の集合で見いだされ，その集合を基本にして (i) と (ii) の類似を満たす不変集合（ペシン集合）を構成する．このときその不変集合の各点に安定多様体，不安定多様体の存在が保証される．

そのためにはリャプノフ計量，リャプノフ座標系を用意する必要があるが，扱う微分同相写像は C^2（少なくとも $C^{1+\alpha}$）-微分同相写像でなくてはならない．

4.1 リャプノフ計量

$\mathbb{R}^2$ の上の C^1–微分同相写像 f が $\mathbb{R}^2$ の有界な開集合 U に対して, $f(U) \subset U$ であるとする.

$\|\cdot\|$ は $\mathbb{R}^2$ の通常の内積 $\langle \cdot, \cdot \rangle$ から導入されたノルムとし, $\mathbb{R}^2$ のボレルクラス $\mathfrak{B}$ の上の f–不変ボレル確率測度 μ はエルゴード的であるとする.

f のリャプノフ指数は $\chi_1(x) < \chi_2(x)$ (μ–a.e. x) であるとする. μ はエルゴード的であるから, $\chi_1(x), \chi_2(x)$ は μ–a.e. x に対して定数 χ_1, χ_2 であって, $\chi_1 < \chi_2$ である. 乗法エルゴード定理(定理 3.3.5)により, $\mathrm{Cl}(U)$ に含まれる $\mathrm{Supp}(\mu)$ の部分集合 Y_μ が存在して $\mu(Y_\mu) = 1$, そして Y_μ の点 x に対して次の (1), (2), (3) を満たす $\mathbb{R}^2$ の一意的な分解 $\mathbb{R}^2 = E_1(x) \oplus E_2(x)$ が存在する:

$i = 1, 2$ に対して

(1) $D_x f(E_i(x)) = E_i(f(x))$,

(2) $\lim\limits_{m \to \pm\infty} \dfrac{1}{m} \log \|D_x f^m|_{E_i(x)}\| = \chi_i$,

(3) $\lim\limits_{m \to \pm\infty} \dfrac{1}{m} \log \sin(\angle(D_x f^m(E_1(x)), D_x f^m(E_2(x)))) = 0$.

$\varepsilon > 0$ を選び, それを固定する. $l \geq 1$ に対して, 集合 $\Lambda_l(\chi_1, \chi_2, \varepsilon)$ は次の (4), (5) を満たす $\mathbb{R}^2$ の分解 $\mathbb{R}^2 = E_1(x) \oplus E_2(x)$ が存在する点 $x \in \mathrm{Supp}(\mu)$ の集合とする:

(4) $v \in E_i(x) \setminus \{0\}$ と $m, n \in \mathbb{Z}$ $(m > n)$ に対して

$$\begin{aligned}
&\exp(-2\varepsilon l) \exp\left((\chi_i - \varepsilon)(m-n) - 2|n|\varepsilon\right) \\
&\leq \frac{\|D_x f^m(v)\|}{\|D_x f^n(v)\|} \\
&\leq \exp(2\varepsilon l) \exp\left((\chi_i + \varepsilon)(m-n) + 2|n|\varepsilon\right)
\end{aligned} \quad (4.1.1)$$

(5) $n \in \mathbb{Z}$ に対して

$$\sin\left(\angle(D_x f^n(E_1(x)), D_x f^n(E_2(x)))\right) \geq \exp(-\varepsilon l) \exp(-\varepsilon |n|). \quad (4.1.2)$$

定義により

$$\varepsilon < \varepsilon' \implies \Lambda_l(\chi_1, \chi_2, \varepsilon) \subset \Lambda_l(\chi_1, \chi_2, \varepsilon') \quad (l > 0).$$

Supp(μ) の部分集合

$$\Lambda = \bigcup_{l=1}^{\infty} \Lambda_l$$

を μ に関する**ペシン集合** (Pesin set) という．ここに

$$\Lambda_l = \Lambda_l(\chi_1, \chi_2, \varepsilon),$$
$$\Lambda = \Lambda(\chi_1, \chi_2, \varepsilon)$$

と表す．

注意 4.1.1 Supp(μ) の上のエルゴード的測度の集合 $\mathcal{E}(\text{Supp}(\mu))$ に属する ν が，リャプノフ指数 $\chi'_1 < \chi'_2$ をもてば，χ'_1, χ'_2 に関して (1),(2),(3) が成り立つ．よって (4),(5) を満たす Supp(μ) で定義された ν に関するペシン集合は Λ と一致する．

注意 4.1.2 Y_μ は定理 3.3.5 を満たす点の集合とする．このとき，$x \in Y_\mu$ に対して $x \in \Lambda_l$ を満たす $l \geq 1$ が存在する．すなわち

$$Y_\mu \subset \Lambda \subset \text{Supp}(\mu) \subset \text{Cl}(U)$$

である．

証明 定理 3.3.5(2) により，$x \in Y_\mu$ に対して $N > 1$ があって

$$\left| \frac{1}{m} \log \|D_x f^m|_{E_i(x)}\| - \chi_i \right| \leq \varepsilon \qquad (|m| \geq N)$$

が成り立つ．よって，$|m| \geq N$ を満たす $m \in \mathbb{Z}$ に対して

$$\exp(m\chi_i - m\varepsilon) \leq \|D_x f^m|_{E_i(x)}\| \leq \exp(m\chi_i + m\varepsilon).$$

l を十分大きく選べば，$m \in \mathbb{Z}$ に対して

$$\exp(-\varepsilon l)\exp(m\chi_i - m\varepsilon) \leq \|D_x f^m|_{E_i(x)}\| \leq \exp(\varepsilon l)\exp(m\chi_i + m\varepsilon).$$

したがって，注意 3.2.4 と同様の仕方で (4.1.1) を得る．(4.1.2) は定理 3.3.5(3) を用いることにより同様に示される．よって $x \in \Lambda_l$ が成り立つ． □

注意 4.1.3　$\varepsilon > 0$ は $2\varepsilon < \chi_2 - \chi_1$ を満たすとする．このとき，$x \in \Lambda$ に対して (4.1.1) を満たす $\mathbb{R}^2$ の分解 $\mathbb{R}^2 = E_1(x) \oplus E_2(x)$ は l によらず一意的に定まる．したがって，$D_x f(E_i(x)) = E_i(f(x))$ $(i = 1, 2)$ が成り立つ．

証明　$E_1(x) \oplus E_2(x)$ と $E_1'(x) \oplus E_2'(x)$ は (4.1.1) を満たす分解とし，$E_1(x) \neq E_1'(x)$ を仮定する．$v \in E_1'(x) \setminus \{0\}$ に対して

$$v = v_1 + v_2 \in E_1(x) \oplus E_2(x)$$

とおく．このとき $v_2 \neq 0$ である．

$$\|D_x f^m(v_2)\| \leq \|D_x f^m(v)\| + \|D_x f^m(v_1)\|$$

であるから，(4.1.1) により

$$\begin{aligned}
\chi_2 - \varepsilon &\leq \liminf_{m \to \infty} \frac{1}{m} \log \|D_x f^m(v_2)\| \\
&\leq \limsup_{m \to \infty} \frac{1}{m} \log(\|D_x f^m(v)\| + \|D_x f^m(v_1)\|) \\
&= \max\left\{\limsup_{m \to \infty} \frac{1}{m} \log \|D_x f^m(v)\|, \limsup_{m \to \infty} \frac{1}{m} \log \|D_x f^m(v_1)\|\right\} \\
&\qquad\qquad\qquad\qquad\qquad\qquad\qquad\qquad（注意 3.1.2 により）\\
&\leq \chi_1 + \varepsilon.
\end{aligned}$$

これは ε の選び方に反する．よって $E_1(x) = E_1'(x)$ が成り立つ．

　$D_x f^{-1}$ を用いることにより，同様な方法で $E_2(x) = E_2'(x)$ を求めることができる．　□

　この節の目的は次の定理を証明し，不安定多様体を構成するための準備をすることにある．

　以後において，$\varepsilon > 0$ は $2\varepsilon < \chi_2 - \chi_1$ を満たすとする．

定理 4.1.4　$f : \mathbb{R}^2 \to \mathbb{R}^2$ は C^1-微分同相写像とする．$U \subset \mathbb{R}^2$ は $f(U) \subset U$ を満たす有界な開集合として，U の上に f-不変ボレル確率測度 μ が存在するとする．さらに，f のリャプノフ指数は $\chi_1(x) < \chi_2(x)$ $(\mu\text{-a.e.}\,x)$ を満たすとする．このとき μ がエルゴード的であれば，μ に関するペシン集合

$$\Lambda \subset \mathrm{Supp}(\mu)$$

は次の (1)〜(4) を満たす：

(1) $\Lambda_1 \subset \Lambda_2 \subset \cdots \subset \bigcup_{l \geq 1} \Lambda_l = \Lambda$,

(2) $f^{\pm}(\Lambda_l) \subset \Lambda_{l+1}$ $(l \geq 1)$,

(3) 各 Λ_l は閉集合であって, Λ は $\mu(\Lambda) = 1$ を満たす f–不変ボレル集合である,

(4) $\mathbb{R}^2$ の分解 $\mathbb{R}^2 = E_1(x) \oplus E_2(x)$ は Λ_l の上で連続的であり, Λ の上で可測である. $D_x f(E_i(x)) = E_i(f(x))$ $(x \in \Lambda, i = 1, 2)$ を満たす.

定理 4.1.4(4) の分解 $\mathbb{R}^2 = E_1(x) \oplus E_2(x)$ $(x \in \Lambda_l)$ が**連続的** (continuous), または $\boldsymbol{C^0}$**–分解** (C^0–splitting) であるとは, $i = 1, 2$ に対して, $E_i(x)$ の単位ベクトル

$$e_i(x) = a_{i1}(x)e_1 + a_{i2}(x)e_2$$

が連続であることである. ここに $\{e_1, e_2\}$ は $\mathbb{R}^2$ の標準基底である.

注意 4.1.5 μ に関する f のペシン集合 $\Lambda = \bigcup_{l > 0} \Lambda_l$ が $l > 0$ に対して

$$\Lambda = \Lambda_l$$

であるとするとき, Λ は（一様）双曲的である.

証明 Λ は閉集合で $f(\Lambda) = \Lambda$ である. さらに, $x \in \Lambda$ に対して分解 $\mathbb{R}^2 = E_1(x) \oplus E_2(x)$ は連続であって, 各 $E_i(x)$ は $D_x f$–不変である. (4.1.1) により

$$\begin{aligned}
\|D_x f^m_{|E_1(x)}\| &\leq \exp(\varepsilon l) \exp(\chi_1 + \varepsilon)^m, \\
\|D_x f^m_{|E_2(x)}\| &\geq \exp(-\varepsilon l) \exp(\chi_2 - \varepsilon)^m.
\end{aligned} \qquad (x \in \Lambda, \ m \geq 0)$$

□

定理 4.1.4 の証明 (1) は Λ_l の定義から明らかである.
(2) の証明：$x \in f(\Lambda_l)$ とすると, $f^{-1}(x) \in \Lambda_l$ である. よって, (4.1.1) と (4.1.2) を満たす $\mathbb{R}^2$ の分解 $\mathbb{R}^2 = E_1(f^{-1}(x)) \oplus E_2(f^{-1}(x))$ が存在する.

$$E_i(x) = D_{f^{-1}(x)} f(E_i(f^{-1}(x)) \qquad (i = 1, 2)$$

とおく. $0 \neq v \in E_i(x)$, $\tilde{v} = D_x f^{-1}(v)$ とする. $\tilde{v} \in E_i(f^{-1}(x))$ であるから, $m, n \in \mathbb{Z}$ $(m > n)$ に対して

$$\exp(-2\varepsilon(l+1))\exp((\chi_2 - \varepsilon)(m-n) - 2|n|\varepsilon)$$
$$\leq \exp(-2\varepsilon l)\exp((\chi_2 - \varepsilon)((m+1) - (n+1)) - 2|n+1|\varepsilon)$$
$$\leq \frac{\|D_{f^{-1}(x)}f^{m+1}(\tilde{v})\|}{\|D_{f^{-1}(x)}f^{n+1}(\tilde{v})\|} = \frac{\|D_x f^m(v)\|}{\|D_x f^n(v)\|}$$
$$\leq \exp(2\varepsilon l)\exp((\chi_2 + \varepsilon)((m+1) - (n+1)) + 2|n+1|\varepsilon)$$
$$\leq \exp(2\varepsilon(l+1))\exp((\chi_2 + \varepsilon)(m-n) + 2|n|\varepsilon).$$

$n \in \mathbb{Z}$ に対して

$$\sin(\angle(D_x f^n(E_1(x)), D_x f^n(E_2(x))))$$
$$= \sin(\angle(D_{f^{-1}(x)}f^{n+1}(E_1(f^{-1}(x))), D_{f^{-1}(x)}f^{n+1}(E_2(f^{-1}(x)))))$$
$$\geq \exp(-\varepsilon l)\exp(-\varepsilon|n+1|)$$
$$\geq \exp(-\varepsilon(l+1))\exp(-\varepsilon|n|).$$

よって $l+1$ に対して (4.1.1) と (4.1.2) が成り立つ. よって $x \in \Lambda_{l+1}$, すなわち

$$f(\Lambda_l) \subset \Lambda_{l+1}.$$

$f^{-1}(\Lambda_l) \subset \Lambda_{l+1}$ も同様の仕方で示される.

(3) の証明：$\{x_j\}$ は Λ_l に含まれる $x_j \to x$ $(j \to \infty)$ を満たす列とする. このとき, Λ_l が閉集合であることを示すためには $x \in \Lambda_l$ を示せば十分である.

G_1 は 1 次元部分空間からなるグラスマン多様体とする. $E_i(x_j) \in G_1$ であって, G_1 はコンパクトであるから, 部分列 $\{j_k\}$ と $E_i(x) \in G_1$ $(i = 1, 2)$ が存在して

$$E_i(x_{j_k}) \longrightarrow E_i(x) \qquad (k \to \infty)$$

を満たす. すなわち

$$e_i(x_{j_k}) \longrightarrow e_i(x) \qquad (k \to \infty)$$

を満たす単位ベクトル $e_i(x_{j_k}) \in E_i(x_{j_k})$ と $e_i(x) \in \mathbb{R}^2$ が存在する. $E_1(x) = E_2(x)$ とすると, 十分に大きい k に対して $E_1(x_{j_k})$ と $E_2(x_{j_k})$ は (4.1.2) の

$n = 0$ の場合を満たさない. よって, $\mathbb{R}^2 = E_1(x) \oplus E_2(x)$ が成り立つ. $n \in \mathbb{Z}$ に対して
$$D_{x_{j_k}} f^n(E_i(x_{j_k})) \longrightarrow D_x f^n(E_i(x)) \qquad (k \to \infty)$$
であるから, $E_i(x)$ は (4.1.1) と (4.1.2) を満たす. よって $x \in \Lambda_l$ を得る.

Λ_l は閉集合であるから, (1) と (2) により Λ は f–不変ボレル集合である. $\mu(\Lambda) = 1$ は注意 4.1.2 と定理 3.3.5 により明らかである.

(4) の証明: $x \in \Lambda_l$ とする. (2) により, $x, f(x) \in \Lambda_{l+1}$ であるから, (4.1.1) を満たす $\mathbb{R}^2$ の分解
$$\mathbb{R}^2 = E_1(x) \oplus E_2(x) = E_1(f(x)) \oplus E_2(f(x))$$
が存在する. (2) の証明と同様にして
$$\mathbb{R}^2 = D_x f(E_1(x)) \oplus D_x f(E_2(x))$$
は (4.1.1) を満たす分解である. よって, 注意 4.1.3 の分解の一意性により
$$E_i(f(x)) = D_x f(E_i(x)) \qquad (i = 1, 2).$$

最後に連続性を示す. $x_j \in \Lambda_l$ は $x_j \to x \ (j \to \infty)$ を満たすとすると, (3) により $x \in \Lambda_l$ である. よって分解 $\mathbb{R}^2 = E_1(x) \oplus E_2(x)$ が存在する. 列 $\{E_i(x_j)\}$ に対して, $E_i'(x) \in G_1 \ (i = 1, 2)$ が存在して $E_i(x_j) \to E_i'(x) \ (j \to \infty)$ が成り立つ (必要ならば j の部分列を選ぶ). このとき, (3) の証明と同様に $E_i'(x)$ は (4.1.1) を満たす. よって, 注意 4.1.3 により $E_i(x) = E_i'(x)$ が成り立つ. □

定理 4.1.6 f–不変ボレル確率測度 μ にエルゴード性を仮定しない場合に, エルゴード的ボレル確率測度 μ に関するペシン集合が満たす定理 4.1.4(3), (4) の条件を弱め, 次の $(3)'$, $(4)'$ を満たす μ に関するペシン集合 Λ が存在する:

$(3)'$ 各 Λ_l は定理 4.1.4(1), (2) を満たす可測集合であって, $\Lambda = \bigcup_{l \geq 1} \Lambda_l$ は f–不変可測集合で $\mu(\Lambda) = 1$ である,

$(4)'$ $\mathbb{R}^2 = E_1(x) \oplus E_2(x)$ は Λ_l の上で可測で, $D_x f(E_i(x)) = E_i(f(x)) \ (x \in \Lambda, i = 1, 2)$ を満たす.

証明 $\mathcal{E}(f)$ はエルゴード的測度のエルゴード的鉢の和集合とする.すなわち,$\mathcal{E}(f)$ は f–不変ボレル集合であって,$y \in \mathcal{E}(f)$ に対して f–不変ボレル集合

$$\Gamma_y = \{x \in \mathcal{E}(f) \,|\, \mu_x = \mu_y\}$$

は

$$\mu_y(\Gamma_y) = 1, \qquad \mu(E) = \int \mu_y(E)d\mu \qquad (E \in \mathcal{B})$$

を満たし

$$\mathcal{E}(f) = \bigcup_y \Gamma_y, \qquad \Gamma_y \cap \Gamma_{y'} = \emptyset \qquad (\mu_y \neq \mu_{y'}).$$

f–不変ボレル確率測度 μ の代わりに μ_y を用いるとき,μ_y はエルゴード的であるから,μ_y に関する f のリャプノフ指数 $\chi_1(x)$, $\chi_2(x)$ は Γ_y の上で μ_y–a.e. x に関して定数 χ_1, χ_2 である.

$k > 0$ に対して

$$B_k = \left\{x \in \mathcal{E}(f) \,\middle|\, \chi_1(x) < \frac{-1}{k} < 0 < \frac{1}{k} < \chi_2(x)\right\}$$

を定義する.明らかに $f(B_k) = B_k$, $B_k \nearrow \mathcal{E}(f)$ である.ここで,$B_k \supset \Gamma_x$ (μ–a.e.) となる Γ_x の族を I_k で表す.このとき

$$B_k = \bigcup_{I_k} \Gamma_x \qquad \mu\text{–a.e.}$$

を得る.

$$\chi_2(x) - \chi_1(x) \geq \frac{2}{k} \qquad (x \in B_k)$$

であるから,μ–a.e. で $B_k \supset \Gamma_x$ なる Γ_x に μ_x に関するペシン集合を構成するために

$$\frac{2}{k} \geq 2\varepsilon > 0$$

なる ε を用いる.

$l > 0$ に対して (4.1.1), (4.1.2) を満たす点の集合を $\Lambda_{x,l}(\varepsilon)$ で表す.このとき

$$\Lambda_l^{(k)}(\varepsilon) = \bigcup_{I_k} \Lambda_{x,l}(\varepsilon)$$

の閉包 $\mathrm{Cl}(\Lambda_l^{(k)}(\varepsilon))$ は

$$\mathrm{Cl}(\Lambda_l^{(k)}(\varepsilon)) \subset \Lambda_l^{(k)}(2\varepsilon)$$

である．

実際に，$z_q \in \Lambda_l^{(k)}(\varepsilon)$ は $z_q \to z$ ($q \to \infty$) のとき，$z \in \Lambda_l^{(k)}(2\varepsilon)$ であることを示せば十分である．$z_q \in \Lambda_l^{(k)}(\varepsilon)$ であるから，$\Lambda_{x_q,l}(\varepsilon)$ があって $z_q \in \Lambda_{x_q,l}(\varepsilon)$ である．よって $v_q \in E_i(z_q)$ に対して (4.1.1) が成り立つ．すなわち

$$\exp(-2\varepsilon l)\exp((\chi_i(z_q)-\varepsilon)(m-n)-2|n|\varepsilon)$$
$$\leq \frac{\|D_{z_q}f^n(v_q)\|}{\|D_{z_q}f^m(v_q)\|}$$
$$\leq \exp(2\varepsilon l)\exp((\chi_i(z_q)+\varepsilon)(m-n)+2|n|\varepsilon).$$

各 χ_i は本質的に有界であるから，各 $i = 1, 2$ に対して

$$\chi_i(z_q) \longrightarrow \bar{\chi}_i \quad (q \to \infty)$$

であって

$$E_i(z_q) \longrightarrow E_i(z) \quad (q \to \infty)$$

として一般性を失わない．よって十分に大きな q に対して

$$\chi_i(z_q) - \varepsilon \leq \bar{\chi}_i \leq \chi_i(z_q) + \varepsilon$$

であるから，$v \in E_i(z)$ に対して

$$\exp(-4\varepsilon l)\exp((\chi_i(z_q)-2\varepsilon)(m-n)-4|n|\varepsilon)$$
$$\leq \frac{\|D_z f^n(v)\|}{\|D_z f^m(v)\|}$$
$$\leq \exp(4\varepsilon l)\exp((\chi_i(z_q)-2\varepsilon)(m-n)-4|n|\varepsilon),$$
$$\sin(\angle D_z f^n(E_1(z)), D_z f^n(E_2(z)))$$
$$\geq \exp(-2\varepsilon l)\exp(2\varepsilon|n|)$$

が成り立つ．よって

$$z \in \Lambda_l^{(k)}(2\varepsilon)$$

を得る．

$$\Lambda_l(2\varepsilon) = \bigcup_{l>0} \mathrm{Cl}(\Lambda_l^{(k)}(\varepsilon))$$

は可測で，$\Lambda = \bigcup_{l>0} \Lambda_l(2\varepsilon)$ は (3)′, (4)′ を満たす． □

特別な場合を除いてこの章の最後まで，f–不変ボレル確率測度 μ はエルゴード的であると仮定する．

注意 4.1.7 $x \in \Lambda_l$ とすると, $\mathbb{R}^2 = E_1(x) \oplus E_2(x)$ を満たす部分空間 $E_1(x)$, $E_2(x)$ があって, $i = 1, 2$ と $m > 0$ に対して

$$\exp(-2\varepsilon l)\exp(m(\chi_i - \varepsilon)) \leq \|D_x f^m|_{E_i(x)}\| \leq \exp(2\varepsilon l)\exp(m(\chi_i + \varepsilon)),$$
$$\exp(-2\varepsilon l)\exp(-m(\chi_i + \varepsilon)) \leq \|D_x f^{-m}|_{E_i(x)}\|$$
$$\leq \exp(2\varepsilon l)\exp(-m(\chi_i - \varepsilon)),$$
$$\sin(\angle(E_1(x), E_2(x))) \geq \exp(-\varepsilon l)$$

が成り立つ.

$\mathbb{R}^2$ の部分空間 $E_1(x)$, $E_2(x)$ は通常の内積 $\langle \cdot, \cdot \rangle$ に関して直交しているか否かは保証されない. そこで, それらが直交するように新しい内積 $\langle \cdot, \cdot \rangle_{L,x}$ を次のように導入する:

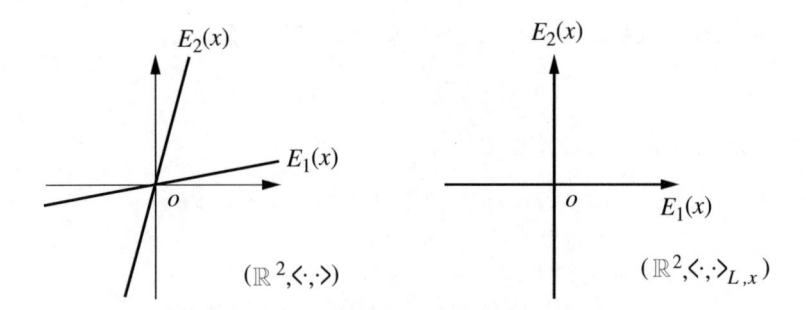

図 4.1.1

$x \in \Lambda$ を固定する. $u_i, v_i \in E_i(x)$ $(i = 1, 2)$ に対して $u = u_1 + u_2$, $v = v_1 + v_2 \in \mathbb{R}^2$ と表し

$$\langle u, v \rangle_{L,x} = \sum_{i=1}^{2} \sum_{n=-\infty}^{\infty} \exp(-2n\chi_i - 8|n|\varepsilon)\langle D_x f^n(u_i), D_x f^n(v_i)\rangle, \quad (4.1.3)$$
$$\|u\|_{L,x} = \langle u, u \rangle_{L,x}^{\frac{1}{2}}$$

を定義する.

命題 4.1.8 $x \in \Lambda$ に対して

(1) $\langle \cdot, \cdot \rangle_{L,x}$ はうまく定義され $\mathbb{R}^2$ の内積である.

(2) $\langle \cdot, \cdot \rangle_{L,x}$ に関して, $E_1(x)$ と $E_2(x)$ は直交 $(E_1(x) \perp E_2(x))$ する.

(3) $l \geq 1$ に対して, $\Lambda_l \ni x \mapsto \langle \cdot, \cdot \rangle_{L,x}$ は連続である.

$x \in \Lambda$ に対して $\mathbb{R}^2$ の内積 $\langle \cdot, \cdot \rangle_{L,x}$ を**リャプノフ計量** (Lyapunov metric) という.

(3) の連続性は次のように定義されている:
$x \in \Lambda_l$ と x に収束する点列 $x_m \in \Lambda_l$ に対して

$$\sup_{u,v \in \mathbb{R}^2, \|u\|=\|v\|=1} |\langle u, v \rangle_{L,x_m} - \langle u, v \rangle_{L,x}| \longrightarrow 0 \quad (m \to \infty)$$

が成り立つとき, $\Lambda_l \ni x \mapsto \langle \cdot, \cdot \rangle_{L,x}$ は**連続** (continuous) であるという.

命題 4.1.8 の証明 (1) の証明:$x \in \Lambda$ であるから, $l \geq 1$ があって $x \in \Lambda_l$ である. u, v は $u = u_1 + u_2$, $v = v_1 + v_2$ $(u_i, v_i \in E_i(x))$ を満たすベクトルとする. $n \in \mathbb{Z}$ に対して

$$|\exp(-2n\chi_i - 8|n|\varepsilon)\langle D_x f^n(u_i), D_x f^n(v_i)\rangle|$$
$$\leq \exp(-2n\chi_i - 8|n|\varepsilon)\|D_x f^n(u_i)\|\|D_x f^n(v_i)\|$$
$$\quad (\text{シュワルツ (Schwartz) の不等式により})$$
$$= (*).$$

定理 1.6.6 により, $n \geq 0$ の場合:

$$(*) \leq \exp(-2n\chi_i - 8n\varepsilon)\exp(2\varepsilon l)\exp((\chi_i + \varepsilon)n)\|u_i\|$$
$$\times \exp(2\varepsilon l)\exp((\chi_i + \varepsilon)n)\|v_i\|$$
$$\leq \exp(4\varepsilon l - 6n\varepsilon)\|u_i\|\|v_i\|. \tag{4.1.4}$$

$n < 0$ の場合:

$$(*) \leq \exp(-2n\chi_i + 8n\varepsilon)\exp(2\varepsilon l)\exp((\chi_i - \varepsilon)n)\|u_i\|$$
$$\times \exp(2\varepsilon l)\exp((\chi_i - \varepsilon)n)\|v_i\|$$
$$\leq \exp(4\varepsilon l + 6n\varepsilon)\|u_i\|\|v_i\|$$
$$= \exp(4\varepsilon l - 6|n|\varepsilon)\|u_i\|\|v_i\|. \tag{4.1.5}$$

ここで

$$\left| \sum_{i=1}^{2} \sum_{n=-\infty}^{\infty} \exp(-2n\chi_i - 8|n|\varepsilon) \langle D_x f^n(u_i), D_x f^n(v_i) \rangle \right| \quad (4.1.6)$$

$$\leq \sum_{i=1}^{2} \sum_{n=-\infty}^{\infty} |\exp(-2n\chi_i - 8|n|\varepsilon) \langle D_x f^n(u_i), D_x f^n(v_i) \rangle|$$

$$\leq \exp(4\varepsilon l) \sum_{i=1}^{2} \|u_i\| \|v_i\| \sum_{n=-\infty}^{\infty} \exp(-6|n|\varepsilon)$$

$$< \infty$$

であるから

$$|\langle u, v \rangle_{L,x}| = (4.1.6)$$

とおくと $\langle u, v \rangle_{L,x}$ は $\mathbb{R}^2$ の内積であることは容易に確かめることができる.

(2) の証明: $\mathbb{R}^2 = E_1(x) \oplus E_2(x)$ であるから, $u \in E_1(x)$ と $v \in E_2(x)$ に対して, $u = u_1 + 0, v = 0 + v_2$ と表す. $D_x f(0) = 0$ であるから

$$\langle u, v \rangle_{L,x} = \sum_{n=-\infty}^{\infty} \exp(-2n\chi_1 - 8|n|\varepsilon) \langle D_x f^n(u_1), D_x f^n(0) \rangle$$

$$+ \sum_{n=-\infty}^{\infty} \exp(-2n\chi_2 - 8|n|\varepsilon) \langle D_x f^n(0), D_x f^n(v_2) \rangle$$

$$= 0.$$

(3) の証明: $l > 0$, $x_0 \in \Lambda_l$ と x_0 に収束する点列を $x_m \in \Lambda_l$ ($m \geq 1$) を固定する. $\|u\| = 1$, $\|v\| = 1$ を満たす $u, v \in \mathbb{R}^2$ に対して

$$\begin{aligned} u &= u_1^m + u_2^m \quad (u_i^m \in E_i(x_m), \ i=1,2), \\ v &= v_1^m + v_2^m \quad (v_i^m \in E_i(x_m), \ i=1,2) \end{aligned} \quad (m \geq 0) \quad (4.1.7)$$

とする.

$\rho > 0$ に対して, $N > 0$ と $\delta > 0$ は

$$\sum_{n=N}^{\infty} \exp(4\varepsilon l - 6|n|\varepsilon)(\|u_i^0\| + \delta)(\|v_i^0\| + \delta) \leq \frac{\rho}{10},$$

$$\sum_{n=-N+1}^{N-1} \exp(-2n\chi_i - 8|n|\varepsilon)\delta \leq \frac{\rho}{10}$$

を満たすとする．$E_i(x_m) \to E_i(x_0) \ (m \to \infty)$ であるから，$m_0 > 0$ が存在して，$m \geq m_0$ ならば

$$\|u_i^m\| \leq \|u_i^0\| + \delta, \qquad \|v_i^m\| \leq \|v_i^0\| + \delta,$$
$$|\langle D_{x_0}f^n(u_i^0), D_{x_0}f^n(v_i^0)\rangle - \langle D_{x_m}f^n(u_i^m), D_{x_m}f^n(v_i^m)\rangle| \leq \delta$$
$$(-N < n < N, \ i = 1, 2)$$

が成り立つ．このとき，(4.1.4) と (4.1.5) により $m = 0$ または $m \geq m_0$ に対して

$$\sum_{n=N}^{\infty} |\exp(-2n\chi_i - 8|n|\varepsilon)\langle D_{x_m}f^n(u_i^m), D_{x_m}f^n(v_i^m)\rangle| \leq \frac{\rho}{10},$$
$$\sum_{n=-\infty}^{-N} |\exp(-2n\chi_i - 8|n|\varepsilon)\langle D_{x_m}f^n(u_i^m), D_{x_m}f^n(v_i^m)\rangle| \leq \frac{\rho}{10}$$

が成り立つ．よって

$$|\langle u, v\rangle_{L,x_0} - \langle u, v\rangle_{L,x_m}| \leq \rho.$$

(3) が示された． □

命題 4.1.9 $x \in \Lambda$ とする．このとき

(1) $v \in E_i(x) \setminus \{0\}$ に対して

$$\exp(\chi_i - 4\varepsilon) \leq \frac{\|D_x f(v)\|_{L,f(x)}}{\|v\|_{L,x}} \leq \exp(\chi_i + 4\varepsilon).$$

(2) $C \geq 1$ が存在して，$x \in \Lambda_l, v \in \mathbb{R}^2 \setminus \{0\}$ に対して

$$C^{-1} \leq \frac{\|v\|_{L,x}}{\|v\|} \leq C\exp(3\varepsilon l).$$

ここに，C は点 x が属する Λ_l に依存しないことに注意する．

証明 (1) の証明：$v \in E_i(x) \setminus \{0\}$ に対して

$$\langle D_x f(v), D_x f(v)\rangle_{L,f(x)} = \|D_x f(v)\|_{L,f(x)}^2.$$

196　第 4 章　非線形写像の局所線形化

$D_{f(x)}f^n(D_xf(v)) = D_xf^{n+1}(v)$ であるから

$$\|D_xf(v)\|^2_{L,f(x)}$$
$$= \sum_{n=-\infty}^{\infty} \exp(-2n\chi_i - 8|n|\varepsilon)\langle D_{f(x)}f^n(D_xf(v)),\ D_{f(x)}f^n(D_xf(v))\rangle$$
$$= \sum_{n=-\infty}^{\infty} \exp(-2n\chi_i - 8|n|\varepsilon)\langle D_xf^{n+1}(v),\ D_xf^{n+1}(v)\rangle$$
$$= \sum_{n=-\infty}^{\infty} \exp(-2(n-1)\chi_i - 8|n-1|\varepsilon)\langle D_xf^n(v),\ D_xf^n(v)\rangle$$
$$\leq \sum_{n=-\infty}^{\infty} \exp(2\chi_i + 8\varepsilon)\exp(-2n\chi_i - 8|n|\varepsilon)\langle D_xf^n(v),\ D_xf^n(v)\rangle$$
$$\leq \exp(2\chi_i + 8\varepsilon)\|v\|^2_{L,x}.$$

他方の不等式も同様に示すことができる．

　(2) の証明：$v \in \mathbb{R}^2$ に対して $v = v_1 + v_2$ ($v_i \in E_i(x)$, $i = 1,2$) と表し，$v_1 \neq 0$, $v_2 \neq 0$ の場合を証明する．

$$\frac{1}{2}\|v\| \leq \|v_i\| \leq \|v\|\left(\sin(\angle(E_1(x), E_2(x)))\right)^{-1}$$

を満たす i が存在する．

　実際に，$\theta = \angle(E_1(x), E_2(x))$ とおくと

$$\|v\|^2 = \|v_1\|^2 + \|v_2\|^2 + 2\|v_1\|\|v_2\|\cos\theta$$
$$\leq (\|v_1\| + \|v_2\|)^2.$$

よって，$\|v\| \leq 2\|v_i\|$ を満たす i が存在する．

　後半の不等式は，$i = 1$ の場合に

$$\|v_1\|\sin(\angle(F_1(x), F_2(x)) = \|v\|\sin(\angle(E_2(x), \langle v\rangle)) \leq \|v\|$$

から求まる．$i = 2$ の場合も同様である．

　$\|\cdot\|_{L,x}$ の定義により

$$\|v\| \leq 2\|v_i\| \leq 2\|v_i\|_{L,x} \leq 2\|v\|_{L,x}$$

であるから

$$\frac{1}{2} \leq \frac{\|v\|_{L,x}}{\|v\|}.$$

他方において，(4.1.6) と同様にして

$$||v_i||_{L,x}^2 = \sum_{n=-\infty}^{\infty} \exp(-2n\chi_i - 8|n|\varepsilon)||D_x f^n(v_i)||^2$$

$$\leq \exp(4\varepsilon l) \left(\sum_{n=-\infty}^{\infty} \exp(-6|n|\varepsilon) \right) ||v_i||^2$$

$$\leq \exp(4\varepsilon l) \left(\sum_{n=-\infty}^{\infty} \exp(-6|n|\varepsilon) \right) ||v||^2 (\sin(\angle(E_1(x), E_2(x))))^{-2}$$

$$\leq \exp(6\varepsilon l) \left(\sum_{n=-\infty}^{\infty} \exp(-6|n|\varepsilon) \right) ||v||^2 \quad ((4.1.2) \text{により}).$$

$C = \max\left\{2, \left(\sum_{n=-\infty}^{\infty} \exp(-2|n|\varepsilon)\right)^{\frac{1}{2}}\right\}$ とおけば，(2) が求まる．C は点 x の属する Λ_l に依存しない． □

$x \in \Lambda$ に対して

$$\begin{aligned} \tilde{\gamma}(x) &= \sup_{0 \neq u \in \mathbb{R}^2} \frac{||u||_{L,x}}{||u||}, \\ \gamma(x) &= \sum_{n=-\infty}^{\infty} \exp(-4|n|\varepsilon)\tilde{\gamma}(f^n(x)) \end{aligned} \quad (4.1.8)$$

とおく．このとき $0 < \tilde{\gamma}(x) \leq \gamma(x) < \infty$ である．

実際に，$x \in \Lambda$ であるから，$l > 0$ があって $x \in \Lambda_l$ である．$n \in \mathbb{Z}$ に対して $f^n(x) \in \Lambda_{l+|n|}$ であるから，命題 4.1.9(2) により

$$C^{-1} \leq \tilde{\gamma}(f^n(x)) \leq C \exp(3\varepsilon(l + |n|))$$

である．よって

$$C^{-1} \leq \tilde{\gamma}(x) \leq \gamma(x) \leq \sum_{n=-\infty}^{\infty} \exp(-4|n|\varepsilon) C \exp(3\varepsilon(l + |n|))$$

$$\leq C \exp(3\varepsilon l) \sum_{n=-\infty}^{\infty} \exp(-|n|\varepsilon) < \infty. \quad (4.1.9)$$

命題 4.1.10 $l \geq 1$ に対して，次の (1), (2) が成り立つ：

(1) $\Lambda_l \ni x \mapsto \tilde{\gamma}(x)$ は連続である.

(2) $\Lambda_l \ni x \mapsto \gamma(x)$ は連続であって
$$\exp(-4\varepsilon)\gamma(x) < \gamma(f^{\pm 1}(x)) < \exp(4\varepsilon)\gamma(x).$$

証明 (1) の証明:$x_m \in \Lambda_l$ は $x_0 \in \Lambda_l$ に収束する点列とし,$\tilde{\gamma}(x_m) \to \gamma$ とする.このとき,命題 4.1.9(2) により
$$C^{-1} \le \gamma \le C\exp(3\varepsilon l)$$
である.$\tilde{\gamma}(x_0) = \gamma$ を示せば (1) が得られる.

$u/\|u\|$ は $\mathbb{R}^2$ の原点 o を中心とした半径 1 の円周 S^1 の上の点であるから,$u_0 \in S^1$ があって
$$\tilde{\gamma}(x_0) = \max_{u \in \mathbb{R}^2,\ \|u\|=1} \|u\|_{L,x_0} = \|u_0\|_{L,x_0}.$$

命題 4.1.8(3) により,$\|u\|_{L,x}$ は x に関して連続であるから
$$\|u_0\|_{L,x_m} \longrightarrow \|u_0\|_{L,x_0} \quad (m \to \infty).$$

よって
$$\gamma \ge \tilde{\gamma}(x_0)$$
が成り立つ.

$u_m \in S^1$ は
$$\tilde{\gamma}(x_m) = \|u_m\|_{L,x_m}$$
を満たすベクトルとする.S^1 はコンパクト集合であるから,$u_m \to u\ (m \to \infty)$ を満たす $u \in \mathbb{R}^2$ が存在する(必要ならば部分列を選ぶ).このとき
$$\|u_m\|_{L,x_m} \longrightarrow \|u\|_{L,x_0} \quad (m \to \infty) \qquad (4.1.10)$$
が成り立つ.

実際に,$\|u^\perp\| = 1$ を満たす $u^\perp \in \langle u \rangle^\perp$ を選び固定する.このとき
$$u_m = a_m u + b_m u^\perp$$

を満たす $a_m, b_m \in \mathbb{R}$ が存在する. $u_m \to u$ であるから

$$a_m \longrightarrow 1, \qquad b_m \longrightarrow 0 \quad (m \to \infty)$$

が成り立ち, $x_m \to x_0$ であるから

$$\|u\|_{L,x_m} \longrightarrow \|u\|_{L,x_0}, \qquad \|u^\perp\|_{L,x_m} \longrightarrow \|u^\perp\|_{L,x_0} \quad (m \to \infty)$$

が成り立つ. よって

$$\begin{aligned}
\|u_m\|_{L,x_m}^2 &= \|a_m u + b_m u^\perp\|_{L,x_m}^2 \\
&= \langle a_m u + b_m u^\perp, a_m u + b_m u^\perp \rangle_{L,x_m} \\
&= a_m^2 \|u\|_{L,x_m}^2 + b_m^2 \|u^\perp\|_{L,x_m}^2 \\
&\longrightarrow \|u\|_{L,x_0}^2.
\end{aligned}$$

(4.1.10) が示された.

(4.1.10) により

$$\tilde{\gamma}(x_0) \geq \|u\|_{L,x_0} = \lim_{m \to \infty} \|u_m\|_{L,x_m} = \gamma$$

である. よって $\tilde{\gamma}(x_0) = \gamma$ が成り立つ.

(2) の証明：命題 4.1.9(2) により, $C > 0$ があって $x \in \Lambda_l$, $0 \neq v \in \mathbb{R}^2$ に対して

$$\frac{\|v\|_{L,x}}{\|v\|} \leq C \exp(3\varepsilon l)$$

であるから, 級数 $\sum_{n=-\infty}^{\infty} \exp(-4|n|\varepsilon)\tilde{\gamma}(f^n(x))$ は一様収束する. よって, $\gamma(x)$ は連続である.

(4.1.8) により

$$\begin{aligned}
\gamma(f(x)) &= \sum_{n=-\infty}^{\infty} \exp(-4|n|\varepsilon)\tilde{\gamma}(f^{n+1}(x)) \\
&= \sum_{n=-\infty}^{\infty} \exp(-4|n-1|\varepsilon)\tilde{\gamma}(f^n(x)) \\
&\leq \sum_{n=-\infty}^{\infty} \exp(-4|n|\varepsilon + 4\varepsilon)\tilde{\gamma}(f^n(x)) \\
&= \exp(4\varepsilon) \sum_{n=-\infty}^{\infty} \exp(-4|n|\varepsilon)\tilde{\gamma}(f^n(x)) \\
&= \exp(4\varepsilon)\gamma(x).
\end{aligned}$$

他方の不等式も同様に示される. □

$\mathbb{R}^2$ に通常の内積 $\langle\cdot,\cdot\rangle$ によってノルム $\|\cdot\|$ が導入されていた.$D>0$ と $x\in\Lambda$ を固定し,$\mathbb{R}^2$ に新しい内積 $\langle\cdot,\cdot\rangle_x$ とノルム $\|\cdot\|_x$ を

$$\begin{aligned}\langle u,v\rangle_x &= \gamma(x)^4 D^2 \langle u,v\rangle_{L,x} \qquad (u,v\in\mathbb{R}^2),\\ \|u\|_x &= \langle u,u\rangle_x^{\frac{1}{2}} = \gamma(x)^2 D\|u\|_{L,x}\end{aligned} \qquad(4.1.11)$$

によって定義する.

注意 4.1.11 次節の定理 4.2.5 において,D の役割が確定される.

命題 4.1.12 次の (1)〜(4) が成り立つ:

(1) $x\in\Lambda$ と,$v\in E_i(x)\setminus\{0\}$ に対して

$$\exp(\chi_i-12\varepsilon)\leq \frac{\|D_xf(v)\|_{f(x)}}{\|v\|_x}\leq \exp(\chi_i+12\varepsilon).$$

(2) $\langle\cdot,\cdot\rangle_x$ に関して,$E_1(x)$ と $E_2(x)$ は直交 $(E_1(x)\perp E_2(x))$ する.

(3) $l\geq 1$ に対して,$\Lambda_l\ni x\mapsto \langle\cdot,\cdot\rangle_x$ は連続である.

(4) $C'\geq 1$ が存在して,$x\in\Lambda_l, v\in\mathbb{R}^2\setminus\{0\}$ に対して

$$C'^{-1}\leq \frac{\|v\|_x}{\|v\|}\leq C'\exp(9\varepsilon l).$$

C' は点 x の属する Λ_l に依存しない.

証明 (1) の証明:$x\in\Lambda$ とする.$v\in E_i(x)\setminus\{0\}$ に対して

$$\begin{aligned}\|D_xf(v)\|_{f(x)} &= \gamma(f(x))^2 D\|D_xf(v)\|_{L,f(x)} \qquad ((4.1.11)\text{ により})\\ &\leq (\exp(4\varepsilon)\gamma(x))^2 D\exp(\chi_i+4\varepsilon)\|v\|_{L,x}\\ &\qquad\qquad (\text{命題 }4.1.10(2),\ 4.1.9(1)\text{ により})\\ &= \exp(\chi_i+12\varepsilon)\|v\|_x \qquad ((4.1.11)\text{ により}).\end{aligned}$$

他方の不等式も同様に示される.よって (1) が成り立つ.

(2) は命題 4.1.8(2), (4.1.11) により明らかである．命題 4.1.8(3) と命題 4.1.10(2) により

$$x \longmapsto \langle \cdot, \cdot \rangle_{L,x}, \qquad x \longmapsto \gamma(x)$$

は連続である．よって (3) を得る．

(4) の証明：$C > 1$ は命題 4.1.9(2) を満たしているとする．このとき

$$
\begin{aligned}
C^{-3}D\|v\| \leq C^{-1}\gamma(x)^2 D\|v\| & \quad ((4.1.9) \text{ により}) \\
\leq \gamma(x)^2 D\|v\|_{L,x} & \quad (\text{命題 } 4.1.9(2) \text{ により}) \\
= \|v\|_x & \\
\leq C^2 \exp(6\varepsilon l) \left\{ \sum_{n=-\infty}^{\infty} \exp(-|n|\varepsilon) \right\}^2 & DC\exp(3\varepsilon l)\|v\| \\
& ((4.1.9), \text{命題 } 4.1.9(2) \text{ により})．
\end{aligned}
$$

よって

$$C' = \max\left\{ C^3 D^{-1}, C^3 D \left\{ \sum_{n=-\infty}^{\infty} \exp(-|n|\varepsilon) \right\}^2 \right\} \quad (4.1.12)$$

とおけば (4) の不等式が成り立つ． □

4.2 リャプノフ座標系

$f : \mathbb{R}^2 \to \mathbb{R}^2$ は C^1-微分同相写像であるとする．この節の主定理 4.2.5 を証明するために，f は C^2-微分同相写像でなければならない．リャプノフ座標系は局所（不）安定多様体を構成するときに用いられる．

$\mathbb{R}^2$ の有界な開集合 U が $f(U) \subset U$ を満たすとする．μ は U の上の f-不変ボレル確率測度として，エルゴード的であるとする．χ_1, χ_2 は μ に関する f のリャプノフ指数で $\chi_1 < \chi_2$ (μ–a.e.) であるとする．$\mathbb{R}^2$ に通常の内積を導入し，それからノルムを導く．それらを $\langle \cdot, \cdot \rangle$, $\|\cdot\|$ で表す．

$6\varepsilon < \chi_2 - \chi_1$ を満たす $\varepsilon > 0$ を選び，μ に関する f のペシン集合を

$$\Lambda = \bigcup_{l=1}^{\infty} \Lambda_l = \bigcup_{l=1}^{\infty} \Lambda_l(\chi_1, \chi_2, \varepsilon)$$

と表す．$\Lambda \subset \mathrm{Supp}(\mu)$ であることに注意する．

μ に関する f のリャプノフ指数 χ_1 と χ_2 の関係は次のように分類される：

(1) $\chi_1 \leq 0 < \chi_2$,

(2) $\chi_1 < 0 \leq \chi_2$,

(3) $\chi_1 < 0, \chi_2 < 0 \quad (\chi_1 < \chi_2 < 0)$,

(4) $\chi_1 > 0, \chi_2 > 0 \quad (0 < \chi_1 < \chi_2)$,

(3) は f を f^{-1} に置き換えると (4) の場合である．(1) と (2) の関係も同じである．よって，(1) と (3) の場合に f の振る舞いを調べることになる．

補題 4.2.1 $x \in \Lambda$ に対して $\langle \cdot, \cdot \rangle_x$ は (4.1.11) のように定義された $\mathbb{R}^2$ の上の内積とする．このとき，$x \in \Lambda_l$ に対して，線形写像 $\tau_x : (\mathbb{R}^2, \langle \cdot, \cdot \rangle) \to (\mathbb{R}^2, \langle \cdot, \cdot \rangle_x)$ が存在して次を満たす：

(1) $\tau_x(\mathbb{R} \times \{0\}) = E_1(x), \quad \tau_x(\{0\} \times \mathbb{R}) = E_2(x)$.

(2) $\tau_x : (\mathbb{R}^2, \langle \cdot, \cdot \rangle) \to (\mathbb{R}^2, \langle \cdot, \cdot \rangle_x)$ は等長的である．

(3) x の十分に小さい近傍 V があって，$x_m \in V$ が x に収束するときに

$$\sup_{v \in \mathbb{R}^2, \, \|v\|=1} \|\tau_{x_m}(v) - \tau_x(v)\| \longrightarrow 0 \quad (m \to \infty)$$

が成り立つ．

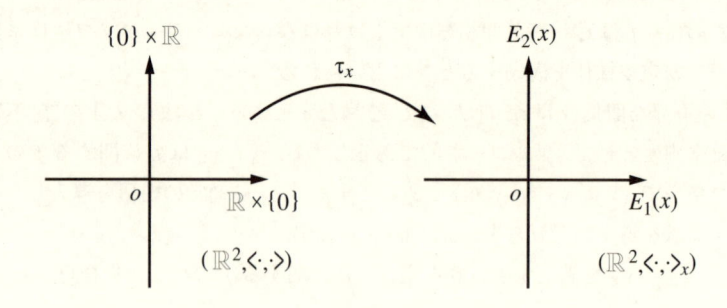

図 4.2.1

線形写像 $\tau_x : (\mathbb{R}^2, \langle \cdot, \cdot \rangle) \to (\mathbb{R}^2, \langle \cdot, \cdot \rangle_x)$ が (3) を満たすとき $V \ni x \mapsto \tau_x$ は**連続** (continuous) であるという．

補題 4.2.1 の証明 分解 $E_1(x) \oplus E_2(x)$ $(x \in \Lambda_l)$ は連続的であるから，連続な単位ベクトル $e_i(x)$ $(i = 1, 2)$ が存在して

$$\langle e_i(x) \rangle = E_i(x), \qquad \|e_i(x)\|_x = 1 \quad (x \in V)$$

が成り立つ．標準基底 $\{e_1, e_2\}$ と基底 $\{e_1(x), e_2(x)\}$ に基づいて $\tau_x : \mathbb{R}^2 \to \mathbb{R}^2$ を

$$\tau_x(v) = \begin{pmatrix} e_{11}(x) & e_{21}(x) \\ e_{12}(x) & e_{22}(x) \end{pmatrix} \begin{pmatrix} v_1 \\ v_2 \end{pmatrix} = v_1 e_1(x) + v_2 e_2(x) \quad (v = (v_1, v_2) \in \mathbb{R}^2)$$

によって定義する．ここに (v_1, v_2) は $\mathbb{R}^2$ の標準基底による座標を表す．このとき，τ_x は明らかに (1) を満たす．命題 4.1.12(2) により，$\langle e_1(x), e_2(x) \rangle_x = 0$ であるから $u = (u_1, u_2), v = (v_1, v_2) \in \mathbb{R}^2$ に対して

$$\begin{aligned} \langle \tau_x(u), \tau_x(v) \rangle_x &= \langle u_1 e_1(x) + u_2 e_2(x), \ v_1 e_1(x) + v_2 e_2(x) \rangle_x \\ &= \langle u_1 e_1(x), \ v_1 e_1(x) \rangle_x + \langle u_2 e_2(x), \ v_2 e_2(x) \rangle_x \\ &= u_1 v_1 + u_2 v_2 = \langle u, v \rangle. \end{aligned}$$

よって (2) が求まる．

$x_m \in V \cap \Lambda_l$ が $x \in \Lambda_l$ に収束するとする．このとき，$\rho > 0$ に対して m が十分に大きければ

$$\|e_1(x_m) - e_1(x)\| \le \frac{\rho}{2}, \qquad \|e_2(x_m) - e_2(x)\| \le \frac{\rho}{2}$$

が成り立つ．$\|v\| = 1$ を満たす $v \in \mathbb{R}^2$ を (v_1, v_2) で表す．このとき，$|v_1| \le 1, |v_2| \le 1$ であるから

$$\begin{aligned} \|\tau_{x_m}(v) - \tau_x(v)\| &= \|v_1(e_1(x_m) - e_1(x)) + v_2(e_2(x_m) - e_2(x))\| \\ &\le |v_1| \|e_1(x_m) - e_1(x)\| + |v_2| \|e_2(x_m) - e_2(x)\| \\ &\le \rho. \end{aligned}$$

よって (3) が得られた． $\square$

$\mathbb{R}^2$ の標準基底による τ_x $(x \in \Lambda)$ の行列表示

$$\tau_x = \begin{pmatrix} e_{11}(x) & e_{12}(x) \\ e_{21}(x) & e_{22}(x) \end{pmatrix}$$

に対して
$$\det(\tau_x) \neq 0$$
である.各 $e_{i1}(x)$, $e_{i2}(x)$ は Λ_l ($l > 0$) の上で連続である.

$x \in \Lambda$ に対して,$\tau_x : (\mathbb{R}^2, \langle \cdot, \cdot \rangle) \to (\mathbb{R}^2, \langle \cdot, \cdot \rangle_x)$ を補題 4.2.1 の線形写像とし,アフィン変換 $\Phi_x : (\mathbb{R}^2, \langle \cdot, \cdot \rangle) \to (\mathbb{R}^2, \langle \cdot, \cdot \rangle_x)$ を

$$\Phi_x(v) = \tau_x(v) + x \qquad (v \in \mathbb{R}^2)$$

によって定義する.$f_x : (\mathbb{R}^2, \langle \cdot, \cdot \rangle) \to (\mathbb{R}^2, \langle \cdot, \cdot \rangle)$ を

$$f_x = \Phi_{f(x)}^{-1} \circ f \circ \Phi_x \tag{4.2.1}$$

によって定義する.τ_x は x に関して Λ_l の上で連続であるから,f_x も x に関して Λ_l の上で連続であって

$$f_x(0) = 0$$

が成り立ち,次の図式は可換になる:

$$\begin{CD}
(\mathbb{R}^2, \langle \cdot, \cdot \rangle) @>{f_x}>> (\mathbb{R}^2, \langle \cdot, \cdot \rangle) \\
@V{\Phi_x}VV @VV{\Phi_{f(x)}}V \\
(\mathbb{R}^2, \langle \cdot, \cdot \rangle_x) @>>{f}> (\mathbb{R}^2, \langle \cdot, \cdot \rangle_{f(x)})
\end{CD} \tag{4.2.2}$$

$(\mathbb{R}^2, \langle \cdot, \cdot \rangle_x)$ $(x \in \Lambda)$ を $(\mathbb{R}^2, \langle \cdot, \cdot \rangle)$ の**リャプノフ座標系** (Lyapunov coordinate) という.

$n > 0$ に対して

$$\begin{aligned}
f_x^n &= \Phi_{f^n(x)}^{-1} \circ f^n \circ \Phi_x \\
&= f_{f^{n-1}(x)} \circ \cdots \circ f_x \\
f_x^{-n} &= \Phi_{f^{-n}(x)}^{-1} \circ f^{-n} \circ \Phi_x \\
&= f_{f^{n-1}(x)}^{-1} \circ \cdots \circ f_x^{-1}
\end{aligned}$$

とおく.

Φ_x は線形写像 τ_x と平行移動の合成であるから,Φ_x の $\mathbb{R}^2$ の原点 o での微分

(フレシェ (Fréchet) 微分) は $D_0\Phi_x = \tau_x$ である．よって

$$\begin{array}{ccc} (\mathbb{R}^2, \langle \cdot, \cdot \rangle) & \xrightarrow{D_0 f_x} & (\mathbb{R}^2, \langle \cdot, \cdot \rangle) \\ {\scriptstyle \tau_x}\downarrow & & \downarrow{\scriptstyle \tau_{f(x)}} \\ (\mathbb{R}^2, \langle \cdot, \cdot \rangle_x) & \xrightarrow{D_x f} & (\mathbb{R}^2, \langle \cdot, \cdot \rangle_{f(x)}) \end{array} \qquad D_0 f_x = \tau_{f(x)}^{-1} \circ D_x f \circ \tau_x : \mathbb{R}^2 \to \mathbb{R}^2$$

が成り立つ．

定理 4.2.2 (リャプノフ座標系) 次が成り立つ：

$x \in \Lambda$ に対して

(1) $u \in \mathbb{R} \times \{0\}$ ($u \neq 0$) に対して

$$\exp(\chi_1 - 12\varepsilon) \leq \frac{\|D_0 f_x(u)\|}{\|u\|} \leq \exp(\chi_1 + 12\varepsilon).$$

(2) $u \in \{0\} \times \mathbb{R}$ ($u \neq 0$) に対して

$$\exp(\chi_2 - 12\varepsilon) \leq \frac{\|D_0 f_x(u)\|}{\|u\|} \leq \exp(\chi_2 + 12\varepsilon).$$

(3) $C' > 1$ が存在して $x \in \Lambda_l$，$v, u \in \mathbb{R}^2$ に対して

$$C'^{-1}\|\tau_x(u) - \tau_x(v)\| \leq \|u - v\| \leq C'\exp(9\varepsilon l)\|\tau_x(u) - \tau_x(v)\|.$$

ここに，C' は点 x の属する Λ_l にも依存しない．

証明 (1) の証明：$u = (u_1, 0) \in \mathbb{R} \times \{0\}$ のとき，$\tau_x(u) \in E_1(x)$ であるから

$$\begin{aligned} \|D_0 f_x(u)\| &= \|\tau_{f(x)}^{-1} \circ D_x f \circ \tau_x(u)\| \\ &= \|D_x f(\tau_x(u))\|_{f(x)} \quad \text{(補題 4.2.1(2) により)} \\ &\leq \exp(\chi_1 + 12\varepsilon)\|\tau_x(u)\|_x \quad \text{(命題 4.1.12(1) により)} \\ &= \exp(\chi_1 + 12\varepsilon)\|u\| \quad \text{(補題 4.2.1(2) により)}. \end{aligned}$$

他方の不等式も同様に示すことができる．

(2) の証明：(1) と同様にして示すことができる．

(3) の証明：補題 4.2.1(2) により

$$||u-v|| = ||\tau_x(u-v)||_x = ||\tau_x(u) - \tau_x(v)||_x \qquad (u,v \in \mathbb{R}^2)$$

が成り立つから，命題 4.1.12(4) により明らかである． □

注意 4.2.3 f のリャプノフ指数が $\chi_1 < \chi_2 < 0$ を満たすとき，$x \in \Lambda$ と $0 \neq u \in \mathbb{R}^2$ に対して

$$\exp(\chi_1 - 12\varepsilon) \leq \frac{||D_0 f_x(u)||}{||u||} \leq \exp(\chi_2 + 12\varepsilon)$$

が成り立つ．

証明 u を $u = u_1 + u_2$ ($u_1 \in \mathbb{R} \times \{0\}$, $u_2 = \{0\} \times \mathbb{R}$) と表す．このとき

$$D_0 f_x(u_1) \in \mathbb{R} \times \{0\}, \qquad D_0 f_x(u_2) \in \{0\} \times \mathbb{R}$$

が成り立つ．よって

$$\begin{aligned}
||D_0 f_x(u)||^2 &= ||D_0 f_x(u_1) + D_0 f_x(u_2)||^2 \\
&= ||D_0 f_x(u_1)||^2 + ||D_0 f_x(u_2)||^2 \\
&\leq \exp(2(\chi_1 + 12\varepsilon))||u_1||^2 + \exp(2(\chi_2 + 12\varepsilon))||u_2||^2 \\
&\leq \exp(2(\chi_2 + 12\varepsilon))(||u_1||^2 + ||u_2||^2) \\
&= \exp(2(\chi_2 + 12\varepsilon))||u||^2.
\end{aligned}$$

他方の不等式も同様にして求まる． □

注意 4.2.4 $\mathbb{R}^2$ から $\mathbb{R}^2$ への線形写像の全体を $\mathcal{L}(\mathbb{R}^2, \mathbb{R}^2)$ で表す．このとき，$\mathcal{L}(\mathbb{R}^2, \mathbb{R}^2)$ は線形空間をなす．$f: \mathbb{R}^2 \to \mathbb{R}^2$ は C^2-級であれば，点 $y \in U$ での 2 回微分

$$D_y^2 f : \mathbb{R}^2 \longrightarrow \mathcal{L}(\mathbb{R}^2, \mathbb{R}^2)$$

は 2 重線形写像である．すなわち

$$\begin{array}{ccc}
\mathbb{R}^2 \longrightarrow \mathcal{L}(\mathbb{R}^2, \mathbb{R}^2) & \qquad & \mathbb{R}^2 \longrightarrow \mathbb{R}^2 \\
\cup \qquad \cup & & \cup \qquad \cup \\
u \longmapsto D_y^2 f(u) & & v \longmapsto D_y^2 f(u) v
\end{array}$$

が成り立つ．

$$\|D_y^2 f\| = \sup_{u,v \neq 0} \frac{\|D_y^2 f(u)v\|}{\|u\|\|v\|}$$

とおく．

定理 4.2.5 $f : \mathbb{R}^2 \to \mathbb{R}^2$ は C^2-級であるとする．このとき $0 < \delta < 1$ に対して，(4.1.11) の D を δ に依存して十分に大きく選べば

$$\sup_{x \in \Lambda} \sup_{y \in B_2} \|D_y^2 f_x\| < \delta.$$

ここに $B_2 = \{(u_1, u_2) \in \mathbb{R}^2 \mid |u_i| \leq 2,\ i = 1, 2\}$ とする．

証明 B_2 の定義により，$y \in B_2$ ならば $\|y\| \leq 2\sqrt{2}$ である．

$$\|D^2 f\| = \max\{\|D_y^2 f\| \mid \|x - y\| \leq 2\sqrt{2},\ x \in \mathrm{Cl}(U),\ y \in U\}$$

とおく．(4.1.11) の $D > 0$ は

$$D = \max\left\{C^3, C^3 \exp(12\varepsilon)\delta^{-1}\|D^2 f\|\right\} \tag{4.2.3}$$

を満たすとする．ここに，$C > 1$ は命題 4.1.9(2) を満たす数である．
 $x \in \Lambda$ と $y \in B_2$ に対して

$$\begin{aligned}
\|x - \Phi_x(y)\| &\leq C\|x - \Phi_x(y)\|_{L,x} \quad (\text{命題 4.1.9(2) により}) \\
&= C\gamma(x)^{-2} D^{-1}\|x - \Phi_x(y)\|_x \quad ((4.1.11) \text{ により}) \\
&\leq C^3 D^{-1}\|x - \Phi_x(y)\|_x \quad ((4.1.9) \text{ により}) \\
&\leq \|x - \Phi_x(y)\|_x \quad (D \geq C^3 \text{ により}) \\
&= \|\Phi_x(0) - \Phi_x(y)\|_x \\
&\leq \|y\| \leq 2\sqrt{2}.
\end{aligned}$$

よって

$$\|D_{\Phi_x(y)}^2 f\| \leq \|D^2 f\| \quad (x \in \Lambda,\ y \in B_2)$$

が成り立つ．

よって $x \in \Lambda$ と $y \in B_2$ に対して

$\|D_y^2 f_x\|$
$= \sup_{u,v \neq 0} \dfrac{\|D_y^2 f_x(u) v\|}{\|u\|\|v\|}$
$= \sup_{u,v \neq 0} \dfrac{\|(\tau_{f(x)}^{-1} \circ D_{\Phi_x(y)}^2 f(\tau_x(u)) \circ \tau_x) v\|}{\|u\|\|v\|}$
$= \sup_{u,v \neq 0} \dfrac{\|D_{\Phi_x(y)}^2 f(\tau_x(u)) \circ \tau_x(v)\|_{f(x)}}{\|\tau_x(u)\|_x \|\tau_x(v)\|_x}$ （補題 4.2.1(2) により）
$= \sup_{u,v \neq 0} \dfrac{\|D_{\Phi_x(y)}^2 f(\tau_x(u)) \circ \tau_x(v)\|_{L, f(x)} \gamma(f(x))^2 D}{\|\tau_x(u)\|_{L,x} \|\tau_x(v)\|_{L,x} \gamma(x)^4 D^2}$ （(4.1.11) により）
$\leq \sup_{u,v \neq 0} \dfrac{\|D_{\Phi_x(y)}^2 f(\tau_x(u)) \circ \tau_x(v)\| \tilde\gamma(f(x)) \gamma(f(x))^2 D}{\|\tau_x(u)\| \|\tau_x(v)\| C^{-2} \gamma(x)^4 D^2}$

（命題 4.1.9(2) と (4.1.8) により）
$\leq \|D_{\Phi_x(y)}^2 f\| \dfrac{C^2 \gamma(f(x))^3}{D \gamma(x)^4}$

（(4.1.9) により，$\tilde\gamma(f(x)) \leq \gamma(f(x))$ であるから）
$< \|D_{\Phi_x(y)}^2 f\| \dfrac{C^2 \exp(12\varepsilon)}{D \gamma(x)}$ （命題 4.1.10(2) により）
$\leq \|D_{\Phi_x(y)}^2 f\| \dfrac{C^3 \exp(12\varepsilon)}{D}$ （(4.1.9) により，$C^{-1} \leq \gamma(x)$ であるから）
$\leq \|D^2 f\| \dfrac{C^3 \exp(12\varepsilon)}{D}$
$\leq \delta$.

□

注意 4.2.6 定理 4.2.5 は，B_2 の各点 z での f_x の微分 $D_z f_x$ と $D_0 f_x$ との近さを主張している．すなわち $z \in B_2$ に対して

$$\|D_z f_x - D_0 f_x\| \leq \sup_{y \in B_2} \|D_y^2 f_x\| \|z\| < 2\sqrt{2}\delta \quad (x \in \Lambda). \quad (4.2.4)$$

よって $u, v \in B_2$ に対して

$$\|(f_x(u) - D_0 f_x(u)) - (f_x(v) - D_0 f_x(v))\|$$
$$\leq \sup_{z \in B_2} \|D_z f_x - D_0 f_x\| \|u - v\|$$

$$< 2\sqrt{2}\delta \|u - v\| \tag{4.2.5}$$

が成り立つ．すなわち，$f_x - D_0 f_x$ の B_2 の上でのリプシッツ定数は $2\sqrt{2}\delta$ である．しかし，複雑さを避けるために $2\sqrt{2}\delta$ を δ とする．

μ に関する f のリャプノフ指数 χ_1, χ_2 が次の (I), (II) の場合に f の力学的挙動を調べることを 1 つの目的としていた：

(I) $\chi_1 \leq 0 < \chi_2$,

(II) $\chi_1 < 0, \chi_2 < 0$ 　　($\chi_1 < \chi_2 < 0$).

(II) の場合に次の定理を得る：

定理 4.2.7 $f : \mathbb{R}^2 \to \mathbb{R}^2$ は C^2–微分同相写像として，f–不変ボレル確率測度 μ がエルゴード的であるとする．このとき，μ に関する f のリャプノフ指数が (II) を満たしているとき，μ に関するペシン集合 Λ は 1 つの周期点の軌道からなる集合と μ–a.e. で一致する．

(II) の場合に，Λ は有限集合であるから，μ–測度で見る限り f の力学的挙動は単純である．よって，(I) の場合を次の 2 つに分割して，f の力学的性質を μ–測度に関して調べることになる：

(i) $\chi_1 < 0 < \chi_2$,

(ii) $\chi_1 = 0 < \chi_2$.

(ii) の場合はルエルの不等式により

$$\chi_2 \geq h_\mu(f) = h_\mu(f^{-1}) \leq |\chi_1|$$

であるから，$h_\mu(f) = 0$ を得る．しかし，(i) の場合は $h_\mu(f) > 0$, または $h_\mu(f) = 0$ のいずれかが現れる．

定理 4.2.7 の証明 $\mu(\Lambda) = 1$ であるから，回帰点 x が Λ に存在する．すなわち，$n_1 < n_2 < \cdots$ があって，$\lim_{i \to \infty} f^{n_i}(x) = x$ を満たす点 x が存在する．x は Λ_l に含まれているとする．

リャプノフ指数は $\chi_1 < \chi_2 < 0$ であるとして証明を進める．注意 4.2.3 により，$y \in \Lambda$ と $v \in \mathbb{R}^2$ に対して

$$\|D_0 f_y(v)\| \leq \exp(\chi_2 + 12\varepsilon)\|v\|. \tag{4.2.6}$$

$\varepsilon > 0$ は十分に小さいから，$\chi_2 + 12\varepsilon < 0$ であるとしてよい．$\lambda = \exp(\chi_2 + 12\varepsilon)$ とおくと，$0 < \lambda < 1$ である．

注意 4.2.6 により，$\delta > 0$ に対して $D > 0$ を十分に大きく選べば，$y \in \Lambda$ と $\|v\| \leq 2$ を満たす $v \in \mathbb{R}^2$ に対して

$$\|f_y(v) - D_0 f_y(v)\| \leq \delta \|v\|$$

が成り立つ．よって (4.2.6) により

$$\|f_y(v)\| \leq (\lambda + \delta)\|v\|.$$

$\lambda_1 = \lambda + \delta$ とおき，$0 < \lambda_1 < 1$ と仮定して一般性を失わない．よって $(\lambda + \delta)\|v\| = \lambda_1 \|v\| < 2$ であるから

$$\|f_y^2(v)\| = \|f_{f(y)} \circ f_y(v)\| \leq \lambda_1 \|f_y(v)\| \leq \lambda_1^2 \|v\|.$$

この操作を繰り返すことにより

$$\|f_y^n(v)\| \leq \lambda_1^n \|v\| \quad (n > 0) \tag{4.2.7}$$

を得る．

$U(x)$ は点 x の $\mathbb{R}^2$ の十分に小さな半径の開近傍とする．x は μ の台に属しているから，$\mu(U(x)) > 0$ である．このとき $U(x) \subset \Phi_x(B_2)$ としてよい．

$z \in U(x)$ に対して，$v = \Phi_x^{-1}(z) \in B_2$ であるから，$n > 0$ に対して

$$\begin{aligned}
\|f^n(x) - f^n(z)\|_{f^n(x)} &= \|\Phi_{f^n(x)}^{-1} f^n(x) - \Phi_{f^n(x)}^{-1} f^n(z)\| \\
&= \|f_x^n(x) - f_x^n(v)\| \\
&= \|f_x^n(v)\| \\
&\leq \lambda_1^n \|v\| \\
&= \lambda_1^n \|\Phi_x^{-1}(x) - \Phi_x^{-1}(z)\| \\
&= \lambda_1^n \|x - z\|_x.
\end{aligned}$$

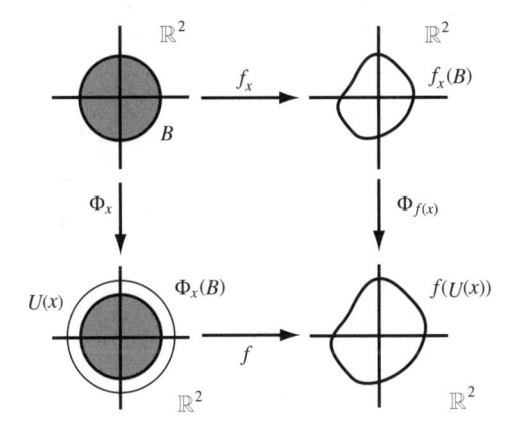

図 4.2.2

$x \in \Lambda_l$ であるから,命題 4.1.12(4) により

$$\|f^n(x) - f^n(z)\| \leq C'\|f^n(x) - f^n(z)\|_{f^n(x)}$$
$$\leq C'\lambda_1^n \|x - z\|_x$$
$$\leq C'^2 \exp(9\varepsilon l)\lambda_1^n \|x - z\|$$

が成り立つ.

$\lim_{i \to \infty} f^{n_i}(x) = x$ であるから,十分に大きい n_i を m_1 とおくと,$\|x - f^{m_1}(x)\|$ の値は $U(x)$ の半径に比較して十分に小さくできる.よって

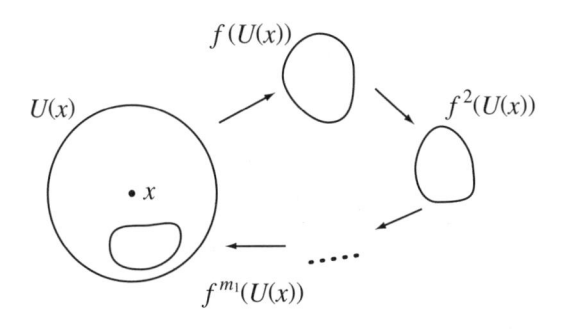

図 4.2.3

$$\|x - f^{m_1}(z)\| \leq \|x - f^{m_1}(x)\| + \|f^{m_1}(x) - f^{m_1}(z)\|$$
$$\leq \|x - f^{m_1}(x)\| + C'^2 \exp(9\varepsilon l)\lambda_1^{m_1}\|x - z\|$$

であって，m_1 は十分に大きいから $\|x - f^{m_1}(x)\|$ は十分に小さい．よって $f^{m_1}(U(x)) \subset U(x)$ である．

$f^{m_1}(x)$ は回帰点であるから，$U(x)$ を $f^{m_1}(U(x))$ に置き換えて同じ議論を繰り返すとき，$m_2 > 0$ が存在して

$$U(x) \supset f^{m_1}(U(x)) \supset f^{m_1+m_2}(U(x))$$

を満たすようにできる．このことを繰り返すとき

$$\bigcap_{j \geq 1} f^{l_j}(U(x)) = \{z\}, \qquad l_j = m_1 + \cdots + m_j \qquad (j \geq 1)$$

を満たす $z \in U(x)$ が存在する．このとき

$$0 < \mu(U(x)) = \lim_{j \to \infty} \mu(f^{l_j}(U(x))) = \mu(\{z\})$$

であるから，点 z が周期点でなければ，z の軌道 $O(z)$ に対して，$1 \geq \mu(O(z)) = \infty$ となり矛盾を得る．z が周期点であれば，$f(O(z)) = O(z)$ であって μ はエルゴード的であるから，$\mu(O(z)) = 1$ である．$\Lambda \subset \mathrm{Supp}(\mu)$ であるから，$\Lambda = O(z)$ (μ–a.e.) が成り立つ． □

(I) の場合 ($\chi_1 \leq 0 < \chi_2$), 特に

$$\chi_1 < 0 < \chi_2$$

であるとき，次の注意 4.2.8 が成り立つ：

注意 4.2.8 $f : U \to U$ は C^2-微分同相写像として，$C' > 1$ は定理 4.2.2(3) に現れる数とする．$\alpha > 0$ に対して $h = \dfrac{\alpha}{C'}$ とおく．一辺の長さが $2h$ である $\mathbb{R}^2$ の原点 o を中心とした正方形を B_h とする．

$x \in \Lambda$ とし，$v \in B_h$ を固定する．$m > 0$ があって

$$f_x^i(v) \in B_h \quad (0 \leq i \leq m)$$

を満たしているとする (図 4.2.4). このとき $k \geq 0$ が存在して

$$d(f^i(x), f^i(y)) \leq \alpha\sqrt{2}\exp(i(\chi_1 + 13\varepsilon)) \quad (0 \leq i \leq k+1)$$
$$d(f^{k+i}(x), f^{k+i}(y)) \leq \alpha\sqrt{2}\exp(-(m-k-i)(\chi_2 - 13\varepsilon)) \quad (2 \leq i \leq m-k)$$

が成り立つ (図 4.2.5). ここに $y = \Phi_x(v)$ である.

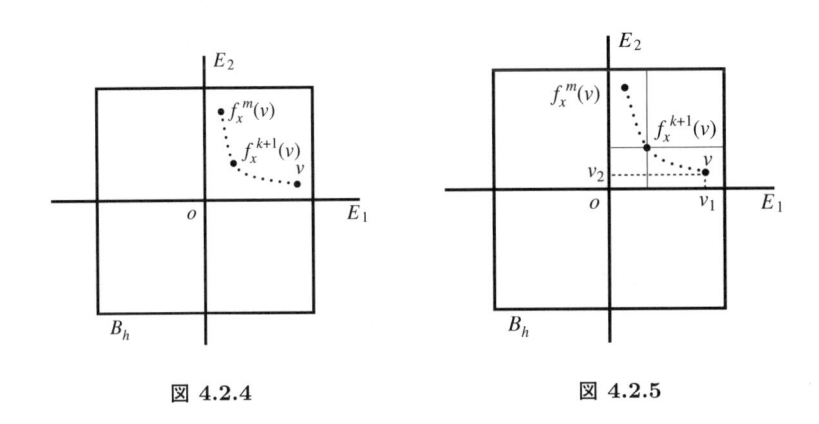

図 4.2.4

図 4.2.5

証明 $0 \leq i \leq m$ に対して

$$f_x^i(v) = v_1^i + v_2^i \in E_1 \oplus E_2$$

とおく. このとき, $0 < k \leq m$ があって次の関係式が成り立つ (図 4.2.5):

$$\|D_0 f_{f^i(x)}(v_2^i)\| \leq \|D_0 f_{f^i(x)}(v_1^i)\| \quad (0 \leq i \leq k),$$
$$\|D_0 f_{f^i(x)}(v_2^i)\| \geq \|D_0 f_{f^i(x)}(v_1^i)\| \quad (k < i \leq m).$$

よって

$$\begin{aligned}
|||f_x(v)||| &\leq |||D_0 f_x(v)||| + 2\delta |||v||| \quad ((4.2.5) \text{ により}) \\
&\leq \|D_0 f_x(v_1)\| + 2\delta |||v||| \\
&\leq \exp(\chi_1 + 12\varepsilon)\|v_1\| + 2\delta |||v||| \\
&\leq \{\exp(\chi_1 + 12\varepsilon) + 2\delta\} |||v|||.
\end{aligned}$$

$0 \leq i \leq k$ に対して

$$|||f_x^i(v)||| \leq \{\exp(\chi_1 + 12\varepsilon) + 2\delta\}^i |||v|||$$

が成り立つ. $\delta > 0$ は十分に小さく選ばれているから

$$\exp(\chi_1 + 12\varepsilon) + 2\delta < \exp(\chi_1 + 13\varepsilon),$$
$$\exp(-\chi_2 + 12\varepsilon) + 2\delta < \exp(-\chi_2 + 13\varepsilon)$$

を満たすと仮定して一般性を失わない. よって

$$|||f_x^i(v)||| \leq \exp(i(\chi_1 + 13\varepsilon)) |||v||| \qquad (0 \leq i \leq k).$$

一方において

$$|||f_x^{m-1}(v)||| = |||f_{f^m(x)}^{-1}(f_x^m(v))||| \leq |||D_0 f^{-1}(f_x^m(v))||| + 2\delta |||f_x^m(v)|||$$
$$\leq ||D_0 f_{f^m(x)}^{-1}(v_2)|| + 2\delta |||f_x^m(v)|||$$
$$\leq \exp(-(\chi_2 - 13\varepsilon)) |||f_x^m(v)|||.$$

このことを繰り返して

$$|||f_x^{k+i}(v)||| \leq \exp(-(m - k - i)(\chi_2 - 13\varepsilon)) |||f_x^m(v)||| \qquad (2 \leq i \leq m - k)$$

が求まる.

$y = \Phi_x(v)$ とおく. $0 \leq i \leq m$ に対して

$$d(f^i(x), f^i(y)) \leq C' \|\Phi_{f^i(x)}^{-1}(f^i(y))\| \qquad (\text{定理 4.2.2(3) により})$$
$$= C' \|\Phi_{f^i(x)}^{-1} \circ f^i \circ \Phi_x(v)\|$$
$$= C' \|f_x^i(v)\| \qquad ((4.2.1) \text{ により})$$

である. よって結論を得る. □

注意 4.2.9 $\bigcap_{\varepsilon > 0} \Lambda(\chi_1, \chi_2, \varepsilon)$ の各点は乗法エルゴード定理の (1), (2), (3) を満たす. すなわち

$$\bigcap_{\varepsilon > 0} \Lambda(\chi_1, \chi_2, \varepsilon) = Y_\mu.$$

証明 $Y_\mu \subset \bigcap_{\varepsilon > 0} \Lambda(\chi_1, \chi_2, \varepsilon)$ は明らかである.

$x \in \bigcap_{\varepsilon > 0} \Lambda(\chi_1, \chi_2, \varepsilon)$ に対して,注意 4.1.3 により $\mathbb{R}^2$ の部分集合 $E_1(x)$, $E_2(x)$ があって,$\mathbb{R}^2 = E_1(x) \oplus E_2(x)$ に一意的に分解され,$i = 1, 2$ に対して

$$D_x f(E_i(x)) = E_i(f(x)),$$
$$\lim_{n \to \pm\infty} \frac{1}{n} \log \|D_x f^n_{|E_i(x)}\| = \chi_i$$

が成り立つ.

定理 4.2.2 により

$$\chi_1 = \lim_{n \to \pm\infty} \frac{1}{n} \log \|D_0 f^n_{x|\mathbb{R} \times \{0\}}\|$$
$$= \lim_{n \to \pm\infty} \frac{1}{n} \log \|D_x f^n_{|E_1(x)}\|,$$
$$\chi_2 = \lim_{n \to \pm\infty} \frac{1}{n} \log \|D_x f^n_{|E_2(x)}\|.$$

$E_i(x)$ $(i = 1, 2)$ は $D_0 f_x$–不変であるから

$$D_0 f_x = \begin{pmatrix} \mu(x) & 0 \\ 0 & \lambda(x) \end{pmatrix} : E_1(x) \oplus E_2(x) \longrightarrow E_1(x) \oplus E_2(x)$$

に行列表示される.よって

$$\chi_1 + \chi_2 = \lim_{n \to \pm\infty} \frac{1}{n} \log \|D_0 f^n_{x|\mathbb{R} \times \{0\}}\| + \lim_{n \to \pm\infty} \frac{1}{n} \log \|D_0 f^n_{x|\{0\} \times \mathbb{R}}\|$$
$$= \lim_{n \to \pm\infty} \frac{1}{n} \sum_{i=0}^{n-1} (\log |\mu(f^i(x))| + \log |\lambda(f^i(x))|)$$
$$= \lim_{n \to \pm\infty} \frac{1}{n} \sum_{i=0}^{n-1} \log |\mu(f^i(x))\lambda(f^i(x))|$$
$$= \lim_{n \to \pm\infty} \frac{1}{n} \log |\det(D_0 f^n_x)|$$
$$= \lim_{n \to \pm\infty} \frac{1}{n} \log |\det(D_x f^n)|.$$

よって定理 3.2.3 により定理 3.3.5(3) が成り立つ.すなわち $\bigcap_{\varepsilon > 0} \Lambda(\chi_1, \chi_2, \varepsilon) \subset Y_\mu$ が成り立つ. □

4.3 不安定多様体

前節で仮定した

(1) f は C^2-微分同相写像である,

(2) 不変ボレル確率測度 μ はエルゴード的である,

に基づいて,さらに議論を続けるとき不安定多様体の存在が保証される.

$x \in \Lambda$ とする. $\tau_x : (\mathbb{R}^2, \langle \cdot, \cdot \rangle) \to (\mathbb{R}^2, \langle \cdot, \cdot \rangle_x)$ は f_x を定義するときに用いた線形写像とする.

$$\tilde{E}_1(x) = \tau_x^{-1}(E_1(x)), \qquad \tilde{E}_2(x) = \tau_x^{-1}(E_2(x))$$

とおく.明らかに

$$\tilde{E}_1(x) = \mathbb{R} \times \{0\}, \qquad \tilde{E}_2(x) = \{0\} \times \mathbb{R},$$
$$D_0 f_x(\tilde{E}_i(x)) = \tilde{E}_i(f(x)) \quad (i = 1, 2)$$

が成り立つ.定理 4.2.2 により

$$\exp(\chi_i - 12\varepsilon) \leq \|D_0 f_x|_{\tilde{E}_i(x)}\| \leq \exp(\chi_i + 12\varepsilon) \quad (i = 1, 2) \quad (4.3.1)$$

である. μ に関するペシン集合 $\Lambda = \bigcup_{l>0} \Lambda_l$ を定義するときに用いた ε を十分に小さく選べば

$$\lambda = \exp(\chi_1 - \chi_2 + 24\varepsilon) < 1 \tag{4.3.2}$$

とできる.よって

$$\|D_0 f_x|_{\tilde{E}_1(x)}\| \, \|D_0 f_{f(x)}^{-1}|_{\tilde{E}_2(f(x))}\| \leq \lambda < 1 \quad (x \in \Lambda)$$

が成り立つ.ここに

$$f_{f(x)}^{-1} = (f_x)^{-1}$$

を表す.このような分解

$$\mathbb{R}^2 = \tilde{E}_1(x) \oplus \tilde{E}_2(x) \quad (x \in \Lambda)$$

を**支配的分解** (dominated splitting) という.

(4.1.11) の D を十分に大きく選べば $f_x - D_0 f_x$ のリプシッツ定数は十分に小さくできる.このことと支配的分解によって次の定理が成り立つ:

$v \in \mathbb{R}^2$ に対して

$$|||v||| = \max\{|v_1|, |v_2|\}$$

とおく.ここに, $v = (v_1, v_2)$ は $\mathbb{R}^2$ の標準座標を表す.

4.3 不安定多様体

定理 4.3.1 (埋め込み多様体) $\exp(\chi_1 + 12\varepsilon) \leq \lambda_1 < 1$ と $\exp(\chi_2 - 12\varepsilon) \geq \lambda_2 > 0$ を満たすとする．このとき (4.1.11) の D を十分に大きく選べば，次を満たす C^1-写像 $\phi_x^1 : \tilde{E}_1(x) \to \tilde{E}_2(x)$ $(x \in \Lambda)$ と $\phi_x^2 : \tilde{E}_2(x) \to \tilde{E}_1(x)$ $(x \in \Lambda)$ が存在する：

$i = 1, 2$ とする．$x \in \Lambda$ に対して

(1) $\phi_x^i(0) = 0$,

(2) $D_0 \phi_x^i = 0$ （零写像),

(3) ϕ_x^i のリプシッツ定数は $\dfrac{1}{3}$ 以下である $\left(\|D\phi_x^i\| \leq \dfrac{1}{3} \right)$,

(4) ϕ_x^1, ϕ_x^2 のグラフを

$$\mathrm{graph}(\phi_x^1) = \{(v, \phi_x^1(v)) \,|\, v \in \mathbb{R}\},$$
$$\mathrm{graph}(\phi_x^2) = \{(\phi_x^2(v), v) \,|\, v \in \mathbb{R}\}$$

とおくと

$$f_x(\mathrm{graph}(\phi_x^i)) = \mathrm{graph}(\phi_{f(x)}^i),$$

(5) $(u, v) \in \mathrm{graph}(\phi_x^1) \cap B_1$ に対して

$$|\|f_x(u,v)\|| \leq \lambda_1 |\|(u,v)\||,$$

(6) $(u, v) \in \mathrm{graph}(\phi_x^2) \cap B_1$ に対して

$$|\|f_x^{-1}(u,v)\|| \leq \lambda_2^{-1} |\|(u,v)\||,$$

(7) 集合

$$S_1 = \{(u,v) \in \mathbb{R}^2 \,|\, |u| \geq |v|\},$$
$$S_2 = \{(u,v) \in \mathbb{R}^2 \,|\, |u| \leq |v|\}$$

に対して

$$\mathrm{graph}(\phi_x^1) = \bigcap_{m \geq 0} f_{f^m(x)}^{-m}(S_1),$$
$$\mathrm{graph}(\phi_x^2) = \bigcap_{m \geq 0} f_{f^{-m}(x)}^{m}(S_2),$$

(8) $\chi_1 < 0 < \chi_2$ である場合に

$$\mathrm{graph}(\phi_x^1|_{\{u\in\mathbb{R}||u|\leq 1\}}) = \bigcap_{m\geq 0} f_{f^m(x)}^{-m}(B_1),$$

$$\mathrm{graph}(\phi_x^2|_{\{u\in\mathbb{R}||u|\leq 1\}}) = \bigcap_{m\geq 0} f_{f^{-m}(x)}^{m}(B_1),$$

(9) (1)〜(4) を満たす写像 ϕ_x^1, ϕ_x^2 $(x \in \Lambda)$ の存在は一意的である.

洋書文献 [H-P-Shu] を参照.

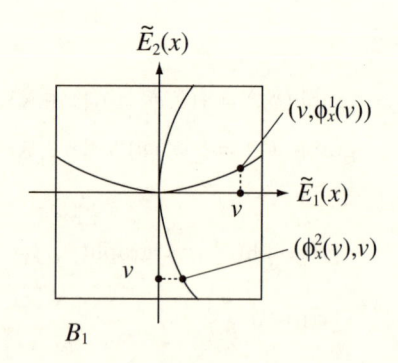

図 4.3.1

注意 4.3.2 $\chi_1 < 0 < \chi_2$ の場合に,定理 4.3.1 の写像 ϕ_x^i は C^2-級である.

実際に

$$\|D_0 f_x|_{\tilde{E}_1(x)}\|^2 \|D_0 f_{f(x)}^{-1}|_{\tilde{E}_2(f(x))}\| < 1$$

を満たせば,ϕ_x^1 は C^2-写像であって

$$\|D_0 f_x|_{\tilde{E}_1(x)}\| \|D_0 f_{f(x)}^{-1}|_{\tilde{E}_2(f(x))}\|^2 < 1$$

を満たせば,ϕ_x^2 は C^2-写像である. したがって,$\chi_2 > 36\varepsilon$ を満たす $\varepsilon > 0$ を選べば ϕ_x^i $(i=1,2)$ は C^2-写像である(詳細については洋書文献 [H-P-Shu] を参照).

注意 4.3.3 f_x を定義したときに用いた線形写像 τ_x の定義は一意的でない．しかし
$$\Phi_x(\mathrm{graph}(\phi_x^i))$$
は τ_x の定義によらず一意的に定まる．このことは定理 4.3.1(9) により容易に示される．

$\gamma_x^u : [-1, 1] \to \mathbb{R}^2$ を
$$\gamma_x^u(t) = \Phi_x(\phi_x^2(t), t)$$
によって定義する．このとき，γ_x^u は $\gamma_x^u(0) = x$ を満たす C^1-曲線である．C^1-多様体 $W_{loc}^u(x)$ を
$$W_{loc}^u(x) = \gamma_x^u([-1, 1])$$
によって定義する．注意 4.3.3 により $W_{loc}^u(x)$ は τ_x の選び方によらず x に対して一意的に定まる．$W_{loc}^u(x)$ を x の**局所不安定多様体** (locally unstable manifold) という．

$C' \geq 1$ は命題 4.1.12(4) の数とする．$C_l \geq 1$ を
$$C_l = \sqrt{2} C'^2 \exp(9\varepsilon l) \tag{4.3.3}$$
によって定義する．このとき次が成り立つ：

定理 4.3.4（局所不安定多様体定理） $\exp(\chi_2 - 12\varepsilon) \geq \lambda_u > 1$ があって $x \in \Lambda$ に対して

(1) $x \in W_{loc}^u(x)$,

(2) $D_0 \gamma_x^u \in E_2(x)$,

(3) $f^{-1}(W_{loc}^u(x)) \subset W_{loc}^u(f^{-1}(x))$,

(4) $x \in \Lambda_l$ であれば，$y \in W_{loc}^u(x)$ に対して
$$\|f^{-m}(x) - f^{-m}(y)\| \leq C_l \lambda_u^{-m} \|x - y\| \qquad (m \geq 0).$$

証明 (1), (2) はそれぞれ定理 4.3.1(1), (2) により明らかである．

(3) を示すために，$y \in W_{loc}^u(x)$ とする．このとき，$\gamma_x^u(t) = y$ を満たす $t \in [-1, 1]$ が存在する．定理 4.3.1(3) により $|\phi_x^2(t)| \leq 1$ であるから

$$|||\Phi_x^{-1}(y)||| = |||(\phi_x^2(t), t)||| \leq 1.$$

定理 4.3.1(6) により

$$|||f_x^{-1}(\Phi_x^{-1}(y))||| \leq \lambda_u^{-1} |||\Phi_x^{-1}(y)||| \leq \lambda_u^{-1} < 1$$

であるから

$$f_x^{-1}(\Phi_x^{-1}(y)) = f_x^{-1}(\Phi_x^{-1}(y)) = \Phi_{f^{-1}(x)}^{-1}(f^{-1}(y)) \in B_1.$$

定理 4.3.1(4) により

$$\Phi_{f^{-1}(x)}^{-1}(f^{-1}(y)) \in \{(\phi_{f^{-1}(x)}^2(v), v) \,|\, -1 \leq v \leq 1\}$$

よって

$$f^{-1}(y) \in \Phi_{f^{-1}(x)}(\{(\phi_{f^{-1}(x)}^2(v), v) \,|\, -1 \leq v \leq 1\}) = W_{loc}^u(f^{-1}(x)).$$

(3) が示された．

(4) を示す．定理 4.3.1(6) により，$y \in W_{loc}^u(x)$, $m \geq 0$ に対して

$$|||f_x^{-m}(\Phi_x^{-1}(y))||| \leq \lambda_u^{-m} |||\Phi_x^{-1}(y)|||.$$

よって

$$\begin{aligned}
&\|f^{-m}(x) - f^{-m}(y)\| \\
&\leq C' \|f^{-m}(x) - f^{-m}(y)\|_{f^{-m}(x)} \quad \text{(命題 4.1.12(4) により)} \\
&= C' \|\Phi_{f^{-m}(x)}^{-1}(f^{-m}(y))\| \\
&= C' \|f_x^{-m}(\Phi_x^{-1}(y))\| \\
&\leq \sqrt{2} C' |||f_x^{-m}(\Phi_x^{-1}(y))||| \\
&\leq \sqrt{2} C' \lambda_u^{-m} |||\Phi_x^{-1}(y)||| \\
&\leq \sqrt{2} C' \lambda_u^{-m} \|\Phi_x^{-1}(y)\| \\
&= \sqrt{2} C' \lambda_u^{-m} \|x - y\|_x \\
&\leq \sqrt{2} C'^2 \exp(9\varepsilon l) \lambda_u^{-m} \|x - y\| \quad \text{(命題 4.1.12(4) により)} \\
&= C_l \lambda_u^{-m} \|x - y\|
\end{aligned}$$

が成り立つ. □

$\gamma_x^s : [-1, 1] \to \mathbb{R}^2$ を
$$\gamma_x^s(t) = \Phi_x(t, \phi_x^1(t))$$
によって定義し
$$W_{loc}^s(x) = \gamma_x^s([-1, 1])$$
によって**局所安定多様体** (locally stable manifold)$W_{loc}^s(x)$ を定義する.

$\chi_1 < 0$ のとき, 定理 4.3.4 の f と f^{-1} を置き換えることにより次が得られる:

定理 4.3.5 $\exp(\chi_1 + 12\varepsilon) \leq \lambda_s < 1$ とする. このとき $x \in \Lambda$ に対して

(1) $x \in W_{loc}^s(x)$,

(2) $D_0 \gamma_x^s \in E_1(x)$,

(3) $f(W_{loc}^s(x)) \subset W_{loc}^s(f(x))$,

(4) $x \in \Lambda_l$ であれば, $y \in W_{loc}^s(x)$ に対して
$$\|f^m(x) - f^m(y)\| \leq C_l \lambda_s^m \|x - y\| \quad (m \geq 0).$$

定理 4.3.6 $l > 0$ を固定して $y \in \Lambda_l$ とする. このとき

(1) $y \in \Lambda_l$ に対して
$$\lim_{z \to y, z \in \Lambda_l} \sup_{-1 \leq t \leq 1} \|\gamma_y^\sigma(t) - \gamma_z^\sigma(t)\| = 0 \quad (\sigma = s, u),$$

(2) $y \in \Lambda_l$ に対して
$$\lim_{z \to y, z \in \Lambda_l} \sup_{-1 \leq t \leq 1} \|D_t \gamma_y^\sigma - D_t \gamma_z^\sigma\| = 0 \quad (\sigma = s, u).$$

定理 4.3.6 が成り立つとき, $\{W_{loc}^\sigma(x) \,|\, x \in \Lambda_l\}$ は**連続的に変化する** (depend continuously on) という.

$\chi_1 < 0 < \chi_2$ であるとして, (局所) 不安定多様体, (局所) 安定多様体の性質を述べる. 定理 4.3.1(8) により
$$W_{loc}^u(x) = \Phi_x \left(\bigcap_{m \geq 0} f_{f^{-m}(x)}^m(B_1) \right) \quad (x \in \Lambda).$$

よって定理 4.3.4(3), (4) により

$$\bigcup_{m\geq 0} f^m(W_{loc}^u(f^{-m}(x)))$$
$$= \left\{ y \in \mathbb{R}^2 \,\middle|\, \limsup_{m\to\infty} \frac{1}{m} \log \|f^{-m}(x) - f^{-m}(y)\| < 0 \right\} \quad (x \in \Lambda)$$

が成り立つ．

$$W^u(x) = \bigcup_{m\geq 0} f^m(W_{loc}^u(f^{-m}(x)))$$

を x の**不安定多様体** (unstable manifold) という．同様に

$$W^s(x) = \bigcup_{m\geq 0} f^{-m}(W_{loc}^s(f^m(x)))$$

によって x の**安定多様体** (stable manifold) が定義され

$$W^s(x) = \left\{ y \in \mathbb{R}^2 \,\middle|\, \limsup_{m\to\infty} \frac{1}{m} \log \|f^m(x) - f^m(y)\| < 0 \right\}$$

が成り立つ．

注意 4.3.7 $x, y \in \Lambda$ に対して，次が成り立つ：

(1) $y \in W^u(x) \iff W^u(x) = W^u(y)$,

(2) $f(W^u(x)) = W^u(f(x))$,

(3) $W^\sigma(x) \subset \hat{W}^\sigma(x) \quad (\sigma = s, u)$

ここに，$\hat{W}^s(x), \hat{W}^u(x)$ は点 x の安定集合，不安定集合である．

実際に，不安定多様体の構成から明らかである．安定多様体に対しても注意 4.3.7 が成り立つ．

注意 4.3.8 Λ_l に対して，$r_l > 0$ と $0 < \varepsilon_l < 1$ があって，

$$0 < r \leq r_l, \quad x \in \Lambda_l, \quad y \in \Lambda_l \cap B(x, \varepsilon_l r)$$

に対して $W_{loc}^u(y) \cap B(x, r)$ の両端は $B(x, r)$ を突き抜ける曲線である（図 4.3.2）．

4.3 不安定多様体　223

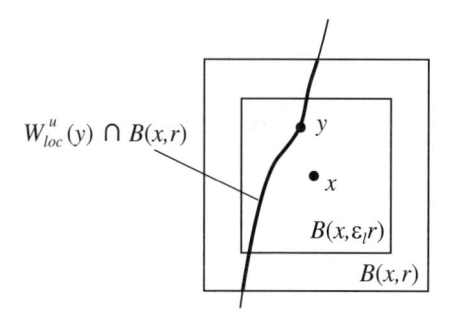

図 4.0.2

注意 4.3.9　$\mathbb{R}^2$ の部分集合の族

$$\mathcal{X} = \{\gamma(y)\,|\,\gamma(y) \text{ は } y \text{ を含む } W^u_{loc}(y) \cap B(x, r_l) \text{ の連結成分}, \ y \in \Lambda_l \cap B(x, \varepsilon_l r_l)\}$$

を定義する．各 $\gamma(y)$ は閉集合である．ハウスドルフ (Hausdorff) 距離関数 ρ によって $\mathcal{X}$ はコンパクト距離空間である（洋書文献 [Ao-Hi] を参照）．

ハウスドルフ距離関数は次のように定義される：

$$\rho(A, B) = \max\left\{\sup_{b \in B} d(A, b), \ \sup_{a \in A} d(a, B)\right\}$$

であって，$d(a, b) = \|a - b\|$ を表す．

$y \in \Lambda_l \cap B(x, \varepsilon_l r_l)$ に対して

$$\varphi : \Lambda_l \cap B(x, \varepsilon_l r_l) \longrightarrow \mathcal{X}$$

を $y \mapsto \gamma(y)$ によって定義する（図 4.3.3）．定理 4.3.6 により φ は連続である．

$W^u_{loc}(x) = \gamma^u_x([-1, 1])$ であるから，$y, z \in W^u_{loc}(x)$ に対して

$$y = \gamma^u_x(t_y), \qquad z = \gamma^u_x(t_z)$$

を満たす $t_y, t_z \in [-1, 1]$ が存在する．このとき

$$d^u_x(y, z) = \left|\int_{t_y}^{t_z} \left\|\frac{d\gamma^u_x}{dt}\right\| dt\right| \tag{4.3.4}$$

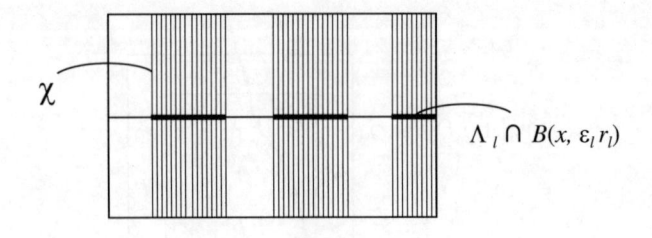

図 4.3.3

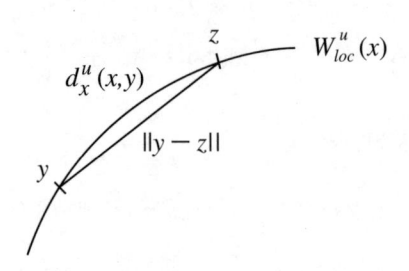

図 4.3.4

によって，y と z を端点にもつ $W_{loc}^u(x)$ に含まれる曲線の長さを表す．$d_x^u(x,y)$ は γ_x^u の選び方によらないことに注意する．$W_{loc}^u(x)$ の上の距離関数 d_x^u を d^u と表す場合もある．

$x \in \Lambda_l$ とする．$W_{loc}^u(x)$ の上で，U の上の距離関数 $d(y,z) = \|y - z\|$ と $d_x^u(y,z)$ は同値である．すなわち $C_l' > 0$ があって

$$d(y,z) \leq d_x^u(y,z) \leq C_l' d(y,z) \qquad (y,z \in W_{loc}^u(x))$$

が成り立つ．C_l' は点 x の属する Λ_l にのみ依存して選ぶことができる．

注意 4.3.10 $W_{loc}^u(x)$ の上の距離関数 d_x^u を次のように $W^u(x)$ の上の距離関数に拡張する：

$y, z \in W^u(x)$ に対して

$$d_x^u(y,z) = \begin{cases} d_x^u(y,z) & (y,z \in W_{loc}^u(x)), \\ 2K_x^u & (その他). \end{cases}$$

ここに

$$K_x^u = \max\{d_x^u(y,z) \mid y,z \in W_{loc}^u(x)\}$$

とおく. このとき $r_l > 0$ があって, $x \in \Lambda_l$ に対して $W_{loc}^u(x)$ は x を中心にする $W^u(x)$ の半径 r_l の閉曲線を含む (図 4.3.5).

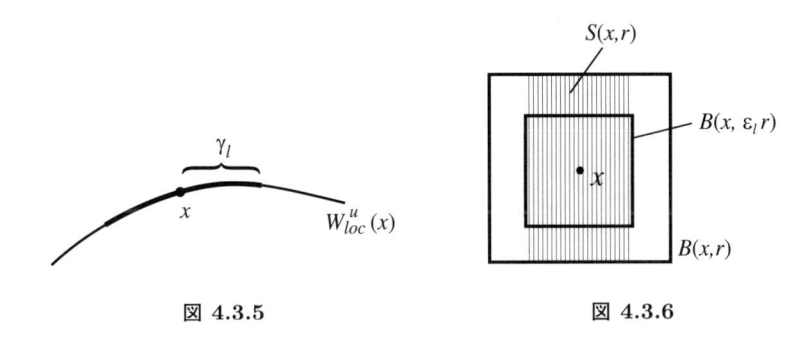

図 4.3.5

図 4.3.6

注意 4.3.11 $y \in \Lambda_l$ とする. $C_l > 0$ と $B > 0$ があって, $z \in W_{loc}^u(y)$ に対して

$$d(f^{-n}(y), f^{-n}(z)) \leq d_{f^{-n}(y)}^u(f^{-n}(y), f^{-n}(z)) \leq C_l e^{-nB} d_y^u(y, z).$$

注意 4.3.12 $0 < r \leq r_l$ に対して

$$S(x, r) = \bigcup_{y \in \Lambda_l \cap B(x, \varepsilon_l r)} \gamma(y)$$

を定義する (図 4.3.6). このとき $z_1, z_2 \in S(x, r)$ に対して, z_1, z_2 が同時に同じ葉 $W_{loc}^u(y) \cap B(x, r)$ に属さなければ, $d_y^u(z_1, z_2) \leq r$ は成り立たない.

$\Lambda = \bigcup_{l>0} \Lambda_l$ はエルゴード的ボレル確率測度 μ に関するペシン集合とする. このとき, $l > 0$ に対して $\gamma_l > 0$ があって $x, y \in \Lambda_l$ に対して

$$d(f^i(x), f^i(y)) < \gamma_l \ (i \in \mathbb{Z}) \Longrightarrow x = y \tag{4.3.5}$$

が成り立つ. この場合に, $f : \Lambda \to \Lambda$ は**弱拡大性** (weak expansive) をもつといい, γ_l $(l > 0)$ を**拡大定数** (expansive constant) という.

実際に, $x \in \Lambda_l$ に対して $W_{loc}^u(x)$ の長さを

$$\left| \int_{-1}^{1} \left\| \frac{d\gamma_x^u}{dt} \right\| dt \right| = l_x$$

とおく. l_x $(x \in \Lambda_l)$ は連続である. よって $\min_{x \in \Lambda_l} l_x$ よりも小さい正の値を γ として
$$V^u(x) = \{y \,|\, d^u(f^{-n}(x), f^{-n}(y)) \leq \gamma, \ n \geq 0\}$$
とおく. 明らかに
$$V^u(x) \subset W^u_{loc}(x) \quad (x \in \Lambda_l).$$
$\gamma_l = \dfrac{1}{C'_l}\gamma$ とおき
$$\hat{W}^u_{\gamma_l}(x) = \{y \,|\, d(f^{-n}(x), f^{-n}(y)) \leq \gamma_l\}$$
を定義すると
$$\hat{W}^u_{\gamma_l}(x) \subset V^u(x) \subset W^u_{loc}(x) \quad (x \in \Lambda_l)$$
である.

同様にして, $\hat{W}^s_{\gamma_l}(x)$ $(x \in \Lambda_l)$ が定義される. $\gamma_l > 0$ は共通に選ぶことにする. このとき
$$\hat{W}^u_{\gamma_l}(x) \cap \hat{W}^s_{\gamma_l}(x) \subset W^u_{loc}(x) \cap W^s_{loc}(x) = \{x\} \quad (x \in \Lambda_l)$$
であるから, (4.3.5) が成り立つ.

弱拡大性は拡大性よりも弱い条件である. 拡大性は一様双曲的な力学系に対してその存在は保証されている. よって双曲的集合は拡大性をもっている.

f–不変ボレル確率測度 μ はエルゴード的で, f に関するリャプノフ指数が $\chi_1 < 0 < \chi_2$ である場合に Λ の各点に対して安定多様体, 不安定多様体を構成してきた.

μ がエルゴード性をもたないときは, 注意 3.1.7 により $\mu(Y_\mu) = 1$ を満たす f–不変集合 Y_μ がエルゴード的領域 Γ_y の和集合 $Y_\mu = \bigcup_y \Gamma_y$ に分割される. よって, 各領域 Γ_y の各点に対して, この節の諸結果が成り立つ. したがって, Y_μ の μ–a.e. x の点は安定多様体と不安定多様体をもつ.

非一様双曲的な力学系を乗法エルゴード定理を用いて, ペシン集合を見いだし, その集合の各点に対して, 安定多様体, 不安定多様体の存在を解説してきた.

4.4 正則点集合の構造

$\mathbb{R}^2$ の上の C^2–微分同相写像 f は有界開集合 U の上の f–不変ボレル確率測度

μ に関してリャプノフ指数 $\chi_1(x), \chi_2(x)$ が $\chi_1(x) < \chi_2(x)$ (μ–a.e. x) を満たすならば乗法エルゴード定理（定理 4.3.5）が成り立つ．

Y_μ は乗法エルゴード定理（定理 3.3.5(1),(2),(3)）を満たす μ–測度の値が 1 の $\mathrm{Supp}(\mu)$ の部分集合とする．Λ_μ は μ に関するペシン集合とするとき

$$Y_\mu \subset \Lambda_\mu \subset \mathrm{Supp}(\mu) \subset \mathrm{Cl}(U)$$

であった．

3.3 節で見たように

$$\hat{R} = \bigcup_\mu Y_\mu$$

を単に f の**正則点集合** (regular set) という．

Λ_μ の各点 x は安定多様体 $W^s(x)$，不安定多様体 $W^u(x)$ をもつ．このとき

$$R_\mu = \{z \in \mathrm{Cl}(U)\,|\,x, y \in Y_\mu \text{に対して}, W^s(x) \cap W^u(y) \ni z \text{は横断的}\}$$

を定義し，R_μ を μ に関する**正則点集合**という．このとき

$$Y_\mu \subset \Lambda_\mu \subset R_\mu$$

が成り立つ．

命題 4.4.1 μ はエルゴード的であるとする．このとき R_μ の各点 z は次の (1),(2),(3) を満たす：

部分空間 $E_1(z), E_2(z) \subset \mathbb{R}^2$ があって，$\mathbb{R}^2$ は $\mathbb{R}^2 = E_1(z) \oplus E_2(z)$ に分解され $i = 1, 2$ に対して

(1) $\quad D_z f(E_i(z)) = E_i(f(z))$,

(2) $\quad \displaystyle\lim_{n \to \pm\infty} \frac{1}{n} \log \|D_z f^n_{|E_i(z)}\| = \chi_i$,

(3) $\quad \displaystyle\lim_{n \to \pm\infty} \frac{1}{n} \log \sin(\angle D_z f^n(E_1(z)), D_z f^n(E_2(z))) = 0$,

が成り立つ．

命題 4.4.1 は R_μ の各点が乗法エルゴード定理 (1), (2), (3) を満たすことを主張している．したがって，(4.1.1), (4.1.2) を満たす点を $\mathrm{Cl}(U)$ の中で見いだせば，μ に関するペシン集合 Λ_μ より広い集合 $\hat{\Lambda}_\mu$ が定義される．$\hat{\Lambda}_\mu$ を μ に関する**拡張されたペシン集合**といい，次が成り立つ：

注意 4.4.2 $x \in \hat{\Lambda}_\mu$ に対して部分空間 $E_i(x)$ があって $\mathbb{R}^2 = E_1(x) \oplus E_2(x)$ に分解され

(1) $D_x f(E_i(x)) = E_i(fx) \quad (i = 1, 2)$,

$l > 0$ に対して

(2) $f(\hat{\Lambda}_l) \subset \hat{\Lambda}_{l+1}$ （一般に $f^{-1}(\hat{\Lambda}_l) \subset \hat{\Lambda}_{l+1}$ は成り立たない），

(3) $\hat{\Lambda}_l$ は閉集合,

(4) 分解 $\mathbb{R}^2 = E_1(x) \oplus E_2(x)$ は $\hat{\Lambda}_l$ の上で連続である.

拡張されたペシン集合は，(2) により不安定多様体の存在を保証していない. しかし
$$Y_\mu \subset R_\mu \subset \hat{\Lambda}_\mu, \qquad \Lambda_\mu \subset \hat{\Lambda}_\mu$$
が成り立つ. (2) の包含関係 $f^{\pm 1}(\hat{\Lambda}_l) \subset \hat{\Lambda}_{l+1}$ $(l > 0)$ が成り立つためには $f(U) = U$ であれば十分である. このとき $\hat{\Lambda}_\mu$ の各点は不安定多様体をもつ.

命題 4.4.1 の証明 $x, y \in Y_\mu$ に対して，$l > 0$ があって $x, y \in \Lambda_l$ である. $w \in W^s(x) \cap W^u(y)$ は横断的であるとする. 注意 4.3.7 により

$$w \in W^u(y) \Longrightarrow \lim_{n \to \infty} \frac{1}{n} \log |\det(D_w f^{-n})| = -\chi_1 - \chi_2,$$
$$w \in W^s(x) \Longrightarrow \lim_{n \to \infty} \frac{1}{n} \log |\det(D_w f^n)| = \chi_1 + \chi_2 \qquad (4.4.1)$$

が成り立つ.
$$E_1(w) = T_w W^s(x), \quad E_2(w) = T_w W^u(y)$$
とおく. このとき
$$\lim_{n \to \infty} \frac{1}{n} \log \|D_w f^{-n}_{|E_2(w)}\| = -\chi_2, \qquad (4.4.2)$$
$$\lim_{n \to \infty} \frac{1}{n} \log \|D_w f^n_{|E_1(w)}\| = \chi_1. \qquad (4.4.3)$$

実際に
$$\left| \|D_{f^{-i}(w)} f^{-1}_{|E_2(f^{-i}(w))}\| - \|D_{f^{-i}(w)} f^{-1}_{|E_2(f^{-i}(w))}\| \right|$$
$$\leq \|D_{f^{-i}(w)} f^{-1}_{|E_2(f^{-i}(w))} - D_{f^{-i}(w)} f^{-1}_{|E_2(f^{-i}(w))}\|$$
$$\leq \|D_{f^{-i}(w)} f^{-1}_{|E_2(f^{-i}(w))} - D_{f^{-i}(w)} f^{-1}_{|E_2(f^{-i}(w))}\|$$

$$+ \|D_{f^{-i}(w)}f^{-1}_{|E_2(f^{-i}(y))} - D_{f^{-i}(y)}f^{-1}_{|E_2(f^{-i}(y))}\|$$
$$\leq \sup_{z\in \mathrm{Cl}(U)} \|D_z f^{-1}\| \operatorname{dist}(E_2(f^{-i}(w)), E_2(f^{-i}(y)))$$
$$+ \|D_{f^{-i}(w)}f^{-1} - D_{f^{-i}(y)}f^{-1}\|$$
$$\leq K d(f^{-i}(w), f^{-i}(y)).$$

よって
$$K_1 = \inf_{z\in\mathrm{Cl}(U)} \|D_z f^{-1}\|$$

とおくと
$$\left|\frac{\|D_{f^{-i}(w)}f^{-1}_{|E_2(f^{-i}(w))}\|}{\|D_{f^{-i}(y)}f^{-1}_{|E_2(f^{-i}(y))}\|} - 1\right| \leq \frac{K}{K_1} d(f^{-i}(w), f^{-i}(y))$$

であるから
$$\left|\frac{1}{n}\log\|D_w f^{-n}_{|E_2(w)}\| - \frac{1}{n}\log\|D_w f^{-n}_{|E_2(y)}\|\right|$$
$$= \left|\frac{1}{n}\sum_{i=0}^{n-1}\log\frac{\|D_{f^{-i}(w)}f^{-1}_{|E_2(f^{-i}(w))}\|}{\|D_{f^{-i}(y)}f^{-1}_{|E_2(f^{-i}(y))}\|}\right|$$
$$\leq \frac{1}{n}\sum_{i=0}^{n-1}\left|\frac{\|D_{f^{-i}(w)}f^{-1}_{|E_2(f^{-i}(w))}\|}{\|D_{f^{-i}(y)}f^{-1}_{|E_2(f^{-i}(y))}\|} - 1\right|$$
$$\leq \frac{K}{K_1}\frac{1}{n}\sum_{i=0}^{n-1} d(f^{-i}(y), f^{-i}(w))$$
$$\longrightarrow 0 \quad (d(f^{-i}(y), f^{-i}(w)) \to 0 \text{ であるから}).$$

よって
$$\lim_{n\to\infty}\frac{1}{n}\log\|D_w f^{-n}_{|E_2(w)}\|$$
$$= \lim_{n\to\infty}\frac{1}{n}\log\|D_y f^{-n}_{|E_2(y)}\| = -\chi_2.$$

(4.4.2) は示された. 同様にして (4.4.3) も示される.

次に

$$\lim_{n\to\infty}\frac{1}{n}\log\|D_w f^{n}_{|E_2(w)}\| = \chi_2, \qquad (4.4.4)$$
$$\lim_{n\to\infty}\frac{1}{n}\log\|D_w f^{-n}_{|E_1(w)}\| = -\chi_1 \qquad (4.4.5)$$

を示す．実際に，線形写像 $A: \mathbb{R}^2 \to \mathbb{R}^2$, $V \in G_1$（グラスマン多様体）に対して

$$|\det(A)| = \|A_{|V}\| \|P_V^2 \circ A_{|V^\perp}\|$$

であるから

$$|\det(D_w f^n)| = \|D_w f^n_{|E_1(w)}\| \|P_{D_w f^n(E_1(w))}^2 \circ D_w f^n_{|E_1(w)^\perp}\|$$

が成り立つ．ここに P_V^1 は V への射影を表し，P_V^2 は $V^\perp$ への射影を表す．よって

$$\lim_{n\to\infty} \frac{1}{n} \log |\det(D_w f^n)|$$
$$= \lim_{n\to\infty} \frac{1}{n} \log \|D_w f^n_{|E_1(w)}\| + \lim_{n\to\infty} \frac{1}{n} \log \|P_{D_w f^n(E_1(w))}^2 \circ D_w f^n_{|E_1(w)^\perp}\|$$

であるから

$$\chi_1 + \chi_2 = \chi_1 + \lim_{n\to\infty} \frac{1}{n} \log \|P_{D_w f^n(E_1(w))}^2 \circ D_w f^n_{|E_1(w)^\perp}\|.$$

よって

$$\lim_{n\to\infty} \frac{1}{n} \log \|P_{D_w f^n(E_1(w))}^2 \circ D_w f^n_{|E_1(w)^\perp}\| = \chi_2. \qquad (4.4.6)$$

(4.4.1), (4.4.6) と次の補題

補題 4.4.3 $0 \neq v \in E_1(w)^\perp$ に対して, $\tilde{v} \in E_1(w)$ があって

$$\limsup_{n\to\infty} \frac{1}{n} \log \|P_{D_w f^n(E_1(w))}^1 \circ D_w f^n(v - \tilde{v})\| \leq \chi_2.$$

さらに命題 3.3.11 により

$$\limsup_{n\to\infty} \frac{1}{n} \log \|D_w f^n(v - \tilde{v})\| = \chi_2$$

を得る．よって $\{D_w f^n | n \geq 0\}$ はリャプノフ正則で

$$\lim_{n\to\infty} \frac{1}{n} \log |\det(D_w f^n)| = \chi_1 + \chi_2.$$

命題 3.2.1 により, $v_1 \in V_{\chi_1}$, $v_2 \in V_{\chi_1} \setminus V_{\chi_2}$ に対して

$$\lim_{n\to\infty} \frac{1}{n} \log \|D_w f^n(v_i)\| = \chi_i \qquad (i = 1, 2)$$

であるから
$$E_1(w) = V_{\chi_1}, \quad E_2(w) = \langle v_2 \rangle$$
とおけば
$$\lim_{n \to \infty} \frac{1}{n} \log \|D_w f^n_{|E_2(q)}\| = \chi_2.$$

f を f^{-1} に，χ_1 を $-\chi_2$ に，$E_1(w)$ を $E_2(w)$ に置き換えれば (4.4.6) が示される．(3) は命題 3.2.1 により結論され，(1) は $\mathbb{R}^2$ の分解の一意性を示すことによって結論される．

最後に，補題 4.4.3 の証明を与える．
$i = 1, 2$ と $m \geq 0$ に対して
$$v_i^m = P^i_{D_w f^m(E_1(w))} = D_w f^m(v) \qquad (v \in E_1(w)^\perp, \ \|v\| = 1),$$
とおく．このとき
$$v_1^m = \sum_{l=0}^{m-1} D_{f^{l+1}(w)} f^{m-(l+1)}(P^1_{D_w f^{l+1}(E_1(w))} \circ D_{f^l(w)} f(v_2^l))$$
が成り立つ．よって
$$D_{f^m(w)} f^{-m}(v_1^m) = \sum_{l=0}^{m-1} D_{f^{l+1}(w)} f^{-(l+1)}(P^1_{D_w f^{l+1}(E_1(w))} \circ D_{f^l(w)} f(v_2^l)).$$

$\varepsilon' > 0$ に対して $N > 0$ があって $l \geq N$ に対して
$$\|D_{f^{l+1}(y)} f^{-(l+1)}_{|D_w f^{l+1}(E_1(w))}\| \leq \exp(l(-\chi_1, +\varepsilon')),$$
$$\|v_2^l\| \leq \exp(l(\chi_2 + \varepsilon'))$$
が成り立つ．このときベクトル列
$$\{\exp(-m(\chi_2 - \chi_1 + 2\varepsilon')) D_{f^m(w)} f^{-m}(v_1^m)\} \tag{4.4.7}$$
に対して，$\tilde{v} \in E_1(w)$ があって
$$\tilde{v} = \lim_{m \to \infty} \exp(-m(\chi_2 - \chi_1)) D_{f^m(w)} f^{-m}(v_1^m)$$
が成り立つ．

実際に

$$\|\exp(-m(\chi_2-\chi_1+2\varepsilon'))D_{f^m(w)}f^{-m}(v_1^m)\|$$
$$\leq \exp(-m(\chi_2-\chi_1+2\varepsilon'))\sum_{l=0}^{m-1}\|D_{f^{l+1}(w)}f^{-(l+1)}_{|D_wf^{l+1}(v)}\|\|D_{f^l(w)}f\|\|v_2^l\|$$
$$\leq \exp(-m(\chi_2-\chi_1+2\varepsilon'))\sum_{l=0}^{m-1}K\exp(l(-\chi_w+\varepsilon'))\exp(l(\chi_2+\varepsilon'))$$
$$\leq \sum_{l=0}^{\infty}\exp(l(\chi_1+\varepsilon'))\exp(-l(\chi_2+\varepsilon'))<\infty.$$

よって (4.4.7) は $E_1(w)$ の有界列であるから, 部分列があってそれは収束する. 改めて (4.4.7) は収束するとすれば結論を得る.

$0 \neq v \in E_1(w)^\perp$ に対して

$$\limsup_{n\to\infty}\frac{1}{n}\log\|P^1_{D_wf^n(E_1(w))}\circ D_wf^n(v-\tilde{v})\|\leq \chi_2.$$

実際に

$$P^1_{D_wf^n(E_1(w))}\circ D_wf^n(v-\tilde{v})$$
$$= P^1_{D_wf^n(E_1(w))}\circ D_wf^n(v)-D_wf^n(\tilde{v}) \qquad (\tilde{v}\in E_1(w) \text{ により})$$
$$= v_1^n - D_wf^n(\tilde{v})$$
$$= (*).$$

ところで

$$\{\|v_1^n\|\exp(-n(\chi_2+3\varepsilon'))\,|\,n\geq 1\} \qquad (4.4.8)$$

は有界列であるとすれば

$$\|(*)\| = \|v_1^n\exp(n(\chi_2+3\varepsilon'))\exp(n(\chi_2+3\varepsilon')-D_wf^n(\tilde{v})\|$$
$$\leq C\exp(n(\chi_2+3\varepsilon'))+\exp(n(\chi_1+\varepsilon'))\|\tilde{v}\|.$$

よって $v \in V^\perp$ に対して

$$\frac{1}{n}\log\|P^1_{D_wf^n(E_1(w))}\circ D_wf^n(v-\tilde{v})\|$$
$$\leq \frac{1}{n}\{\log C+\log\|\tilde{v}\|\}+\chi_1+\chi_2+4\varepsilon'$$

であるから

$$\limsup_{n\to\infty} \frac{1}{n} \log \|P^1_{D_w f^n(E_1(w))} \circ D_w f^n(v - \tilde{v})\| \leq \chi_2$$

を得る．

(4.4.8) を示すことが残されている．実際に

$$\begin{aligned}
&\|v_1^n\| \exp(-n(\chi_2 + 3\varepsilon')) \\
&= \left\| \sum_{l=0}^{n-1} D_{f^{l+1}(w)} f^{n-(l+1)} (P^1_{D_w f^{l+1}(E_1(w))} \circ D_{f^l(w)} f(v_2^l)) \right\| \exp(-n(\chi_2+\varepsilon')) \\
&\leq \sum_{l=0}^{n-1} \|D_w f^k_{|E_1(w)}\| \|D_{f^{l+1}(w)} f^{-(l+1)}_{|D_w f^{l+1}(E_1(w))}\| \|D_{f^l(w)} f\| \|v_2^l\| \\
&\quad \times \exp(-n(\chi_2 + \varepsilon')) \\
&\leq \sum_{l=0}^{n-1} K \exp(n(\chi_1 + \varepsilon')) \exp(-l(\chi_1 - \varepsilon')) \exp(l(\chi_2 + \varepsilon')) \exp(-n(\chi_2+\varepsilon')) \\
&\leq \sum_{l=0}^{\infty} K \exp(l(\chi_1 - \chi_2 + 2\varepsilon')) < \infty.
\end{aligned}$$

□

4.5　多様体の上の力学的構造

M は閉曲面とする．ホイットニーの埋め込み定理 (Whitney embedding theorem)（洋書文献 [H]）によって，n を大きく選ぶとき M は $\mathbb{R}^n$ に埋め込まれ，$M \subset \mathbb{R}^n$ と見ることができる．このとき，M の上のリーマン計量は $\mathbb{R}^n$ の上の通常のノルムと同値である．以後において，$M \subset \mathbb{R}^n$ と仮定する．

$x \in M$ に対して，x の接平面を $T_x M$ で表すとき

$$\mathbb{R}^n = T_x M \oplus (T_x M)^\perp$$

で，$\dim(T_x M) = 2$, $\dim(T_x M)^\perp = n - 2$ である．

$f : M \to M$ は C^2-微分同相写像であるとき，C^2-微分写像 $g : \mathbb{R}^n \to \mathbb{R}^n$ があって，$g_{|M} = f$ を満たす．

μ は M の上の不変ボレル確率測度とし，$\mathrm{Supp}(\mu) \subset M$ は定理 2.3.15 の不変ボレル確率測度 μ の台とする．

よって，$h_\mu(f) > 0$ であれば，乗法エルゴード定理（定理 2.3.15）によって f のリャプノフ指数
$$\chi_1(x) \leq 0 < \chi_2(x) \quad \mu\text{--a.e. } x$$
が存在する．

μ はエルゴード的であるとする．$\varepsilon > 0$ を固定して，$l \geq 1$ に対して，集合
$$\Lambda_l = \Lambda_l(\chi_1, \chi_2, \varepsilon)$$
は次の (1)，(2) を満たす $T_x M$ の分解 $T_x M = E_1(x) \oplus E_2(x)$ が存在する点 $x \in \mathrm{Supp}(\mu)$ の全体とする：

(1) $v \in E_i(x) \setminus \{0\}$ と $m, n \in \mathbb{Z}$ $(m \geq n)$ に対して
$$\begin{aligned}
&\exp(-2\varepsilon l)\exp\left((\chi_i - \varepsilon)(m-n) - 2|n|\varepsilon\right) \\
&\leq \frac{\|D_x f^m(v)\|}{\|D_x f^n(v)\|} \\
&\leq \exp(2\varepsilon l)\exp\left((\chi_i + \varepsilon)(m-n) + 2|n|\varepsilon\right),
\end{aligned}$$

(2) $n \in \mathbb{Z}$ に対して
$$\sin\left(\angle(D_x f^n(E_1(x)),\ D_x f^n(E_2(x)))\right) \geq \exp(-\varepsilon l)\exp(-\varepsilon |n|).$$

$\Lambda = \bigcup_{l=1}^\infty \Lambda_l = \bigcup_{l=1}^\infty \Lambda_l(\chi_1, \chi_2, \varepsilon)$ を μ に関する**ペシン集合**（Pesin's set）という．$\Lambda_1 \subset \Lambda_2 \subset \cdots \subset \Lambda \subset \mathrm{Supp}(\mu)$ であることに注意する．

閉曲面 M の上の C^2–微分同相写像に対して，定理 4.1.4 と同様な次の定理 4.5.1 を用いて，不安定多様体の存在が明らかになる．

定理 4.5.1 $f : M \to M$ は C^1–微分同相写像として，μ は f–不変ボレル確率測度とする．f のリャプノフ指数は $\chi_1(x) \neq \chi_2(x)$ $(\mu\text{--a.e. } x)$ を満たすとする．さらに，μ はエルゴード的であるとする．このとき，μ に関するペシン集合 $\Lambda \subset \mathrm{Supp}(\mu)$ は定理 4.1.4 の (1)〜(4) を満たす．

証明 定理 4.1.4 と同様にして示される． □

Λ に含まれる点 x に対して (4.1.3) のように新しい内積 $\langle \cdot, \cdot \rangle_{L,x}$ とノルム $\|\cdot\|_{L,x}$ を導入する．このとき μ に関するペシン集合 Λ に対して命題 4.1.8, 4.1.9, 4.1.10

が成り立つ．さらに，(4.1.8) のように関数 $\tilde{\gamma}(x), \gamma(x)$ $(x \in \Lambda)$ を与え，$D > 0$ を固定して (4.1.11) のように新しい内積 $\langle \cdot, \cdot \rangle_x$ とノルム $\|\cdot\|_x$ を導入することができる．

命題 4.5.2 $x \in \Lambda$ に対して，次の (1)～(4) が成り立つ：

(1) $u \in E_i(x) \setminus \{0\}$ に対して

$$\exp(\chi_i - 12\varepsilon) \leq \frac{\|D_x f(u)\|_{f(x)}}{\|u\|_x} \leq \exp(\chi_i + 12\varepsilon),$$

(2) $\langle \cdot, \cdot \rangle_x$ に関して，$E_1(x)$ と $E_2(x)$ は直交する，

(3) $l \geq 1$ に対して，$\Lambda_l \ni x \mapsto \langle \cdot, \cdot \rangle_x$ は連続である，

(4) $u \in T_x M$ に対して

$$(C')^{-1}\|u\| \leq \|u\|_x \leq C' e^{9\varepsilon l} \|u\|$$

を満たす $C' \geq 1$ が x と v，さらに x が属する Λ_l に依存しないで存在する．

証明 定理 4.1.13 の証明を繰り返せばよい． □

補題 4.2.1 と同様にして，線形写像の族 $\tau_y : \mathbb{R}^2 \to T_y M$ $(y \in \Lambda_l)$ が存在して，次の性質を満たす：

(i) $\tau_y(0) = 0_y$,

(ii) $\tau_y(\mathbb{R} \times \{0\}) = E_1(y), \quad \tau_y(\{0\} \times \mathbb{R}) = E_2(y)$,

(iii) $\tau_y : (\mathbb{R}^2, \langle \cdot, \cdot \rangle) \to (T_y M, \langle \cdot, \cdot \rangle_y)$ は等長的である， (4.5.1)

(iv) $\Lambda_l \ni y \mapsto \tau_y$ は連続である．

$f_x : \mathbb{R}^2 \to \mathbb{R}^2$ を

$$f_x(v) = \Phi_{f(x)}^{-1} \circ f \circ \Phi_x(v) \qquad (v \in B_{2\alpha_0}) \tag{4.5.2}$$

によって定義する．このとき

$$f_x(0) = (0) \tag{4.5.3}$$

図 4.5.1

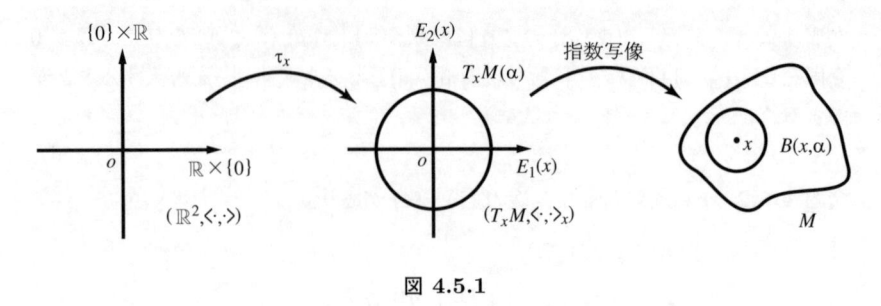

が成り立つ．$\mathbb{R}^2$ の原点 o での f_x の微分は

$$D_0 f_x = \tau_{f(x)}^{-1} \circ D_x f \circ \tau_x$$

である．

定理 4.5.3 (リャプノフ座標系) $f : M \to M$ は C^1-微分同相写像とし，Λ は μ に関するペシン集合とする．このとき次が成り立つ：

$x \in \Lambda$ に対して

(1) $u \in \mathbb{R} \times \{0\}$ $(u \neq 0)$ に対して

$$\exp(\chi_1 - 12\varepsilon) \leq \frac{\|D_0 f_x(u)\|}{\|u\|} \leq \exp(\chi_1 + 12\varepsilon),$$

(2) $u \in \{0\} \times \mathbb{R}$ $(u \neq 0)$ に対して

$$\exp(\chi_2 - 12\varepsilon) \leq \frac{\|D_0 f_x(u)\|}{\|u\|} \leq \exp(\chi_2 + 12\varepsilon),$$

(3) $C' > 1$ が存在して，$x \in \Lambda_l$ と $u, v \in \mathbb{R}^2$ に対して

$$(C')^{-1} \|\tau_x(u) - \tau_x(v)\| \leq \|u - v\| \leq C' e^{9\varepsilon l} \|\tau_x(u) - \tau_x(v)\|.$$

ここに，C' は点 x が属する Λ_l にも依存しない．

特に，f が C^2-級であれば

(4) $\delta > 0$ に対して (4.1.11) の D を十分に大きく選べば，$x \in \Lambda$ に対して

$$\|D_y^2 f_x\| \leq \delta \quad (y \in B_2).$$

ここに
$$B_2 = \{(v_1, v_2) \in \mathbb{R}^2 \mid |v_i| \leq 2,\ i = 1, 2\}.$$

証明 定理 4.2.2 と定理 4.2.5 の証明と同様にして示すことができる． □

定理 4.5.4 $f : M \to M$ は C^2-微分同相写像とする．μ に関する f のリャプノフ指数 χ_1, χ_2 が $\chi_1 < 0,\ \chi_2 < 0$ を満たしているとき，μ に関するペシン集合 Λ は周期点からなる集合である．

証明 定理 4.2.7 の証明と同じである． □

$f : M \to M$ は C^2-微分同相写像として，μ に関するリャプノフ指数 χ_1, χ_2 は
$$\chi_1 \leq 0 < \chi_2$$
を満たすと仮定する．$\varepsilon > 0$ を十分に小さく選び
$$\lambda = \exp(\chi_1 - \chi_2 + 24\varepsilon) < 1 \tag{4.5.4}$$
とおく．

$x \in \Lambda$ とする．定理 4.5.3(1), (2) により
$$\begin{aligned}\exp(m(\chi_1 - 12\varepsilon)) \leq \|D_0 f_x^m|_{\mathbb{R} \times \{0\}}\| \leq \exp(m(\chi_1 + 12\varepsilon)), \\ \exp(-m(\chi_2 + 12\varepsilon)) \leq \|D_0 f_x^{-m}|_{\{0\} \times \mathbb{R}}\| \leq \exp(-m(\chi_2 - 12\varepsilon)).\end{aligned} \quad (m \geq 0)$$
よって
$$\|D_0 f_x^m|_{\mathbb{R} \times \{0\}}\| \|D_0 f_x^{-m}|_{\{0\} \times \mathbb{R}}\| \leq \lambda^m \qquad (m \geq 1).$$
すなわち，Λ は支配的分解をもつ．

したがって，定理 4.3.1 を通して Λ の各点 x に対して**局所不安定多様体** (locally unstable manifold) $W_{loc}^u(x)$ が存在して，定理 4.3.4 の (1)〜(4) を満たす．Λ の点 x の**不安定多様体** (unstable manifold) $W^u(x)$ を
$$W^u(x) = \bigcup_{m=0}^{\infty} f^m(W_{loc}^u(f^{-m}(x)))$$

によって定義する．このとき

$$W^u(x) = \left\{ y \in M \;\middle|\; \limsup_{m \to \infty} \frac{1}{m} \log d(f^{-m}(x),\; f^{-m}(y)) < 0 \right\}$$

が成り立つ．

$\chi_1 < 0$ であれば**局所安定多様体** (local stable manifold) $W_{loc}^s(x)$ と，$\chi_1 = 0$ のとき**中心多様体** (center manifold) $W_{loc}^c(x)$ も同様に定義される．$x \in \Lambda$ の**安定多様体** (stable manifold) $W^s(x)$ を

$$W^s(x) = \bigcup_{m=0}^{\infty} f^{-m}(W_{loc}^s(f^m(x)))$$

によって定義したとき

$$W^s(x) = \left\{ y \in M \;\middle|\; \limsup_{m \to \infty} \frac{1}{m} \log d(f^m(x),\; f^m(y)) < 0 \right\}$$

が成り立つ．

安定多様体と不安定多様体に関して，4.5 節で与えた性質（注意 4.3.7〜注意 4.3.12）が成り立つ．

M の上の C^2–微分同相写像 f を不変にするボレル確率測度はエルゴード性をもつ場合に，μ に関するペシン集合の各点に対して安定多様体と不安定多様体を構成した．

μ に関する拡張されたペシン集合 $\hat{\Lambda}$ ($\Lambda \subset \hat{\Lambda} \subset M$) は注意 4.4.2(2) ($f^{\pm}(\hat{\Lambda}_l) \subset \hat{\Lambda}_{l+1}$) が成り立つことから，$\hat{\Lambda}$ の各点に不安定多様体が存在する．

μ にエルゴード性を仮定しなくても，4.3 節の最後に述べたように安定多様体と不安定多様体を見いだすことができる．

===== **まとめ** =====

不変ボレル確率測度 μ に関する f のリャプノフ指数 $\chi_i(x)$ の和 $\chi_1(x) + \chi_2(x)$ は単位面積の $D_x f$ による変化率を与えている．そこで，$\chi_i(x)$ は部分空間 $E_i(x)$ に属する各ベクトルの $D_x f$ による変化率を与えることを見るために，μ を $\{\mu_x\}$ (μ–a.e. x) にエルゴード分解して，各エルゴード的確率測度 μ_y に関して，$D_x f$ による $E_i(x)$ のベクトルの変化を調べる．話題を簡単にするために，μ はエルゴード的であると仮定する．

$\varepsilon > 0$ を固定する．このとき，乗法エルゴード定理が成り立つ $\mu(Y_\mu) = 1$ なる f-不変集合 $Y_\mu \subset \text{Supp}(\mu)$ を含む f-不変ボレル集合 $\Lambda_\varepsilon = \Lambda(\chi_1, \chi_2, \varepsilon) \subset \text{Supp}(\mu)$ が次を満たすように存在する：

(1) $\Lambda_1 \subset \Lambda_2 \subset \cdots \subset \bigcup_{l>0} \Lambda_l = \Lambda_\varepsilon,$

(2) $f^\pm(\Lambda_l) \subset \Lambda_{l+1}$ $(l > 0),$

(3) Λ_l は閉集合，

(4) $\mathbb{R}^2 = E_1(x) \oplus E_2(x)$ は Λ_l の上で連続的に変化するように部分空間 $E_i(x)$ $(i = 1, 2)$ に分解され，$D_x f(E_i(x)) = E_i(f(x))$ $(i = 1, 2, x \in \Lambda_\varepsilon)$ を満たす．

Λ_ε を μ に関するペシン集合という．$Y_\mu \subset \Lambda_\varepsilon$ であって

$$Y_\mu = \bigcap_{\varepsilon > 0} \Lambda_\varepsilon.$$

(5) $l > 0$ とする．このとき $x \in \Lambda_l$ に対して

$$\|D_x f^n_{|E_1(x)}\| \leq \exp(2\varepsilon l) \exp(n(\chi_1 + \varepsilon))$$
$$\|D_x f^{-n}_{|E_2(x)}\| \leq \exp(2\varepsilon l) \exp(-n(\chi_2 - 3\varepsilon))$$
$(n \geq 0)$

が示される．しかし，不等式の右辺は l に依存した定数 $\exp(2\varepsilon l)$ が関係している．この状況では最も基本である各点 $x \in \Lambda_\varepsilon$ の安定多様体，不安定多様体を求めることができない．

そこで，各 $E_i(x)$ $(x \in \Lambda_\varepsilon)$ の上で $D_x f$ の変化率が x の所属する Λ_l に依存しない状況を創りだす必要がある．そのために，$E_i(x)$ $(i = 1, 2, x \in \Lambda_\varepsilon)$ が互いに直交するように $\mathbb{R}^2$ の上に新しい内積を導入する．

$x \in \Lambda_\varepsilon$ を固定して，$v_i, u_i \in E_i(x)$ に対して $u = u_1 + u_2, v = v_1 + v_2$ とおき

$$\langle u, v \rangle_{L,x} = \sum_{i=1}^{2} \sum_{n=-\infty}^{\infty} \exp(-2n\chi_i - 8|n|\varepsilon) \langle D_x f^n(u_i), D_x f^n(v_i) \rangle,$$
$$\|u\|_{L,x} = \langle u, v \rangle_{L,x}^{\frac{1}{2}}$$

を与える．ここに，$\langle \cdot, \cdot \rangle$ は $\mathbb{R}^2$ の通常の内積を表す．$\langle \cdot, \cdot \rangle_{L,x}$ は x に関して連続である．

しかし,内積 $\langle \cdot, \cdot \rangle_{L,x}$ $(x \in \Lambda)$ だけの準備では目的は達成されず,さらに

$$\tilde{\gamma}(x) = \sup_{0 \neq v \in \mathbb{R}^2} \frac{\|v\|_{L,x}}{\|v\|},$$

$$\gamma(x) = \sum_{n=-\infty}^{\infty} \exp(-4|n|\varepsilon)\tilde{\gamma}(f^n(x))$$

を与え,内積

$$\langle u, v \rangle_x = \gamma(x)^4 D^2 \langle u, v \rangle_{L,x} \quad (u, v \in \mathbb{R}^2),$$
$$\|u\|_x = \gamma(x)^2 D \|u\|_{L,x}$$

を定義する.各 $E_i(x)$ は $\langle \cdot, \cdot \rangle_x$ に関して直交する.

$x \in \Lambda_\varepsilon$ を固定する.このとき,$l > 0$ があって $x \in \Lambda_l$ である.よって Λ_l の上で分解 $\mathbb{R}^2 = E_1(x) \oplus E_2(x)$ は連続であるから

$$\tau_x : (\mathbb{R}^2, \langle \cdot, \cdot \rangle) \longrightarrow (\mathbb{R}^2, \langle \cdot, \cdot \rangle_x)$$

が $x \in \Lambda_l$ に関して連続,かつ

(6) $\tau_x(\mathbb{R} \times \{0\}) = E_1(x)$, $\tau_x(\{0\} \times \mathbb{R}) = E_2(x)$,

(7) $\|v\| = \|\tau_x(v)\|_x \quad (v \in \mathbb{R}^2)$

を満たすように与えることができる.よってアフィン写像

$$\Phi_x(v) = \tau_x(v) + x \quad (v \in \mathbb{R}^2)$$

を用いて C^1-微分同相写像

$$f_x : (\mathbb{R}^2, \langle \cdot, \cdot \rangle) \longrightarrow (\mathbb{R}^2, \langle \cdot, \cdot \rangle)$$

を

$$f_x = \Phi_{f(x)}^{-1} \circ f \circ \Phi_x$$

によって定義することができる.明らかに,$f_x(0) = 0$ であって

$$\begin{array}{ccc} (\mathbb{R}^2, \langle \cdot, \cdot \rangle) & \xrightarrow{f_x} & (\mathbb{R}^2, \langle \cdot, \cdot \rangle) \\ \Phi_x \downarrow & & \downarrow \Phi_{f(x)} \\ (U, \langle \cdot, \cdot \rangle_x) & \xrightarrow{f} & (U, \langle \cdot, \cdot \rangle_x) \end{array}$$

は可換である．ここに，U は f の定義域で，$f : U \to U$ を満たす $\mathbb{R}^2$ の有界な開集合である．$(U, \langle \cdot, \cdot \rangle_x)$ $(x \in \Lambda_\varepsilon)$ は $(U, \langle \cdot, \cdot \rangle)$ のリャプノフ座標系という．
よって

$$\begin{CD}
(\mathbb{R}^2, \langle \cdot, \cdot \rangle) @>{D_0 f_x}>> (\mathbb{R}^2, \langle \cdot, \cdot \rangle) \\
@V{\tau_x}VV @VV{\tau_{f(x)}}V \\
(\mathbb{R}^2, \langle \cdot, \cdot \rangle_x) @>{D_x f}>> (\mathbb{R}^2, \langle \cdot, \cdot \rangle_{f(x)})
\end{CD}$$

が成り立つ．

f が C^2-級であると仮定すると，$\delta > 0$ に対して先に与えた $D > 0$ を十分に大きく選べば $\|z\| \leq 2$ なる $z \in \mathbb{R}^2$ に対して

(8) $\quad \|D_0 f_x - D_z f_x\| \leq 2\sqrt{2}\delta$

を満たすことが示される．

このとき $0 < \lambda < 1$ があって

$$\|D_0 f_{x|\mathbb{R} \times \{0\}}\| \|D_0 f_{f(x)|\{0\} \times \mathbb{R}}^{-1}\| \leq \lambda \quad (x \in \Lambda)$$

を得る．この不等式と (7) を用いるとき，埋め込み多様体定理を得る．この定理から Λ_ε の各点 x は局所（不）安定多様体 $W_{loc}^\sigma(x)$ $(\sigma = s, u)$ が求まる．

(4) により，$\mathbb{R}^2$ の分解

$$\mathbb{R}^2 = E_1(x) \oplus E_2(x) \qquad (x \in \Lambda_l)$$

は Λ_l の上で連続である．ところが，ブリン (Brin) の定理により，その連続性はヘルダー連続まで強めることができる（次章の 5.5 節参照）．

この章は洋書文献 [H-P-Shu], [Be-Pe], 関連論文 [Pe], [Fa–He–Yoc] を参考にして書かれた．

第5章　非一様追跡性と馬蹄

$\mathbb{R}^2$ の上の C^2-微分同相写像 f は $\mathbb{R}^2$ の有界開集合 U に対して，$f(U) \subset U$ であるとする．f は不変ボレル確率測度 μ をもつ．μ はエルゴード的であるとする．μ に関する f のリャプノフ指数が $\chi_1 < 0 < \chi_2$ (μ-a.e.) を満たすとする．この場合に μ は**双曲型**であるという．このとき閉補題が成り立つ．すなわち，$\alpha > 0$ と本質的な集合（ペシン集合）の点 x に対して，$\beta_x > 0$ があって $d(f^n(x), x) < \beta_x$ であれば，$d(f^i(x), f^i(z)) < \alpha$ ($0 \leq i \leq n$) を満たす双曲的周期点 z が存在する．

この結果はカトック (Katok) による非一様双曲性をもつ力学系の非一様追跡性補題 (nonuniformly shadowing lemma) を通して得られる．非一様追跡性補題は μ が双曲型であるときに成り立つ．

さらに閉補題により，$h_\mu(f) > 0$ であるとき非一様馬蹄の存在が保証され，エントロピーの大きさによって，その馬蹄の厚みが決定される．これらの課題は，リャプノフ指数とペシン集合を用い位相的手法だけで結論される．

最後に，エルゴード的双曲型測度 μ に関するペシン集合 $\Lambda = \bigcup_l \Lambda_l$ の各 Λ_l の上で $\mathbb{R}^2$ の分解はヘルダー連続であることを解説する．

5.1　非一様追跡性補題

この節では，擬軌道をより一般的に定義して，その擬軌道の追跡点の存在を議論する．$f : \mathbb{R}^2 \to \mathbb{R}^2$ は C^2-微分同相写像として $\mathbb{R}^2$ の有界な開集合 U があって，$f(U) \subset U$ とする．U の上の C^2-微分同相写像 f がエルゴード的な不変ボレル確率測度 μ をもつとして，f のリャプノフ指数 χ_1, χ_2 は $\chi_1 < 0 < \chi_2$ (μ-a.e.) を満たすとする．

μ に関するペシン集合を $\Lambda = \bigcup_l \Lambda_l$ とする (Λ は十分に小さな $\varepsilon > 0$ を固定して構成されていることに注意).

$$f_x(v) = \Phi_{f(x)}^{-1} \circ f \circ \Phi_x(v) \qquad (v \in \mathbb{R}^2)$$

を (4.2.1) で定義した C^2-微分同相写像とする. (4.3.1) により

$$\|D_0 f_x|_{E_1}\| \leq \exp(\chi_1 + 12\varepsilon), \qquad \|D_0 f_x|_{E_2}\| \geq \exp(\chi_2 - 12\varepsilon).$$

ここに, $E_1 = \mathbb{R} \times \{0\}$, $E_2 = \{0\} \times \mathbb{R}$ である.

ここから先は

$$E^s = E_1, \quad E^u = E_2$$

と表す.

記号を簡単にするために

$$\lambda_1^+ = \exp(\chi_1 + 12\varepsilon), \qquad \lambda_1^- = \exp(\chi_1 - 12\varepsilon),$$
$$\lambda_2^+ = \exp(\chi_2 + 12\varepsilon), \qquad \lambda_2^- = \exp(\chi_2 - 12\varepsilon)$$

とおく.

$1 \geq \alpha_0 > 0$ とする. $D_0 f_x(E^\sigma) = E^\sigma$ ($\sigma = s, u$) であるから, 各線分 $E^\sigma \cap B_{\alpha_0}$ は図 5.1.1 のように一定の率以上に $E^u \cap B_{\alpha_0}$ は伸び, 一定の率以下に $E^s \cap B_{\alpha_0}$ は縮小する.

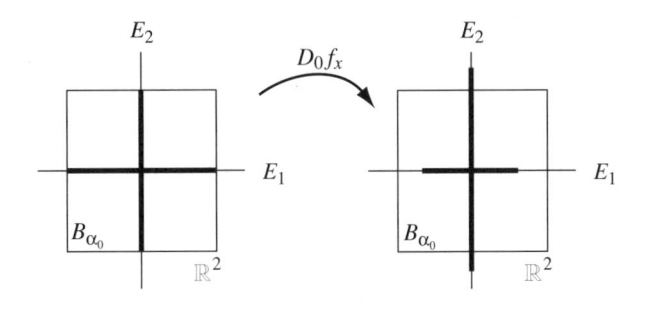

図 5.1.1

定理 4.2.5 により, $z \in B_{\alpha_0}$ に対して

$$\|D_z f_x - D_0 f_x\| \leq \sup_{y \in B_{\alpha_0}} \|D_y^2 f_x\| \leq \alpha_0 \delta \leq \delta \qquad (x \in \Lambda) \quad (5.1.1)$$

であるから,注意 4.2.6 と同様にして

$$\|D_z f_x(v) - f_x(v)\| \leq \delta \|v\| \qquad (x \in \Lambda, v \in B_{\alpha_0}).$$

よって $x \in \Lambda$ に対して

$$\begin{aligned}\|f_x(v)\| &\leq \{\lambda_1^+ + \delta\}\|v\| & (v \in E^s \cap B_{\alpha_0}), \\ \|f_x(v)\| &\geq \{\lambda_2^- - \delta\}\|v\| & (v \in E^u \cap B_{\alpha_0}).\end{aligned} \qquad (5.1.2)$$

すなわち,$0 < \alpha \leq \alpha_0$ に対して,原点 o を含む 1 辺が 2α である正方形 B_α に含まれる $E^\sigma \cap B_\alpha$ ($\sigma = s, u$) の f_x による変化を見るとき,(5.1.2) により図 5.1.2 のように $E^u \cap B_\alpha$ は一定の率より長く伸び,$E^s \cap B_\alpha$ は一定の率より短く縮小する.

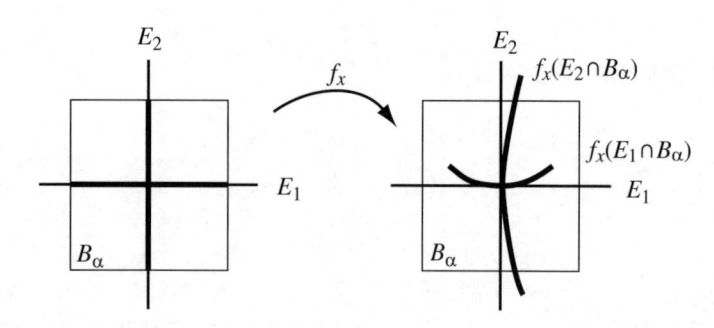

図 5.1.2

矩形 A は図 5.1.3 に位置しているとする.このとき,$f_x(A)$ は原点を含む図形になる.図 5.1.3(∗) の部分は点 x によらない一定の大きさで B_α をはみ出す.さらに $f(x) \in \Lambda_l$ であれば,定理 4.2.2(3) により

$$(C')^{-1}\|\tau_{f(x)}(w)\| \leq \|w\| = \|\tau_{f(x)}(w)\|_{f(x)} \leq C' C_l \|\tau_{f(x)}(w)\| \qquad (w \in \mathbb{R}^2).$$

ここに

$$C_l = e^{9\varepsilon l}$$

である.よって図 5.1.3(∗∗) の部分も点 $x \in \Lambda_{l-1}$ に属している限り一定の大きさで $\Phi_{f(x)}(B_\alpha)$ をはみ出す.

τ_x は Λ_l における x の近傍の上で連続写像である.よって $\delta_l > 0$ に対して,y と $f(x)$ が Λ_l に属する点で,2 点間の距離が十分に近ければ

$$\|\Phi_y^{-1} \circ \Phi_{f(x)} - id\| < \delta_l$$

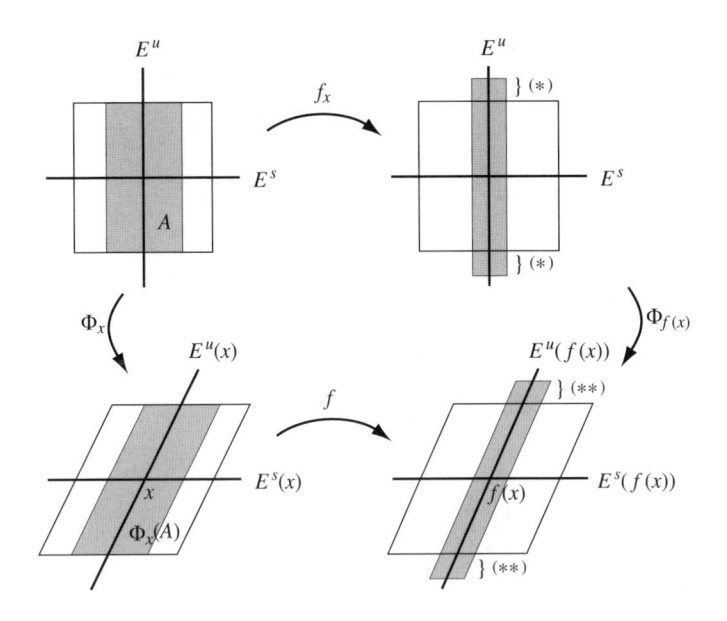

図 5.1.3

とできる ($\|\cdot\|$ は一様ノルムである). したがって, 図 5.1.4 の曲線 $f_x(E^u \cap B_\alpha)$ の一部は図形 $\Phi_y(B_\alpha)$ を突き抜ける.

このような f の挙動を利用して非一様追跡性補題を示すことができる.

注意 5.1.1 $\Lambda = \bigcup_l \Lambda_l$ は μ に関するペシン集合とする (ここで μ はエルゴード的). このとき, $l > 0$ があって $\mu(\Lambda_l) > 0$ であるから, ポアンカレの回帰定理により μ–a.e. $x \in \Lambda_l$ に対して, $n_1 < n_2 < \cdots$ があって x と各 $f^{n_i}(x)$ の距離が十分に近く, かつ

$$f^{n_i}(x) \in \Lambda_l \quad (i \geq 1)$$

が成り立つ. よって, $\delta_l > 0$ に対して

$$\|\Phi_x^{-1} \circ \Phi_{f^{n_i}(x)} - id\| < \delta_l \quad (i \geq 1).$$

$0 < \gamma < 1$, $0 < \alpha \leq 1$ とする. $0 < \beta \leq (1-\gamma)\alpha$ に対して C^1-曲線の族 $\mathcal{U}^{\gamma,\alpha,\beta}$, $\mathcal{S}^{\gamma,\alpha,\beta}$ を

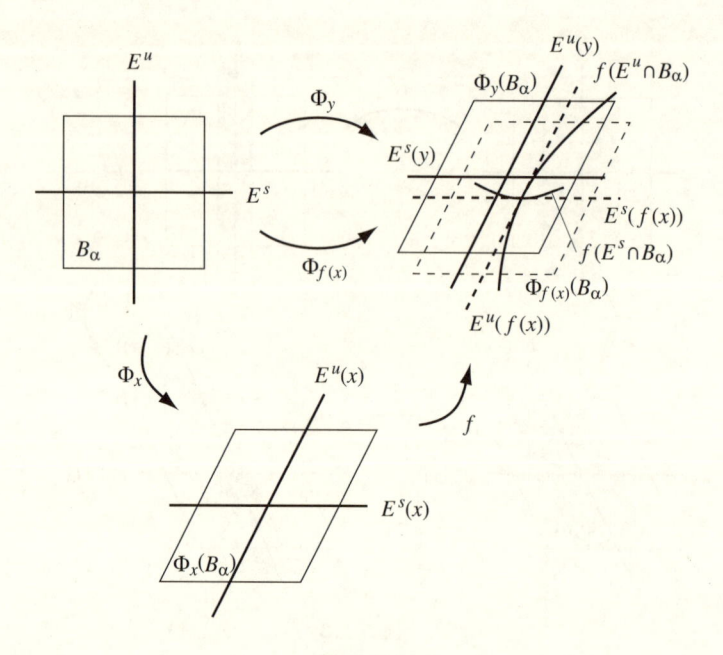

図 5.1.4

$$\mathcal{U}^{\gamma,\alpha,\beta} = \left\{ \tilde{V} \subset B_1 \middle| \begin{array}{l} \left|\dfrac{d}{dy}\phi(y)\right| \leq \gamma \ (-\alpha \leq y \leq \alpha), \ |\phi(0)| \leq \beta \text{ を満たす} \\ C^1\text{-関数 } \phi : [-\alpha,\alpha] \to [-1,1] \text{ のグラフ} \\ \tilde{V} = \{(\phi(y), y) \in \mathbb{R}^2 \,|\, -\alpha \leq y \leq \alpha\} \end{array} \right\},$$

$$\mathcal{S}^{\gamma,\alpha,\beta} = \left\{ \tilde{H} \subset B_1 \middle| \begin{array}{l} \left|\dfrac{d}{dx}\psi(x)\right| \leq \gamma \ (-\alpha \leq x \leq \alpha), \ |\psi(0)| \leq \beta \text{ を満たす} \\ C^1\text{-関数 } \psi : [-\alpha,\alpha] \to [-1,1] \text{ のグラフ} \\ \tilde{H} = \{(x, \psi(x)) \in \mathbb{R}^2 \,|\, -\alpha \leq x \leq \alpha\} \end{array} \right\}$$

によって定義する. $\tilde{V} \in \mathcal{U}^{\gamma,\alpha,\frac{\alpha}{4}}$ を**原点 o に近い許容的 (u,γ,α)-多様体**, $\tilde{H} \in \mathcal{S}^{\gamma,\alpha,\frac{\alpha}{4}}$ を**原点 o に近い許容的 (s,γ,α)-多様体**という (図 5.1.5).

定義によって, $\tilde{V} \in \mathcal{U}^{\gamma,\alpha,\frac{\alpha}{4}}$ は C^1-関数 ϕ のグラフを表し, $\tilde{H} \in \mathcal{S}^{\gamma,\alpha,\frac{\alpha}{4}}$ は C^1-関数 ψ のグラフを表している.

$$\left|\dfrac{d}{dy}\phi(y)\right| \leq \gamma, \quad \left|\dfrac{d}{dx}\psi(x)\right| \leq \gamma$$

であるから, $\tilde{V} \cap \tilde{H}$ は図 5.1.6 のように 1 点からなる集合であって, その点は

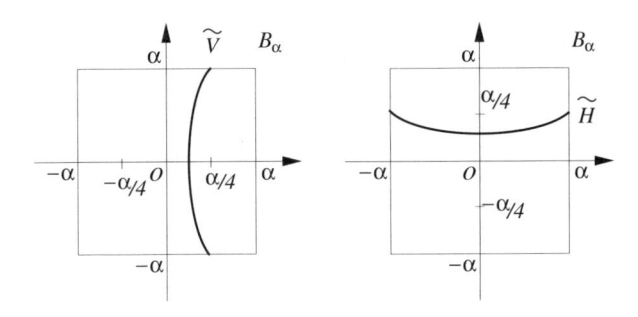

図 5.1.5

$$(\phi(y), y) = (x, \psi(x))$$

と表すことができる.

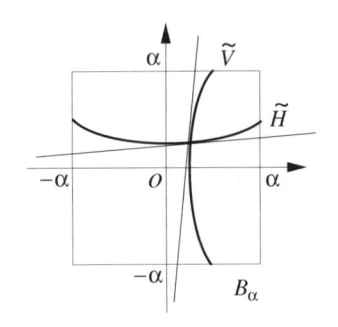

図 5.1.6

2つの曲線の交点における2本の接線が図 5.1.6 のように1本の直線に重ならないとき，$\tilde{V}$ と $\tilde{H}$ は**横断的** (transversal) に交わるという．原点 o に近い許容的 (u, γ, α)–多様体 $\tilde{V}$ と許容的 (s, γ, α)–多様体 $\tilde{H}$ は常に横断的に交わる．

$$\mathcal{U}_x^{\gamma,\alpha,\beta} = \{\Phi_x(\tilde{V}) \mid \tilde{V} \in \mathcal{U}^{\gamma,\alpha,\beta}\},$$
$$\mathcal{S}_x^{\gamma,\alpha,\beta} = \{\Phi_x(\tilde{H}) \mid \tilde{H} \in \mathcal{S}^{\gamma,\alpha,\beta}\}$$

とおく．このとき $V \in \mathcal{U}_x^{\gamma,\alpha,\frac{\alpha}{4}}$ を点 x に近い**許容的 (u, γ, α)–多様体**，$H \in \mathcal{S}_x^{\gamma,\alpha,\frac{\alpha}{4}}$ を点 x に近い**許容的 (s, γ, α)–多様体**，という（図 5.1.7）．

$x \in \Lambda$ に対して，点 x の安定多様体 $W^s(x)$，不安定多様体 $W^u(x)$ が存在する．$l > 0$ を固定する．このとき，Λ_l の点 x を含む十分に小さい近傍に安定葉，

また不安定葉が導入できる（邦書文献 [Ao1] を参照）．これらの各葉は $\gamma = \dfrac{1}{3}$ とすれば，注意 3.3.2 により，$\mathcal{U}^{\frac{1}{3},\alpha,\beta}$ または $\mathcal{S}^{\frac{1}{3},\alpha,\beta}$ に属する許容的多様体である．

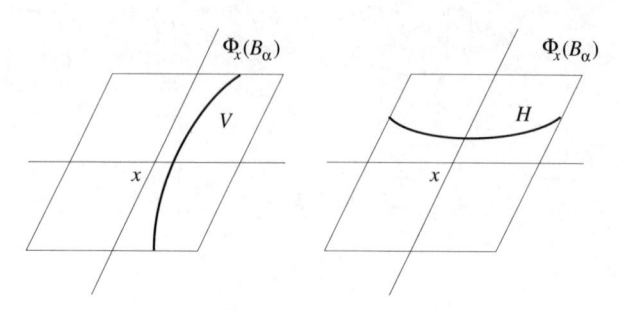

図 5.1.7

原点 o に近い許容的 (u,γ,α)–多様体 $\tilde{V}$ と許容的 (s,γ,α)–多様体 $\tilde{H}$ は B_α の 1 点で横断的に交わっている．よって点 x に近い許容的 (u,γ,α)–多様体 V と許容的 (s,γ,α)–多様体 H は $\Phi_x(B_\alpha)$ の 1 点で横断的に交わる．

$\alpha_1 > \alpha_2$ として，$\mathbb{R}^2$ の原点 o を含む 2 つの正方形 $B_{\alpha_1} \supset B_{\alpha_2}$ に対して，$\gamma_1 \leq \gamma_2$ で，かつ β_2 は $\beta_2 \geq \beta_1$ を満たすように十分に小さく選べば，次が成り立つ：

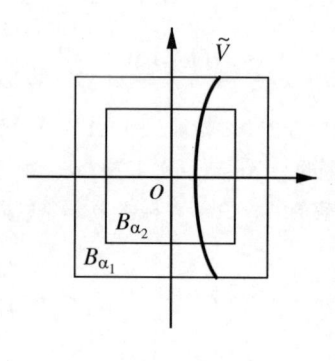

図 5.1.8

$$\tilde{V} \in \mathcal{U}^{\gamma_1,\alpha_1,\beta_1} \Longrightarrow \tilde{V} \cap B_{\alpha_2} \in \mathcal{U}^{\gamma_2,\alpha_2,\beta_2},$$
$$V \in \mathcal{U}_x^{\gamma_1,\alpha_1,\beta_1} \Longrightarrow V \cap \Phi_x(B_{\alpha_2}) \in \mathcal{U}_x^{\gamma_2,\alpha_2,\beta_2},$$

5.1 非一様追跡性補題   249

$$\tilde{H} \in \mathcal{S}^{\gamma_1,\alpha_1,\beta_1} \Longrightarrow \tilde{H} \cap B_{\alpha_2} \in \mathcal{S}^{\gamma_2,\alpha_2,\beta_2},$$
$$H \in \mathcal{S}_x^{\gamma_1,\alpha_1,\beta_1} \Longrightarrow H \cap \Phi_x(B_{\alpha_2}) \in \mathcal{S}_x^{\gamma_2,\alpha_2,\beta_2}.$$

f のリャプノフ指数が μ–測度の値が 0 の集合を除いてすべて 0 でないときに, μ は**双曲型測度** (hyperbolic measure) であるという. μ が各点 x の値を 0 にもつ, すなわち $\mu(\{x\}) = 0$ であるとき μ は**連続** (continuous) であるという.

μ が双曲型であるという条件だけでは $h_\mu(f) > 0$ は保証されない. 実際に, μ は連続でないとする. すなわち, $\mu(\{x\}) > 0$ なる x が存在するとする. このとき有限軌道 $\theta = \{x, f(x), \cdots, f^n(x)\}$ があって $\mu(\theta) = 1$ である (μ はエルゴード的であるから). よって $h_\mu(f) = 0$ を得る.

μ が双曲型であって連続であれば, $h_\mu(f) > 0$ であることが 4.3 節で示される.
数列 $\beta_1, \beta_2, \cdots$, に対して点列 $\{\cdots, x_{-1}, x_0, x_1, \cdots\} \subset \Lambda$ が $(\beta_l)_{l=1}^\infty$–**擬軌道**であるとは, $n \in \mathbb{Z}$ に対して $s_n \in \mathbb{N}$ が存在して

$$x_n \in \Lambda_{s_n}, \quad |s_n - s_{n-1}| \leq 1, \quad d(f(x_{n-1}), x_n) \leq \beta_{s_n}$$

を満たすことである. ここに, d は $\|\cdot\|$ によって導入された U の上の距離関数を表し, $\mathbb{N}$ は自然数の集合を表す.

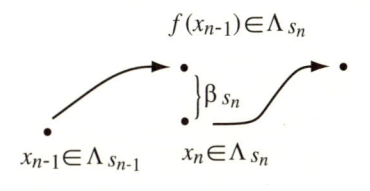

図 5.1.9

定理 5.1.2 (カトックの追跡性補題)　μ はエルゴード的なボレル確率測度としてリャプノフ指数 χ_1, χ_2 が $\chi_1 < 0 < \chi_2$ (μ–a.e.) を満たすとき (すなわち, μ が双曲型であるとき), $1 > \alpha > 0$ に対して, $\beta_l = \beta_l(\alpha) > 0$ ($l \geq 1$) があって点列 $\{\cdots, x_{-1}, x_0, x_1 \cdots\} \subset \Lambda$ が $(\beta_l)_{l=1}^\infty$–擬軌道であれば

$$d(f^i(y), x_i) \leq \alpha \qquad (i \in \mathbb{Z})$$

を満たす $y \in U$ が存在する.

カトックの追跡性補題を**非一様追跡性補題** (nonuniformly shadowing lemma) という.

C^2-微分同相写像 $f: U \to U$ がエルゴード的な双曲型測度 μ をもつとして, μ は連続的であれば, μ に関するペシン集合 Λ の濃度は非可算であって, μ に関する f のリャプノフ指数 χ_1, χ_2 は

$$\chi_1 < 0 < \chi_2 \qquad \mu\text{-a.e.}$$

を満たしている（定理 4.2.7 により $\chi_1 < \chi_2 < 0$ と $0 < \chi_1 < \chi_2$ の場合, ペシン集合は有限である）. 十分に小さな $\varepsilon > 0$ を固定する. (4.3.4) により

$$\lambda = \exp(\chi_1 - \chi_2 + 24\varepsilon) = \frac{\lambda_1^+}{\lambda_2^-} < 1. \tag{5.1.3}$$

定理 5.1.2 の証明に対して, Λ は U の単なる部分集合である. よって Λ の各点の近傍 V は半径が十分に小さくても, V は Λ に含まれるとは限らない. そこで, $V \setminus \Lambda$ の各点の f の振る舞いを調べるために, $0 < \gamma < \dfrac{1}{2}$ に対して

$$\begin{aligned}
\tilde{C}_\gamma^u &= \{(v_1, v_2) \in \mathbb{R}^2 \,|\, |v_1| \leq \gamma |v_2|\}, \\
\tilde{C}_\gamma^s &= \{(v_1, v_2) \in \mathbb{R}^2 \,|\, |v_2| \leq \gamma |v_1|\}
\end{aligned} \tag{5.1.4}$$

を定義する（図 5.1.10）. $\tilde{C}_\gamma^u, \tilde{C}_\gamma^s$ を**円すい形** (cone) という.

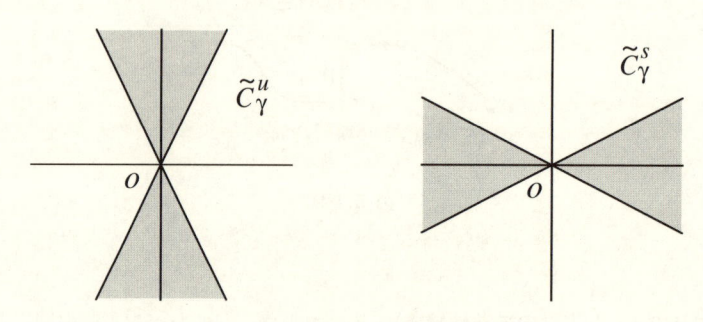

図 5.1.10

$\mathbb{R}^2$ のベクトル v を $v = (v_1, v_2) \in \mathbb{R}^2$ と表して

$$|||v||| = \max\{|v_1|, |v_2|\}$$

とする. 明らかに

$$|||w||| \leq \|w\| \leq \sqrt{2} |||w|||.$$

補題 5.1.3 $f: U \to U$ と Λ は定理 5.1.2 の仮定を満たし $\dfrac{\lambda_1^+}{\lambda_2^-} < \gamma < 1$ であるとする. $x \in \Lambda$ に対して次が成り立つ:

(a) $y \in B_1$ に対して
$$D_y f_x(\tilde{C}_\gamma^u) \subset \tilde{C}_{\gamma^2}^u, \quad (D_y f_x)^{-1}(\tilde{C}_\gamma^s) \subset \tilde{C}_{\gamma^2}^s.$$

(b) $y \in B_1$ に対して
$$v \in \tilde{C}_\gamma^u \longrightarrow \{\lambda_2^- - \varepsilon\}|||v||| \leq |||D_y f_x(v)|||$$
$$\leq \{\lambda_2^+ + \varepsilon\}|||v|||,$$
$$w \in \tilde{C}_\gamma^s \Longrightarrow \{-\lambda_1^+ - \varepsilon\}|||w||| \leq |||(D_y f_x)^{-1}(w)|||$$
$$\leq \{-\lambda_1^- + \varepsilon\}|||w|||.$$

(c) $0 < \beta < \alpha \leq 1$ に対して
$$\tilde{V} \in \mathcal{U}^{\gamma,\alpha,\beta}$$
$$\Longrightarrow f_x(\tilde{V}) \cap B_{\{\lambda_2^- - 3\varepsilon\}\alpha} \in \mathcal{U}^{\gamma^2, \{\lambda_2^- - 3\varepsilon\}\alpha, \{\lambda_1^+ + 3\varepsilon\}\beta},$$
$$\tilde{H} \in \mathcal{S}^{\gamma,\alpha,\beta}$$
$$\Longrightarrow (f_x)^{-1}(\tilde{H}) \cap B_{\{-\lambda_1^+ - 3\varepsilon\}\alpha} \in \mathcal{S}^{\gamma^2, \{-\lambda_1^+ - 3\varepsilon\}\alpha, \{-\lambda_2^- + 3\varepsilon\}\beta}.$$

(d) $0 < \beta < \alpha \leq 1$ とする. このとき, $\mathcal{U}^{\gamma,\alpha,\beta}$ に属する曲線 $\tilde{V}$ に対して
$$y, z \in \tilde{V} \Longrightarrow \{\lambda_2^- - \varepsilon\}|||y - z||| \leq |||f_x(y) - f_x(z)|||$$
$$\leq \{\lambda_2^+ + \varepsilon\}|||y - z|||,$$

$\mathcal{S}^{\gamma,\alpha,\beta}$ に属する曲線 $\tilde{H}$ に対して
$$y, z \in \tilde{H} \Longrightarrow \{-\lambda_1^+ - \varepsilon\}|||y - z||| \leq |||(f_x)^{-1}(y) - (f_x)^{-1}(z)|||$$
$$\leq \{-\lambda_1^- + \varepsilon\}|||y - z|||.$$

補題 5.1.3 を証明するために, 次を準備する:

補題 5.1.4 実数 a, b は $0 < |a| < 1 < |b|$ であって, $\dfrac{|a|}{|b|} < \gamma < 1$ を満たす γ と十分に小さい $\varepsilon > 0$ を固定する. さらに

$$0 < \delta \leq \min\left\{\frac{\gamma^2|b| - \gamma|a|}{(1+\gamma)(1+\gamma^2)}, \frac{\varepsilon}{1+\gamma}\right\}$$

を満たす δ に対して, C^1-微分同相写像

$$F : \mathbb{R}^2 \longrightarrow \mathbb{R}^2$$

は次の条件 (i)〜(iv) を満たすと仮定する：

(i) $F(0,0) = (0,0)$,

(ii) $h_i : \mathbb{R}^2 \to \mathbb{R}$ は C^1-関数である $(i = 1, 2)$,

(iii) $F(z_1, z_2) = (az_1 + h_1(z_1, z_2), bz_2 + h_2(z_1, z_2))$ $((z_1, z_2) \in \mathbb{R}^2)$,

(iv) $|||D_z h_i||| \leq \delta$ $(z \in B_1)$.

このとき $z \in B_1$ に対して, 次の (a)〜(d) が成り立つ：

(a) $D_z F(\tilde{C}_\gamma^u) \subset \tilde{C}_{\gamma^2}^u$ $(z \in B_1)$,

(b) $z \in B_1, v \in \tilde{C}_\gamma^u \Longrightarrow (|b| - \varepsilon)|||v||| \leq |||D_z F(v)||| \leq (|b| + \varepsilon)|||v|||$,

$0 < \beta < \alpha \leq 1$ に対して

(c) $\tilde{V} \in \mathcal{U}^{\gamma,\alpha,\beta} \Longrightarrow F(\tilde{V}) \cap B_{(|b|-3\varepsilon)\alpha} \in \mathcal{U}^{\gamma^2, (|b|-3\varepsilon)\alpha, (|a|+3\varepsilon)\beta}$,

(d) $\mathcal{U}^{\gamma,\alpha,\beta}$ に属する曲線 $\tilde{V}$ に対して

$$y, z \in \tilde{V} \Longrightarrow (|b| - \varepsilon)|||y - z||| \leq |||F(y) - F(z)||| \leq (|b| + \varepsilon)|||y - z|||.$$

証明 $0 \neq v = (v_1, v_2) \in \tilde{C}_\gamma^u$ に対して, $D_z F(v) = (v_1^1, v_2^1)$ であるとする.

(a) の証明：(iii) より

$$|v_1^1| = \left|\left(a + \frac{\partial h_1}{\partial z_1}(z)\right)v_1 + \left(\frac{\partial h_1}{\partial z_2}(z)\right)v_2\right|$$

であるから (iv) を用いて

$$(|a| - \delta)|v_1| - \delta|v_2| \leq |v_1^1| \leq (|a| + \delta)|v_1| + \delta|v_2|.$$

同様にして

$$(|b| - \delta)|v_2| - \delta|v_1| \leq |v_2^1| \leq (|b| + \delta)|v_2| + \delta|v_1| \tag{5.1.5}$$

が成り立つ．よって

$$\frac{|v_1^1|}{|v_2^1|} \leq \frac{(|a| + \delta)|v_1| + \delta|v_2|}{(|b| - \delta)|v_2| - \delta|v_1|}$$
$$\leq \frac{(|a| + \delta)\gamma + \delta}{(|b| - \delta) - \delta\gamma}.$$

仮定によって

$$\delta \leq \frac{\gamma(\gamma|b| - |a|)}{(1+\gamma)(1+\gamma^2)} \tag{5.1.6}$$

であるから，以下のように順次計算される：

$$\delta\{(1+\gamma) + \gamma^2(1+\gamma)\} \leq \gamma^2|b| - \gamma|a|,$$
$$\gamma|a| + \delta(1+\gamma) \leq \gamma^2|b| - \delta\gamma^2(1+\gamma),$$
$$(|a| + \delta)\gamma + \delta \leq \gamma^2\{|b| - \delta - \delta\gamma\}. \tag{5.1.7}$$

(5.1.6) により $\dfrac{|v_1^1|}{|v_2^1|} \leq \gamma^2$ である．よって，$D_z F(v) \in \tilde{C}_{\gamma^2}^u$ である．

(b) の証明：$v \in \tilde{C}_\gamma^u$ に対して，(a) により $D_z F(v) \in \tilde{C}_{\gamma^2}^u$ である．よって

$$(|b| - \varepsilon)|||v||| \leq \{|b| - \delta(1+\gamma)\}|||v||| \quad (\delta \leq \frac{\varepsilon}{1+\gamma} \text{ より})$$
$$= (|b| - \delta - \delta\gamma)|v_2|$$
$$\leq (|b| - \delta)|v_2| - \delta|v_1|$$
$$\leq |v_2^1| \quad ((5.1.5) \text{ により})$$
$$= |||D_z F(v)|||$$
$$\leq (|b| + \delta)|v_2| + \delta|v_1| \quad ((5.1.5) \text{ により})$$
$$\leq (|b| + \delta + \delta\gamma)|v_2|$$
$$= \{|b| + \delta(1+\gamma)\}|||v|||$$
$$\leq (|b| + \varepsilon)|||v|||.$$

よって (b) は証明された．

(c) の証明：$\phi : [-\alpha, \alpha] \to [-\alpha, \alpha]$ は C^1-関数であって

$$|\phi(0)| \leq \beta, \quad |\frac{d}{dy}\phi(y)| \leq \gamma \ (-\alpha \leq y \leq \alpha)$$

を満たすとする．

$$\tau(y) = by + h_2(\phi(y), y) \tag{5.1.8}$$

によって C^1-関数

$$\tau : [-\alpha, \alpha] \longrightarrow \mathbb{R}$$

を定義する．平均値の定理を用いることにより，$y, z \in [-\alpha, \alpha]$ に対して

$$\begin{aligned}
|\tau(y) - \tau(z)| &= |b(y - z) + h_2(\phi(y), y) - h_2(\phi(z), z)| \\
&\geq |b||y - z| - \delta |||(\phi(y), y) - (\phi(z), z)||| \\
&\geq \{|b| - 2\delta\}|y - z| \\
&\geq (|b| - 2\varepsilon)|y - z|.
\end{aligned} \tag{5.1.9}$$

よって τ は拡大的である．このことは τ の逆関数 τ^{-1} の存在を保証している．$F(0, 0) = (0, 0)$ より，$h_2(0, 0) = 0$ である．$\tau(0) = h_2(\phi(0), 0)$ であるから

$$\begin{aligned}
|\tau(0)| &= |h_2(\phi(0), 0)| \\
&= |h_2(\phi(0), 0) - h_2(0, 0)| \\
&\leq \delta|\phi(0)| \\
&\leq \delta\beta
\end{aligned} \tag{5.1.10}$$

であるから，τ^{-1} の定義域は閉区間

$$[-(|b| - 2\varepsilon)\alpha + \delta\beta, \ (|b| - 2\varepsilon)\alpha - \delta\beta]$$

を含む．

$$\delta \leq \frac{\varepsilon}{1 + \gamma} < \varepsilon$$

であるから，$\delta\beta < \varepsilon\alpha$ である．よって

$$[-(|b| - 3\varepsilon)\alpha, \ (|b| - 3\varepsilon)\alpha] \subset [-(|b| - 2\varepsilon)\alpha + \delta\beta, \ (|b| - 2\varepsilon)\alpha - \delta\beta]$$

が成り立つ．

τ^{-1} の定義域を
$$[-(|b|-3\varepsilon)\alpha,\ (|b|-3\varepsilon)\alpha]$$
に選ぶとき
$$\tau^{-1}([-(|b|-3\varepsilon)\alpha,\ (|b|-3\varepsilon)\alpha]) \subset [-\alpha,\alpha].$$
C^1-関数
$$\psi : [-(|b|-3\varepsilon)\alpha,\ (|b|-3\varepsilon)\alpha] \longrightarrow \mathbb{R}$$
を
$$\psi(x) = a\phi(\tau^{-1}(x)) + h_1(\phi(\tau^{-1}(x)), \tau^{-1}(x))$$
によって定義する. (iii) により, $y = \tau^{-1}(x) \in [-\alpha, \alpha]$ に対して
$$F(\phi(y), y) = (\psi(x), x) \tag{5.1.11}$$
が成り立つ. よって

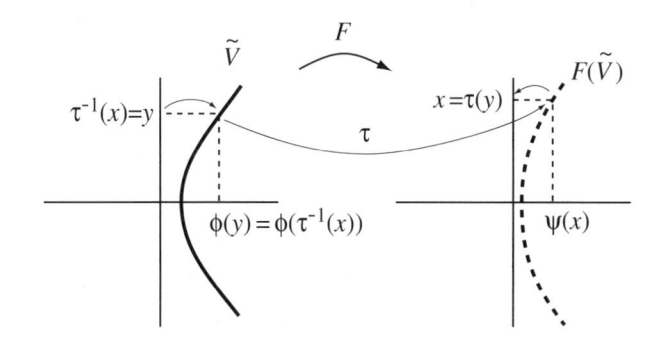

図 5.1.11

$$\tilde{V} = \{(\phi(y), y) \in \mathbb{R}^2 \mid -\alpha \le y \le \alpha\} \in \mathcal{U}^{\gamma, \alpha, \beta}$$
に対して
$$F(\tilde{V}) \supset \{(\psi(x), x) \mid -(|b|-3\varepsilon)\alpha \le x \le (|b|-3\varepsilon)\alpha\}$$
であるから
$$F(\tilde{V}) \cap B_{(|b|-3\varepsilon)\alpha}$$

は上の包含関係の左辺と一致する．(5.1.11) により

$$D_{(\phi(y),y)}F\left({}^t\left(\frac{d}{dy}\phi(y),1\right)\right) = \frac{dx}{dy}{}^t\left(\frac{d}{dx}\psi(x),1\right).$$

ここで，${}^tA$ は A の転置行列を表す．$\left|\dfrac{d}{dy}\phi(y)\right| \leq \gamma$ であるから $\left(\dfrac{d}{dy}\phi(y),1\right) \in \tilde{C}^u_\gamma$ である．よって (a) により

$$\frac{dx}{dy}{}^t\left(\frac{d}{dx}\psi(x),1\right) = D_{(\phi(y),y)}F\left({}^t\left(\frac{d}{dy}\phi(y),1\right)\right) \in \tilde{C}^u_{\gamma^2}.$$

ゆえに $\left|\dfrac{d}{dx}\psi(x)\right| \leq \gamma^2$ が成り立つ．$\tau(y_0) = 0$ を満たす $y_0 \in [-\alpha,\alpha]$ を選ぶ．このとき

$$\begin{aligned}
|y_0| &= |\tau^{-1}(\tau(y_0)) - \tau^{-1}(\tau(0))| \\
&\leq (|b|-\varepsilon)^{-1}|\tau(y_0) - \tau(0)| \qquad ((5.1.9) \text{ により}) \\
&= (|b|-\varepsilon)^{-1}|\tau(0)| \\
&\leq \delta\beta \qquad ((5.1.10) \text{ により}).
\end{aligned}$$

よって

$$\begin{aligned}
|\psi(0)| &= |a\phi(\tau^{-1}(0)) + h_1(\phi(\tau^{-1}(0)),\tau^{-1}(0))| \\
&= |a\phi(y_0) + h_1(\phi(y_0),y_0)| \\
&\leq |a|(|\phi(y_0)-\phi(0)| + |\phi(0)|) + |h_1(\phi(y_0),y_0)| \\
&\leq |a|(\gamma|y_0| + |\phi(0)|) + \delta(1+\gamma)|y_0| \\
&\leq |a|(\gamma\delta\beta + \beta) + \delta(1+\gamma)\delta\beta \\
&\leq (|a|\delta + |a| + \delta^2(1+\gamma))\beta \\
&\leq (|a| + 2\varepsilon)\beta.
\end{aligned}$$

ゆえに

$$F(\tilde{V}) \cap B_{(|b|-3\varepsilon)\alpha} \in \mathcal{U}^{\gamma^2,(|b|-3\varepsilon)\alpha,(|a|+3\varepsilon)\beta}.$$

(c) が示された．

(d) を示す．第 2 項の不等式は (b) を用いて

$$|||F(y) - F(z)||| \leq \sup_\theta |||D_\theta F||| \, |||y-z||| \leq (|b|+\varepsilon)|||y-z|||$$

である.

第1項の不等式を示すために, $y, z \in \tilde{V}$ に対して, $y = (\phi(\bar{y}), \bar{y})$, $z = (\phi(\bar{z}), \bar{z})$ と表す. 平均値の定理により

$$F(y) - F(z)$$
$$= \left(\left(a\frac{d\phi}{dt}(\theta_1) + \left(\frac{\partial h_1}{\partial z_1}\frac{d\phi}{dt} + \frac{\partial h_1}{\partial z_2}\right)(\theta_2)\right)(\bar{y} - \bar{z}),\right.$$
$$\left.\left(b + \left(\frac{\partial h_2}{\partial z_1}\frac{d\phi}{dt} + \frac{\partial h_2}{\partial z_2}\right)(\theta_3)\right)(\bar{y} - \bar{z})\right)$$

を満たす $\theta_1, \theta_2, \theta_3 \in \mathbb{R}$ が存在する. このとき

$$|||F(y) - F(z)|||$$
$$= \max\left\{\left|a\frac{d\phi}{dt}(\theta_1) + \left(\frac{\partial h_1}{\partial z_1}\frac{d\phi}{dt} + \frac{\partial h_1}{\partial z_2}\right)(\theta_2)\right|,\right.$$
$$\left.\left|b + \left(\frac{\partial h_2}{\partial z_1}\frac{d\phi}{dt} + \frac{\partial h_2}{\partial z_2}\right)(\theta_3)\right|\right\}|\bar{y} - \bar{z}|$$
$$= (*).$$

ところで

$$\left|a\frac{d\phi}{dt}(\theta_1) + \left(\frac{\partial h_1}{\partial z_1}\frac{d\phi}{dt} + \frac{\partial h_1}{\partial z_2}\right)(\theta_2)\right| \leq |a|\gamma + \delta\gamma + \delta$$
$$\leq |b| - \delta\gamma - \delta \quad ((5.1.7)\text{ により})$$
$$\leq \left|b + \left(\frac{\partial h_2}{\partial z_1}\frac{d\phi}{dt} + \frac{\partial h_2}{\partial z_2}\right)(\theta_3)\right|$$

であるから

$$(*) = \left|b + \left(\frac{\partial h_2}{\partial z_1}\frac{d\phi}{dt} + \frac{\partial h_2}{\partial z_2}\right)(\theta_3)\right||\bar{y} - \bar{z}|$$
$$\geq (|b| - \delta\gamma - \delta)|\bar{y} - \bar{z}|$$
$$\geq (|b| - \varepsilon)|\bar{y} - \bar{z}|$$
$$= (|b| - \varepsilon)|||y - z||| \quad (|\phi(\bar{y}) - \phi(\bar{z})| \leq \gamma|\bar{y} - \bar{z}| \text{ であるから}).$$

(d) が示された. □

補題 5.1.3 の証明 f_x の原点 o での微分 $D_0 f_x$ は

$$D_0 f_x = \begin{pmatrix} a_1(x) & 0 \\ 0 & a_2(x) \end{pmatrix}$$

によって行列表示される．定理 4.2.2(1), (2) により

$$\lambda_1^- \leq |a_1(x)| \leq \lambda_1^+ < 1,$$
$$1 < \lambda_2^- \leq |a_2(x)| \leq \lambda_2^+.$$

補題 5.1.4 の C^1–微分同相写像 F, 実数 a, b を，それぞれ $f_x, a_1(x), a_2(x)$ に置き換える．(5.1.4) により γ は

$$\frac{\lambda_1^+}{\lambda_2^-} < \gamma$$

を満たすとする．

C^1–関数 $h : \mathbb{R}^2 \to \mathbb{R}^2$ を

$$h = f_x - D_0 f_x$$

によって与える．このとき (5.1.1) により

$$\|D_z h\| = \|D_z f_x - D_0 f_x\| \leq 2\sqrt{2}\delta.$$

f_x と h をそれぞれ成分関数

$$f_x^{(i)} : \mathbb{R}^2 \longrightarrow \mathbb{R}, \quad h_i : \mathbb{R}^2 \longrightarrow \mathbb{R} \qquad (i=1,2)$$

によって

$$f_x(z_1, z_2) = (f_x^{(1)}(z_1, z_2), f_x^{(2)}(z_1, z_2)),$$
$$h(z_1, z_2) = (h_1(z_1, z_2), h_2(z_1, z_2))$$

と表す．このとき

$$f_x^{(i)}(z_1, z_2) = a_i(x) z_i + h_i(z_1, z_2),$$
$$|||D_z h_i||| = \sup_{w \in \mathbb{R}^2 \setminus \{0\}} \frac{|||D_z h_i(w)|||}{|||w|||}$$
$$\leq \sqrt{2} \sup_{w \in \mathbb{R}^2 \setminus \{0\}} \frac{\|D_z h_i(w)\|}{\frac{\|w\|}{\sqrt{2}}}$$
$$\leq \sqrt{2} \|D_z h\| \leq 4\delta$$

が成り立つ（ここにおいて，f の C^2–級の仮定が使われる）．よって，補題 5.1.4 の条件 (i)〜(iv) が確認されたから，補題 5.1.3 の u–方向の結論を得る．f_x を $(f_x)^{-1}$ に置き換えれば s–方向の結論が求まる． $\square$

$\varepsilon > 0$ は十分に小さいから

$$1 < \lambda_2^- - 3\varepsilon, \qquad 1 < -\lambda_1^+ - 3\varepsilon$$
$$1 > -\lambda_2^- + 3\varepsilon, \qquad 1 > \lambda_1^+ + 3\varepsilon \tag{5.1.12}$$

が成り立つ. 補題 5.1.3(c) により, $x \in \Lambda$ に対して

$$\begin{aligned}
V \in \mathcal{U}_x^{\gamma,\alpha,\beta} &\implies f(V) \cap \Phi_{f(x)}(B_{\{\lambda_2^- - 3\varepsilon\}\alpha}) \\
&\qquad \in \mathcal{U}_{f(x)}^{\gamma^2, \{\lambda_2^- - 3\varepsilon\}\alpha, \{\lambda_1^+ + 3\varepsilon\}\beta}, \\
H \in \mathcal{S}_x^{\gamma,\alpha,\beta} &\implies f^{-1}(H) \cap \Phi_{f^{-1}(x)}(B_{\{-\lambda_1^+ - 3\varepsilon\}\alpha}) \\
&\qquad \in \mathcal{S}_{f^{-1}(x)}^{\gamma^2, \{-\lambda_1^+ - 3\varepsilon\}\alpha, \{-\lambda_2^- + 3\varepsilon\}\beta}.
\end{aligned} \tag{5.1.13}$$

よって (5.1.12) により

$$\begin{aligned}
\mathcal{U}_{f(x)}^{\gamma^2, \{\lambda_2^- - 3\varepsilon\}\alpha, \{\lambda_1^+ + 3\varepsilon\}\beta} &\subset \mathcal{U}_{f(x)}^{\gamma,\alpha,\beta}, \\
\mathcal{S}_{f^{-1}(x)}^{\gamma^2, \{-\lambda_1^+ - 3\varepsilon\}\alpha, \{-\lambda_2^- + 3\varepsilon\}\beta} &\subset \mathcal{S}_{f^{-1}(x)}^{\gamma,\alpha,\beta}
\end{aligned}$$

が成り立つ.

注意 5.1.5 $0 < h \leq \alpha_0$ とする. $l \geq 1$ に対して, $\gamma = \gamma_l(h) > 0$ があって, $y, f(x) \in \Lambda_l$ に対して $d(f(x), y) \leq \gamma$ ならば, 次の (a), (b) が成り立つ:

(a) V は x に近い許容的 (u, γ, h)–多様体であるならば

$$f(V) \cap \Phi_y(B_h)$$

は y に近い許容的 (u, γ, h)–多様体である.

(b) H は y に近い許容的 (s, γ, h)–多様体であるならば

$$f^{-1}(H) \cap \Phi_x(B_h)$$

は x に近い許容的 (s, γ, h)–多様体である.

証明 補題 5.1.3(c) により, 明らかである. □

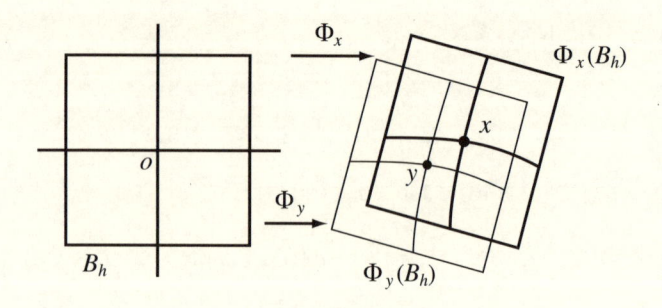

図 5.1.12

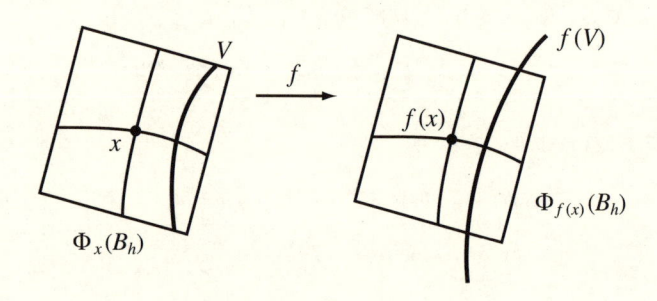

図 5.1.13

定理 5.1.2 の証明 $C' > 1$ はリャプノフ座標系（定理 4.2.2(3)）の定数とする．$0 < \alpha < 1$ を固定して

$$h = \frac{\alpha}{C'} \tag{5.1.14}$$

とおく．$l \geq 1$ に対して，注意 5.1.5(a), (b) を満たす $\gamma_l(h)$ が存在する．このとき

$$\gamma_{l+2}(h) > \beta_l = \beta_l(\alpha) > 0 \tag{5.1.15}$$

とおく．

$\{\cdots, x_{-1}, x_0, x_1, \cdots\}$ はペシン集合 Λ に属する $(\beta_l)_{l=1}^{\infty}$-擬軌道とする．すなわち，x_i に対して $\Lambda_{s_i} \subset \Lambda$ があって，$x_i \in \Lambda_{s_i}$ かつ $|s_i - s_{i-1}| \leq 1$, $d(f(x_{i-1}), x_i) < \beta_{s_i}$ を満たすとする．

$m \geq 1$ を固定したときに，$y^m \in U$ があって

$$d(f^i(y^m), x_i) \leq \alpha \ (-m \leq i \leq m)$$

が成り立つとする．このとき，適当な部分列 $\{y^{m_i}\}$ は y に収束し，y は $\{\cdots, x_{-1}, x_0, x_1 \cdots\}$ を α–追跡する．よって，補題を結論するために y^m を構成することが残るだけである．

それを示すために

$$V_0 = \Phi_{x_{-m}}(\{0\} \times [-h, h]), \tag{5.1.16}$$
$$V_i = f(V_{i-1}) \cap \Phi_{x_{-m+i}}(B_h) \quad (1 \le i \le m)$$

とおく．このとき，$V_i \subset U$ $(0 \le i \le m)$ である．$\{x_i\}$ は $(\beta_l)_{l=1}^\infty$–擬軌道である

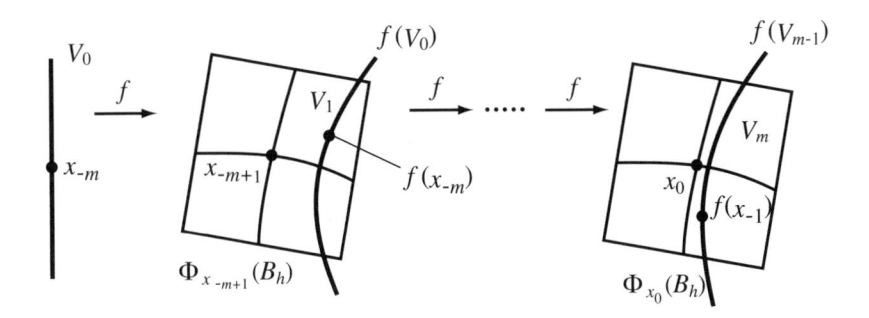

図 5.1.14

から

$$f(x_{-m+i}), x_{-m+i} \in \Lambda_{s_{-m+i}+2},$$
$$d(f(x_{-m+i}), x_{-m+i}) \le \beta_{s_{-m+i}}(\alpha).$$

(5.1.15) により

$$\beta_{s_{-m+i}}(\alpha) < \gamma_{s_{-m+i}+2}(h)$$

である．注意 5.1.5(a) により，V_i は x_{-m+i} に近い許容的 (u, γ, h)–多様体である．

同様にして

$$H_0 = \Phi_{x_m}([-h, h] \times \{0\}),$$
$$H_i = f^{-1}(H_{i-1}) \cap \Phi_{x_{m-i}}(B_h) \quad (1 \le i \le m)$$

とおけば，H_i は x_{m-i} に近い許容的 (s, γ, h)–多様体である．したがって，V_m と

262 第5章 非一様追跡性と馬蹄

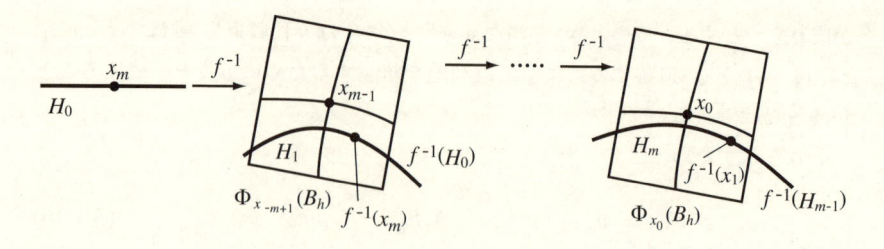

図 5.1.15

H_m は $\Phi_{x_0}(B_h)$ の中で 1 点で横断的に交わる．その点を y^m とする．このとき

$$f^{-i}(y^m) \in f^{-i}(V_m) = f^{-i+1}(f^{-1}(V_m)) \subset f^{-i+1}(V_{m-1})$$
$$\subset f^{-i+2}(V_{m-2}) \subset \cdots \subset V_{m-i} \subset \Phi_{x_{-i}}(B_h) \qquad (0 \leq i \leq m).$$

同様にして

$$f^i(y^m) \in f^i(H_m) \subset \Phi_{x_i}(B_h) \qquad (1 \leq i \leq m).$$

定理 4.2.2(3) により

$$d(f^i(y^m), x_i) \leq \alpha \qquad (-m \leq i \leq m).$$

□

図 5.1.16

R_μ は μ に関する正則点集合とする（邦書文献 [Ao2]）．このとき次の注意が成り立つ：

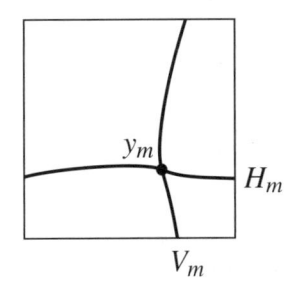

図 5.1.17

注意 5.1.6 定理 5.1.2 の追跡点 y は $\mathrm{Cl}(R_\mu)$ に属する.

証明 定理 5.1.2 の証明の V_0, V_i $(1 \leq i \leq m)$, すなわち (5.1.16) を局所不安定体に置き換える.

$x_{-i} \in \Lambda_{s_{-i}}$ であるから, x_{-i} $(0 \leq i \leq m)$ を通過する局所不安定多様体 $\xi^u(x_{-i})$ を用いて

$$V_0 = \xi^u(x_{-m}) \cap \Phi_{x_{-m}}(B_h),$$
$$V_i = f(\xi^u(x_{-m+i-1})) \cap \Phi_{x_{-m+i}}(B_h) \qquad (1 \leq i \leq m)$$

とおく.

同様にして, x_i $(0 \leq i \leq m)$ を通過する局所安定多様体を $\xi^s(x_i)$ と表し

$$H_0 = \xi^s(x_m) \cap \Phi_{x_m}(B_h),$$
$$H_i = f^{-1}(\xi^s(x_{m-i+1})) \cap \Phi_{x_{m-i}}(B_h)$$

とおく.

$\{y_m\} = H_m \cap V_m$ は $y_m \in R_\mu$ を意味する. よって $y_m \to y$ $(m \to \infty)$ とすれば $y \in \mathrm{Cl}(R_\mu)$ を得る. □

次の定理を**非一様強追跡性補題** (nonuniformly strong shadowing lemma) という:

定理 5.1.7 $\alpha > 0$ に対して $\beta_{s_i} = \beta_{s_i}(\alpha) > 0$ があって $(\beta_{s_i})_{i=1}^\infty$-擬軌道 $\{\cdots, x_{-1}, x_0, x_1, \cdots\} \subset \Lambda$ は $i \in \mathbb{Z}$ に対して

(1) $d(f^i(x), x_i) < \alpha$,

(2) $f^i(x) \in \Phi_{x_i}(B_\alpha)$

を満たす α–追跡点 x は一意的に存在する.

証明 追跡点の存在は定理 5.1.2 と同様にして示される. したがって一意性の証明を与えるだけである. x と x' は 2 つの追跡点で $x \neq x'$ と仮定する. このとき

$$f^i(x), f^i(x') \in \Phi_{x_i}(B_\alpha) \quad (i \in \mathbb{Z})$$

であるから, $m > 0$ に対して 2 つの有限軌道は図 5.1.18 のように分布していると考えることができる.

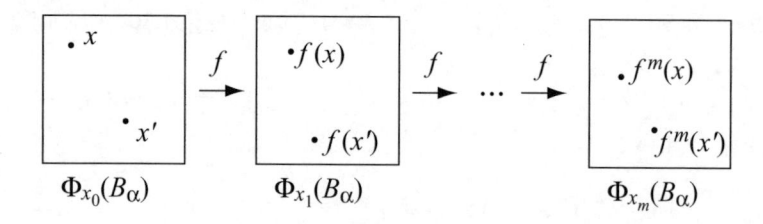

図 5.1.18

x, x' を通過する線分 V, H の交点を z とする (図 5.1.19). 注意 5.1.5 により $f(V) \cap \Phi_{x_1}(B_\alpha)$ の $f(x)$ を含む連結成分 V_1 は x_1 に近い許容的 (u, γ, α)–多様体で, $f(V_1) \cap \Phi_{x_2}(B_\alpha)$ も x_2 に近い許容的 (u, γ, α)–多様体で, このことを繰り返して x_m に近い許容的 (u, γ, α)–多様体 V_m が存在する. 同様にして, x_m に近い $f^m(H)$ を含む許容的 (s, γ, α)–多様体が存在する (図 5.1.20).

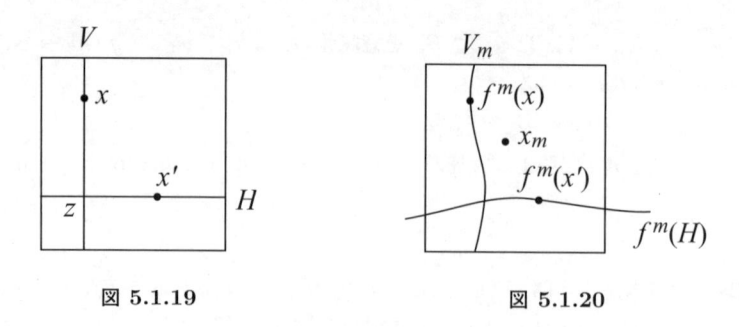

図 5.1.19 図 5.1.20

5.1 非一様追跡性補題

矛盾を導くために
$$x = \Phi_{x_0}(w), \quad z = \Phi_{x_0}(v)$$
とする．このとき
$$f^m(x) = \Phi_{f^m(x_0)} \circ f_{f^{m-1}(x_0)} \circ \cdots \circ f_{x_0}(w),$$
$$f^m(z) = \Phi_{f^m(x_0)} \circ f_{f^{m-1}(x_0)} \circ \cdots \circ f_{x_0}(v).$$

$x_0 \in \Lambda$ であるから，$l > 0$ があって $x_0 \in \Lambda_l$ である．よって

$$\|f^m(x) - f^m(z)\|$$
$$\geq (C')^{-1} \exp(-9\varepsilon(l+m))$$
$$\quad \times \|f_{f^{m-1}(x_0)} \circ \cdots \circ f_{x_0}(w) - f_{f^{m-1}(x_0)} \circ \cdots \circ f_{x_0}(v)\|$$
$$\geq (C')^{-1} \exp(-9\varepsilon(l+m)) \exp(m(\chi_2 - \varepsilon)) \|\Phi_{x_0}^{-1}(x) - \Phi_{x_0}^{-1}(z)\|$$
$$\geq (C')^{-2} \exp(-9\varepsilon l) \exp(m(\chi_2 - \varepsilon)) \|x - z\|$$

$\varepsilon > 0$ は十分に小さく $\|f^m(x) - f^m(z)\| \leq 1$ であるから，$m \to \infty$ とするとき $z = x$ を得る．

同様に
$$\bar{x}' = f^m(x'), \quad \bar{z} = f^m(z)$$
とおき
$$\bar{x}' = \Phi_{x_m}(w), \quad \bar{z} = \Phi_{x_m}(v)$$
とする．このとき
$$x' = f^{-m}(\bar{x}') = \Phi_{f^{-m}(x_0)} \circ f_{f^{-m+1}(x_m)}^{-1} \circ \cdots \circ f_{x_m}^{-1}(w),$$
$$z = f^{-m}(\bar{z}) = \Phi_{f^{-m}(x_0)} \circ f_{f^{-m+1}(x_m)}^{-1} \circ \cdots \circ f_{x_m}^{-1}(v).$$

よって
$$\|x' - z\| \leq (C') \exp(9\varepsilon(l+m)) \exp(m(\chi_1 + \varepsilon)) \|w - v\|$$
$$\leq (C')^2 \exp(18\varepsilon l) \exp(m(\chi_1 + \varepsilon)) \|f^m(x') - f^m(z)\|$$
$$\longrightarrow 0 \quad (m \to \infty)$$

であるから，$x' = z$ を得る．よって $x' = x$ となって矛盾を得る．追跡点の一意性が示された． □

5.2 閉補題

非一様追跡性によって閉補題が導かれる．すなわち，μ に関するペシン集合 $\Lambda = \bigcup_{l>0} \Lambda_l$ の部分集合 Λ_l が $\mu(\Lambda_l) > 0$ であるとき，ポアンカレの回帰定理により Λ_l の μ–a.e. x に対して単調増大な数列 $\{n_i\}$ があって，x と各 $f^{n_i}(x)$ の距離が十分に近く，かつ $f^{n_i}(x) \in \Lambda_l$ $(i \geq 1)$ が成り立つ．よって，十分に小さい $\alpha > 0$ に対して十分に大きな n_i があって軌道 $\{f^j(x) | 0 \leq j \leq n_i\}$ を追跡する n_i–周期点 $z = z(x, \alpha)$ が存在し，次の意味で双曲的である：

Λ_l に無関係な $0 < \lambda < 1$，Λ_l に依存する $C_l > 0$ と $D_z f^{n_i}$ に関して不変な $\mathbb{R}^2$ の部分集合 $E^s(z)$, $E^u(z)$ があって

$$\mathbb{R}^2 = E^s(z) \oplus E^u(z)$$

に分解され，$k \geq 0$ に対して

$$\begin{aligned}\|D_z f^{n_i k}(v)\| &\leq C_l \lambda^k \|v\| \quad (v \in E^s(z)), \\ \|D_z f^{-n_i k}(v)\| &\leq C_l \lambda^k \|v\| \quad (v \in E^u(z)).\end{aligned} \quad (5.2.1)$$

このことを詳しく解説する．

この節は 5.1 節の続きである．したがって仮定や記号は 5.1 節にしたがう．

定理 5.2.1（カトックの閉補題） $f : \mathbb{R}^2 \to \mathbb{R}^2$ は C^2–微分同相写像として，$\mathbb{R}^2$ の有界な開集合 U があって，$f(U) \subset U$ とする．μ は f–不変ボレル確率測度で，エルゴード的であるとし，μ に関する f のリャプノフ指数は $\chi_1 < 0 < \chi_2$ (μ–a.e.) を満たすとする．このとき，$l \geq 1$ と十分に小さい $\alpha > 0$ に対して，$\beta_l = \beta_l(\alpha) > 0$ があって，$x \in \Lambda_l$ と $m \geq 1$ が

$$f^m(x) \in \Lambda_l, \qquad d(f^m(x), x) \leq \beta_l$$

を満たすならば，$z \in U$ があって次が成り立つ：

(1) $f^m(z) = z$.

(2) $d(f^i(x), f^i(z)) \leq \alpha \quad (0 \leq i \leq m-1)$.

(3) z は双曲的周期点である．すなわち，$D_z f^m$ に関して $\mathbb{R}^2$ の不変な部分空間

$E^s(z)$, $E^u(z)$ と $C = C_l > 0$, $0 < \lambda < 1$ があって

$$\mathbb{R}^2 = E^s(z) \oplus E^u(z),$$
$$\|D_z f^{mk}(v)\| \leq C\lambda^k \|v\| \qquad (v \in E^s(z),\ k \geq 0),$$
$$\|D_z f^{-mk}(v)\| \leq C\lambda^k \|v\| \qquad (v \in E^u(z),\ k \geq 0).$$

(4) $\gamma > 0$ は注意 4.1.7 の数とする．$\hat{W}^\sigma_{loc}(z) \cap \Phi_x(B_\alpha)$ は点 x に近い許容的 (σ, γ, α)–多様体である ($\sigma = s, u$).

ここに，双曲的周期点 z の局所（不）安定多様体 $\hat{W}^\sigma_{loc}(z)$ ($\sigma = s, u$) は次のように定義されている：

$C > 0$ と $0 < \lambda < 1$ が存在して，

$$\hat{W}^s_{loc}(z) = \{y \in U \mid d(f^{mk}(y), z) \leq C\lambda^k d(y, z),\ k \geq 0\}.$$

f^m を f^{-m} に置き換えて，$\hat{W}^u_{loc}(z)$ が同様にして定義される．

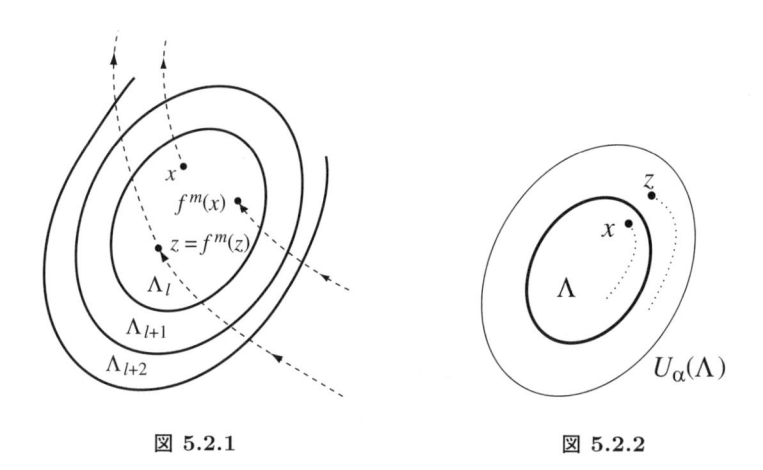

図 5.2.1

図 5.2.2

定理 5.2.1(1) は追跡性補題（定理 5.1.2）から結論される．

注意 5.2.2 $\mu(\Lambda_l) > 0$ とする．このとき定理 5.2.1 により，$\alpha > 0$ と μ-a.e. $x \in \Lambda_l$ に対して，x の有限擬軌道を追跡する双曲的周期点 $z = z(x, \alpha)$ が存在する．このような双曲的周期点の軌道を $\theta(x, \alpha)$ で表し

$$P(\alpha) = \bigcup_{x \in \Lambda_l} \theta(x, \alpha)$$

とおき，$P = \bigcup_{\alpha > 0} P(\alpha)$ を定義する．明らかに

$$f(P) = P, \quad \Lambda_l \subset \mathrm{Cl}(P).$$

μ はエルゴード的であるから，$\mu(\mathrm{Cl}(P)) = 1$ であって $\Lambda \subset \mathrm{Cl}(P)$ (μ–a.e.) が成り立つ．

定理 5.2.1 の証明 $C' > 1$ はリャプノフ座標系（定理 4.2.2）に現れる定数とする．$0 < \alpha \le 1$ に対して

$$h = \frac{\alpha}{C'}$$

とおく．$\gamma_l(h)$ は注意 5.1.5 の数とし，$\tilde{C}_\gamma^\sigma$ は (5.1.4) の円すい形とする．Φ_x は連続であるから，$0 < \beta_l < \gamma_l(h)$ があって $d(x, y) \le \beta_l$ ($x, y \in \Lambda_l$) ならば

$$1 - \varepsilon \le |||\Phi_y^{-1} \circ \Phi_x||| \le 1 + \varepsilon \tag{5.2.2}$$
$$\Phi_y(\tilde{C}_{\gamma^2}^\sigma) \subset \Phi_x(\tilde{C}_\gamma^\sigma) \qquad (\sigma = s, u)$$

を満たす．

定理の証明は 3 つの段階に分割して進められる．

1 段階 $x \in \Lambda_l$ に対して $m \ge 1$ があって，$f^m(x) \in \Lambda_l$ そして $d(f^m(x), x) \le \beta_l$ を満たすならば

(1) $f^m(z) = z,$

(2) $d(f^i(x), f^i(z)) \le \alpha \quad (0 \le i \le m - 1)$

を満たす $z \in U$ が存在する．

点 x に近い許容的 (u, γ, h)–多様体 V_0 を

$$V_0 = \Phi_x(\{0\} \times [-h, h])$$

とおき

$$\begin{aligned}
V_0^1 &= f(V_0) \cap \Phi_{f(x)}(B_h), \\
V_0^2 &= f(V_0^1) \cap \Phi_{f^2(x)}(B_h), \\
&\cdots \\
V_0^{m-1} &= f(V_0^{m-2}) \cap \Phi_{f^{m-1}(x)}(B_h), \\
V_1 &= f(V_0^{m-1}) \cap \Phi_x(B_h)
\end{aligned}$$

を定義することができる．この仕方を繰り返して，$j > 0$ に対して

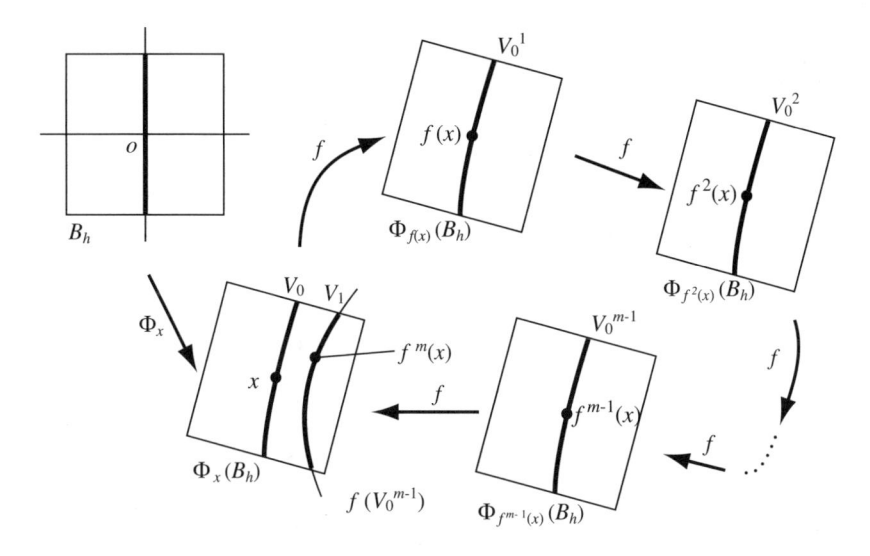

図 5.2.3

$$V_j^1 = f(V_j) \cap \Phi_{f(x)}(B_h),$$
$$V_j^i = f(V_j^{i-1}) \cap \Phi_{f^i(x)}(B_h) \quad (2 \le i \le m-1),$$
$$V_{j+1} = f(V_j^{m-1}) \cap \Phi_x(B_h)$$

を定義する．$x \in \Lambda_l$ は $d(f^m(x), x) \le \beta_l$ を満たし，V_0 は x に近い許容的 (u, γ, h)–多様体であるから，注意 5.1.5 により，$j \ge 0$ に対して V_j は点 x に近い許容的 (u, γ, h)–多様体である（図 5.2.3）．

同様にして，$f^m(x)$ に近い許容的 (s, γ, h)–多様体を

$$H_0 = \Phi_{f^m(x)}([-h, h] \times \{0\})$$

とおき

$$H_0^1 = f^{-1}(H_0) \cap \Phi_{f^{m-1}(x)}(B_h),$$
$$H_0^2 = f^{-1}(H_0^1) \cap \Phi_{f^{m-2}(x)}(B_h),$$
$$\cdots$$

$$H_0^{m-1} = f^{-1}(H_0^{m-2}) \cap \Phi_{f(x)}(B_h),$$
$$H_1 = f^{-1}(H_0^{m-1}) \cap \Phi_x(B_h)$$

を定義して，$k > 0$ に対して

$$H_k^1 = f^{-1}(H_k) \cap \Phi_{f^{m-1}(x)}(B_h),$$
$$H_k^i = f^{-1}(H_k^{i-1}) \cap \Phi_{f^{m-i}(x)}(B_h) \quad (2 \leq i \leq m-1),$$
$$H_{k+1} = f^{-1}(H_k^{m-1}) \cap \Phi_x(B_h)$$

と定めれば，$k \geq 1$ に対して H_k は点 x に近い許容的 (s, γ, h)–多様体である（図 5.2.4）．H_k と V_j は 1 点で横断的に交わるから，その交点を $z_{k,j}$ とする．すなわち

$$\{z_{k,j}\} = H_k \cap V_j \quad (k \geq 1,\ j \geq 0)$$

とおく．

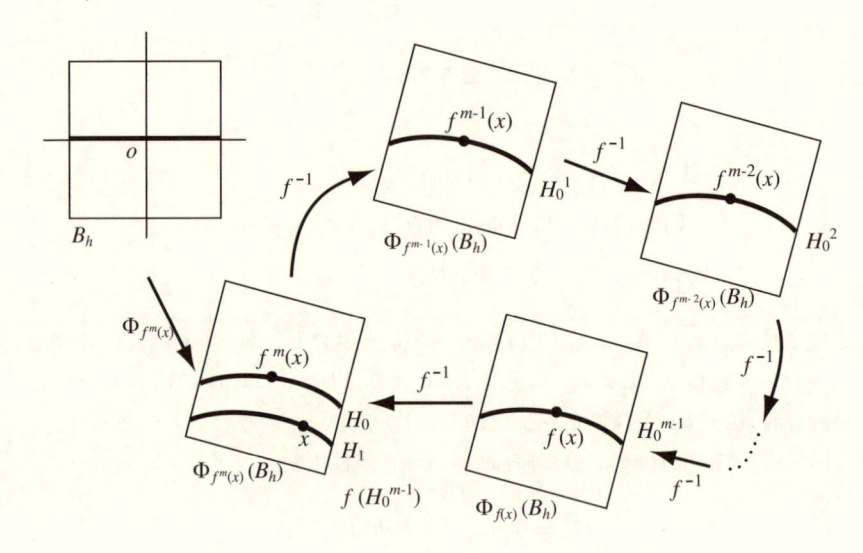

図 5.2.4

$k \geq 2$ と $j \geq 0$ に対して

$$f^m(z_{k,j}) = z_{k-1, j+1} \in \Phi_x(B_h) \tag{5.2.3}$$

が成り立つ．

実際に
$$f^m(z_{k,j}) \in f^m H_k \subset f^{m-1} H_{k-1}^{m-1} \subset \cdots \subset H_{k-1}$$
であるから, $f^m(z_{k,j}) \in V_{j+1}$ を確かめれば $f^m(z_{k,j}) = z_{k-1,j+1}$ を得る. そのために
$$f^i(z_{k,j}) \in V_j^i \quad (1 \leq i \leq m-1) \tag{5.2.4}$$
を示す.

i についての帰納法を用いる. $i=0$ のとき
$$V_j^0 = V_j$$
とおく. $i \geq 1$ に対して
$$f^{i-1}(z_{k,j}) \in V_j^{i-1}$$
が成り立つと仮定する. このとき
$$f^i(z_{k,j}) \in f^i(H_k) \subset f^{i-1}(H_{k-1}^{m-1}) \subset \cdots \subset H_{k-1}^{m-i} \subset \Phi_{f^i(x)}(B_h)$$
であるから
$$f^i(z_{k,j}) \in f(V_j^{i-1}) \cap \Phi_{f^i(x)}(B_h) = V_j^i.$$
(5.2.4) を得た.
$$f^m(z_{k,j}) = f(f^{m-1}(z_{k,j})) \in f(V_j^{m-1}),$$
かつ
$$f^m(z_{k,j}) \in H_{k-1} \subset \Phi_x(B_h)$$
であるから
$$f^m(z_{k,j}) \in f(V_j^{m-1}) \cap \Phi_x(B_h) = V_{j+1} \subset \Phi_x(B_h).$$
(5.2.3) が示された.

$\{z_{k,k-1}\}$ は $\Phi_x(B_h)$ に属するコーシー列である.
$j \geq 0$ を固定する. (5.2.4) により, $k \geq 1$ に対して
$$f^i(z_{k+1,j}), f^i(z_{k,j}) \in V_j^i \quad (1 \leq i \leq m-1).$$

よって，補題 5.1.3(d) により

$$|||\Phi_x^{-1}(z_{k+1,j}) - \Phi_x^{-1}(z_{k,j})|||$$
$$\leq \{\lambda_2^- - \varepsilon\}^{-m}|||f_x^m \circ \Phi_x^{-1}(z_{k+1,j}) - f_x^m \circ \Phi_x^{-1}(z_{k,j})|||$$
$$= \{\lambda_2^- - \varepsilon\}^{-m}|||\Phi_{f^m(x)}^{-1} \circ f^m(z_{k+1,j}) - \Phi_{f^m(x)}^{-1} \circ f^m(z_{k,j})|||$$
$$= \{\lambda_2^- - \varepsilon\}^{-m}|||\Phi_{f^m(x)}^{-1}(z_{k,j+1}) - \Phi_{f^m(x)}^{-1}(z_{k-1,j+1})|||$$
$$= \{\lambda_2^- - \varepsilon\}^{-m}|||\Phi_{f^m(x)}^{-1}\circ\Phi_x\circ\Phi_x^{-1}(z_{k,j+1}) - \Phi_{f^m(x)}^{-1}\circ\Phi_x\circ\Phi_x^{-1}(z_{k-1,j+1})|||$$
$$\leq \{\lambda_2^- - \varepsilon\}^{-m}(1+\varepsilon)|||\Phi_x^{-1}(z_{k,j+1}) - \Phi_x^{-1}(z_{k-1,j+1})|||$$

$$((5.2.2)\ \text{により})$$

...

$$\leq \left[\{\lambda_2^- - \varepsilon\}^{-m}(1+\varepsilon)\right]^{k-1}|||\Phi_x^{-1}(z_{2,j+k-1}) - \Phi_x^{-1}(z_{1,j+k-1})|||$$
$$\leq \left[\{\lambda_2^- - \varepsilon\}^{-m}(1+\varepsilon)\right]^{k-1} 2h$$

ここで

$$\kappa_1 = \{\lambda_2^- - \varepsilon\}^{-1}(1+\varepsilon) \geq \{\lambda_2^- - \varepsilon\}^{-m}(1+\varepsilon)$$

とおく．$\varepsilon > 0$ は十分に小さいから

$$0 < \kappa_1 < 1$$

としてよい．次の不等式を導いた：

$$|||\Phi_x^{-1}(z_{k+1,j}) - \Phi_x^{-1}(z_{k,j})||| \leq \kappa_1^{k-1} 2h. \tag{5.2.5}$$

同様にして，$k \geq 1$ を固定したとき，$j \geq 1$ に対して

$$|||\Phi_{f^m(x)}^{-1}(z_{k,j+1}) - \Phi_{f^m(x)}^{-1}(z_{k,j})||| \leq \kappa_2^{j-1} 2h$$

が成り立つ．ここに

$$\kappa_2 = \{-\lambda_1^+ - \varepsilon\}^{-1}(1+\varepsilon) < 1.$$

よって

$$|||\Phi_x^{-1}(z_{k,j+1}) - \Phi_x^{-1}(z_{k,j})|||$$
$$\leq |||\Phi_x^{-1} \circ \Phi_{f^m(x)} \circ \Phi_{f^m(x)}^{-1}(z_{k,j+1}) - \Phi_x^{-1} \circ \Phi_{f^m(x)} \circ \Phi_{f^m(x)}^{-1}(z_{k,j})|||$$
$$\leq \kappa_2^{j-1} 2h(1+\varepsilon) \tag{5.2.6}$$

が成り立つ.

(5.2.5), (5.2.6) により

$$\begin{aligned}&|||\Phi_x^{-1}(z_{k+1,k}) - \Phi_x^{-1}(z_{k,k-1})|||\\&\leq |||\Phi_x^{-1}(z_{k+1,k}) - \Phi_x^{-1}(z_{k,k})||| + |||\Phi_x^{-1}(z_{k,k}) - \Phi_x^{-1}(z_{k,k-1})|||\\&\leq (\kappa_1^{k-1} + \kappa_2^{k-2})2h(1+\varepsilon).\end{aligned}$$

よって $\{\Phi_x^{-1}(z_{k,k-1})\}$ は コーシー列である.
$z = \lim_{k\to\infty} z_{k,k-1}$ と表す. このとき

$$\begin{aligned}f^m(z) &= \lim_{k\to\infty} f^m(z_{k,k-1})\\&= \lim_{k\to\infty} z_{k-1,k}\\&= z \quad ((5.2.4) \text{により})\end{aligned}$$

であるから, z は m 周期点である.

最後に
$$d(f^i(x), f^i(z)) \leq \alpha \quad (0 \leq i \leq m-1)$$

が成り立つことを示す.

$k \geq 0$ に対して, $z_{k+1,k} \in H_{k+1} \subset \Phi_x(B_h)$ であるから (5.2.4) により, $1 \leq i \leq m-1$ に対して

$$f^i(z_{k+1,k}) \in V_k^i \subset \Phi_{f^i(x)}(B_h).$$

集合 $\Phi_{f^i(x)}(B_h)$ $(0 \leq i \leq m-1)$ は閉集合であるから, $f^i(z) \in \Phi_{f^i(x)}(B_h)$ が成り立つ. ゆえに $d(f^i(x), f^i(z)) \leq \alpha$ が求まる.

2 段階 1段階の周期 m の周期点 z は $\Phi_x(B_h)$ に属する双曲的周期点である.
$f^i(z) \in \Phi_{f^i(x)}(B_h)$ $(0 \leq i \leq m)$ であるから

$$\bar{z}_i = \Phi_{f^i(x)}^{-1}(f^i(z)) \qquad (0 \leq i \leq m)$$

とおく. $\tilde{C}_\gamma^u$ と $\tilde{C}_\gamma^s$ は (5.1.4) において定義された $\mathbb{R}^2$ に含まれる円すい形とし

$$\begin{aligned}C_\gamma^\sigma(z_0) &= \tau_x(\tilde{C}_\gamma^\sigma),\\C_\gamma^\sigma(z_m) &= \tau_{f^m(x)}(\tilde{C}_\gamma^\sigma)\end{aligned} \qquad (\sigma = s, u)$$

とおく.ここに $z_0 = z$, $z_m = f^m(z)$ $(z_0 = z_m)$ である.次の (a), (b) が示されれば, $D_z f^m$ は絶対値が 1 である固有値をもたない.

よって結論を得るためには (a), (b) を示せば十分である:

(a) $D_z f^m(C_\gamma^u(z_0)) \subset C_\gamma^u(z_0)$,　　$D_z f^{-m}(C_\gamma^s(z_m)) \subset C_\gamma^s(z_m)$.

(b) $C > 0$ と $\lambda > 1$ があって,$n > 0$ に対して
$$\|D_z f^{mn}(v)\| \geq C\lambda^n \|v\| \qquad (v \in C_\gamma^u(z_0)),$$
$$\|D_z f^{-mn}(v)\| \geq C\lambda^n \|v\| \qquad (v \in C_\gamma^s(z_m)).$$

最初に (a) を証明する.補題 5.1.3(a) により
$$D_{\bar{z}_i} f_{f^i(x)}(\tilde{C}_\gamma^u) \subset \tilde{C}_{\gamma^2}^u \subset \tilde{C}_\gamma^u \qquad (0 \leq i \leq m-1). \tag{5.2.7}$$

よって
$$D_{\bar{z}_0} f_x^m(\tilde{C}_\gamma^u) \subset \tilde{C}_{\gamma^2}^u$$

が成り立つ.
$$D_{\bar{z}_0} f_x^m = \tau_{f^m(x)}^{-1} \circ D_z f^m \circ \tau_x$$

であるから
$$D_z f^m \circ \tau_x(\tilde{C}_\gamma^u) \subset (\tau_{f^m(x)}^{-1})^{-1}(\tilde{C}_{\gamma^2}^u)$$
$$= \tau_{f^m(x)}(\tilde{C}_{\gamma^2}^u).$$

(5.2.2) により
$$\tau_{f^m(x)}(\tilde{C}_{\gamma^2}^u) \subset \tau_x(\tilde{C}_\gamma^u)$$

であるから
$$D_z f^m(C_\gamma^u(z_0)) \subset C_\gamma^u(z_0).$$

同様にして
$$D_z f^{-m}(C_\gamma^s(z_m)) \subset C_\gamma^s(z_m)$$

が成り立つ.(a) が示された.

次に (b) を示す.定理 4.2.2(3) により,$y \in \Lambda_l$, $v \in B_\alpha$, $w \in \mathbb{R}^2$ に対して
$$C'^{-1}\|w\| \leq \|\tau_y^{-1}(w)\| \leq C'C_l\|w\|,$$
$$C'^{-1}\|\tau_y(v)\| \leq \|v\| \leq C'C_l\|\tau_y(v)\| \tag{5.2.8}$$

が成り立つ.

$$T_1 = \tau_{f^m(x)} : \mathbb{R}^2 \longrightarrow \mathbb{R}^2,$$
$$T_2 = D_{\bar{z}_0} f_x^m : \mathbb{R}^2 \longrightarrow \mathbb{R}^2,$$
$$T_3 = \tau_x^{-1} : \mathbb{R}^2 \longrightarrow \mathbb{R}^2$$

とおく. このとき (5.2.8) により

$$\|T_1(w)\| \geq (C'C_l)^{-1}\|w\| \qquad (w \in \mathbb{R}^2),$$
$$\|T_3(u)\| \geq C'^{-1}\|u\| \qquad (u \in \mathbb{R}^2).$$

(5.2.2) により

$$(1-\varepsilon)|||w||| \leq |||T_3 \circ T_1(w)||| \leq (1+\varepsilon)|||w||| \qquad (w \in \mathbb{R}^2).$$

(5.2.7) により $v \in C_{\gamma_0}^u(z_0)$ に対して

$$D_{\bar{z}_0} f_x^i \circ \tau_x^{-1}(v) \in \tilde{C}_\gamma^u \qquad (i \geq 0).$$

よって補題 5.1.3(b) により

$$|||T_2(v)||| \geq \{\lambda_2^- - \varepsilon\}^m |||v||| \qquad (v \in \tilde{C}_\gamma^u).$$

よって

$\|D_z f^{mn}(v)\|$
$= \|D_z f^m \circ D_z f^m \circ \cdots \circ D_z f^m(v)\|$
$= \|(T_1 \circ T_2 \circ T_3) \circ (T_1 \circ T_2 \circ T_3) \circ \cdots \circ (T_1 \circ T_2 \circ T_3)(v)\|$
$\geq (C'C_l)^{-1}\|T_2 \circ T_3 \circ (T_1 \circ T_2 \circ T_3) \circ \cdots \circ (T_1 \circ T_2 \circ T_3)(v)\|$
$\geq (C'C_l)^{-1}|||T_2 \circ T_3 \circ (T_1 \circ T_2 \circ T_3) \circ \cdots \circ (T_1 \circ T_2 \circ T_3)(v)|||$
$\geq (C'C_l)^{-1}\{\lambda_2^- - \varepsilon\}^m |||T_3 \circ (T_1 \circ T_2 \circ T_3) \circ \cdots \circ (T_1 \circ T_2 \circ T_3)(v)|||$
$\geq (C'C_l)^{-1}\{\lambda_2^- - \varepsilon\}^m (1-\varepsilon)|||T_2 \circ T_3 \circ \cdots \circ (T_1 \circ T_2 \circ T_3)(v)|||$

$\qquad \cdots$

$\geq (C'C_l)^{-1}[\{\lambda_2^- - \varepsilon\}^m (1-\varepsilon)]^n |||T_3(v)|||$
$\geq \dfrac{1}{\sqrt{2}}(C'C_l)^{-1}C'^{-1}[\{\lambda_2^- - \varepsilon\}^m (1+\varepsilon)]^n \|v\|$

が成り立つ．

$$C = \frac{1}{\sqrt{2}}(C'^2 C_l)^{-1}, \quad \lambda_u = \{\lambda_2^- - \varepsilon\}^m(1-\varepsilon)$$

とおくと，$\lambda_u > 1$ であって

$$\|D_z f^{mn}(v)\| \geq C\lambda_u^n \|v\|$$

が成り立つ．

同様にして

$$\|D_z f^{-mn}(v)\| \geq C\lambda_s^n \|v\| \quad (v \in C_{\gamma_0}^s(z_m))$$

を得る．ここに

$$\lambda_s = \{-\lambda_1^+ - \varepsilon\}^m(1-\varepsilon) > 1$$

である．よって

$$\lambda = \min\{\lambda_u, \lambda_s\} > 1$$

とおけば (b) が求まる．

3 段階 1 段階 の周期点 z に対して

$$\hat{W}_{loc}^u(z) \cap \Phi_x(B_\alpha)$$

の z を含む連結成分は点 x に近い許容的 (u,γ,α)-多様体であり

$$\hat{W}_{loc}^s(z) \cap \Phi_x(B_\alpha)$$

は点 x に近い許容的 (s,γ,α)-多様体である．

最初に，$\hat{W}_{loc}^s(z) \cap \Phi_x(B_\alpha)$ は点 x に近い許容的 (s,γ,α)-多様体であることを示す．$\mathcal{S}_x$ を点 x に近い許容的 (s,γ,α)-多様体の全体からなる族とする ($\mathcal{S}_x = \mathcal{S}_x^{\gamma,\alpha,\frac{\alpha}{4}}$)．$\mathcal{S}_x$ に属する集合 W は

$$\left|\frac{d}{dv}\psi(v)\right| \leq \gamma, \quad |\psi(0)| \leq \frac{\alpha}{4}$$

を満たす C^1-関数 $\psi : [-\alpha, \alpha] \to \mathbb{R}$ によって

$$W = \Phi_x(\{(v, \psi(v)) | v \in [-\alpha, \alpha]\})$$

と表されることに注意する．集合 W を

$$W = \Phi_x(\mathrm{graph}(\psi))$$

と書くことにする．$\mathcal{S}_x$ に属する

$$W_1 = \Phi_x(\mathrm{graph}(\psi_1)), \quad W_2 = \Phi_x(\mathrm{graph}(\psi_2))$$

に対して

$$d_{C^0}(W_1, W_2) = \max_{-\alpha \leq v \leq \alpha} \|\psi_1(v) - \psi_2(v)\|$$

によって $\mathcal{S}_x$ の上の距離関数を定義する．この距離関数による $\mathcal{S}_x$ の完備化を $\overline{\mathcal{S}}_x$ で表す．$\overline{\mathcal{S}}_x$ はコンパクトである．

$W = \Phi_x(\mathrm{graph}(\psi))$ を満たすリプシッツ連続写像 $\psi : [-\alpha, \alpha] \to \mathbb{R}$ が存在して，ψ のリプシッツ定数は γ 以下であり，$|\psi(0)| \leq \dfrac{\alpha}{4}$ が成り立つ．

実際に，H_k と H_k^r ($k \geq 0$, $1 \leq r \leq m-1$) は 1 段階の証明の中で定義された点 x に近い許容的 (s, γ, h)–多様体とする．ここに，m は双曲型周期点 z の周期である．H_k, H_k^r を構成するときに用いた h を α に置き換えて H_k, H_k^r を構成する．各 H_k と H_k^r は点 $f^{m-r}(x)$ に近い許容的 (s, γ, α)–多様体にできる．よって

$$H_k \in \mathcal{S}_x, \quad H_k^r \in \mathcal{S}_{f^{m-r}(x)}$$

である．$\overline{\mathcal{S}}_x$ はコンパクトであるから，d_{C^0}–距離関数によって

$$H_{k_j} \to H' = \Phi_x(\mathrm{graph}(\psi)) \in \overline{\mathcal{S}}_x \quad (j \to \infty) \tag{5.2.9}$$

を満たす部分列 $\{k_j\}$ が存在する．点列 $\{z_{k,k-1}\}$ の定義から，$z_{k_j, k_j - 1} \in H_{k_j}$ ($j \geq 0$) である．よって，極限点 $z = \lim_{k \to \infty} z_{k, k-1}$ は H' に属する．

$w \in H'$ とする．(5.2.9) により，$w = \lim_{j \to \infty} w_j$ を満たす $w_j \in H_{k_j}$ が存在する．$i \geq 0$ に対して，$i = km + r$ ($k \geq 0$, $0 \leq r < m$) と表す．このとき，$k_j > k$ を満たす j に対して

$$f^i(w_j), \ f^i(z_{k_j, k_j - 1}) \in H_{k_j - k - 1}^{m - r}$$

が成り立つ．ただし $r = 0$ のとき

$$H_{k_j - k - 1}^m = H_{k_j - k}$$

である. (5.2.8) により

$$
\begin{aligned}
&d(f^{mk}(w_j), f^{mk}(z_{k_j,k_j-1})) \\
&\leq C' \|\Phi_x^{-1} \circ f^{mk}(w_j) - \Phi_x^{-1} \circ f^{mk}(z_{k_j,k_j-1})\| \\
&= C' \|\Phi_x^{-1} \circ f^m \circ \cdots \circ f^m(w_j) - \Phi_x^{-1} \circ f^m \circ \cdots \circ f^m(z_{k_j,k_j-1})\|.
\end{aligned}
$$
(5.2.10)

ここで記号を簡単にするために

$$S_m = \Phi_{f^m(x)} \quad (m \geq 0)$$

とおくとき

$$
\begin{aligned}
(5.2.10) &= C' \|S_0^{-1} \circ (S_m \circ f_x^m \circ S_0^{-1}) \circ \cdots \circ (S_m \circ f_x^m \circ S_0^{-1})(w_j) \\
&\quad - S_0^{-1} \circ (S_m \circ f_x^m \circ S_0^{-1}) \circ \cdots \circ (S_m \circ f_x^m \circ S_0^{-1})(z_{k_j,k_j-1})\| \\
&\leq C'[(1+\varepsilon)\{-\lambda_1^+ - \varepsilon\}^{-m}]^k \|\Phi_x^{-1}(w_j) - \Phi_x^{-1}(z_{k_j,k_j-1})\|
\end{aligned}
$$

$((5.2.2)$ と補題 5.1.3(d) により$)$

$$\leq C'C'C_l[(1+\varepsilon)\{-\lambda_1^+ - \varepsilon\}^{-m}]^k d(w_j, z_{k_j,k_j-1})$$

である.

$$C = \frac{1}{\sqrt{2}} C'C'C_l, \quad \lambda = (1+\varepsilon)\{-\lambda_1^+ - \varepsilon\}^{-m}$$

とおけば, $0 < \lambda < 1$ であって

$$d(f^{mk}(w_j), f^{mk}(z_{k_j,k_j-1})) \leq C\lambda^k d(w_j, z_{k_j,k_j-1})$$

が成り立つ. ここで $j \to \infty$ とすると

$$d(f^{mk}(w), f^{mk}(z)) \leq C\lambda^k d(w, z) \quad (k \geq 0)$$

が成り立つ. よって

$$H' = \Phi_x(\mathrm{graph}(\psi))$$

は 局所安定多様体 $\hat{W}_{loc}^s(z)$ に含まれる. $\hat{W}_{loc}^s(z)$ は C^1-曲線であるから, $\psi : [-\alpha, \alpha] \to \mathbb{R}$ は C^1-関数であって

$$\hat{W}_{loc}^s(z) \cap \Phi_x(B_\alpha) = H' = \Phi_x(\mathrm{graph}(\psi))$$

が成り立つ.

$H' \in \overline{\mathcal{S}}_x$ であるから，ψ のリプシッツ定数は γ である．よって

$$\left| \frac{d}{dv} \psi(v) \right| \leq \gamma \quad (-\alpha \leq v \leq \alpha)$$

である．さらに，$|\psi(0)| \leq \dfrac{\alpha}{4}$ であるから

$$\hat{W}^s_{loc}(z) \cap \Phi_x(B_\alpha) = \Phi_x(\mathrm{graph}(\psi))$$

は点 x に近い許容的 (s, γ, α)-多様体である.

同様に，$\hat{W}^u_{loc}(z) \cap \Phi_x(B_\alpha)$ が点 x に近い許容的 (u, γ, α)-多様体であることも示すことができる． □

注意 5.1.8 により

注意 5.2.3 定理 5.2.1 の双曲的周期点 z は $\mathrm{Cl}(R_\mu)$ に含まれる．

5.3　双曲型測度と非一様馬蹄

$\mathbb{R}^2$ の有界連結開集合 U の部分集合 Γ が微分同相写像 f に関して**位相的馬蹄** (topological horseshoe) であるとは，$f(\Gamma) = \Gamma$ を満たし，さらに $k > 0$ があって (Γ, f) と記号力学系 $(Y^{\mathbb{Z}}_k, \sigma)$ が位相共役であるときをいう．$f : \Gamma \to \Gamma$ を**位相的馬蹄写像** (topological horseshoe map) であるという．

$$\begin{array}{ccc} \Gamma & \xrightarrow{f} & \Gamma \\ h \downarrow & & \downarrow h \\ Y^{\mathbb{Z}}_k & \xrightarrow{\sigma} & Y^{\mathbb{Z}}_k \end{array}$$

U の上の C^2-微分同相写像が双曲型測度 μ をもつとする．このとき μ が連続であれば，μ の台は周期点で近似され，さらに周期点の軌道の集合は一様双曲的で，かつホモクリニック点をもつ集合の閉包に含まれることを示す．

$f^n(p) = p$ は鞍部周期点であるとする．このとき

$$\hat{W}^s(p) \cap (\hat{W}^u(p) \setminus \{p\}) \neq \emptyset$$

であって，その共通集合に属する点 q を**ホモクリニック点** (homoclinic point) という．ホモクリニック点が

$$T_q \hat{W}^s(p) + T_q \hat{W}^u(p) = \mathbb{R}^2$$

を満たすときに，p は**横断的ホモクリニック点** (transverse homoclinic point) q をもつという．

ここに $\hat{W}^u(p), \hat{W}^s(p)$ は一様双曲的集合の点 p の不安定多様体，安定多様体を表す．

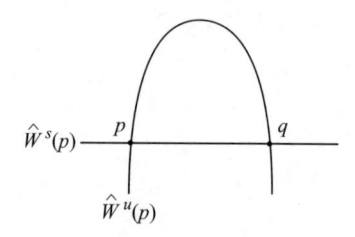

図 5.3.1

定理 5.3.1 $f: U \to U$ は C^2-微分同相写像とする．このとき，エルゴード的な双曲型ボレル確率測度 μ の台 $\mathrm{Supp}(\mu)$ は双曲的周期点で近似される．すなわち

$$\mathrm{Supp}(\mu) \subset \mathrm{Cl}(HP(f)).$$

ここに，$HP(f)$ は f の双曲的周期点の集合を表す．

証明 μ に関する f のリャプノフ指数がすべて正であるか，あるいはすべて負である場合に，$\mathrm{Supp}(\mu)$ は周期軌道に含まれる（定理 4.2.7）．よって，リャプノフ指数 χ_1, χ_2 は $\chi_1 < 0 < \chi_2$ (μ-a.e.) を満たしている場合に定理を示せば十分である．

十分に小さな $\varepsilon > 0$ を固定する．μ に関するペシン集合

$$\Lambda = \bigcup_{l=1}^{\infty} \Lambda_l = \bigcup_{l=1}^{\infty} \Lambda_l(\chi_1, \chi_2, \varepsilon)$$

は μ-測度の値が 1 である．よって $x_0 \in \mathrm{Supp}(\mu)$ と $\rho > 0$ に対して，l があって

$$\mu\left(B\left(x_0, \frac{\rho}{4}\right) \cap \Lambda_l\right) > 0$$

が成り立つ．$\beta_l = \beta_l\left(\dfrac{\rho}{2}\right) > 0$ は閉補題に現れた実数とする．このとき U の部分集合 K は

$$K \subset B\left(x_0, \dfrac{\rho}{2}\right) \cap \Lambda_l, \quad \mu(K) > 0, \quad \mathrm{diam}(K) < \beta_l$$

を満たすように選ぶことができる．

ポアンカレの回帰定理により，μ–a.e. $x \in K$ に対して $n = n(x) \geq 1$ があって $f^n(x) \in K$ が成り立つ．よって $d(x, f^n(x)) \leq \beta_l$ を満たす n を見いだすことができる．閉補題（定理 5.2.1）によって，このような点 x に対して，n 周期点 z が存在して，z は双曲的であって

$$d(x_0, z) \leq d(x_0, x) + d(x, z) \leq \dfrac{\rho}{2} + \dfrac{\rho}{2} = \rho$$

が成り立つ．ところで，ρ は任意であるから，$\mathrm{Supp}(\mu) \subset \mathrm{Cl}(P(f))$ が成り立つ．
□

周期点の集合 $P(f)$ の部分集合 $P_h(f)$ を

$$P_h(f) = \{p \in P(f) \mid p \text{ は双曲的であって，横断的ホモクリニック点をもつ}\}$$

によって定義する．

命題 5.3.2 エルゴード的な確率測度 μ が双曲型で連続であるならば

$$\mathrm{Supp}(\mu) \subset \mathrm{Cl}(P_h(f))$$

が成り立つ．

証明 $x_0 \in \mathrm{Supp}(\mu)$ と $\rho > 0$ に対して，l があって

$$\mu\left(B\left(x_0, \dfrac{\rho}{2}\right) \cap \Lambda_l\right) > 0$$

が成り立つ．μ は連続であるから

$$0 < d(x_1, x_2) = \delta \leq \dfrac{\rho}{2}$$

を満たす点

$$x_1, x_2 \in B\left(x_0, \dfrac{\rho}{2}\right) \cap \mathrm{Supp}(\mu|_{\Lambda_l})$$

を選ぶことができる．ここに，$\mu|_{\Lambda_l}$ は μ を Λ_l に制限した測度を表す（Λ_l は閉集合であるから，$\mu|_{\Lambda_l}$ の台も閉集合である）．

$\dfrac{\delta}{8}$ に対して十分に小さい $\beta_l = \beta_l\left(\dfrac{\delta}{8}\right) > 0$ を閉補題のように選び，定理 5.2.1 を用いる．

$\mu(K_i) > 0$ を満たす

$$K_i \subset B\left(x_i, \frac{\delta}{8}\right) \cap \Lambda_l \quad (i = 1, 2)$$

を選ぶとき，ポアンカレの回帰定理により，μ–a.e. $y_i \in K_i$ に対して $n_i \geq 1$ があって

$$f^{n_i}(y_i) \in K_i$$

が成り立つ．

このとき定理 5.2.1(4) により，$d(y_i, z_i) \leq \dfrac{\delta}{8}$ を満たす双曲的周期点 $z_i (z_i = f^{n_i}(z_i))$ が存在して

$$W^u_{loc}(z_i) \cap \Phi_{y_i}(B_\alpha)$$

は点 y_i に近い許容的 (u, γ, α)–多様体であって

$$W^s_{loc}(z_i) \cap \Phi_{y_i}(B_\alpha)$$

は点 y_i に近い許容的 (s, γ, α)–多様体である $(i = 1, 2)$．ここに

$$W^u_{loc}(z_i) = \{y \in U \,|\, d(f^{-n_i k}(z_i), f^{-n_i k}(y)) \leq C_l \lambda^k d(z_i, y), \ k \geq 0\},$$
$$W^s_{loc}(z_i) = \{y \in U \,|\, d(f^{n_i k}(z_i), f^{n_i k}(y)) \leq C_l \lambda^k d(z_i, y), \ k \geq 0\}.$$

$C_l > 0$, $0 < \lambda < 1$ は定理 5.2.1 の数である．

命題 5.3.2 を結論するために，z_i が横断的ホモクリニック点をもつことを示す．上で得られた双曲的周期点 z_1, z_2 は

$$d(z_1, z_2) \geq d(x_1, x_2) - d(x_1, y_1) - d(y_1, z_1) - d(x_2, y_2) - d(y_2, z_2)$$
$$\geq \delta - \frac{\delta}{8} - \frac{\delta}{8} - \frac{\delta}{8} - \frac{\delta}{8} = \frac{\delta}{2} > 0$$

を満たす．よって $z_1 \neq z_2$ である．一方において

$$d(y_1, y_2) \leq d(x_1, x_2) + d(x_1, y_1) + d(x_2, y_2) \leq \frac{\delta}{2} + \frac{\delta}{8} + \frac{\delta}{8} < 2\delta.$$

定理 5.2.1(4) により, $i=1,2$ に対して $W_{loc}^{\sigma}(z_i) \cap \Phi_{y_i}(B_\alpha)$ は許容的 (σ,γ,α)–多様体である．ところで, $\eta = \eta_l > 0$ があって $d(y,z) \leq \eta$ を満たす $y, z \in \Lambda_l$ に対して, 点 y に近い許容的 (u,γ,α)–多様体 V と点 z に近い許容的 (s,γ,α)–多様体 H は 1 点で横断的に交わる．

よって
$$W_{loc}^u(z_1) \cap \Phi_{y_1}(B_\alpha) \ \text{と}\ W_{loc}^s(z_2) \cap \Phi_{y_2}(B_\alpha),$$
$$W_{loc}^s(z_1) \cap \Phi_{y_1}(B_\alpha) \ \text{と}\ W_{loc}^u(z_2) \cap \Phi_{y_2}(B_\alpha)$$
はそれぞれ横断的に交わる (図 5.3.2)．n_1, n_2 は z_1, z_2 の周期として, $n = n_1 n_2$

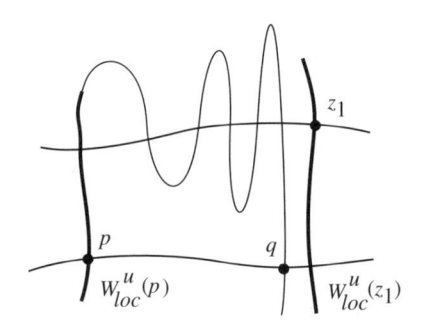

図 5.3.2

とおく．このとき, z_1, z_2 は f^n の不動点である．$k > 0$ があって f^n の k 回の反復によって, 例えば図 5.3.2 のように変化する．よって, z_1 は横断的ホモクリニック点 q をもつ (邦書文献 [Ao1])．同様にして, z_2 も横断的ホモクリニック点をもつ．ゆえに $x_0 \in \mathrm{Cl}(P_h(f))$, すなわち $\mathrm{Supp}(\mu) \subset \mathrm{Cl}(P_h(f))$ が成り立つ． □

注意 5.3.3 エルゴード的測度 μ に対して, $h_\mu(f) > 0$ であるならば, μ は連続である．

証明 μ はエルゴード的であるから, ある 1 点の μ–測度の値が正であるとすると, そのような点は周期点であって, $\mathrm{Supp}(\mu)$ はその周期軌道と一致する．よって, $h_\mu(f) = 0$ である． □

命題 5.3.4 双曲型測度 μ はエルゴード的で連続ならば, 双曲的周期点 $p = f^m(p)$ が存在して

$$\mathrm{Supp}(\mu) \subset \bigcup_{i=0}^{m-1} \mathrm{Cl}(\{q \in U \mid q \text{ は } f^i(p) \text{ の横断的ホモクリニック点}\})$$

を満たす.

証明 $\Lambda = \bigcup_{l=1}^{\infty} \Lambda_l$ であって, $\mu(\Lambda) = 1$ であるから, $\mu(\Lambda_l) > 0$ を満たす $l > 0$ を固定する. Λ_l は閉集合である. Λ_l への μ の制限を $\mu_{|\Lambda_l}$ で表す. このとき

$$\mu_{|\Lambda_l}(\mathrm{Supp}(\mu_{|\Lambda_l})) = 1$$

である. $x_0 \in \mathrm{Supp}(\mu_{|\Lambda_l})$ に対して, 閉補題によって双曲的周期点 p が存在する.

x_0 の十分に小さな近傍を V とする. $y \in V \cap \Lambda_l$ に対して, いくらでも近くに双曲的周期点 $z(y)$ を見つけることができる (閉補題によって). このとき, $W^u_{loc}(z(y))$ と $W^s_{loc}(p)$, $W^s_{loc}(z(y))$ と $W^u_{loc}(p)$ はそれぞれ 1 点で横断的に交わるから, $z(y)$ は p の横断的ホモクリニック点によって近似される. 一方において, $z(y)$ は y のいくらでも近くに存在する (図 5.3.3). よって $y \in V \cap \Lambda_l$ は p の横断的ホモクリニック点で近似される. よって

$$\mu(\mathrm{Cl}(\{p \text{ の横断的ホモクリニック点}\})) \geq \mu(V \cap \Lambda_l) > 0.$$

μ はエルゴード的であり

$$\bigcup_{i=0}^{m-1} \mathrm{Cl}(\{f^i(p) \text{ の横断的ホモクリニック点}\})$$

は f-不変集合であるから

$$\mu\left(\bigcup_{i=0}^{m-1} \mathrm{Cl}(\{f^i(p) \text{ の横断的ホモクリニック点}\})\right) = 1.$$

よって

$$\bigcup_{i=0}^{m-1} \mathrm{Cl}(\{f^i(p) \text{ の横断的ホモクリニック点}\}) \supset \mathrm{Supp}(\mu)$$

が成り立つ. □

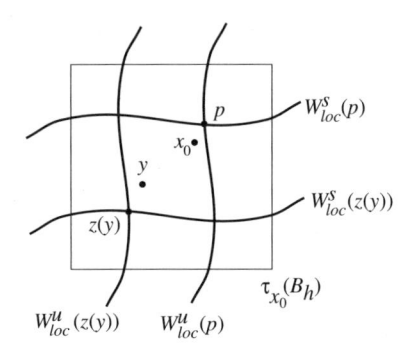

図 5.3.3

定理 5.3.5 μ は連続な f-不変ボレル確率測度で, エルゴード的であるとする. このとき, $n > 0$ と $f^n(\Gamma) = \Gamma$ なる閉集合が存在して $f^n : \Gamma \to \Gamma$ は位相的馬蹄写像である.

証明 周期点 $p \in P_h(f)(f^n(p) = p)$ に対して, $\hat{W}^s(p)$ と $\hat{W}^u(p)$ は横断的ホモクリニック点 q をもつ (図 5.3.3). このとき, 図 5.3.4(1) の矩形は f^n を反復す

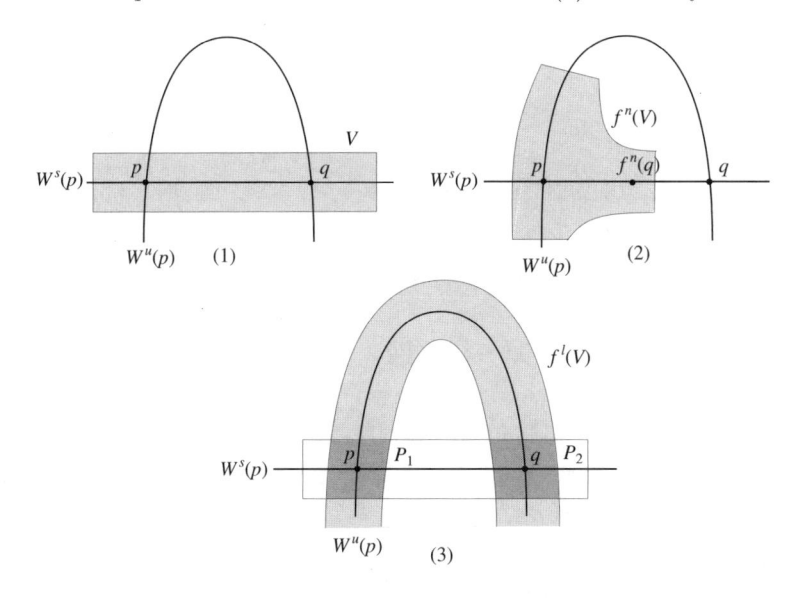

図 5.3.4

ることにより，(2) の図形に変化して，反復の回数を大きくするとき (3) の図形を得る．よって，(3) の図形の P_1, P_2 が構成される．この構成にいたるまでの f^n の反復の回数は k であるとして，$l = nk$ とおく．

$$\Gamma = \bigcap_{j=-\infty}^{\infty} f^{lj}(P_1 \cup P_2)$$

によって定義される Γ は f^l-不変集合で，(Γ, f^l) は記号力学系 $(Y_2^{\mathbb{Z}}, \sigma)$ と位相共役である． □

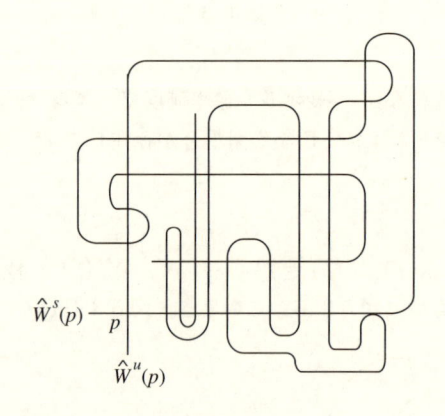

図 5.3.5

命題 5.3.4 は，双曲的周期点 p の横断的ホモクリニック点 (図 5.3.5) の交点の集合が $\mathrm{Supp}(\mu)$ で稠密であることを示している．しかし，その集合は μ に関する正則点集合 R_μ とは共通部分をもつとは限らない．

5.4 エントロピーと非一様馬蹄

位相的エントロピーの性質を用いて，周期点の個数に関する増大率がエントロピーによって下から評価されること，さらに位相的エントロピーは C^2-微分同相写像に関して下半連続であることを示す．

定理 5.4.1 (カトックの定理) $f : \mathbb{R}^2 \to \mathbb{R}^2$ は C^2-微分同相写像として，$\mathbb{R}^2$ の有界な開集合 U があって，$f(U) \subset U$ とする．f-不変ボレル確率測度 μ はエル

ゴード的であって，かつ双曲型であるとする．このとき $h_\mu(f) > 0$ であれば，$t > 0$ に対して $k > 0$ と位相的馬蹄写像 $f^k : \Gamma'_t \to \Gamma'_t$ があって，$\Gamma_t = \bigcup_{i=1}^k f^i(\Gamma'_t)$ とおくとき $h(f_{|\Gamma_t}) \geq h_\mu(f) - t$ が成り立つ．

注意 5.4.2 $\mathrm{Fix}(f^n)$ は $f^n (n \geq 1)$ の不動点の集合を表す．このとき，定理 5.4.1 の仮定のもとで
$$h_\mu(f) \leq \max\left\{0, \limsup_{n\to\infty} \frac{1}{n} \log \sharp\mathrm{Fix}(f^n)\right\}.$$

証明 $h_\mu(f) = 0$ であれば明らかである．$h_\mu(f) > 0$ のとき，$t > 0$ に対して定理 5.4.1 により，Γ_t が存在して，Γ_t への f の制限 $f_{|\Gamma_t}$ の位相的エントロピーを用いて
$$\begin{aligned} h_\mu(f) - t \leq h(f_{|\Gamma_t}) &= \limsup_{n\to\infty} \frac{1}{n} \log \sharp\mathrm{Fix}(f^n_{|\Gamma_t}) \\ &\leq \limsup_{n\to\infty} \frac{1}{n} \log \sharp\mathrm{Fix}(f^n). \end{aligned}$$
$\square$

注意 5.4.3 定理 5.4.1 の仮定のもとで
$$h(f) \leq \max\left\{0, \limsup_{n\to\infty} \frac{1}{n} \log \sharp\mathrm{Fix}(f^n)\right\}.$$

証明 $h(f) = 0$ であれば明らかである．$h(f) > 0$ のとき，変分原理により，$t > 0$ に対して
$$h_\mu(f) \geq h(f) - t$$
を満たす双曲型 f-不変ボレル確率測度 μ が存在する．このとき，注意 5.4.2 によって
$$h(f) \leq h_\mu(f) + t \leq \limsup_{n\to\infty} \frac{1}{n} \log \sharp\mathrm{Fix}(f^n) + t.$$
t は任意であるから結論を得る． $\square$

$\mathbb{R}^2$ の上の C^2-微分同相写像 f を U に制限した $f_{|U}$ の集合の上に C^2-位相を導入した空間を $\mathrm{Diff}^2(U)$ で表す（詳細については邦書文献 [Ao1] を参照）．

命題 5.4.4 位相的エントロピー $h(f)$ は $\mathrm{Diff}^2(U)$ から $\mathbb{R}$ への下半連続である.

証明 $h(f) > 0$ のとき変分原理により $t > 0$ に対して

$$h_\mu(f) \geq h(f) - \frac{t}{2} \tag{5.4.1}$$

を満たすエルゴード的確率測度 μ が存在する．ルエルの不等式により，μ は双曲型である．よって，定理 5.4.1 により，$t > 0$ に対して

$$h(f_{|\Gamma_t}) \geq h(f) - t$$

を満たす位相的馬蹄 Γ_t が存在する．このとき f の C^2-近傍 $\mathcal{U}(f)$ があって $g \in \mathcal{U}(f)$ に対して，g の位相的馬蹄 Γ_g が存在して $f_{|\Gamma_t}$ と $g_{|\Gamma_g}$ は位相共役である（詳細については邦書文献 [Ao1] を参照）．ゆえに

$$h(g) \geq h(g_{|\Gamma_g}) = h(f_{|\Gamma_t}) \geq h(f) - t.$$

□

定理 5.4.1 を示すために準備をする．$h > 0$ は (5.1.14) の数で，B_h は原点を中心とする 1 辺が $2h$ の矩形を表す．B_h の部分集合 $\tilde{P}$ が**許容的 (u, γ)-矩形**(admissible (u, γ)-rectangle) であるとは，C^1-関数

$$\varphi_1, \ \varphi_2 : [-h, h] \to [-h, h]$$

が存在して

$$\varphi_1(t) > \varphi_2(t), \quad \left|\frac{d}{dt}\varphi_i(t)\right| \leq \gamma \quad (-h \leq t \leq h, \ i = 1, 2) \tag{5.4.2}$$

$$\tilde{P} = \{(u, v) \in B_h \,|\, u = \theta\varphi_1(v) + (1-\theta)\varphi_2(v), \ 0 \leq \theta \leq 1\}$$

が成り立つことである．B_h の部分集合 $\tilde{Q}$ が**許容的 (s, γ)-矩形** (admissible (s, γ)-rectangle) であるとは，(5.4.2) を満たす C^1-関数

$$\varphi_1, \ \varphi_2 : [-h, h] \longrightarrow [-h, h]$$

が存在して

$$\tilde{Q} = \{(u, v) \in B_h \,|\, v = \theta\varphi_1(u) + (1-\theta)\varphi_2(u), \quad 0 \leq \theta \leq 1\}$$

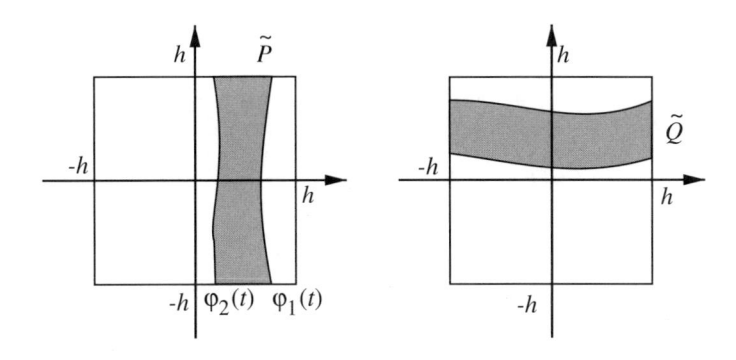

図 5.4.1

が成り立つことである (図 5.4.1).

f–不変ボレル確率測度 μ はエルゴード的であって, そのリャプノフ指数は μ–a.e. x で定数 χ_1, χ_2 で $\chi_1 < 0 < \chi_2$ (μ–a.e.) を満たしているとする. 十分に小さな $\varepsilon > 0$ を固定する. μ に関するペシン集合

$$\Lambda = \bigcup_{l=1}^{\infty} \Lambda_l = \bigcup_{l=1}^{\infty} \Lambda_l(\chi_1, \chi_2, \varepsilon)$$

の各点 x に対して, (4.2.2) のように

$$\Phi_x : \mathbb{R}^2 \longrightarrow \mathbb{R}^2$$

を定義する.

P が $\Phi_x(B_h)$ で**許容的 (u, γ)–矩形**であるとは, B_h の許容的 (u, γ)–矩形 $\tilde{P}$ が存在して $P = \Phi_x(\tilde{P})$ を満たすことである. 同様にして, $\Phi_x(B_h)$ で**許容的 (s, γ)–矩形**が定義される.

注意 5.4.5 $\Phi_x(B_h)$ 自身は許容的 (u, γ)–矩形であり, 許容的 (s, γ)–矩形である.

注意 5.4.6 $0 < \gamma < 1$ は (5.1.4) を満たすとする. μ に関するペシン集合

$$\Lambda = \bigcup_{l=1}^{\infty} \Lambda_l = \bigcup_{l=1}^{\infty} \Lambda_l(\chi_1, \chi_2, \varepsilon)$$

に対して, 許容的多様体の場合と同様に次の (1), (2) が成り立つ:

(1) $x \in \Lambda$ に対して，P は $\Phi_x(B_h)$ で許容的 (u,γ)-矩形であれば

$$f(P) \cap \Phi_{f(x)}(B_h)$$

も $\Phi_{f(x)}(B_h)$ の中の許容的 (u, γ^2)-矩形である（図 5.4.2）．

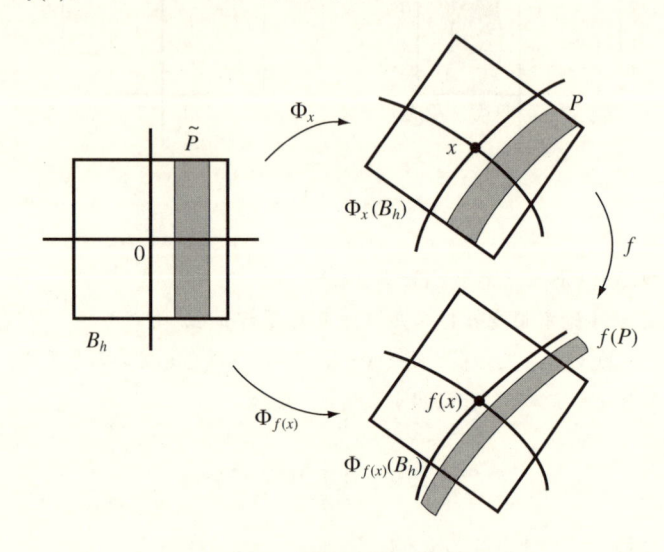

図 5.4.2

同様に，Q は $\Phi_x(B_h)$ で許容的 (s,γ)-矩形であれば

$$f^{-1}(Q) \cap \Phi_{f^{-1}(x)}(B_h)$$

は $\Phi_{f^{-1}(x)}(B_h)$ で許容的 (s, γ^2)-矩形である．

(2) $\gamma_l > 0$ があって，$f(x), y \in \Lambda_l$ に対して

$$d(f(x), y) \leq \gamma_l$$

であるとする．このとき

(i) P は $\Phi_x(B_h)$ で許容的 (u,γ)-矩形であれば

$$f(P) \cap \Phi_y(B_h)$$

は $\Phi_y(B_h)$ で許容的 (u,γ)-矩形である（図 5.4.3）．

(ii) Q は $\Phi_y(B_h)$ で許容的 (s,γ)-矩形であれば

$$f^{-1}(Q) \cap \Phi_x(B_h)$$

は $\Phi_x(B_h)$ で許容的 (s,γ)-矩形である.

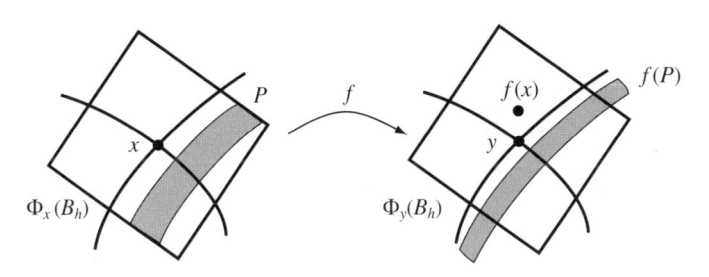

図 5.4.3

部分集合 A から点 x を選ぶ.このとき点 x を含む A の連結成分を

$$C(A;x)$$

で表す.X は μ に関するペシン集合 Λ の部分集合とする.$\rho > 0, \beta > 0, 0 < \lambda < 1$ に対して,X の有限被覆 $\mathcal{R} = \{Q_1, \cdots, Q_k\}$ が X の (ρ, β, λ)-**矩形被覆** (rectangle cover) であるとは,$h > 0$ と $0 < \gamma < 1$ が存在して次の (1), (2), (3) を満たすことである:

(1) $\qquad Q_i = \Phi_{x_i}(B_h), \quad B(x_i, 2\beta) \subset \text{int}(Q_i) \quad (1 \le i \le k),$
$$X \subset \bigcup_{i=1}^{k} B(x_i, \beta)$$
を満たす $x_1, x_2, \cdots, x_k \in X$ が存在する.ここに,$B(x, \beta)$ は点 x の半径 β の閉近傍を表す.

(2) $\text{diam}(Q_i) \le \dfrac{\rho}{3} \quad (1 \le i \le k)$.

(3) $x, f^m(x) \in X$ に対して,$x \in B(x_i, 2\beta), f^m(x) \in B(x_j, 2\beta)$ であるならば
  (a) $C(Q_i \cap f^{-m}(Q_j); x)$ は Q_i で許容的 (s,γ)-矩形,
  (b) $f^m(C(Q_i \cap f^{-m}(Q_j); x))$ は Q_j で許容的 (u,γ)-矩形,

(c) $\mathrm{diam}(f^k(C(Q_i \cap f^{-m}(Q_j);x))) \leq \rho\max\{\lambda^k, \lambda^{m-k}\}$ $(0 \leq k \leq m)$.

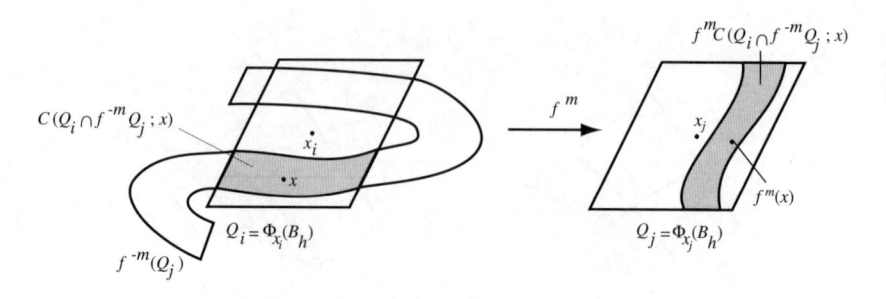

図 5.4.4

補題 5.4.7 Λ_l は μ に関するペシン集合の部分集合である．$\rho > 0$ に対して，$\beta = \beta(l,\rho) > 0$ と $0 < \lambda = \lambda(l,\rho) < 1$ があって Λ_l は (ρ, β, λ)-矩形被覆をもつ．

証明 $C' > 1$ は定理 4.2.2(3) の数とし，$0 < \gamma < 1$ は (5.1.4) を満たすとする．$\rho > 0$ に対して

$$\begin{aligned} h &= \frac{\rho}{12C'}, \\ \lambda &= \max\{\lambda_1^+ + \varepsilon, \ -\lambda_2^- + \varepsilon\} \end{aligned} \quad (5.4.3)$$

とおく．明らかに $\lambda < 1$ である（$\varepsilon > 0$ は第 3 章で用いた十分に小さい数である）．

$l \geq 1$ とする．注意 5.4.6(2) の $\gamma_l > 0$ に対して，$0 < \eta_l < \dfrac{\gamma_l}{2}$ があって

$$d(x,y) \leq \eta_l \ (x,y \in \Lambda_l) \Longrightarrow d(f(x),f(y)) \leq \frac{\gamma_l}{2} \quad (5.4.4)$$

が成り立つ．ここで

$$\beta = \min\left\{\frac{h}{4C'C_l}, \frac{\eta_{l+1}}{2}, \frac{\gamma_l}{2}\right\} \quad (5.4.5)$$

とおく．

Λ_l はコンパクトであるから, $\bigcup_{i=1}^{k} B(x_i, \beta) \supset \Lambda_l$ を満たす有限点列 $x_1, x_2, \cdots,$ $x_k \in \Lambda_l$ が存在する．このとき結論を得るために

$$\mathcal{R} = \{\Phi_{x_i}(B_h) \mid i = 1, \cdots, k\}$$

が Λ_l の (ρ, β, λ)–矩形被覆であることを示せば十分である．

$y \in B(x_i, 2\beta)$ に対して

$$\|\Phi_{x_i}^{-1}(y)\| \leq C' C_l \|x_i - y\|$$
$$= C' C_l d(y, x_i) \leq C' C_l 2\beta \leq \frac{h}{2} \quad ((5.4.5) \text{ により})$$

であるから

$$\Phi_{x_i}^{-1}(y) \in B_{\frac{h}{2}} \subset \mathrm{int}(B_h)$$

が成り立つ．よって $y \in \mathrm{int}(\Phi_{x_i}(B_h))$, すなわち

$$B(x_i, 2\beta) \subset \mathrm{int}(\Phi_{x_i}(B_h))$$

である．したがって，矩形被覆の条件 (1) が成り立つ．

$Q_i = \Phi_{x_i}(B_h)$ $(i \geq 0)$ とおく．$y \in Q_i$ に対して

$$d(y, x_i) = \|x_i - y\| \leq C' \|\Phi_{x_i}^{-1}(y)\| \leq 2C' h \leq \frac{\rho}{3}$$

であるから

$$Q_i \subset B\left(x_i, \frac{\rho}{3}\right)$$

である．よって $\mathrm{diam}(Q_i) \leq \dfrac{\rho}{3}$ $(1 \leq i \leq k)$, すなわち 矩形被覆の条件 (2) が成り立つ．

(3) の (a), (b), (c) が成り立つことの証明が残されている．$m > 0$ とする．$x, f^m(x) \in \Lambda_l$ に対して, $x \in B(x_i, 2\beta)$, $f^m(x) \in B(x_j, 2\beta)$ であるとする．このとき

$m = 1$ の場合：$x_i \in \Lambda_l (1 \leq i \leq k)$ であるから, $f(x_i) \in \Lambda_{l+1}$ である．

$$d(x_i, x) \leq 2\beta \leq \eta_{l+1} \Longrightarrow d(f(x), x_j) \leq 2\beta \leq \eta_{l+1}$$

なる x_i が存在する．よって

$$d(f(x_i), x_j) \leq d(f(x_i), f(x)) + d(f(x), x_j) \leq \frac{\gamma_{l+1}}{2} + \frac{\gamma_{l+1}}{2} \leq \gamma_{l+1}.$$

Q_j は許容的 (s,γ)-矩形であるから,注意 5.4.6(2)(ii) により

$$C(Q_i \cap f^{-1}(Q_j); x) \subset f^{-1}(Q_j) \cap Q_i$$

は Q_i で許容的 (s,γ)-矩形 である.同様に,Q_i は許容的 (u,γ)-矩形であるから

$$f(C(Q_i \cap f^{-1}(Q_j); x)) \subset f(Q_i) \cap Q_j$$

は Q_j で許容的 (u,γ)-矩形 である.

$m \geq 2$ の場合:$d(f^m(x), x_j) \leq 2\beta \leq \gamma_{l+1}$ であるから,注意 5.4.6(2)(ii) により

$$R_1 = f^{-1}(Q_j) \cap \Phi_{f^{m-1}(x)}(B_h)$$

は $\Phi_{f^{m-1}(x)}(B_h)$ で許容的 (s,γ)-矩形である.

帰納的に同じ議論を繰り返すことにより,$2 \leq k \leq m-1$ に対して

$$R_k = f^{-1}(R_{k-1}) \cap \Phi_{f^{m-k}(x)}(B_h)$$

は $\Phi_{f^{m-k}(x)}(B_h)$ で許容的 (s,γ)-矩形であることが示される.

$f(x_i) \in \Lambda_{l+1}$ であって,$x \in B(x_i, 2\beta)$ であるから,$d(x, x_i) \leq 2\beta \leq \eta_{l+1}$ である.よって (5.4.4) により,$d(f(x_i), f(x)) \leq \gamma_{l+1}$ を満たしている.ゆえに,注意 5.4.6(2)(ii) により

$$C(Q_i \cap f^{-m}(Q_j); x) \subset f^{-1}(R_{m-1}) \cap \Phi_{x_i}(B_h)$$

は $\Phi_{x_i}(B_h)$ で許容的 (s,γ)-矩形である.

一方において,Q_i は Q_i で許容的 (u,γ)-矩形であるから

$$S_1 = f(\Phi_{x_i}(B_h)) \cap \Phi_{f(x)}(B_h)$$

は $\Phi_{f(x)}(B_h)$ で許容的 (u,γ)-矩形である.帰納的に同じ議論を繰り返して,$m-1 \geq k \geq 2$ に対して

$$S_k = f(S_{k-1}) \cap \Phi_{f^k(x)}(B_h)$$

は $\Phi_{f^k(x)}(B_h)$ で許容的 (u,γ)-矩形である.よって

$$f^m(C(Q_i \cap f^{-m}(Q_j); x)) = f(S_k) \cap Q_j$$

は Q_j で許容的 (u,γ)-矩形である．(3) の (a), (b) が示された．

(c) を証明する．

$$C(Q_i \cap f^{-m}(Q_j); x) \subset Q_i, \quad f^m(C(Q_i \cap f^{-m}(Q_j); x)) \subset Q_j \quad (m > 0)$$

であるから

$$\mathrm{diam}(C(Q_i \cap f^{-m}(Q_j); x)) \leq \mathrm{diam}(Q_i) \leq \frac{\rho}{3} < \rho,$$
$$\mathrm{diam}(f^m(C(Q_i \cap f^{-m}(Q_j); x))) \leq \mathrm{diam}(Q_j) \leq \frac{\rho}{3} < \rho.$$

さらに，$1 \leq k \leq m-1$ に対して $\mathrm{diam}(f^k(C(Q_i \cap f^{-m}(Q_j); x)))$ の値を評価する．

そのために

$$y \in f^k(C(Q_i \cap f^{-m}(Q_j); x))$$

に対して，$\Phi_{f^k(x_i)}^{-1}(y) \in B_h$ であるから

$$(y_k^s, y_k^u) = \Phi_{f^k(x_i)}^{-1}(y)$$

とおき

$$(y_0^s, y_0^u) = (\Phi_x^{-1} \circ \Phi_{x_i}) \circ (f_{x_i})^{-1} \circ \cdots \circ (f_{f^{k-1}(x_i)})^{-1}(y_k^s, y_k^u),$$
$$(z_0^s, z_0^u) = (\Phi_x^{-1} \circ \Phi_{x_i}) \circ (f_{x_i})^{-1} \circ \cdots \circ (f_{f^{k-1}(x_i)})^{-1}(0, 0)$$

とおく．このとき

$$(y_0^s, y_0^u) = \Phi_x^{-1}(f^{-k}(y)), \quad (z_0^s, z_0^u) = \Phi_x^{-1}(x)$$

である．よって

$\|(y_k^s, y_k^u)\|$
$= \|(y_k^s, y_k^u) - (0, 0)\|$
$= \|f_{f^{k-1}(x_i)} \circ \cdots \circ f_{x_i} \circ \Phi_{x_i}^{-1} \circ \Phi_x(y_0^s, y_0^u)$
$\qquad - f_{f^{k-1}(x_i)} \circ \cdots \circ f_{x_i} \circ \Phi_{x_i}^{-1} \circ \Phi_x(z_0^s, z_0^u)\|$
$\leq \{\lambda_1^+ + \varepsilon\}^k \|\Phi_{x_i}^{-1} \circ \Phi_x(y_0^s, y_0^u) - \Phi_{x_i}^{-1} \circ \Phi_x(z_0^s, z_0^u)\|$ （補題 5.1.3(d) により）
$\leq \|\tau_{x_i}^{-1} \circ \tau_x\|\{\lambda_1^+ + \varepsilon\}^k \|(y_0^s, y_0^u) - (z_0^s, z_0^u)\|$ （平均値の定理により）
$\leq (1 + \varepsilon)\{\lambda_1^+ + \varepsilon\}^k \|(y_0^s, y_0^u) - (z_0^s, z_0^u)\|$ （$\|\tau_{x_i}^{-1} \circ \tau_x - \mathrm{id}\| < \varepsilon$ により）
$\leq (1 + \varepsilon)\lambda^k 2h.$

同様にして

$$(y_m^s, y_m^u) = \Phi_x^{-1} \circ \Phi_{f^m(x_i)}^{-1} \circ f_{f^{m-1}(x_i)} \circ \cdots \circ f_{f^k(x_i)}(y_k^s, y_k^u),$$
$$(z_m^s, z_m^u) = \Phi_x^{-1} \circ \Phi_{f^m(x_i)}^{-1} \circ f_{f^{m-1}(x_i)} \circ \cdots \circ f_{f^k(x_i)}(0, 0)$$

とおく．このとき

$$\begin{aligned}\|(y_k^s, y_k^u)\| &= \|(y_k^s, y_k^u) - (0,0)\| \\ &\leq \{-\lambda_2^- + \varepsilon\}^{m-k} \|(y_m^s, y_m^u) - (z_m^s, z_m^u)\| \\ &\leq (1+\varepsilon)\lambda^{m-k} 2h.\end{aligned}$$

ゆえに

$$\begin{aligned}d(y, f^k(x)) &= d(\Phi_{f^k(x)}(y_k^s, y_k^u), \Phi_{f^k(x)}(0,0)) \\ &\leq C' \|(y_k^s, y_k^u)\| \\ &< \frac{\rho}{3} \max\{\lambda^k, \lambda^{m-k}\} \quad ((5.4.3) \text{ により}).\end{aligned}$$

このことから

$$\begin{aligned}\mathrm{diam}(f^k(C(Q_i \cap f^{-m}(Q_j); x))) &\leq 2\frac{\rho}{3} \max\{\lambda^k, \lambda^{m-k}\} \\ &< \rho \max\{\lambda^k, \lambda^{m-k}\}.\end{aligned} \qquad (5.4.6)$$

よって (c) が示された． □

定理 5.4.1 の証明　$0 < \delta < 1$ を固定する．μ はエルゴード的であるから

$$\lim_{\rho \to 0} \liminf_{m \to \infty} \frac{1}{m} \log N_f(m, \rho, \delta) = h_\mu(f)$$

(邦書文献 [Ao2]，定理 3.6.1)．

　$r > 0$ に対して $\rho > 0$ が存在して

$$\liminf_{m \to \infty} \frac{1}{m} \log N_f(m, \rho, \delta) \geq h_\mu(f) - r$$

が成り立つ．$\Lambda \subset \mathrm{Supp}(\mu)$ は μ に関するペシン集合とする．このとき $\mu(\Lambda) = 1$ であるから，$\mu(\Lambda_l) \geq 1 - \dfrac{\delta}{2}$ を満たす十分に大きな $l \geq 1$ を選ぶ．$l > 0, \rho > 0$

に対して,補題 5.4.7 のように $\beta = \beta(l,\rho) > 0$ と $0 < \lambda = \lambda(l,\rho) < 1$ を選べば,Λ_l は (ρ, β, λ)-矩形被覆

$$\mathcal{R} = \{Q_i \mid 1 \leq i \leq t\}$$

が $\bigcup_{i=1}^{t} B(x_i, \beta) \supset \Lambda_l$ を満たす $x_1, \cdots, x_t \in \Lambda_l$ があって

$$Q_i = \Phi_{x_i}(B_h) \quad (1 \leq i \leq t)$$

によって構成されていた.

$S = \mathrm{Supp}(\mu)$ とおく.ξ は $\{\Lambda_l, S \setminus \Lambda_l\}$ の細分であって,$\mathrm{diam}(\xi) < \dfrac{\beta}{2}$ を満たす S の有限分割とする.

$\xi(x)$ は点 x を含む ξ に属する集合を表す.$m \geq 1$ に対して

$$\Lambda_l^m = \{x \in \Lambda_l \mid m \leq q \leq (1+r)m \text{ が存在して } f^q(x) \in \xi(x)\}$$

とおく.

$$\Lambda_l^m = \bigcup_{q}\bigcup_{\xi}(f^q(\xi(x)) \cap \xi(x))$$

であるから,Λ_l^m は可測であることに注意する.このとき

$$\mu(\Lambda_l^m) \longrightarrow (\Lambda_l) \quad (m \to \infty) \tag{5.4.7}$$

が成り立つ.

実際に,$C \in \xi$ に対して

$$C_m = \left\{ x \in C \;\middle|\; \begin{array}{l} \dfrac{1}{[m(1+r)]} \displaystyle\sum_{i=0}^{m-1} 1_C(f^i(x)) < \mu(C)(1+\dfrac{r}{3}), \\ \dfrac{1}{[m(1+r)]} \displaystyle\sum_{i=m}^{[m(1+r)]-1} 1_C(f^i(x)) > 0 \end{array} \right\}$$

とおく.ここに $[\cdot]$ はガウス記号を表す.

$C_m \neq \emptyset$ なる m が無限個存在する.結論を得るために否定する.すなわち有限の m を除いて

$$\frac{1}{[m(1+r)]} \sum_{i=0}^{[m(1+r)]-1} 1_C(f^i(x)) = 0$$

とする．このとき

$$\frac{1}{[m(1+r)]} \sum_{i=0}^{[m(1+r)]-1} 1_C(f^i(x)) = \frac{m}{[m(1+r)]} \frac{1}{m} \sum_{i=0}^{m-1} 1_C(f^i(x)).$$

$r > 0$ は十分に小さい無理数であるとして一般性を失わないから $m(1+r) < [m(1+r)]$ が成り立つ．よって μ–a.e. x に対して

$$\begin{aligned}\mu(C) &= \lim_{n\to\infty} \frac{1}{[m(1+r)]} \sum_{i=0}^{[m(1+r)]-1} 1_C(f^i(x)) \\ &\leq \frac{1}{1+r} \lim_{n\to\infty} \frac{1}{m} \sum_{i=0}^{m-1} 1_C(f^i(x)) \\ &= \frac{1}{1+r} \mu(C)\end{aligned}$$

となって矛盾が起こる．

簡単のために $C_m \neq \emptyset$ は自然数 m で成り立つと仮定する（必要ならば部分列を選ぶ）．

このとき $C \subset \Lambda_l$ ならば，$x \in C_m \subset C$ に対して，$C = \xi(x)$ であって

$$\frac{1}{[m(1+r)]} \sum_{i=m}^{[m(1+r)]} 1_C(f^i(x)) > 0$$

が成り立つから，$m \leq q \leq (1+r)m$ があって，$f^q(x) \in \xi(x)$ である．よって $C_m \subset \Lambda_l^m$ が成り立つ．バーコフのエルゴード定理により

$$\mu(C \setminus C_m) \longrightarrow 0 \quad (m \to \infty).$$

よって (5.4.7) が成り立つ．

$\mu(\Lambda_l^m) \geq \mu(\Lambda_l) - \dfrac{\delta}{2} \geq 1 - \delta$ を満たすように十分に大きく m を任意に選び，それを固定する．$x \in \Lambda_l^m$ に対して

$$B_m(x,\rho) = \{y \in S \,|\, d(f^i(x), f^i(y)) \leq \rho \ (0 \leq i \leq m-1)\}$$

とおく．$E_m \subset \Lambda_l^m$ を Λ_l^m の最大濃度の (m,ρ)-分離集合とするとき

$$\Lambda_l^m \subset \bigcup_{x \in E_m} B_m(x,\rho)$$

であるから

$$\mu\left(\bigcup_{x\in E_m} B_m(x,\rho)\right) \geq \mu(\Lambda_l^m) \geq 1 - \frac{\delta}{2} > 1 - \delta$$

が成り立つ．

$$N_f(m,\rho,\delta) = \inf\left\{n \,\middle|\, \mu\left(\bigcup_{\substack{i=1\\ x_i\in E_m}}^{n} B_m(x_i,\rho)\right) \geq 1-\delta\right\}$$

であるから

$$\sharp E_m \geq N_f(m,\rho,\delta). \tag{5.4.8}$$

したがって

$$\frac{1}{m}\log \sharp E_m \geq \frac{1}{m}\log N_f(m,\rho,\delta) \geq h_\mu(f) - 2r. \tag{5.4.9}$$

すなわち

$$\sharp E_m \geq \exp\{m(h_\mu(f) - 2r)\}$$

が成り立つ．$m \leq q \leq [(1+r)m]$ を満たす q を固定して

$$V_q = \{x \in E_m \,|\, f^q(x) \in \xi(x)\}$$

とおく．明らかに

$$V_q \subset E_m \subset \Lambda_l^m \ (m \leq q \leq [(1+r)m])$$

である．$\{V_q\}$ は E_m の被覆で各 V_q の濃度 $\sharp V_q$ が最大となる集合を V_{q_0} とする．このとき

$$\sharp E_m \leq \sharp V_m + \cdots + \sharp V_{q_0} + \cdots + \sharp V_{m+[mr]}$$
$$\leq (mr+1)\sharp V_{q_0}$$

が成り立つ．$mr + 1 < e^{mr}$ であるから

$$\sharp V_{q_0} \geq \frac{1}{mr+1}\sharp E_m \geq \frac{1}{mr+1}\exp\{m(h_\mu(f) - 2r)\}$$
$$\geq \exp\{m(h_\mu(f) - 3r)\}.$$

Λ_l の (ρ, β, λ)-矩形被覆 $\mathcal{R} = \{Q_i \mid 1 \leq i \leq t\}$ の各集合 Q_i は, $x_i \in \Lambda_l$ があって

$$Q_i = \Phi_{x_i}(B_h)$$

と表され

$$B(x_i, 2\beta) \subset Q_i, \quad \bigcup_{i=1}^{t}(V_{q_0} \cap B(x_i, \beta)) = V_{q_0}$$

である. $V_{q_0} \cap B(x_i, \beta)$ の濃度 $\sharp(V_{q_0} \cap B(x_i, \beta))$ が最大になる集合は $V_{q_0} \cap B(x_{i_0}, \beta)$ であるとする. このとき

$$\sharp(V_{q_0} \cap B(x_{i_0}, \beta)) \geq \frac{1}{t}\sharp V_{q_0} \geq \frac{1}{t}\exp\{m(h_\mu(f) - 3r)\}. \quad (5.4.10)$$

$x \in V_{q_0} \cap B(x_{i_0}, \beta)$ に対して

$$f^{q_0}(x) \in \xi(x) \subset B(x_{i_0}, 2\beta)$$

であるから, 矩形被覆の定義 (3)(a) により

$$C(Q_{i_0} \cap f^{-q_0}(Q_{i_0}); x)$$

は Q_{i_0} で許容的 (s, γ)-矩形であって, (3)(b) によって

$$f^{q_0}(C(Q_{i_0} \cap f^{-q_0}(Q_{i_0}); x))$$

は Q_{i_0} で許容的 (u, γ)-矩形である.

$x, y \in V_{q_0} \cap B(x_{i_0}, \beta)$ に対して, $x \neq y$ のとき

$$C(Q_{i_0} \cap f^{-q_0}(Q_{i_0}); x) \cap C(Q_{i_0} \cap f^{-q_0}(Q_{i_0}); y) = \emptyset \quad (5.4.11)$$

である. 実際に, (5.4.11) の 2 つの集合の共通部分が空集合でなければ

$$C(Q_{i_0} \cap f^{-q_0}(Q_{i_0}); x) = C(Q_{i_0} \cap f^{-q_0}(Q_{i_0}); y)$$

であるから, $0 \leq k \leq m$ に対して

$$\begin{aligned}
d(f^k(x), f^k(y)) &\leq \mathrm{diam}(f^k(C(Q_{i_0} \cap f^{-q_0}(Q_{i_0}); x))) \\
&\leq \rho\max\{\lambda^k, \lambda^{m-k}\} \quad ((5.4.6) \text{ により}) \\
&\leq \rho. \quad\quad\quad\quad\quad\quad\quad\quad\quad\quad (5.4.12)
\end{aligned}$$

$\{x,y\} \subset E_m$ であって，E_m は (m,ρ)-分離集合であるから，(5.4.12) は矛盾を示している．

よって，$\sharp(V_{q_0} \cap B(x_{i_0}, \beta))$ 個の互いに共通部分をもたない Q_{i_0} の許容的 (s,γ)-矩形が f^{q_0} によって $\sharp(V_{q_0} \cap B(x_{i_0}, \beta))$ 個の互いに共通部分をもたない Q_{i_0} の許容的 (u,γ)-矩形に写される．

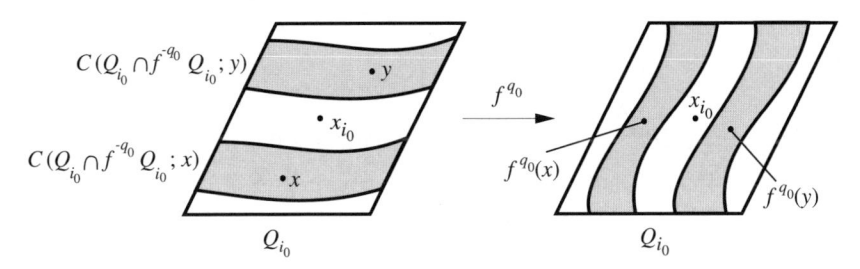

図 5.4.5

$$\Gamma_{q_0} = \bigcap_{k \in \mathbb{Z}} f^{k q_0} \left(\bigcup_{x \in V_{q_0} \cap B(x_{i_0}, \beta)} C(Q_{i_0} \cap f^{-q_0}(Q_{i_0}); x) \right)$$

とおくと，$f^{q_0}_{|\Gamma_{q_0}} : \Gamma_{q_0} \to \Gamma_{q_0}$ は $a = \sharp(V_{q_0} \cap B(x_{i_0}, \beta))$ 個の記号からなる記号力学系 $(Y_a^{\mathbb{Z}}, \sigma)$ と位相共役である．よって

$$h(f^{q_0}_{|\Gamma_{q_0}}) = \log a$$

が成り立つ．

$\Gamma = \bigcup_{k=0}^{q_0 - 1} f^k(\Gamma_{q_0})$ は f の双曲的集合であって

$$\begin{aligned}
h(f_{|\Gamma}) &= \frac{1}{q_0} h(f^{q_0}_{|\Gamma_{q_0}}) \\
&= \frac{1}{q_0} \log a \\
&\geq \frac{1}{q_0} \log \left[\frac{1}{t} \exp\{m(h_\mu(f) - 3r)\} \right] \quad ((5.4.10) \text{ により}) \\
&= \frac{1}{q_0} \log \frac{1}{t} + \frac{m}{q_0}(h_\mu(f) - 3r) \\
&= (*).
\end{aligned}$$

$m \leq q_0 \leq (1+r)m$ であるから $\alpha > 0$ に対して

$$0 < \frac{1}{q_0} \log t < \frac{\alpha}{2}$$

を満たすように $m > 0$ を十分に大きく選ぶ．よって

$$(*) \geq -\frac{\alpha}{2} + \frac{m}{q_0}(h_\mu(f) - 3r)$$
$$\geq -\frac{\alpha}{2} + \frac{m}{m(1+r)}(h_\mu(f) - 3r)$$
$$> h_\mu(f) - \alpha \quad (r > 0 \text{ は任意であるから}).$$

□

定理 5.4.1 の別証明 $\alpha > 0$ に対して $\beta_l = \beta_l(\alpha) > 0$ は非一様（強）追跡性補題の定数とする．前述のように Λ_l は $\mu(\Lambda_l) \geq 1 - \dfrac{\delta}{2}$ を満たすとし，β_l を用いて S の分割 ξ を $\{\Lambda_l, S \setminus \Lambda_l\}$ の細分で

$$\mathrm{diam}(\xi) \leq \frac{\beta_l}{2}$$

を満たすように構成する．このとき (5.4.7) を満たす Λ_l^m が定義され，$\bigcup_m \Lambda_l^m = \Lambda_l$ (μ–a.e.) である．よって $m > 0$ を十分に大きく選んで

$$\mu(\Lambda_l^m) \geq 1 - \delta$$

とできる．

$E_m \subset \Lambda_l^m$ は

$$\sharp E_m = N_f(m, r, \delta)$$

を満たす部分集合とする．m は十分に大きいから (5.4.9) により

$$\sharp E_m \geq \exp(m(h_\mu(f) - 2r)).$$

Λ_l^m の定義により $m \leq q \leq [(1+r)m]$ に対して

$$V_q = \{x \in E_m \,|\, f^q(x) \in \xi(x)\}$$

とおくと $\{V_q\}$ は E_m の被覆であるから，V_q の濃度が最大となる集合を V_{q_0} とすれば

$$\sharp E_m \leq (mr + 1) \sharp V_{q_0}.$$

$e^x \geq 1 + x$ であるから

$$\sharp V_{q_0} \geq \exp(m(h_\mu(f) - 3r)).$$

$V_{q_0} \cap \xi(x)$ の濃度が最大となる集合を $V_{q_0} \cap \xi(z_0)$ とし，その濃度を b とする．このとき

$$b \geq \frac{1}{\sharp \xi} \sharp V_{q_0} \geq \frac{1}{\sharp \xi} \exp(m(h_\mu(f) - 3r))$$

であるから

$$\log b \geq \log \frac{1}{\sharp \xi} + m(h_\mu(f) - 3r). \tag{5.4.13}$$

位相的馬蹄を見いだすために

$$V_{q_0} \cap \xi(z_0) = \{y_0, \cdots, y_{b-1}\}$$

とし $Y_b = \{0, \cdots, b-1\}$ とする．直積位相空間 $Y_b^\mathbb{Z}$ の点 $a = (a_i)$ に対して，y_{a_0}

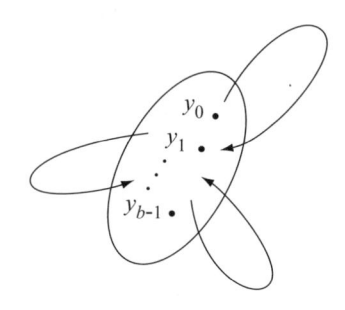

図 5.4.6

を出発して前方に進む軌道

$$y_{a_0}, f(y_{a_0}), \cdots, f^{q_0-1}(y_{a_0})$$

の次に y_{a_1} を通過する軌道

$$y_{a_1}, f(y_{a_1}), \cdots, f^{q_0-1}(y_{a_1}),$$

次に y_{a_2} を通過する軌道

$$y_{a_2}, f(y_{a_2}), \cdots, f^{q_0-1}(y_{a_2}),$$

このことを帰納的に繰り返して β_l―擬軌道を構成する．次に後方に向かって y_{a_0} を出発して同じ仕方で β_l―擬軌道を構成し，両者の擬軌道を併せた両側 β_l―擬軌道 $z(a)$ を構成する（図 5.4.6）．

$z(a)$ に対して非一様強追跡性補題を適用して，追跡点 $\bar{a}$ を求める．$\bar{a}$ の存在は一意的であるから

$$\varphi(a) = \bar{a}$$

によって

$$\varphi : Y_b^{\mathbb{Z}} \longrightarrow \Gamma' \quad (\Gamma' = \varphi(Y_b^{\mathbb{Z}}))$$

を定義することができる．追跡点の一意性により φ は単射である．φ の連続性を示すために，$Y_b^{\mathbb{Z}}$ の距離関数は

$$d(a, a') = \sum_{i=-\infty}^{\infty} \frac{|a_i - a_i'|}{b^{|i|}} \quad (a = (a_i),\ a' = (a_i') \in Y_b^{\mathbb{Z}})$$

で与えられているとし，$\varepsilon > 0$ に対して十分小さく $\delta > 0$ を選んで

$$d(a, a') < \delta$$

とすれば，大きな $m > 0$ があって

$$a_i = a_i' \quad (|i| \leq m)$$

とできる．よって a と a' を求めるために構成した β_l-擬軌道

$$z(a) = \{x_i\}, \quad z(a') = \{x_i'\}$$

は $-mq$ と mq との間は同じ擬軌道をなしている．すなわち

$$x_{-mq}, \cdots, x_{-1}, x_0, x_1, \cdots, x_{mq}$$

の部分は共通で，追跡点 $\bar{a}, \bar{a}'$ に対して

$$d(f^i(\bar{a}), x_i) < \alpha, \quad d(f^i(\bar{a}'), x_i) < \alpha \quad (|i| \leq mq),$$

$$f^i(\bar{a}), f^i(\bar{a}') \in \Phi_{x_i}(B_\alpha) \quad (|i| \leq mq)$$

を満たす．よって擬軌道と追跡点は図 5.1.18 の状態にあるから，定理 5.1.7 の証明の後半と同じようにして

$$d(\varphi(a), \varphi(a')) = d(a, a') < \varepsilon$$

を求めることができる．φ の連続性が示された．

よって $(Y_b^{\mathbb{Z}}, \sigma)$ と $(\Gamma', f_{|\Gamma'}^{q_0})$ は位相共役である：

$$\begin{array}{ccc} Y_b^{\mathbb{Z}} & \xrightarrow{\sigma} & Y_b^{\mathbb{Z}} \\ \varphi \downarrow & & \downarrow \varphi \\ \Gamma' & \xrightarrow[f^{q_0}]{} & \Gamma' \end{array} \qquad \varphi \circ \sigma = f^{q_0} \circ \varphi. \tag{5.4.14}$$

結論を得るために

$$\Gamma = \bigcup_{i=0}^{q_0-1} f^i(\Gamma')$$

とおくと

$$h(f_{|\Gamma}) = \frac{1}{q_0} h(f_{|\Gamma'}^{q_0}) = \frac{1}{q_0} \log b$$

であるから (5.4.13) により

$$h(f_{|\Gamma}) > -\frac{1}{q_0} \log \sharp \xi + \frac{m}{q_0} (h_\mu(f) - 3r).$$

$m > 0$ は大きく選ぶことができて, $m \le q_0 \le [(1+r)m]$ であるから $\dfrac{\log \sharp \xi}{q_0} < \rho$ を満たす. $\dfrac{m}{q_0} \ge \dfrac{1}{1+r}$ であって $r > 0$ は任意であるから, $h(f_{|\Gamma}) \ge h_\mu(f) - \rho$ を得る. □

5.5 不変分解のヘルダー連続性

C^2-微分同相写像 $f : \mathbb{R}^2 \to \mathbb{R}^2$ は有界開集合 U に対して $f(U) \subset U$ を満たすとする. U の上の f-不変集合ボレル確率測度 μ はエルゴード的であるとして, μ に関するペシン集合 $\emptyset \ne \Lambda = \bigcup_{l>0} \Lambda_l$ が存在するとする.

4.1 節で Λ_l の上の部分空間 $E_1(x)$, $E_2(x)$ は連続的に変化することを見てきた. $E_i(x)$ $(i = 1, 2)$ は $D_x f$-不変である.

一般に, たとえ f が解析的であっても $E_1(x)$, $E_2(x)$ $(x \in \Lambda)$ は C^1-連続になりえない. その理由は $\Lambda = \bigcup_l \Lambda_l$ は閉集合でないからである. (Λ が閉集合であれば, 分解 $\mathbb{R}^2 = E_1(x) \oplus E_2(x)$ は Λ の上で C^1-連続である).

しかし, $E_1(x)$, $E_2(x)$ $(x \in \Lambda_l)$ はヘルダー連続的に変化することが示される. ここでは $E_1(x)$ $(x \in \Lambda_l)$ のヘルダー連続性を示す. 時間を逆転させると $E_2(x)$ のヘルダー連続性が得られる.

$\langle \cdot, \cdot \rangle$ は通常の内積で,$\|\cdot\|$ はその内積によって定義されたノルムである.$\tilde{\Lambda}$ は U の部分集合とする.$\mathbb{R}^2$ の部分空間からなるグラスマン多様体を G_1 とする.$\varepsilon_0 > 0,\ 0 < \alpha < 1,\ L > 0$ があって $E(x) \in G_1\ (x \in \tilde{\Lambda})$ に対して

$$\|x - y\| < \varepsilon_0 \Longrightarrow \operatorname{dist}(E(x), E(y)) \leq L\|x - y\|^\alpha \quad (x, y \in \tilde{\Lambda})$$

を満たすとき,$E(x)$ は $\tilde{\Lambda}$ の上で (α, L)-**ヘルダー連続** (Hölder continuous) であるといい,α を**ヘルダー指数** (Hölder exponent),L を**ヘルダー定数** (Hölder constant) という.

f は $\mathbb{R}^2$ の上の C^1-微分同相写像とする.$0 < \lambda < \nu,\ C > 0$ があって $x \in \tilde{\Lambda}$ に対して $\mathbb{R}^2$ は不変部分空間 $E_1(x),\ E_2(x)$ の直和

$$\mathbb{R}^2 = E_1(x) \oplus E_2(x)$$

に分解され,$n > 0$ に対して

$$\|D_x f^n(v)\| \leq C\lambda^n \|v\| \quad (v \in E_1(x))$$
$$\|D_x f^n(v)\| \geq C^{-1}\nu^n \|v\| \quad (v \in E_2(x))$$

とする.

$E_1(x),\ E_2(x) \in G_1\ (x \in \tilde{\Lambda})$ が $\boldsymbol{\theta}\ (> 0)$-**横断的** ($\theta$-transverse) であるとは

$$\inf_{\substack{v_i \in E_i(x),\|v_i\|=1 \\ i=1,2}} \|v_1 - v_2\| \geq \theta$$

を満たすことである.

θ-横断的である概念を乗法エルゴード定理(定理 3.3.5(3))で用いた角度の表示

$$\sin(\angle(E_1(x), E_2(x))) \geq \theta$$

で定義してもよい.

注意 5.5.1 (1) $E_1(x),\ E_2(x) \in G_1$ が θ-横断的であれば

$$0 < \theta \leq \sqrt{2}$$

(2) $\theta = \sqrt{2}$ であれば,$E_1(x) \perp E_2(x)$ である.

5.5 不変分解のヘルダー連続性

証明 (1) の証明：$v_i \in E_i(x)$ ($\|v_i\| = 1$) に対して

$$\theta^2 \leq \|v_1 - v_2\|^2 = \|v_1\|^2 - 2\langle v_1, v_2\rangle + \|v_2\|^2$$
$$= 2 - 2\langle v_1, v_2\rangle. \tag{5.5.1}$$

同様にして

$$\theta^2 \leq \|v_1 - (-v_2)\|^2 = 2 + 2\langle v_1, v_2\rangle. \tag{5.5.2}$$

よって $4 \geq 2\theta^2$ であるから，$\theta \leq \sqrt{2}$ を得る．

(2) の証明：(5.5.1) により $-2\langle v_1, v_2\rangle \geq 0$ であって，(5.5.2) により $2\langle v_1, v_2\rangle \geq 0$ であるから，$\langle v_1, v_2\rangle = 0$ を得る．よって (2) が成り立つ． □

$x \in \Lambda_l$ を固定する．$S(x, r)$ は注意 4.3.12 の集合とし $S(x, r) \cap \Lambda_l$ の各点 y の安定葉 $\gamma^s(y)$ と不安定葉 $\gamma^u(y)$ ($\gamma^\sigma(y)$ は $B(x, r)$ の y を通る連結成分) を表す．

$$\tilde{\Lambda} = \{\gamma^s(y) \cap \gamma^u(z) \mid y, z \in S(x, r) \cap \Lambda_l\} \tag{5.5.3}$$

とおく．$\tilde{\Lambda}$ は μ に関する拡張されたペシン集合 $\hat{\Lambda}_\mu$ に含まれる．

注意 5.5.2 $0 < \lambda < \nu$, $C > 1$ があって $w \in \tilde{\Lambda}$ に対して

$$\|D_w f^n(v)\| \leq C\lambda^n \|v\| \qquad (v \in E_1(w),\ n \geq 0),$$
$$\|D_w f^{-n}(v)\| \leq C\nu^{-n}\|v\| \qquad (v \in E_2(v),\ n \geq 0).$$

証明 $w \in \tilde{\Lambda}$ に対して $y \in \Lambda_l$ があって $w \in \gamma^u(y)$ である．$v \in E_2(w)$, $n \geq 0$ に対して

$$\|D_w f^{-n}(v)\|$$
$$= \|D_{f_y^{-n}(w)}\Phi_{f^{-n}(y)} \circ D_{\Phi_y^{-1}(w)} f_y^{-n} \circ D_w \Phi_y^{-1}(v)\|$$
$$= \|\tau_{f^{-n}(y)} \circ D_{\Phi_y^{-1}(w)} f_y^{-n} \circ \tau_y^{-1}(v)\|$$
$$\leq C'\|D_{\Phi_y^{-1}(w)} f_y^{-n} \circ \tau_y^{-1}(v)\|$$
$$\leq C'\exp\{(-\chi_2 + 2\varepsilon)n\}\|\tau_y^{-1}(v)\| \qquad (\text{補題 5.1.3 により})$$
$$\leq C'^2 C_l \exp\{(-\chi_2 + 2\varepsilon)n\}\|v\|.$$

同様にして $v \in E_1(w)$, $n \geq 0$ に対して

$$\|D_w f^n(v)\| \leq C'^2 C_l \exp\{(\chi_1 + 2\varepsilon)n\}\|v\|$$

を得る．よって

$$C = C'^2 C_l,$$
$$\lambda = \exp(\chi_1 + 2\varepsilon),$$
$$\nu = \exp(\chi_2 - 2\varepsilon)$$

とおけばよい． □

注意 5.5.3 $\theta > 0$ があって，$w \in \tilde{\Lambda}$ に対して $E_1(w)$ と $E_2(w)$ は θ–横断的である．

証明 $\{w_j\} \subset \tilde{\Lambda}$ に対して $w_j \to w$ $(j \to \infty)$ とする．このとき $E_i(w) \in G_1$ があって

$$E_i(w_j) \longrightarrow E_i(w) \qquad (i = 1, 2)$$

（必要であれば部分列を選ぶ）．このとき $E_1(w) \neq E_2(w)$ である．
 $E_1(w) = E_2(w)$ を仮定する．$j \geq 0$ に対して

$$\|D_{w_j} f^n(v_j)\| \leq C\lambda^n \|v_j\| \qquad (v_j \in E_1(w_j),\ n \geq 0),$$
$$\|D_{w_j} f^n(v_j)\| \geq C^{-1}\nu^n \|v_j\| \qquad (v_j \in E_2(w_j),\ n \geq 0)$$

であるから，$n \geq 0$ を固定して $j \to \infty$ とすれば，$v \in E_1(w) = E_2(w)$ に対して

$$\begin{aligned}\|D_w f^n(v)\| &\leq C\lambda^n \|v\|, \\ \|D_w f^n(v)\| &\geq C^{-1}\nu^n \|v\|.\end{aligned} \tag{5.5.4}$$

このことは矛盾である．
 よって $\mathbb{R}^2 = E_1(w) \oplus E_2(w)$ で (5.5.4) を満たす．
 結論を得るために，$E_1(w_j)$ と $E_2(w_j)$ の角度 θ_j が $j \to \infty$ のとき $\theta_j \to 0$ と仮定して矛盾を導く．$v_{1,j} \in E_1(w_j)$ $(\|v_{1,j}\| = 1)$, $v_{2,j} \in E_2(w_j)$ $(\|v_{2,j}\| = 1)$ に対して

$$\|v_{1,j} - v_{2,j}\| \longrightarrow 0 \qquad (j \to \infty)$$

とする．このとき
$$v_{1,j} \longrightarrow v, \quad v_{2,j} \longrightarrow v$$
なる $v \in E_1(w) = E_2(w)$ が存在して，$E_1(w) \neq E_2(w)$ に矛盾する． □

次の定理は n 次元の場合にも適用される．

定理 5.5.4 (ブリン) $\tilde{\Lambda}$ は (5.5.3) の集合とし，$0 < \lambda < \nu$ は注意 5.5.2 の数とする．
$$a \geq \max_{x \in \mathrm{Cl}(U)} \|D_x f\|$$
を満たす a を固定して
$$\alpha = \frac{\log \nu - \log \lambda}{\log a - \log \lambda}$$
とおく．このとき $E_1(x), E_1(y) \in G_1$ $(x, y \in \tilde{\Lambda})$ が θ-横断的であれば，$\varepsilon_0 > 0$, $L > 0$ があって
$$\|x - y\| < \varepsilon_0 \ (x, y \in \tilde{\Lambda}) \Longrightarrow \mathrm{dist}(E_1(x), E_1(y)) \leq L\|x - y\|^\alpha$$
が成り立つ．ここに G_1 は 1 次元グラスマン多様体であり，$\mathrm{dist}(\cdot, \cdot)$ は G_1 の上の距離関数である．

証明に対して，3 つの補題を準備する．

補題 5.5.5 十分に小さい $0 < \Delta < 1$, $a \geq \nu$ があって，2 次の行列 A_k, B_k は
$$\|A_k - B_k\| \leq \Delta a^k \quad (k \geq 0)$$
を満たすとする．このとき，$0 < \lambda < \nu$, $C > 1$ があって $E_A, E_B \in G_1$, $k \geq 0$ に対して
$$\|A_k(v)\| \leq C\lambda^k \|v\| \ (v \in E_A), \quad \|A_k(w)\| \geq C^{-1}\nu^k \|w\| \ (w \perp E_A),$$
$$\|B_k(v)\| \leq C\lambda^k \|v\| \ (v \in E_B), \quad \|B_k(w)\| \geq C^{-1}\nu^k \|w\| \ (w \perp E_B)$$
であれば，
$$\mathrm{dist}(E_A, E_B) \leq 3C^2 \frac{\nu}{\lambda} \Delta^{\frac{\log \nu - \log \lambda}{\log a - \log \lambda}}$$
が成り立つ．

証明 $k > 0$ に対して

$$Q_A^k = \{v \in \mathbb{R}^2 \mid \|A_k(v)\| \leq 2C\lambda^k \|v\|\},$$
$$Q_B^k = \{v \in \mathbb{R}^2 \mid \|B_k(v)\| \leq 2C\lambda^k \|v\|\}$$

とおく. $v \in \mathbb{R}^2$ に対して

$$v = v^\lambda + v^\perp \quad (v^\lambda \in E_A, \ v^\perp \in E_A^\perp)$$

と表す. ここに $E_A^\perp$ は E_A の直交補空間を表す.

$v \in Q_A^k$ ならば

$$\begin{aligned}\|A_k(v)\| &= \|A_k(v^\lambda + v^\perp)\| \\ &\geq \|A_k(v^\perp)\| - \|A_k(v^\lambda)\| \\ &\geq C^{-1} \nu^k \|v^\perp\| - C\lambda^k \|v^\lambda\|.\end{aligned}$$

よって

$$\begin{aligned}\|v^\perp\| &\leq C\nu^{-k}(\|A_k(v)\| + C\lambda^k \|v^\lambda\|) \\ &\leq 3C^2 \left(\frac{\lambda}{\nu}\right)^k \|v\|\end{aligned}$$

であるから

$$\mathrm{dist}(v, E_A) \leq 3C^2 \left(\frac{\lambda}{\nu}\right)^k \|v\|. \tag{5.5.5}$$

$\gamma = \dfrac{\lambda}{a}$ とおく. Δ は十分に小さいから

$$\gamma^{k+1} < \Delta \leq \gamma^k$$

を満たす最小数 $k > 0$ が存在する. このとき $w \in E_B$ に対して

$$\begin{aligned}\|A_k(w)\| &\leq \|B_k(w)\| + \|A_k - B_k\| \|w\| \\ &\leq C\lambda^k \|w\| + \Delta a^k \|w\| \\ &\leq (C\lambda^k + \lambda^k) \|w\| \\ &\leq 2C\lambda^k \|w\|.\end{aligned}$$

よって $w \in Q_A^k$ であるから, $E_B \subset Q_A^k$ である. 同様にして $E_A \subset Q_B^k$ が求まる.

よって (5.5.5) によって，$w \in Q_B^k$ に対して

$$\mathrm{dist}(w, E_B) \leq 3C^2 \left(\frac{\lambda}{\nu}\right)^k \|v\|$$

を得る．よって

$$\mathrm{dist}(E_A, E_B) \leq 3C^2 \left(\frac{\lambda}{\nu}\right)^k$$
$$\leq 3C^2 \frac{\nu}{\lambda} \Delta^{\frac{\log \nu - \log \lambda}{\log a - \log \lambda}}.$$

$\square$

次の補題 5.5.6 が定理 5.5.4 のヘルダー指数 < 1 を導いている．

補題 5.5.6

$$a \geq \max_{x \in \mathrm{Cl}(U)} \|D_x f\|$$
$$C_1 \geq \max_{x \in \mathrm{Cl}(U)} \|D_x^2 f\|$$

とおく．このとき $n > 0$, $x, y \in U$ に対して

$$\|D_x f^n - D_y f^n\| \leq C_1 a^{2n} \|x - y\|.$$

証明 $C = \max_{x \in \mathrm{Cl}(U)} \|D_x^2 f\|$ とおく．このとき

$$\|D_x f^2 - D_y f^2\| \leq \|D_{f(x)} f\| \|D_x f - D_y f\| + \|D_{f(x)} f - D_{f(y)} f\| \|D_y f\|$$
$$\leq aC \|x - y\| + aC \|f(x) - f(y)\|$$
$$\leq aC(1 + a) \|x - y\|.$$

帰納的に $n > 1$ に対して

$$\|D_x f^n - D_y f^n\| \leq a^{n-1} C (1 + a + \cdots + a^{n-1}) \|x - y\|$$
$$= a^{n-1} C a^{n-1} \left\{ \left(\frac{1}{a}\right)^{n-1} + \left(\frac{1}{a}\right)^{n-2} + \cdots + 1 \right\} \|x - y\|$$
$$\leq a^{2n} C \frac{1}{a - 1} \|x - y\|.$$

$C_1 = C\dfrac{1}{a-1}$ とおけば

$$\|D_x f^n - D_y f^n\| \leq C_1 a^{2n}\|x-y\|.$$

□

補題 5.5.7 $\tilde{C} > 1$ があって, $x \in \tilde{\Lambda}$ に対して

$$\|D_x f^n(w)\| \geq \tilde{C}^{-1}\nu^n\|w\| \quad (w \perp E_1(x),\ n \geq 0).$$

証明 2つの場合に分割して証明を与える：

(I) $w \in E_2(x)$ の場合.

(II) $w \notin E_2(x)$ の場合.

(I) の証明：(I) は明らかである．高次元の場合にも適用できるように証明を与える．$C_l > 0$ は注意 5.5.3 の数とする．このとき C_l は補題 5.5.5 の定数 C に対応している．$n_0 > 0$ があって

$$C^2(2-\theta^2) \leq \left(\dfrac{\nu}{\lambda}\right)^{n_0} \tag{5.5.6}$$

とできる．ここで

$$K = \min_{1 \leq n \leq n_0} K_n,$$

$$K_n = \inf_{x \in \tilde{\Lambda}} \min_{\substack{w \in E_2(x) \\ \|w\|=1}} \|D_x f^n(w)\|$$

とおく．このとき

$$K > 0 \tag{5.5.7}$$

が成り立つ．

(5.5.7) は正しいとして

$$\tilde{C} = \max\left\{\dfrac{\nu^{n_0}}{K}, \dfrac{1}{K}, 2C, 1\right\}$$

とおく．$w \in E_2(x)$ であるから，$n \geq n_0$ に対して

$$\|D_x f^n(w)\| \geq C^{-1} \nu^n \|w\|$$
$$\geq \frac{1}{2C} \nu^n \|w\|$$
$$\geq \tilde{C}^{-1} \nu^n \|w\|.$$

(5.5.7) の証明が残っている．実際に

$$K_n = \inf_{x \in \tilde{\Lambda}} \min_{\substack{w \in E_2(x) \\ \|w\|=1}} \|D_x f^n(w)\| > 0 \qquad (n > 0)$$

を示せば十分である．$K_n = 0$ なる $n > 0$ が存在したとする．このとき $x_q \in \tilde{\Lambda}$ があって

$$\min_{\substack{w \in E_2(x_q) \\ \|w\|=1}} \|D_{x_q} f^n(w)\| < \frac{1}{q}$$

とできる．よって $w_q \in E_2(x_q)$ ($\|w_q\|=1$) があって

$$\|D_{x_q} f^n(w_q)\| \leq \frac{1}{q}.$$

$w_q = w_q^1 + w_q^2 \in E_1(x_q) \oplus E_2(x_q)$ とおく．$q \to \infty$ ならば

$$x_q \longrightarrow x, \qquad w_q^1 \longrightarrow w^1, \qquad w_q^2 \longrightarrow w^2$$

であるから

$$w = w^1 + w^2 \in \mathbb{R}^2.$$

よって

$$\|D_x f^n(w^1)\| \leq C \lambda^n \|w^1\|,$$
$$\|D_x f^n(w^2)\| \geq C^{-1} \nu^n \|w^2\|,$$
$$D_x f^n(w) = D_x f^n(w^1) + D_x f^n(w^2) = 0,$$
$$w^2 \neq 0$$

である．$k \geq 0$ に対して

$$C^{-1} \nu^{n+k} \|w^2\| \leq \|D_x f^{n+k}(w^2)\|$$
$$= \|D_x f^{n+k}(w^1)\|$$
$$\leq C \lambda^{n+k} \|w^1\|$$

であるから
$$1 \le C^2 \left(\frac{\lambda}{\nu}\right)^{n+k} \frac{\|w^1\|}{\|w^2\|} \qquad (k \ge 0).$$

しかし，$\lambda < \nu$ であるから矛盾を得る．(5.5.7) は示された．

(II) の証明：$w \in E_1(x)^\perp$ であって $w \notin E_2(x)$ であるから，$E_1(x)$ と $E_2(x)$ は直交していない．よって $0 < \theta < \sqrt{2}$ であって

$$w = w^1 + w^2 \in E_1(x) \oplus E_2(x), \quad w_1 \ne 0, \quad w_2 \ne 0$$

に分解される．このとき

(i) $\|w\| \le \|w^2\|$,

(ii) $\|w^1\| \le \left(1 - \dfrac{\theta^2}{2}\right) \|w^2\|$

が成り立つ．(i), (ii) は正しいとすると，$n \ge n_0$ に対して

$$\begin{aligned}
\|D_x f^n(w)\| &= \|D_x f^n(w^1 + w^2)\| \\
&\ge \|D_x f^n(w^2)\| - \|D_x f^n(w^1)\| \\
&\ge C^{-1} \nu^n \|w^2\| - C \lambda^n \|w^1\| \\
&\ge \left(C^{-1} \nu^n - C \lambda^n \frac{2-\theta^2}{2}\right) \|w^2\| \\
&\ge \left(C^{-1} \nu^n - \frac{C^{-1}}{2} \nu^n\right) \|w^2\| \qquad ((5.5.6)\text{ により}) \\
&= \frac{1}{2C} \nu^n \|w^2\| \\
&\ge \tilde{C}^{-1} \nu^n \|w^2\| \\
&\ge \tilde{C}^{-1} \nu^n \|w\|.
\end{aligned}$$

(II) が示された．

(I), (II) において，$0 < n < n_0$ なる n に対して

$$\|D_x f^n(w)\| \ge K \|w\| \ge \begin{cases} K \nu^n \|w\| \ge \tilde{C}^{-1} \nu^n \|w\| & (\nu < 1) \\ \dfrac{K}{\nu^{n_0}} \nu^n \|w\| \ge \tilde{C}^{-1} \nu^n \|w\| & (\nu \ge 1) \end{cases}$$

であるから，補題 5.5.6 は結論される．

5.5 不変分解のヘルダー連続性

最後に，(i), (ii) を証明する．

$$\|w\|^2 + \|w^1\|^2 = \|w^2\|^2$$

であるから

$$\|w\| \leq \|w^2\|.$$

(i) が示された．

$E_1(x)$ と $E_2(x)$ は θ–横断的であるから

$$\left\| \frac{-w^1}{\|w^1\|} - \frac{w^2}{\|w^2\|} \right\| \geq \theta.$$

よって

$$\theta^2 \leq 2 - \frac{2\|w^1\|^2}{\|w^1\|\|w^2\|} = 2 - 2\frac{\|w^1\|}{\|w^2\|}$$

であるから

$$\|w^1\| \leq \frac{2 - \theta^2}{2} \|w^2\|.$$

□

定理 5.5.4 の証明 $x, y \in \tilde{\Lambda}$, $k > 0$ に対して

$$A_k(v) = D_x f^k(v), \ B_k(v) = D_y f^k(v) \quad (v \in \mathbb{R}^2)$$

とおく．補題 5.5.6 により

$$\|A_k - B_k\| \leq C_1 a^{2k} \|x - y\|.$$

ここで C_1 は補題 5.5.6, $\tilde{C}$ は補題 5.5.7 の数として

$$\Delta = C_1 \|x - y\|,$$
$$E_A = E_1(x),$$
$$E_B = E_1(y),$$
$$C = \max\{C_1, \tilde{C}\}$$

とおく．このとき補題 5.5.5 の仮定を満たす．

$0 < \varepsilon_0 < 1$ に対して $\|x-y\| \leq \dfrac{\varepsilon_0}{C_1}$ とすれば, $\Delta \leq \varepsilon_0$ である. $\gamma = \dfrac{\lambda}{a} < 1$ であるから, $\varepsilon_0 > 0$ を十分に小さく選び

$$\gamma^{k+1} < \Delta \leq \gamma^k$$

を満たす最小数 $k > 0$ が存在する. このとき補題 5.5.5 の証明の後半から

$$\mathrm{dist}(E_1(x), E_1(y)) \leq 3C^2 \dfrac{\nu}{\lambda} \|x - y\|^\alpha$$

を得る. ここに $\alpha = \dfrac{\log \nu - \log \lambda}{\log a - \log \lambda}$ である. $L = 3C^2 \dfrac{\nu}{\lambda}$ とおけば結論を得る. $\square$

定理 5.5.4 は 2 次元の場合の結果であるが一般の次元に対しても成り立つ. 例えば, f は n 次元ユークリッド空間 $\mathbb{R}^n$ の上の C^2-微分同相写像とする. U は $\mathbb{R}^n$ の有界開集合とし, $f(U) \subset U$ を満たすとする.

定理 5.5.8 U の部分集合 $\tilde{\Lambda}$ の各点 x が次を満たすとする:
$0 < \lambda < \nu$, $C > 0$, $\theta > 0$ があって $x \in \tilde{\Lambda}$ に対して

$$\mathbb{R}^n = E_1(x) \oplus E_2(x)$$

は θ-横断的に分解され

$$\|D_x f^k(v^1)\| \leq C\lambda^k \|v^1\| \quad (v^1 \in E_1(x)),$$
$$\|D_x f^k(v^2)\| \geq C^{-1}\nu^k \|v^2\| \quad (v^2 \in E_2(x))$$

を満たすならば

$$a \geq \max\{\sup_{z \in U} \|D_z f\|, 1\}$$

に対して, $\{E_i(x) | x \in \tilde{\Lambda}\}$ $(i = 1, 2)$ はヘルダー連続で, ヘルダー指数は

$$\alpha = \dfrac{\log \nu - \log \lambda}{\log a - \log \lambda}$$

である.

証明 定理 5.5.4 の証明を繰り返せば結論を得る. □

μ は C^2-微分同相写像 f を不変にするエルゴード的ボレル確率測度とし, $\Lambda = \bigcup_{l>0} \Lambda_l$ は μ に関するペシン集合とする. Λ が非可算集合であるとき, 各 Λ_l の点 x の C^0-分解における部分空間 $E_1(x) = E^s(x)$ (同様に $E_2(x) = E^u(x)$) は Λ_l の上でヘルダー連続であることを見てきた (定理 5.8.4).

Λ_l の上で $\{E^\sigma(x)\}$ がリプシッツ連続である場合, この節の最後に述べる命題 5.5.15 は, 支配的分解のもとで存在する安定多様体, 不安定多様体に関するポアンカレ写像のリプシッツ連続性を保証している.

$\mathbb{R}$ の有界開区間 I の上の有界 C^1-関数 φ ($D_x\varphi$ も有界) に対して

$$|\varphi| = \sup_{x \in I} |\varphi(x)|,$$
$$|D\varphi| = \sup_{x \in I} |D_x\varphi|$$

とおき

$$BC^1(I, \mathbb{R}) = \{\varphi \mid \varphi : I \to \mathbb{R} \text{ は有界 } C^1\text{-関数}, D_x\varphi \text{ も有界}\},$$
$$|\varphi|_1 = \max\{|\varphi|, |D\varphi|\} \quad (\varphi \in BC^1(I, \mathbb{R}))$$

を定義する. このとき $(BC^1(I, \mathbb{R}), |\cdot|_1)$ はバナッハ空間をなす.

I は開区間であった. J も開区間を表すとして

$$BC^1(I, J) = \{\varphi \in BC^1(I, \mathbb{R}) \mid \varphi : I \to J\},$$
$$BC^1(J, I) = \{\varphi \in BC^1(J, \mathbb{R}) \mid \varphi : J \to I\}$$

を定義する. このとき $BC^1(I, J), BC^1(J, I)$ は開集合である. $\varphi \in BC^1(I, J)$ のグラフを

$$\text{graph}(\varphi) = \{(x, \varphi(x)) \mid x \in I\},$$

$\psi \in BC^1(J, I)$ のグラフを

$$\text{graph}(\psi) = \{(\psi(y), y) \mid y \in J\}$$

によって表す.

W は $BC^1(I, J) \ni \varphi, \varphi'$ に対して

$$\varphi \neq \varphi' \Longrightarrow \text{graph}(\varphi) \cap \text{graph}(\varphi') = \emptyset$$

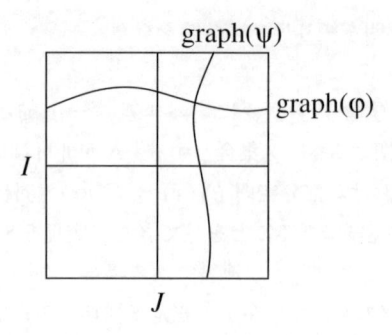

を満たす φ, φ' の集合とする．

$$\Gamma = \bigcup_{\varphi \in W} \mathrm{graph}(\varphi)$$

は $I \times J$ の部分集合を表す．$z = (z_1, z_2) \in \Gamma$ に対して $\varphi \in W$, $\psi \in BC^1(J, I)$ があって

$$z = (z_1, \varphi(z_1)) = (\psi(z_2), z_2)$$

と表される．このとき

$$\varphi_z = \varphi$$

と表す．$z = (z_1, z_2)$ は φ と ψ の交点である．ここで z を

$$\Phi(\varphi, \psi) = z$$

と表す．

以後の目的は次を示すことである：

$L > 0$ があって $v, w \in \Gamma$ に対して

$$|D\varphi_v - D\varphi_w| \leq L \|(t, \varphi_v(t)) - (t', \varphi_w(t'))\| \quad (t, t' \in I)$$

であれば

$$|\Phi(\varphi_v, \psi) - \Phi(\varphi_w, \psi)| \leq D \|v - w\| \quad (v, w \in \Gamma)$$

が成り立つ．ここに $D > 0$ は v, w によらない定数である．

5.5 不変分解のヘルダー連続性　319

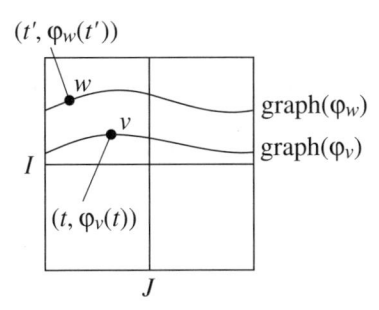

図 5.5.2

$\varphi \in BC^1(I, \mathbb{R})$ に対して

$$ev(x, \varphi) = \varphi(x)$$

によって

$$ev \colon I \times BC^1(I, \mathbb{R}) \longrightarrow \mathbb{R}$$

を定義して，$\mathbb{R} \times BC^1(I, \mathbb{R})$ の上のノルム

$$|(h, \varphi)| = \max\{|h|, |\varphi|_1\} \quad ((h, \varphi) \in \mathbb{R} \times BC^1(I, \mathbb{R}))$$

を与える．

注意 5.5.9 ev は C^1-級である．

証明 $(x, \varphi) \in I \times BC^1(I, \mathbb{R})$ に対して

$$(D_{(x,\varphi)} ev)(h, \phi) = (D_x \varphi)(h) + \phi(x) \quad ((h, \phi) \in \mathbb{R} \times BC^1(I, \mathbb{R}))$$

とおく．このとき

$$\begin{aligned}
|D_{(x,\varphi)} ev| &= \sup_{|(h,\phi)| \neq 0} \frac{|(D_{(x,\varphi)} ev)(h, \phi)|}{|(h, \phi)|} \\
&\leq \sup_{|(h,\phi)| \neq 0} \frac{|\varphi|_1 |h| + |\phi|_1}{|(h, \phi)|} \\
&\leq |\varphi|_1 + 1 < \infty.
\end{aligned}$$

$D_{(x,\varphi)}ev$ は ev の (x,φ) での微分を表している．すなわち

$$\lim_{(h,\phi)\to(0,0)} \frac{|ev(x+h,\varphi+\phi) - ev(x,\varphi) - (D_{(x,\varphi)}ev)(h,\phi)|}{|(h,\phi)|}$$
$$= \lim_{(h,\varphi)\to(0,0)} \frac{|\varphi(x+h) + \phi(x+h) - \varphi(x) - (D_x\varphi)(h) - \phi(x)|}{|(h,\phi)|}$$
$$\leq \lim_{h\to 0} \frac{|\varphi(x+h) - \varphi(x) - (D_x\varphi)(h)|}{|h|} + \lim_{h\to 0} \frac{|\phi(x+h) - \phi(x)|}{|\phi|_1}$$
$$= 0.$$

$D_{(x,\varphi)}ev$ の (x,φ) に関する連続性を示す．$(x,\varphi), (x',\varphi') \in I \times BC^1(I,\mathbb{R})$ に対して

$$|D_{(x,\varphi)}ev - D_{(x',\varphi')}ev|$$
$$= \sup \frac{|(D_{(x,\varphi)}ev)(h,\phi) - (D_{(x',\varphi')}ev)(h,\phi)|}{|(h,\phi)|}$$
$$\leq \sup \frac{|D_x\varphi - D_{x'}\varphi'||h|}{|(h,\phi)|} + \sup \frac{|\phi(x) - \phi(x')|}{|(h,\phi)|}$$
$$\leq |D\varphi - D\varphi'| + |x - x'|$$
$$\leq |\varphi - \varphi'|_1 + |x - x'|$$
$$\leq 2|(x,\varphi) - (x',\varphi')|.$$

よって ev は C^1-級である． $\square$

$(\varphi,\psi,x,y) \in BC^1(I,J) \times BC^1(J,I) \times I \times J$ に対して

$$F(\varphi,\psi,x,y) = (x - \psi(y), \varphi(x) - y)$$
$$= (x - ev(y,\psi), ev(x,\varphi) - y)$$

によって

$$F : BC^1(I,J) \times BC^1(J,I) \times I \times J \longrightarrow \mathbb{R} \times \mathbb{R}$$

を定義する．このとき次が成り立つ：

$$F(\varphi,\psi,x,y) = (0,0)$$
$$\iff$$
$$x = \psi(y), \quad y = \varphi(x)$$

$\iff$ (x,y) は φ と ψ のグラフの交点.

注意 5.5.10 F は C^1-級である.

証明 F の微分は (φ, ψ, x, y) に対して

$$(D_{(\varphi,\psi,x,y)}F)(\xi, \eta, h, k)$$
$$= (h - (D_y\psi)(k) - \eta(y),\ (D_x\varphi)(h) + \xi(x) - h)$$
$$((\xi, \eta, h, k) \in BC^1(I, \mathbb{R}) \times BC^1(J, \mathbb{R}) \times \mathbb{R} \times \mathbb{R})$$

で与えられる.

ev の C^1-級の証明と同様にして, F の C^1-級が示される. □

$F(\varphi, \psi, x, y) = 0$ とする. このとき, $T_{(x,y)}\operatorname{graph}(\varphi)$ は (x,y) を通る方向ベクトル $(1, D_x\varphi)$ の直線であって, $T_{(x,y)}\operatorname{graph}(\psi)$ は (x,y) を通る方向ベクトル $(D_y\psi, 1)$ の直線である. したがって, $\operatorname{graph}(\varphi)$ と $\operatorname{graph}(\psi)$ は (x,y) で横断的に交わるならば

$$T_{(x,y)}\operatorname{graph}(\varphi) \oplus T_{(x,y)}\operatorname{graph}(\psi) = T_{(x,y)}\mathbb{R}^2.$$

よって $(1, D_x\varphi)$ と $(D_y\psi, 1)$ は1次独立であるから

$$\det\begin{pmatrix} 1 & -D_y\psi \\ D_x\varphi & -1 \end{pmatrix} \neq 0.$$

このとき

$$\det(D_{(x,y)}F(\varphi, \psi, \cdot, \cdot)) = \det\begin{pmatrix} 1 & -D_y\psi \\ D_x\varphi & -1 \end{pmatrix}$$

を得る.

定理 5.5.11（陰関数定理） $\mathbb{E}_1, \mathbb{E}_2, \mathbb{E}_3$ はバナッハ空間とする. 開集合 $A \subset \mathbb{E}_1 \times \mathbb{E}_2$ に対して

$$\phi : A \longrightarrow \mathbb{E}_3$$

は次を満たす C^1-写像とする:

(1) $(x_0, y_0) \in A$ があって $\phi(x_0, y_0) = 0$,

(2) $D_y \phi(x_0, y_0) : \mathbb{E}_2 \to G$ は線形同相写像.

このとき

(i) x_0 の近傍 $V_1 \subset \mathbb{E}_1$,

(ii) y_0 の近傍 $V_2 \subset \mathbb{E}_2$,

(iii) $V_1 \times V_2 \subset A$

があって，次の (iv),(v),(vi) を満たす C^1-写像 $\Phi : V_1 \to V_2$ が存在する：

(iv) $\Phi(x_0) = y_0$, $\phi(x, \Phi(x)) = 0$ $(x \in V_1)$,

(v) $\phi(x, y) = 0$ $((x, y) \in V_1 \times V_2)$ ならば $y = \Phi(x)$,

(vi) $D_x \Phi(x) = -(D_{\Phi(x)} \phi(x, \Phi(x)))^{-1} D_x \phi(x, \Phi(x))$ $(x \in V_1)$.

証明は例えば邦書文献 [Sh1] を参照．

注意 5.5.12 $\varphi \in BC^1(I, J)$, $\psi \in BC^1(J, I)$ とする．$(x, y) \in I \times J$ に対して φ と ψ のグラフは (x, y) で横断的に交わるとする．このとき

(i) φ の近傍 $\mathcal{U} \subset BC^1(I, J)$,

(ii) ψ の近傍 $\mathcal{V} \subset BC^1(J, I)$

があって，次の (iii),(iv) を満たす C^1-写像 $\Phi : \mathcal{U} \times \mathcal{V} \to I \times J$ が存在する：

(iii) $\Phi(\varphi, \psi) = (x, y)$,

(iv) $F(\varphi', \psi', \Phi(\varphi', \psi')) = 0$ $(\varphi' \in \mathcal{U}, \psi' \in \mathcal{V})$.

証明 $\det(D_{(x,y)} F(\varphi, \psi, \cdot, \cdot)) \neq 0$ であるから，陰関数定理により結論を得る．
□

$\psi_0 \in BC^1(J, I)$ を固定する．$\varphi_0 \in BC^1(I, J)$ に対して，$\mathcal{U}$ は注意 5.5.12 の φ_0 の近傍とする．$\mathcal{W}$ は次を満たす $\mathcal{U}$ の部分集合とする：

$$\varphi, \varphi' \in \mathcal{W} \ (\varphi \neq \varphi') \Longrightarrow \mathrm{graph}(\varphi) \cap \mathrm{graph}(\varphi') = \emptyset.$$

$\mathcal{W}$ は $\mathcal{U}$ に属するグラフを与える C^1-関数の族を表しているとする．このとき

$$\Gamma = \bigcup_{\varphi \in \mathcal{W}} \operatorname{graph}(\varphi)$$

は $I \times J$ の部分集合である．
$z = (x, y) \in \Gamma$ に対して $\varphi \in \mathcal{W}$ があって

$$z = (x, \varphi(x)) = (\psi_0(y), y)$$

である．このとき

$$\varphi_z = \varphi$$

と表す．次を仮定する：
 (I) （リプシッツ連続性）$L > 0$ があって，$v, w \in \Gamma$ に対して

$$|D_t \varphi_v(t) - D_t \varphi_w(t')| \leq L \|(t, \varphi_v(t)) - (t', \varphi_w(t'))\| \quad (t, t' \in I)$$

ここに $\|\cdot\|$ は $\mathbb{R}^2$ の通常のノルムを表す．
 (II) （有界性）$K > 0$ があって $v \in \Gamma$ に対して

$$\sup_{t \in I} |D\varphi_v(t)| \leq K.$$

有界性はリプシッツ連続性から導かれる．$K > 1$ であると仮定して一般性を失わない．

注意 5.5.13 $v, w \in \Gamma$ に対して

$$|\varphi_v(t) - \varphi_w(t)| \leq (2 + K)\|(t, \varphi_v(t)) - (t', \varphi_w(t'))\| \quad (t, t' \in I).$$

証明 $t, t' \in I$ $(t < t')$ に対して

$$\begin{aligned}
&|\varphi_v(t) - \varphi_w(t)| \\
&= \|(t, \varphi_v(t)) - (t, \varphi_w(t))\| \\
&\leq \|(t, \varphi_v(t)) - (t', \varphi_w(t'))\| + \|(t', \varphi_w(t')) - (t, \varphi_w(t))\| \\
&= \|(t, \varphi_v(t)) - (t', \varphi_w(t'))\| + \left\|\left(t - t', \int_t^{t'} D_r \varphi_w \, dr\right)\right\| \\
&\leq (2 + K)\|(t, \varphi_v(t)) - (t', \varphi_w(t'))\|.
\end{aligned}$$

□

注意 5.5.14 $v, w \in \Gamma$ に対して

$$|\varphi_v(t) - \varphi_w(t)| \leq |\varphi_v(t') - \varphi_w(t')|e^{L|I|} \quad (t, t' \in I).$$

ここに $|I|, |J|$ は開区間 I, J の長さを表す．

証明 $v \neq w$ の場合を示せば十分である．$\varphi_v \neq \varphi_w$ であるから

$$\text{graph}(\varphi_v) \cap \text{graph}(\varphi_w) = \emptyset.$$

よって $\varphi_v(t) < \varphi_w(t)$ $(t \in I)$ と仮定して一般性を失わない．
簡単のために

$$g(t) = \varphi_w(t) - \varphi_v(t)$$

とおく．このとき仮定 (I) により

$$D_t g(t) = D_t \varphi_w(t) - D_t \varphi_v(t) \leq L|\varphi_w(t) - \varphi_v(t)| \leq L|g|.$$

よって

$$D_t \log g(t) = \frac{D_t g(t)}{g(t)} \leq L$$

であるから，$t', t \in I$ $(t' < t)$ に対して

$$\log g(t) - \log g(t') \leq \int_{t'}^{t} L \, dr.$$

よって

$$g(t) \leq g(t')e^{L|I|}.$$

$\square$

命題 5.5.15 Φ は注意 5.5.12 の C^1–写像とし，$\psi \in BC^1(J, I)$ を固定する．このとき仮定 (I) のもとで

$$|\Phi(\varphi_v, \psi) - \Phi(\varphi_w, \psi)| \leq D\|v - w\| \quad (v, w \in \Gamma)$$

が成り立つ．ここに $D = D(\Phi) > 0$ である．

証明 $t, t' \in I$ があって

$$v = (t, \varphi_v(t)), \quad w = (t', \varphi_w(t'))$$

であるから，注意 5.5.13 により

$$|\varphi_v(t') - \varphi_w(t')| \leq (2+K)\|v-w\|.$$

注意 5.5.14 により

$$|\varphi_v(t) - \varphi_w(t)| \leq |\varphi_v(t') - \varphi_w(t')|e^{K|I|}$$
$$\leq (2+K)e^{L|I|}\|v-w\|.$$

リプシッツ連続性の仮定 (I) と Φ は C^1-級であることにより

$$|\Phi(\varphi_v, \psi) - \Phi(\varphi_w, \psi)| \leq K_\Phi |\varphi_v - \varphi_w|_1$$
$$= K_\Phi \max\{|\varphi_v - \varphi_w|, |D\varphi_v - D\varphi_w|\}$$
$$\leq D\|v-w\| \quad \text{(仮定 (I) により)}.$$

ここに $D = \max\{L, (2+K)K_\Phi e^{L|I|}\}$ である。 □

═══════════ **まとめ** ═══════════

$\mathbb{R}^2$ の上の C^2-微分同相写像 f が有界な開集合 U に対して，$f(U) \subset U$ であるとして，f を不変にするボレル確率測度 μ はエルゴード的であるとする。このとき，μ が双曲型であれば，f は μ に関するペシン集合 $\Lambda = \bigcup_{l>0} \Lambda_l$ の上で追跡性を満たす（一様追跡性とは異なる）。すなわち，$\alpha > 0$ に対して β_l $(l \geq 1)$ があって点列 $\{\cdots, x_{-1}, x_0, x_1, \cdots\} \subset \Lambda$ が $(\beta_l)_{l=1}^\infty$-擬軌道，すなわち $n \in \mathbb{Z}$ に対して $s_n \in \mathbb{N}$ があって

$$x_n \in \Lambda_{s_n}, \quad |s_n - s_{n-1}| \leq 1, \quad d(f(x_{n-1}), x_n) \leq \beta_{s_n}$$

であれば

$$d(f^n(y), x_n) \leq \alpha \quad (n \in \mathbb{Z})$$

を満たす $y \in U$ が存在する。

これを用いて閉補題が示される．すなわち $l > 0$ とする．$\alpha > 0$ に対して $\beta_l > 0$ があって $x \in \Lambda_l$ と $n \geq 1$ が

$$f^n(x) \in \Lambda_l, \quad d(f^n(x), x) \leq \beta_l$$

であれば，$z \in U$ があって

(1) $f^n(z) = z$,

(2) $d(f^i(x), f^i(z)) \leq \alpha \quad (0 \leq i \leq n-1)$,

(3) z は双曲的周期点

が成り立つ．

よって $t > 0$ に対して，$k > 0$ と $f^k(\Gamma_t) = \Gamma_t$ を満たす閉集合 Γ_t があって，Γ_t に f^k を制限すると $f^k_{|\Gamma_t} : \Gamma_t \to \Gamma_t$ は位相的馬蹄写像で，かつ

$$h(f_{|\bigcup_{t=1}^k \Gamma_t}) \geq h_\mu(f) - t$$

が成り立つ．

μ に関するペシン集合 $\Lambda = \bigcup_{l>0} \Lambda_l$ の各 Λ_l の点 x に対して，$D_x f$ に関して不変な部分空間 $E_i(x)$ があって $\mathbb{R}^2$ は C^0–分解

$$\mathbb{R}^2 = E_1(x) \oplus E_2(x)$$

され

$$\lim_{n \to \pm\infty} \frac{1}{n} \log \|D_x f^n|_{E_i(x)}\| = \chi_i(x) \quad (i = 1, 2),$$

$$\lim_{n \to \pm\infty} \frac{1}{n} \log \sin(\angle(D_x f^n(E_i(x)), D_x f^n(E_j(x)))) = 0$$

を満たすことを第3章で見てきた．

μ が双曲型であれば，ブリンの定理（定理 5.5.8）は $\mathbb{R}^2 = E_1(x) \oplus E_2(x)$ の分解は各 Λ_l の上でヘルダー連続であることを主張している．この結果は一般次元でも成り立つ．

この章は関連論文 [Ka]，洋書文献 [Ka-Ha]，[Pe2]，[Ba-Pe] を参考にして書かれた．

文　　献

本書の執筆に当たって参考にした著書と関連する論文を挙げる．

邦書文献

[Ao1]　　青木統夫, 力学系・カオス, 共立出版, 1996.

[Ao2]　　青木統夫, 非線形解析 I, 力学系の実解析入門, 共立出版, 2004.

[Ao3]　　青木統夫, 非線形解析 III, 測度・エントロピー・フラクタル, 2004 (8月出版予定).

[Ao-Sh]　青木統夫, 白岩謙一, 力学系とエントロピー, 共立出版, 1985.

[K-T]　　釜江哲朗, 高橋智, エルゴード理論とフラクタル, シュプリンガー・フェアラーク東京, 1993.

[Na-Bab]　長島弘幸, 馬場良和, カオス入門, 培風館, 1992.

[To]　　十時東生, エルゴード理論入門, 共立出版, 1971.

[Ya]　　矢野公一, 力学系 2, 現代数学の基礎, 岩波書店, 1998.

洋書文献

[Ao-Hi]　N. Aoki & K. Hiraide, *Topological Theory of Dynamical Systems*, Recent Advances, **52**, Elsevier North–Holand, 1994.

[Ba-Pe]　L. Barreira & Y. B. Pesin, *Lectures on Lyapunov Exponents and Smooth Ergodic Theory*, Proc. Symposia Pure Math. AMS, 2000.

[B] R. Billingsley, *Ergodic Theory and Information*, New York, Wiley, 1965.

[Bo1] R. Bowen, *On Axiom A Diffeomorphisms*, CBMS., AMS., **35**, 1977.

[Bo2] R. Bowen, *Equilibrium States and The Ergodic Theory of Anosov Diffeomorphisms*, Lecture Notes in Math., **470**, Springer–Verlag, 1975.

[Bu] J. Buescu, Exotic Attractors, Birkhäuser Verlog Basel, 1997.

[Dr-G-Sig] M. Denker, C. Grillenberger & K. Sigmund, *Ergodic Theory on Compact Spaces*, **527**, Springer–Verlag, 1976.

[Du-Sc] N. Dunford & J. Schwarz, *Linear Operators*, **I,II,III**, John Wiley & Sons, 1976.

[Fa] K. Falconer, *Fractal Geometry, Mathematical Fundations and Applications*, Jhon Wiley & Sons, 1990.

[Fe] H. Federer, *Geometric Measure Theory*, Springer–Verlarg, 1969.

[G] M. de Guzmán, *Differentiation of Integrals in $\mathbb{R}^n$*, Lecture Notes in Math., **481**, Springer–Verlarg, 1975.

[H] M. Hirsh, *Differential Topology*, Springer–Verlarg, 1994.

[Ha] P. Haltman, *Ordinary Differential Equations*, Wiley, 1964.

[H-P-Shu] M. Hirsch, C. Pugh & M. Shub, *Invariant Manifolds*, Lecture Notes in Math., **583**, Springer–Verlag, 1977.

[Ka-Ha] A. Katok & B. Hasselblatt, *Introduction to The Modern Theory of Dynamical Systems*, Cambrige Univ. Press, 1955.

[Ka-Ste] A. B. Katok & J. P. Strelcyn, *Invariant Manifolds, Entropy and Billiards, Smooth Maps with Singularity*, Lecture Notes in Math., **1222**, Springer–Verlag, 1986.

[Ma1]　　　R. Mané, *Ergodic Theory and Differentiable Dynamics*, Springer–Varlag, 1987.

[N]　　　J. Neveu, *Mathematical Foundations of the Calculus of Probability*, Holden–Day, S. Francisco, 1965.

[Pa-Take]　J. Palis & F. Takens, *Hyperbolicity & Sensetive Chaotic Dynamics at Homoclinic Difercations*, Camb. Stu. Adv. Math., **35**, Cambrige Univ. Press, 1993.

[Pe1]　　Y. B. Pesin, *Dimension Theory in Dynamical Systems*, Chicago Lectures in Math., The Univ. Chicago Press, 1997.

[Po]　　M. Pollicott, *Lectures on Ergodic Theory and Pesin Theory on Compact Manifolds*, London Math. Soc. Lecture Note Series, vol. 180, Cambridge Univ. Press, 1993.

[Ro]　　C. Robinson, *Dynamical Systems ; Stability, Symbolic Dynamics, Chaos*, CRC Press, Boca Raton, 1995.

[Ru]　　D. Ruelle, *Thermodynamics Formalism*, Encyclopedia of Math. and its Appl., **5**, Addison Wesly, 1978.

[S]　　　G. Simons, *Topology and Modern Analysis*, McGraw–Hill, 1963.

[Shu]　　M. Shub, *Global Stability of Dynamical Systems*, Springer–Varlag, 1987.

[Wa]　　P. Walters, *Ergodic Theory*, **458**, Springer–Verlarg, 1975.

関連論文

[A-Pe1]　F. Afraimovich & Ya. Pesin, *Hyperbolicity of infinite-dimensional drift systems*, Nonlinearity, **3** (1990), 1–19.

[A-Pe2]　F. Afraimovich & Ya. Pesin, *Traveling waves in lattice models of multi–dimensional and multi–component media, I General hyperbolic properties*, Nonlinearity, **6** (1993), 429–455.

[An-Si]　D. Anosov & Ya. Sinai, *Some smooth ergodic systems*, Russ. Math. Surveys, **22** (1967), 5.

[Ao] N. Aoki, *Dense orbits of automorphisms and compactness of groups*, Topology and its Appl., **20** (1985), 1–15.

[Ar-Maz] M. Artin & B. Mazur, *On periodic orbits*, Ann. of Math., **81** (1965), 82–99.

[Ba] L. Barreira, *A non-additive thermodynamic formalism and applications to dimension theory of hyperbolic dynamical systems*, Ergod. Theory & Dyn. Syst., **16** (1996), 871–928.

[Ba-Sc] L. Barreira & J. Schmeling, *Sets of "non-typical" points have full topological entropy and full Hausdorff dimension*, Israel J. Math., **116** (2000), 29–70.

[Ba-Pe-Sc] L. Barreira, Y. B. Pesin & J. Schmeling, *Dimension and product structure of hyperbolic measures*, Ann. of Math., **149** (1999), 755–783.

[Be] K. R. Berg, *Convolution of invariant measures, maximal entropy*, Math. Syst. Theory, **3** (1969), 146–150.

[Bo3] R. Bowen, *Some systems with unique equiribrium states*, Math. Syst. Theory, **8** (1975), 193–202.

[Br] M. Brin, *Hölder continuity of invariant distribution*, in Smooth ergodic theory and its applications, A. Katok, R. dela Llave, Y. B. Pesin and H. Weiss eds., Proc. Symp. Pure Math. AMS, (2001).

[C] Y. M. Chung, *Shadowing property for non-invertible maps with hyperbolic measure*, Tokyo J. Math., **22** (1999), 145–166.

[Da] M. Dateyama, *Homeomorphisms with Markov partitions*, Osaka J. Math., **26** (1989), 411–428.

[Fa-He-Yoc] A. Fathi, M. Herman & J. C. Yoccoz, *A proof of Pesin's stable manifold theorem*, in Geometric Dynamics, Lecture Notes in Math., **1007** (1983), Springer–Verlarg, 117–215.

[F-Ka-Yor-Y]   P. Fredericxson, J. L. Kaplan, E. D. York & J. A. York, *The Lyapunov dimension of strange attractors*, J. Diff. Eq., **49** (1983), 185–207.

[Fr-Or]   N. Friedman & D. Ornstein, *On the isomorphism of weak Bernoulli transformations*, Advances in Math., **5** (1970), 365–394.

[Hi]   K. Hiraide, *On homeomorphisms with Markov partitions*, Tokyo J. Math., **8** (1985), 291–229.

[Hu-Yo]   H. Hu & L-S. Young, *Nonexistence of SBR measures for some diffeomorphisms that are 'Almost Anosov'*, Ergod. Th. & Dynam. Sys., **15** (1995), 67–76.

[Kal]   V.Y. Kalosin, *An extension of the Artin. Mazur theorem*, Ann. of Math., **150** (1999), 729–741.

[Ka]   A. Katok, *Lyapunov exponents, entropy and periodic orbits for diffeomorphisms*, I.H.E.S. Publ. Math., **51** (1980), 137–173.

[Ka-Bu]   A. Katok & K. Burns, *Infinitesimal Lyapunov functions, invariant cone families and stochustic propenties of smooth dynamical systems*, Erg. Th. & Dynam. Sys., **14** (1994), 757–785.

[Ka-St]   A. Katok & J. Strelcyn, *Invariant manifolds, entropy and billiards ; smooth maps with singularieties*, Lecture Notes in Math., **1222**, Springer–Verlarg, (1996).

[Ko]   M. Komuro, *Expansive properties of Lorenz attractors*, The theory of dynamical systems and its applications to nonlinear problems, World Sci. Publ., Singapore, (1984), 4–26.

[Kr-St]   K. Krzyzewski & Szlenk, *On invariant measures for expanding differentiable mapping*, Studia Math., **33** (1969), 83–92.

[La]   O. Lanford, *Entropy and equilibrium states in classical statistical mechanics*, statistical mechanics and mathematical problems, Springer–Verlarg Lecture Notes in Physics, ed. by A. Lenad, **20** (1969).

[L1] F. Ledrappier, *Some relations between dimension and Lyapunov exponents*, Commun. Math. Phys., **81** (1981), 229–238.

[L2] F. Ledrappier, *Propriétés ergodique des measures de Sinaǐ*, I.H.E.S. Publ. Math., **59** (1984), 163–188.

[L3] F. Ledrappier, *Dimension of invariant measures* , Taubmer-Texte zur Math., **94** (1987), 116–124.

[L-Str] F. Ledrappier & J. Strelcyn, *A proof of the estimtion from below in Pesin's entropy formula*, Ergod. Th. & Dynam. Sys., **2** (1982), 203–219.

[L-Yo1] F. Ledrappier & L-S. Young, *The metric entropy of diffeomorphisms. I. Characterization of measures satisfying Pesin's entropy formula*, Ann. of Math., **122** (1985), 509–539.

[L-Yo2] F. Ledrappier & L-S. Young, *The metric entropy of diffeomorphisms. II. Relations between entropy, exponents and dimension*, Ann. of Math., **122** (1985), 540–574.

[Ma1] R. Mané, *A proof of Pesin's formula*, Ergod. Theory & Dyn. Syst., **1** (1981), 95–102.

[Mc-Ma] H. Mclausky & A. Manning, *Hausdorff dimension for hoeseshos*, Ergod. Theory & Dyn. Syst., **3** (1983), 251–260.

[Mi] J. Milnor, *On the concept of attractors*, Commun. Math. Phys., **99** (1985), 177–195.

[Mo] K. Moriyasu, *The topological stability of diffeomorphisms*, Nagoya Math. J., **123** (1991), 91–102.

[Na] J. Nash, *The imbedding problem for riemannian manifolds*, Ann. of Math., **63** (1956), 20–63.

[Ne1] S. Newhouse, *Continuity properties of entropy*, Ann. of Math., **129** (1989), 215–235 (Correction : Ann. of Math., **131** (1990), 409–410).

[Ne2]   S. Newhouse, *The abundance of wild hyperbolic sets and non-smooth stable sets for diffeomorphisms*, I.H.E.S. Publ. Math., **50** (1979), 101–151.

[Os]   Y.I. Oseledec, *A multiplicative ergodic theorem, Lyapunov characteristic numbers for dynamical systems*, Trudy Moskov Mat. Ostc., **19** (1968), 179–210.

[Pe2]   Y. B. Pesin, *Characteristic Lyapunov exponents and smooth ergodic theory*, Russ. Math. Surveys, **32** (1977), 55–114.

[Pe-Si1]   Y. B. Pesin & Ya. Sinai, *Gibbs measures for partially hyperbolic attractors*, Ergod. Th. & Dynam. Sys., **2** (1982), 417–438.

[Pe-Si2]   Y. B. Pesin & Ya. Sinai, *Space–time chaos in the systems of weakly interacting hyperbolic systems*, JGP, **5** (1988), 483–492.

[Pr1]   F. Przytycki, *Anosov endomorphisms*, Studia Math., **58** (1976), 249–285.

[Pr2]   F. Przytycki, *On Ω-stability and structural stability of endomorphisms satisfying Axiom A*, Studia Math., **60** (1977), 61–77.

[Pu-Shu]   C. Pugh & M. Shub, *Ergodic attractors*, Trans. AMS., **312** (1989), 1–54.

[Roh1]   V. A. Rohlin, *On the foundamental ideas in measure theory*, AMS Transl., **1** (1962), 1–54.

[Roh2]   V. A. Rohlin, *Lectures on the theory of entropy of transformations with invariant measures*, Russ. Math. Surveys, **22** (1967), 1–54.

[Ru1]   D. Ruelle, *An inequality for the entropy of differentiable maps*, Bol. Soc. Bras. Mat., **9** (1978), 83–87.

[Ru2]   D. Ruelle, *Ergodic theory of differentiable dynamical systems*, I.H.E.S. Publ. Math., **50** (1979), 27–58.

[Sa]   K. Sakai, C^1-uniform pseudo-orbit tracing property, Tokyo J. Math., **15** (1992), 99–109.

[Si1]   Ya. G. Sinai, Classical systems with countable Lebesgue spectrum, AMS Transl., **63** (1968), 34–88.

[Si2]   Ya. G. Sinai, Markov partitions and C-diffeomorphisms, Func. Anal. and its Appl., **21** (1968), 64–89.

[Si3]   Ya. G. Sinai, Gibbs measures in ergodic theory, Russ. Math. Surveys, **274** (1972), 21–69.

[Sm]   R. Smale, Differentiable dynamical systems, Bull. Am. Math. Soc., **73** (1967), 747–817.

[St-W] H. Steilein & H.O. Walther, Hyperbolic sets, Transversal homoclinic trajectories, and symbolic dynamics for C^1-maps in Banach spaces, J. Dyn. and Differ. Eq., **2** (1990), 325–365.

[Tak1] Y. Takahashi, Entropy functional (free energe) for dynamical systems and their random perturbations, Proc. Taniguchi Symp. on Stochastic Analysis, Katada and Kyoto, (1982), 937–967.

[Tak2] Y. Takahashi, Two aspects of large deviation theory for large time, Taniguchi Symp. PMMP, Katada, (1985), 363–384.

[Ta]   M. Tamashiro, Measure and dimensions, Dept. of Math. Mie Univ., preprints, (1998), 1–51.

[Tu]   M. Tujii, Introduction to Pesin theory, the transcript of Lectures at autumn school of Dynamical Systems, (1998).

[We]   B. Weiss, Topological transitive and ergodic measures, Math. Syst. Theory, **5** (1973), 71–75.

[Yo1]   L-S. Young, Dimension, entropy and Lyapunov exponents, Ergod. Th. & Dynam. Sys., **2** (1982), 109–124.

[Yo2]   L-S. Young, Entropy, Lyapunov exponents, and Hausdorff dimension in differentiable dynamical systems, IEEE Trans., **30** (1983), 599–607.

[Yo3]   L-S. Young, *Dimension, entropy and Lyapunov exponents in differentiable dynamical systems*, Physica. A., **124** (1984), 639–645.

[Yo4]   L-S. Young, *Stochastic stability of hyperbolic attractors*, Ergod. Th. & Dynam. Sys., **6** (1986), 311–319.

[Yo5]   L-S. Young, *Ergodic theory of chaotic dynamical systems*, From Topology to Computation: Proceedings of the Smalefest (Berkeley, CA, 1990), Springer, New York, (1993), 201–226.

[Yo6]   L-S. Young, *Decay of correlations for certain quadratic maps*, Comm. Math. Phys., **146** (1992), 123–138.

[Yo7]   L-S. Young, *Some open sets of nonuniformly hyperbolic cocycles*, Ergod. Th. & Dynam. Sys., **13** (1993), 409–415.

[Yo8]   L-S. Young, *Ergodic theory of attractors*, P.I.C.M., Zürich (1994), Birkhäuser Verlag (1995), 1230–1237.

[Yo9]   L-S. Young, *Recurrence times and rates of mixing*, Israel J. Math., **110** (1995), 153–188.

[Yo10] L-S. Young, *Statistical properties of dynamical systems with some hyperbolicity*, Ann. of Math., **147** (1998), 585–650.

[Yo11] L-S. Young, *Ergodic theory of chaotic dynamical systems*, Proc. Smalefest (editons : Hirsch, Marsden, Shub), Springer–Varlag, (1990).

索引

[ア]

アスコリ–アルツェラ 29
圧力 16
圧力関数 63
アトラクター 13, 103
アノソフ 100
アノソフ微分同相写像 3
アルティン–マズール 71
安定多様体 103, 222, 238
安定葉 129
鞍部周期点 99
鞍部不動点 99

[イ]

位相的圧力 47
位相的アノソフ同相写像 74
位相的鉢 103
位相的馬蹄 279
位相的馬蹄写像 279
位相ベクトル空間 27
一様双曲的 3
一様追跡性 72
ε-独立 41
陰関数定理 321

[ウ]

埋め込み多様体 217
ウリゾーン–ティーツェの定理 139

[エ]

SRB 条件 12
a-リプシッツ連続 128
円すい形 250
エントロピー関数 14, 65

[オ]

横断的 127, 247
横断的ホモクリニック点 280
オセレデツ 6

[カ]

拡大定数 54, 225
拡大的 54
拡張された圧力 64
拡張された圧力関数 65
拡張されたペシン集合 227
片側マルコフ推移写像 21
カトック 11
　——の追跡性補題 11, 249
　——の定理 286
　——の閉補題 266

[キ]

擬軌道 249
ギブス測度 18, 20, 24
　——の存在 24
ギブス分布 15, 96
基本集合 3, 102

吸引周期点　99
吸引不動点　99
局所安定集合　100
局所安定多様体　221, 238
局所座標系　100
局所凸位相　28
局所不安定集合　100
局所不安定多様体　219, 237
局所不安定多様体定理　219
許容的 (s,γ,α)–多様体　247
許容的 (s,γ)–矩形　288, 289
許容的 (u,γ,α)–多様体　247
許容的 (u,γ)–矩形　288, 289

[ク]

矩形被覆　291
グラスマン多様体　159

[ケ]

原点 o に近い許容的 (s,γ,α)–多様体　246
原点 o に近い許容的 (u,γ,α)–多様体　246

[コ]

公理 A　3, 102
公理 A アトラクター　104
公理 A 基本集合　3
孤立的　102
孤立的ブロック　102

[シ]

C^0–分解　187
$\theta\,(>0)$–横断的　306
支配的の分解　216
シャウダー–ティコノフ　28
弱拡大性　225
弱生成系　55
弱ベルヌーイ　41
自由エネルギー　16
乗法エルゴード定理　158

[ス, セ]

スペクトル分解　103

生成系　55
正則　6
正則点　169
正則点集合　170, 227
絶対連続　127, 128

[ソ]

相関関数の指数的減衰　42
双曲型　242
双曲型測度　249
双曲的　99
双曲的アトラクター　103
双曲的周期点　99
双曲的不動点　99
ソリッド・トーラス　104
ソレノイダル群　105
ソレノイド　104

[タ]

台　156
体積補題　106
第 2 体積補題　116

[チ]

中心極限定理　43
中心多様体　238
重複　154
重複度　146

[ツ, テ]

追跡点　72
δ–軌道　72

[ト]

同値律　46
同程度連続　28
特性指数　4, 143

[ハ]

配位空間　17
ハウスドルフ距離関数　223
ハートマンの定理　142
反発周期点　99

反発不動点　99

[ヒ]

非一様強追跡性補題　263
非一様双曲性　5
非一様双曲的　7
非一様追跡性　14
非一様追跡性補題　250
非遊走集合　102
非遊走点　102
標準的な基底　149

[フ]

不安定多様体　103, 222, 237
部分的非一様双曲的　7
ブリン　309
分離集合　47

[ヘ]

平衡測度　59
ペシン集合　8, 157, 185, 234
ペシン–ルドラピエ–ヤン　12
ヘルダー指数　306
ヘルダー定数　306
ヘルダー連続　128, 306
ペロン–フロベニウス作用素　27
変分原理　47

[ホ]

ポアンカレ写像　127
ボウエン　84, 95, 105

ボウエン方程式　63
ボウエン–ルエル–シナイ　13
ホモクリニック点　280
ホモロガス　24

[ミ, メ]

μ に関する f のリャプノフ指数　158
明記性　74

[ユ]

遊走点　3

[リ]

リャプノフ計量　193
リャプノフ座標系　8, 204, 205, 236
リャプノフ指数　7, 146, 154, 182
リャプノフ正則　148, 169

[ル]

ルエル　12
　　──の不等式　176, 182
ルベーグ測度　126

[レ]

連続　193, 202, 249
連続的　187
連続的に変化する　221

[ワ]

歪率　100

Memorandum

Memorandum

Memorandum

Memorandum

著者紹介

青木　統夫
あおき のぶお

1969年　東京都立大学大学院修士課程修了
　　　　東京都立大学大学院理学研究科教授を経て
現　在　中央大学商学部教授・理学博士
専　攻　力学系理論，エルゴード理論
著　書　「力学系とエントロピー」（共立出版，1985，共著）
　　　　「力学系・カオス」（共立出版，1996）
　　　　「非線形解析Ｉ　力学系の実解析入門」（共立出版，2004）
　　　　「The Theory of Topological Dynamical Systems」
　　　　（North-Holland, 1994, 共著）

非線形解析 II
エルゴード理論と特性指数

2004 年 7 月 10 日　初版 1 刷発行

著　者　青木統夫 © 2004
発行者　南條光章
発行所　共立出版株式会社
　　　　東京都文京区小日向 4-6-19
　　　　電話　東京(03)3947-2511 番（代表）
　　　　郵便番号 112-8700
　　　　振替口座 00110-2-57035 番
　　　　URL http://www.kyoritsu-pub.co.jp/

印　刷
製　本　加藤文明社

検印廃止
NDC 410, 420
ISBN 4-320-01772-2
Printed in Japan

社団法人
自然科学書協会
会員

JCLS ＜㈱日本著作出版権管理システム委託出版物＞
本書の無断複写は著作権法上での例外を除き禁じられています．複写される場合は，そのつど事前に㈱日本著作出版権管理システム（電話03-3817-5670，FAX 03-3815-8199）の許諾を得てください．

新しい数学体系を大胆に再構成した教科書シリーズ!!

共立講座 21世紀の数学 全27巻

編集委員：木村俊房・飯高 茂・西川青季・岡本和夫・楠岡成雄

高校での数学教育とのつながりを配慮し、全体として大綱化（4年一貫教育）を踏まえるとともに、数学の多面的な理解や目的別に自由な選択ができるように、同じテーマを違った視点から解説するなど複線的に構成し、各巻ごとに有機的なつながりをもたせている。豊富な例題とわかりやすい解答付きの演習問題を挿入し具体的に理解できるように工夫した、21世紀に向けて数理科学の新しい展開をリードする大学数学講座!

1 微分積分
黒田成俊 著……定価3780円（税込）
【主要内容】 大学の微分積分への導入／実数と連続性／曲線，曲面／他

2 線形代数
佐武一郎 著……定価2520円（税込）
【主要目次】 2次行列の計算／ベクトル空間の概念／行列の標準化／他

3 線形代数と群
赤尾和男 著……定価3570円（税込）
【主要目次】 行列・1次変換のジョルダン標準形／有限群／他

4 距離空間と位相構造
矢野公一 著……定価3570円（税込）
【主要目次】 距離空間／位相空間／コンパクト空間／完備距離空間／他

5 関数論
小松 玄 著……続 刊
【主要目次】 複素数／初等関数／コーシーの積分定理・積分公式／他

6 多様体
荻上紘一 著……定価2940円（税込）
【主要目次】 Euclid空間／曲線／3次元Euclid空間内の曲面／多様体／他

7 トポロジー入門
小島定吉 著……定価3150円（税込）
【主要目次】 ホモトピー／閉曲面とリーマン面／特異ホモロジー／他

8 環と体の理論
酒井文雄 著……定価3150円（税込）
【主要目次】 代数系／多項式と環／代数幾何とグレブナ基底／他

9 代数と数論の基礎
中島匠一 著……定価3780円（税込）
【主要目次】 初等整数論／環と体／群／付録：基礎事項のまとめ／他

10 ルベーグ積分から確率論
志賀徳造 著……定価3150円（税込）
【主要目次】 集合の長さとルベーグ測度／ランダムウォーク／他

11 常微分方程式と解析力学
伊藤秀一 著……定価3780円（税込）
【主要目次】 微分方程式の定義する流れ／可積分系とその摂動／他

12 変分問題
小磯憲史 著……定価3150円（税込）
【主要目次】 種々の変分問題／平面曲線の変分／曲面の面積の変分／他

13 最適化の数学
伊理正夫 著……続 刊
【主要目次】 ファルカスの定理／線形計画問題とその解法／変分法／他

14 統　計
竹村彰通 著……定価2730円（税込）
【主要目次】 データと統計計算／線形回帰モデルの推定と検定／他

15 偏微分方程式
磯 祐介・久保雅義 著……続 刊
【主要目次】 楕円型方程式／最大値原理／極小曲面の方程式／他

16 ヒルベルト空間と量子力学
新井朝雄 著……定価3360円（税込）
【主要目次】 ヒルベルト空間／ヒルベルト空間上の線形作用素／他

17 代数幾何入門
桂 利行 著……定価3150円（税込）
【主要目次】 可換環と代数多様体／代数幾何符号の理論／他

18 平面曲線の幾何
飯高 茂 著……定価3360円（税込）
【主要目次】 いろいろな曲線／射影曲線／平面曲線の小平次元／他

19 代数多様体論
川又雄二郎 著……定価3360円（税込）
【主要目次】 代数多様体の定義／特異点の解消／代数曲面の分類／他

20 整数論
斎藤秀司 著……定価3360円（税込）
【主要目次】 初等整数論／4元数環／単純環の一般論／局所類体論／他

21 リーマンゼータ函数と保型波動
本橋洋一 著……定価3570円（税込）
【主要目次】 リーマンゼータ函数論の最近の展開／他

22 ディラック作用素の指数定理
吉田朋好 著……定価3990円（税込）
【主要目次】 作用素の指数／幾何学におけるディラック作用素／他

23 幾何学的トポロジー
本間龍雄 他著……定価3990円（税込）
【主要目次】 3次元の幾何学的トポロジー／レンズ空間／良い写像／他

24 私説 超幾何学関数
吉田正章 著……定価3990円（税込）
【主要目次】 射影直線上の4点のなす配置空間X(2,4)の一意化物語／他

25 非線形偏微分方程式
儀我美一・儀我美保 著 定価3990円（税込）
【主要目次】 偏微分方程式の解の漸近挙動／積分論の収束定理／他

26 量子力学のスペクトル理論
中村 周 著……続 刊
【主要目次】 基礎知識／1体の散乱理論／固有値の個数の評価／他

27 確率微分方程式
長井英生 著……定価3780円（税込）
【主要目次】 ブラウン運動とマルチンゲール／拡散過程II／他

■各巻：A5判・上製・204～448頁

共立出版
http://www.kyoritsu-pub.co.jp/

21世紀のいまを活きている数学の諸相を描くシリーズ!!

共立叢書
現代数学の潮流

編集委員:岡本和夫・桂 利行・楠岡成雄・坪井 俊

数学には、永い年月変わらない部分と、進歩と発展に伴って次々にその形を変化させていく部分とがある。これは、歴史と伝統に支えられている一方で現在も進化し続けている数学という学問の特質である。また、自然科学はもとより幅広い分野の基礎としての重要性を増していることは、現代における数学の特徴の一つである。「共立講座 21世紀の数学」シリーズでは、新しいが変わらない数学の基礎を提供した。これに引き続き、今を活きている数学の諸相を本の形で世に出したい。「共立講座 現代の数学」から30年。21世紀初頭の数学の姿を描くために、私達はこのシリーズを企画した。これから順次出版されるものは伝統に支えられた分野、新しい問題意識に支えられたテーマ、いずれにしても、現代の数学の潮流を表す題材であろうと自負する。学部学生、大学院生はもとより、研究者を始めとする数学や数理科学に関わる多くの人々にとり、指針となれば幸いである。
<編集委員>

離散凸解析
室田一雄著/318頁・定価3990円(税込)
【主要目次】序論(離散凸解析の目指すもの)/組合せ構造とは(離散凸関数の歴史)/組合せ構造をもつ凸関数/離散凸集合/M凸関数/L凸関数/共役性と双対性/ネットワークフロー/アルゴリズム/数理経済学への応用

積分方程式 ──逆問題の視点から──
上村 豊著/304頁・定価3780円(税込)
【主要目次】Abel積分方程式とその遺産/Volterra積分方程式と逐次近似/非線形Abel積分方程式とその応用/Wienerの構想とたたみこみ方程式/乗法的Wiener-Hopf方程式/分岐理論の逆問題/付録

リー代数と量子群
谷崎俊之著/276頁・定価3780円(税込)
【主要目次】リー代数の基礎概念(包絡代数/リー代数の表現/可換リー代数のウェイト表現/生成元と基本関係式で定まるリー代数/他)/カッツ・ムーディ・リー代数/有限次元単純リー代数/アフィン・リー代数/量子群

グレブナー基底とその応用
丸山正樹著/272頁・定価3780円(税込)
【主要目次】可換環(可換環とイデアル/可換環上の加群/多項式環/素分解環/動機と問題)/グレブナー基底/消去法とグレブナー基底/代数幾何学の基本概念/次元と根基/自由加群の部分加群のグレブナー基底/層の概説

多変数ネヴァンリンナ理論とディオファントス近似
野口潤次郎著/276頁・定価3780円(税込)
【主要目次】有理型関数のネヴァンリンナ理論/第一主要定理/微分非退化写像の第二主要定理/他

超函数・FBI変換・無限階擬微分作用素
青木貴史・片岡清臣・山崎 晋共著/322頁・定価4200円(税込)
【主要目次】多変数整型函数とFBI変換/超函数と超局所函数/超函数の諸性質/無限階擬微分作用素/他

続刊テーマ(五十音順)

アノソフ流の力学系	松元重則
ウェーブレット	新井仁之
可積分系の機能的数理	中村佳正
極小曲面	宮岡礼子
剛 性	金井雅彦
作用素環	荒木不二洋
写像類群	森田茂之
数理経済学	神谷和也
制御と逆問題	山本昌宏
相転移と臨界現象の数理	田崎晴明・原 隆
代数的組合せ論入門	坂内英一・坂内悦子・伊藤達郎
代数方程式とガロア理論	中島匠一
特異点論における代数的手法	渡邊敬一
粘性解	石井仁司
保型関数特論	伊吹山知義
ホッジ理論入門	斎藤政彦
レクチャー結び目理論	河内明夫

(続刊テーマは変更される場合がございます)

◆各冊:A5判・上製本・260～330頁

共立出版 http://www.kyoritsu-pub.co.jp/

新しい解析学の流れ

Analysis

【編集委員】西田孝明・磯 祐介・木上 淳・宍倉光広

本シリーズは21世紀における「解析学」の新しい流れを我が国から発信することが目的である。これは過去の叡知の上に立って，夢のある将来の「解析学」像を描くことである。このため，このシリーズでは新たな知見の発信と共に先人の得た成果を「温故知新」として見直すことも並行して行い，さらには海外の最新の知見の紹介も行いたいと考えている。したがって本シリーズでは，新たな良書の書き下ろしはもちろんのこと，20世紀に出版された時代を越えた名著を復刊して後世に残し，さらには海外の最新の良書の翻訳を行う予定である。また，最先端の専門家向けの高度な内容の書物を出版する一方で，これからの解析学の発展を担う若い学生を導くためのテキストレベルの書物の出版にも心掛けていく予定である。

編集委員

確率論
熊谷 隆著／A5・222頁・定価3150円（税込）

今日では多岐の問題に応用されている確率論の入門書。大数の法則からブラウン運動まで，確率論の基礎理論を網羅。また，邦書では記述の少ない大偏差原理も盛り込み，ポアソン過程やブラウン運動などの重要な確率過程についても丁寧に解説。

幾何的散乱理論
R.Melrose著／井川 満訳／A5・160頁・定価2940円（税込）

近年，偏微分方程式や量子力学との関連で注目されている「散乱理論」の全体像をてぎわよくまとめた専門的入門書。基本的なユークリッド空間上のケースからはじめ，ユークリッド散乱の様々な結果，さらに非ユークリッド散乱と詳説。

微分方程式序説
岡村 博著／A5・144頁・定価2625円（税込）

微分方程式論の優れた研究者として世界的に名の知られた著者が記した名著の復刊。微分方程式の基礎的理論から話が始まり，応用例を述べ，一般論的な仮定をもとにした解の存在の話に進み，最後には解の一意性に関する著者自身の研究結果までを詳述。

後続テーマ予定

- 偏微分方程式
- 確率微分方程式
- スペクトル理論と微分作用素
- 数理物理学
- 複素力学系
- フラクタル
- 解析関数論
- 非線形解析
- ファジィ推論
- 数値解析
- 数理ファイナンス
- 可積分系
- 代数解析
- 分岐理論

【各冊】 A5判・上製本

共立出版
http://www.kyoritsu-pub.co.jp/